개념을 다지고
실력을 키우는

왕수학

기본편

개념을 다지고
실력을 키우는

왕수학

기본편

3-1

구성과 특징

왕수학의 특징

1. 왕수학 개념+연산 → 왕수학 기본 → 왕수학 실력 → 점프 왕수학 최상위 순으로 단계별 · 난이도별 학습이 가능합니다.
2. 개정교육과정 100% 반영하였습니다.
3. 기본 개념 정리와 개념을 익히는 기본문제를 수록하였습니다.
4. 문제 해결력을 키우는 다양한 창의사고력 문제를 수록하였습니다.
5. 논리력 향상을 위한 서술형 문제를 강화하였습니다.

STEP 1

개념 탄탄

교과서 개념과 원리를 각각의 주제로 익히고 개념확인 문제를 풀어 보면서 개념을 정확히 이해합니다.

STEP 2

핵심 쏙쏙

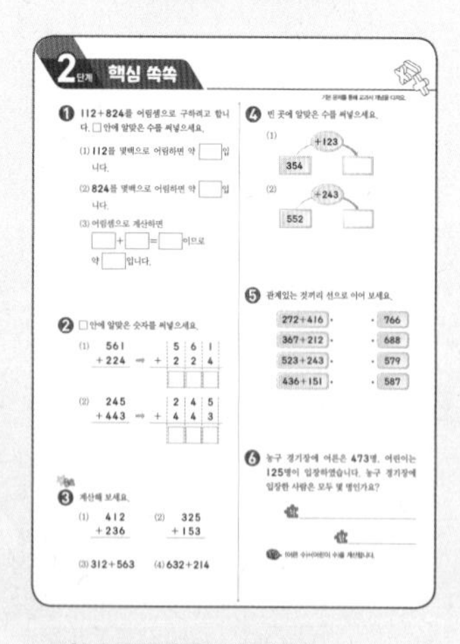

기본 개념을 익힌 후 교과서와 익힘책 수준의 문제를 풀어 보면서 개념을 다집니다.

STEP 3

유형 콕콕

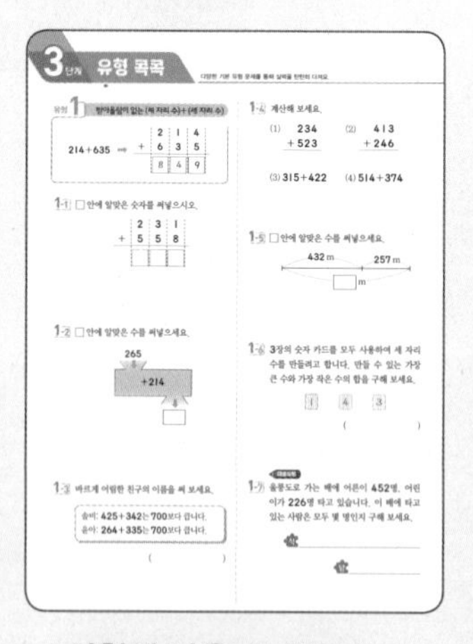

시험에 나올 수 있는 문제를 유형별로 풀어 보면서 문제 해결력을 키웁니다.

STEP 4

실력 팍팍

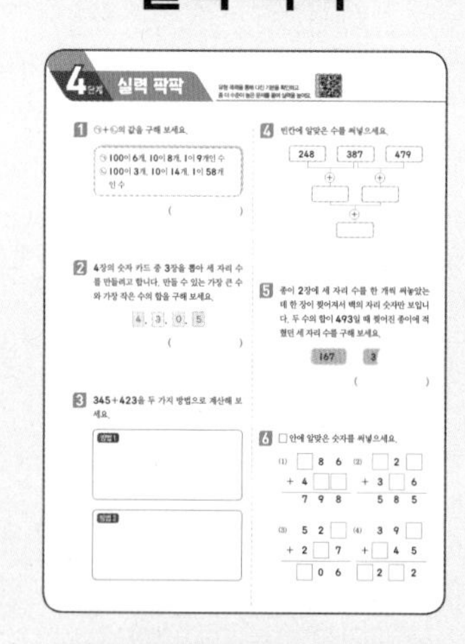

유형 콕콕 문제보다 좀 더 높은 수준의 문제를 풀며 실력을 키웁니다.

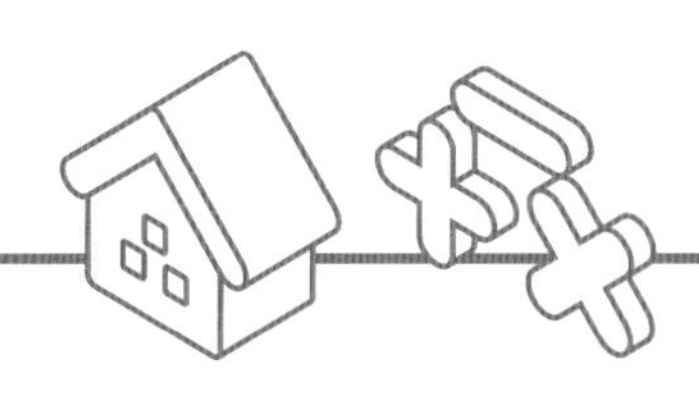

왕수학 실력

STEP 5

서술 유형 익히기

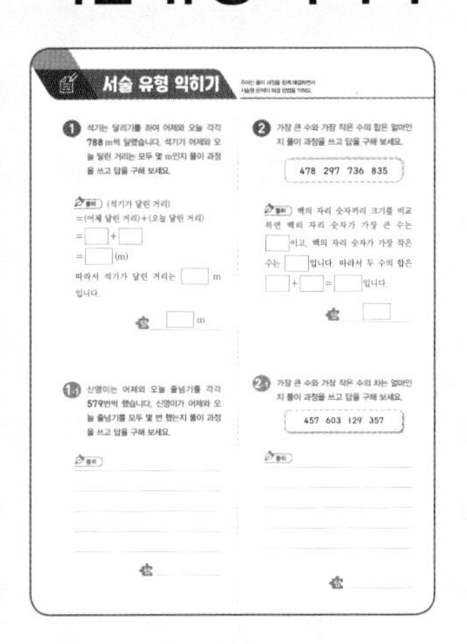

서술형 문제를 주어진 풀이 과정을 완성하여 해결하고 유사 문제를 통해 스스로 연습합니다.

STEP 6

단원 평가

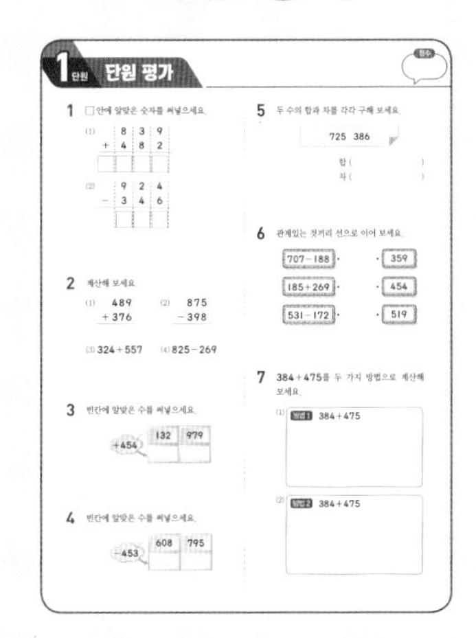

단원 평가를 통해 자신의 실력을 최종 점검합니다.

STEP 7

탐구 수학

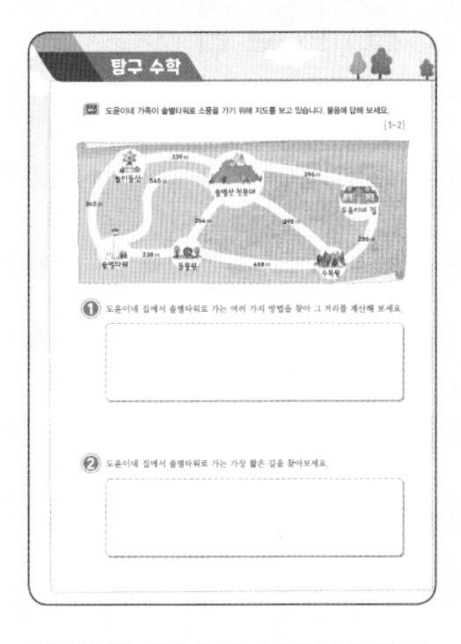

단원의 주제와 관련된 탐구 활동과 문제 해결력을 기르는 문제를 제시하여 학습한 내용을 좀 더 다양하고 깊게 생각해 볼 수 있게 합니다.

STEP 8

생활 속의 수학

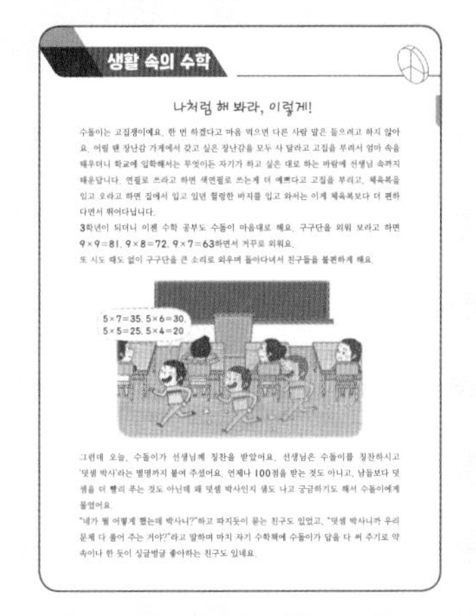

생활 주변의 현상이나 동화 등을 통해 자연스럽게 수학적 개념과 원리를 찾고 터득합니다.

차례 | Contents

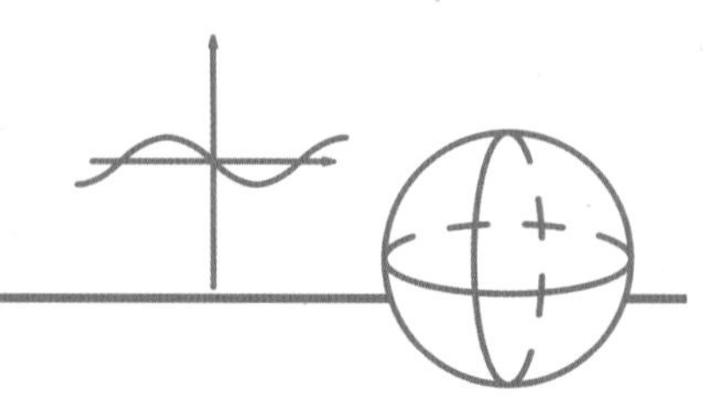

단원 1

덧셈과 뺄셈

이번에 배울 내용

1 덧셈 알아보기 (1)
2 덧셈 알아보기 (2)
3 덧셈 알아보기 (3)
4 뺄셈 알아보기 (1)
5 뺄셈 알아보기 (2)
6 뺄셈 알아보기 (3)

이전에 배운 내용

- 두 자리 수의 덧셈
- 두 자리 수의 뺄셈

다음에 배울 내용

- 분모가 같은 분수의 덧셈
- 분모가 같은 분수의 뺄셈

1. 덧셈 알아보기 (1)

교과서 개념을 이해하고 확인 문제를 통해 익혀요.

받아올림이 없는 (세 자리 수)+(세 자리 수)

• 333+125의 계산

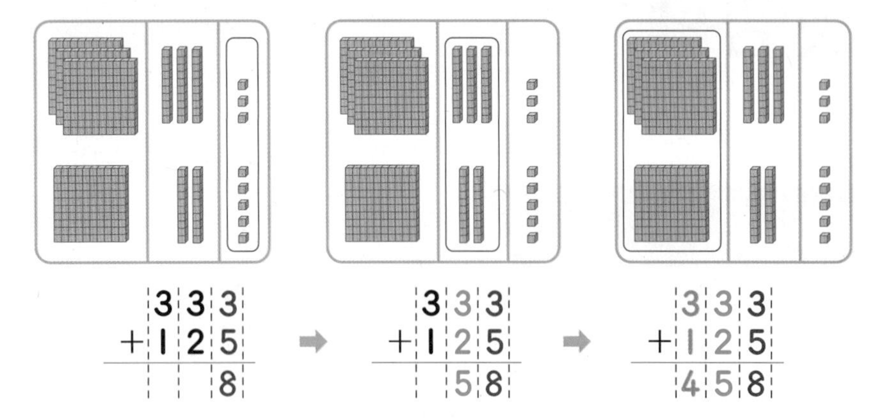

개념잡기

어림하여 계산하기

333 → 약 330
125 → 약 130
약 330+약 130=약 460

어림하여 계산하는 이유

① 계산하기 전에 계산 결과의 값을 예상할 수 있습니다.
② 계산하고 난 후 계산 결과가 맞았는지 확인할 수 있습니다.

---

1 개념확인

□ 안에 알맞은 숫자를 써넣으세요.

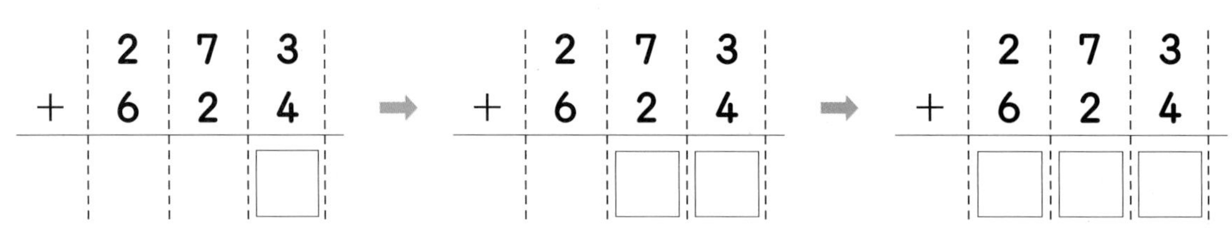

Tip
• 각 자리의 숫자를 맞추어 씁니다.
• 일의 자리부터 더한 값을 씁니다.
• 십의 자리, 백의 자리까지 더한 값을 차례로 씁니다.

2 개념확인

□ 안에 알맞은 수를 써넣으세요.

423+356=(400+20+□)+(300+□+6)
=(400+300)+(20+□)+(□+6)
=700+□+□
=□

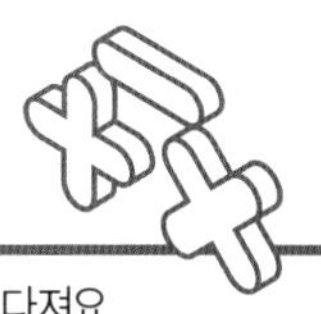

기본 문제를 통해 교과서 개념을 다져요.

1 112+824를 어림셈으로 구하려고 합니다. □ 안에 알맞은 수를 써넣으세요.

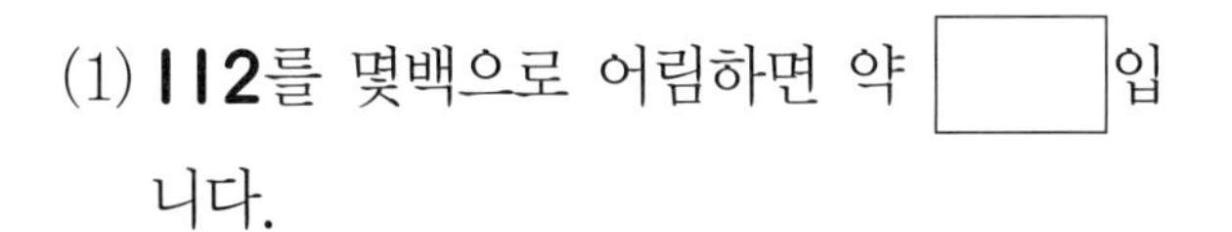

(1) 112를 몇백으로 어림하면 약 □입니다.

(2) 824를 몇백으로 어림하면 약 □입니다.

(3) 어림셈으로 계산하면

□+□=□이므로

약 □입니다.

2 □ 안에 알맞은 숫자를 써넣으세요.

(1)
$$\begin{array}{r} 561 \\ +\ 224 \\ \hline \end{array} \Rightarrow \begin{array}{r} 5\ 6\ 1 \\ +\ 2\ 2\ 4 \\ \hline \square\ \square\ \square \end{array}$$

(2)
$$\begin{array}{r} 245 \\ +\ 443 \\ \hline \end{array} \Rightarrow \begin{array}{r} 2\ 4\ 5 \\ +\ 4\ 4\ 3 \\ \hline \square\ \square\ \square \end{array}$$

중요

3 계산해 보세요.

(1)
$$\begin{array}{r} 412 \\ +\ 236 \\ \hline \end{array}$$

(2)
$$\begin{array}{r} 325 \\ +\ 153 \\ \hline \end{array}$$

(3) 312+563 (4) 632+214

4 빈 곳에 알맞은 수를 써넣으세요.

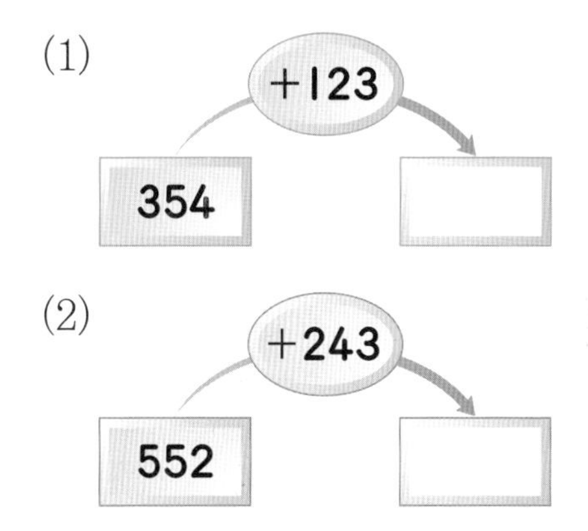

5 관계있는 것끼리 선으로 이어 보세요.

272+416 •	• 766
367+212 •	• 688
523+243 •	• 579
436+151 •	• 587

6 농구 경기장에 어른은 473명, 어린이는 125명이 입장하였습니다. 농구 경기장에 입장한 사람은 모두 몇 명인가요?

Tip (어른 수)+(어린이 수)를 계산합니다.

2. 덧셈 알아보기 (2)

교과서 개념을 이해하고 확인 문제를 통해 익혀요.

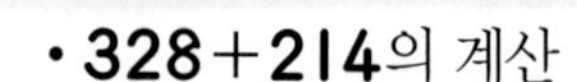

받아올림이 한 번 있는 (세 자리 수)+(세 자리 수)

• 328+214의 계산

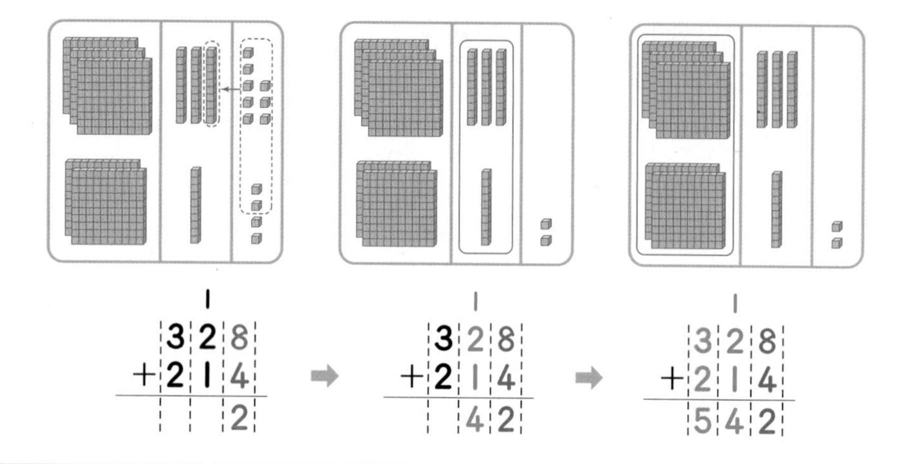

$$\begin{array}{r} {}^{1}\\ 328 \\ +\ 214 \\ \hline 2 \end{array} \Rightarrow \begin{array}{r} {}^{1}\\ 328 \\ +\ 214 \\ \hline 42 \end{array} \Rightarrow \begin{array}{r} {}^{1}\\ 328 \\ +\ 214 \\ \hline 542 \end{array}$$

개념잡기

세로셈으로 계산하는 방법

① 각 자리의 숫자를 맞추어 씁니다.

② 일의 자리에서 받아올림이 있으면 십의 자리로 받아올려 계산합니다.

---

1 개념확인

□ 안에 알맞은 숫자를 써넣으세요.

$$\begin{array}{r} \square\ \ \\ 4\ 2\ 7 \\ +\ 3\ 1\ 5 \\ \hline \square \end{array} \Rightarrow \begin{array}{r} \square\ \ \\ 4\ 2\ 7 \\ +\ 3\ 1\ 5 \\ \hline \square\ \square \end{array} \Rightarrow \begin{array}{r} \square\ \ \\ 4\ 2\ 7 \\ +\ 3\ 1\ 5 \\ \hline \square\ \square\ \square \end{array}$$

2 개념확인

덧셈을 여러 가지 방법으로 계산하려고 합니다. □ 안에 알맞은 수를 써넣으세요.

248+327의 계산

(1) 248+327=(200+40+□)+(300+□+7)

=(200+300)+(40+□)+(□+7)

=500+60+□=500+□=□

(2) 248+327=(240+□)+(□+7)

=(240+□)+(8+7)

=□+□=□

2단계 핵심 쏙쏙

기본 문제를 통해 교과서 개념을 다져요.

단원 1

1 348+436을 어림셈으로 구하려고 합니다. □ 안에 알맞은 수를 써넣으세요.

(1) 348을 몇백몇십으로 어림하면

약 □입니다.

(2) 436을 몇백몇십으로 어림하면

약 □입니다.

(3) 어림셈으로 계산하면

□+□=□이므로

약 □입니다.

2 □ 안에 알맞은 숫자를 써넣으세요.

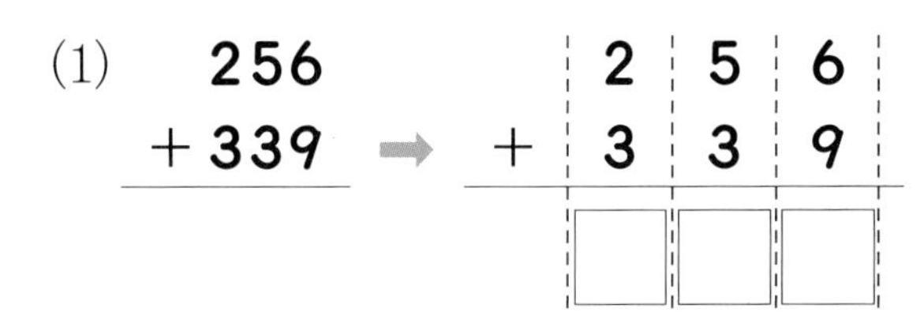

(1) 256 + 339 ➡ 2 5 6 + 3 3 9 = □□□

(2) 396 + 472 ➡ 3 9 6 + 4 7 2 = □□□

중요

3 계산해 보세요.

(1) 149 + 327

(2) 254 + 382

(3) 328+659

(4) 796+143

4 빈 곳에 알맞은 수를 써넣으세요.

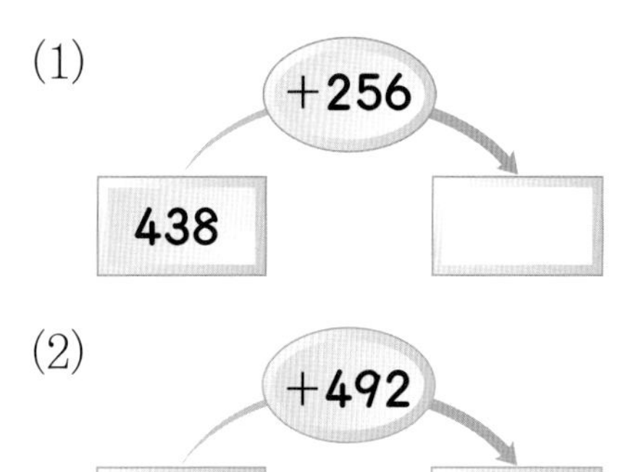

(1) 438 → +256 → □

(2) 376 → +492 → □

5 관계있는 것끼리 선으로 이어 보세요.

481+277 •	• 816
646+138 •	• 784
534+282 •	• 758
357+428 •	• 785

6 상연이와 예슬이가 접은 종이학의 수를 나타낸 것입니다. 두 사람이 접은 종이학은 모두 몇 개인가요?

이름	상연	예슬
종이학 수(개)	358	415

식 ______________

답 ______________

3. 덧셈 알아보기 (3)

교과서 개념을 이해하고 확인 문제를 통해 익혀요.

받아올림이 두 번 있는 (세 자리 수)+(세 자리 수)

• $265+348=613$

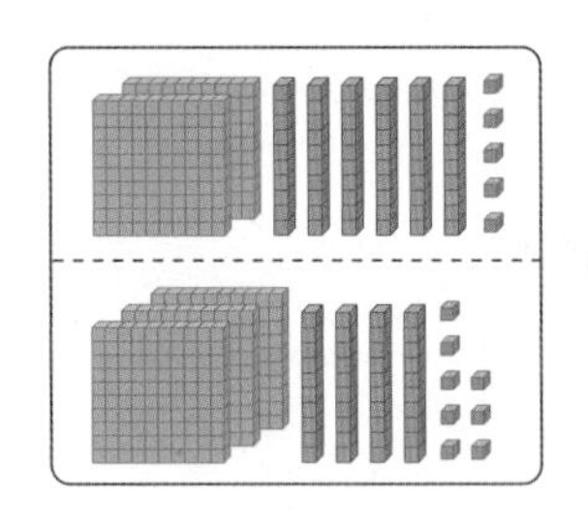

백 모형이 5개, 십 모형이 10개, 일 모형이 13개입니다. 일 모형 10개를 십 모형 1개로, 십 모형 10개를 백 모형 1개로 바꾸면 백 모형이 6개, 십 모형이 1개, 일 모형이 3개이므로 모두 613입니다.

받아올림이 세 번 있는 (세 자리 수)+(세 자리 수)

$$\begin{array}{r} 647 \\ +\,798 \\ \hline \end{array} \Rightarrow ① \begin{array}{r} ^{1}\quad \\ 647 \\ +\,798 \\ \hline 5 \end{array} \Rightarrow ② \begin{array}{r} ^{1\,1}\quad \\ 647 \\ +\,798 \\ \hline 45 \end{array} \Rightarrow ③ \begin{array}{r} ^{1\,1}\quad \\ 647 \\ +\,798 \\ \hline 1445 \end{array}$$

① 일의 자리 계산: $7+8=15$

② 십의 자리 계산: $1+4+9=14$

③ 백의 자리 계산: $1+6+7=14$

개념잡기

① **받아올림이 2번 있는 덧셈**
일의 자리 수끼리의 합이 10이거나 10보다 크면 10을 십의 자리로 받아올림하고, 십의 자리 수끼리의 합이 10이거나 10보다 크면 10을 백의 자리로 받아올림합니다.

② **받아올림이 3번 있는 덧셈**
백의 자리 수끼리의 합이 10이거나 10보다 크면 10을 천의 자리로 받아올림합니다.

---

1 개념확인 □ 안에 알맞은 숫자를 써넣으세요.

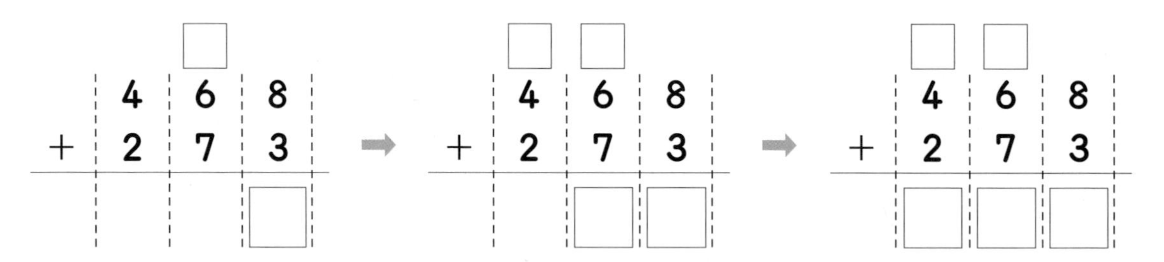

$$\begin{array}{r} \square\quad \\ 468 \\ +\,273 \\ \hline \square \end{array} \Rightarrow \begin{array}{r} \square\,\square\quad \\ 468 \\ +\,273 \\ \hline \square\square \end{array} \Rightarrow \begin{array}{r} \square\,\square\quad \\ 468 \\ +\,273 \\ \hline \square\square\square \end{array}$$

2 개념확인 수 모형을 보고 □ 안에 알맞은 숫자를 써넣으세요.

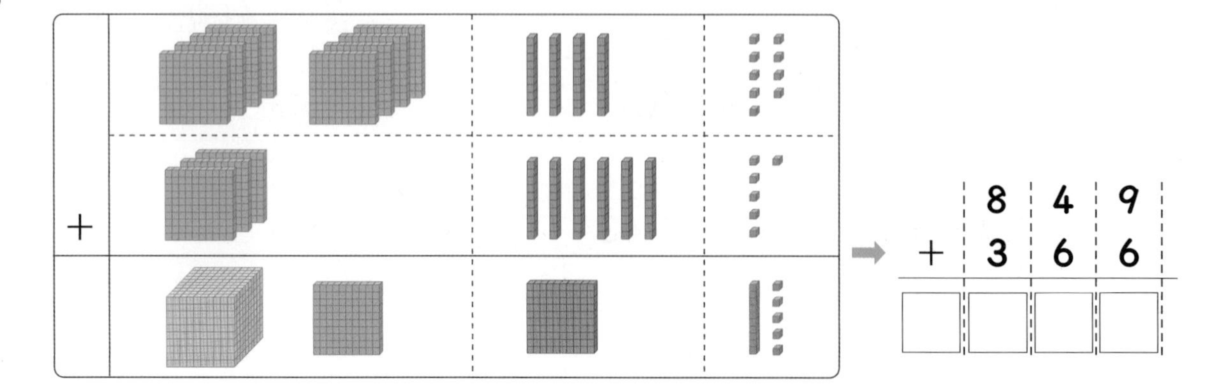

$$\begin{array}{r} 849 \\ +\,366 \\ \hline \square\square\square\square \end{array}$$

1 289＋588이 약 얼마인지 몇백까지 어림하여 구하려고 합니다. 어림셈으로 구한 값을 찾아 ○표 하세요.

700　800　900

2 □ 안에 알맞은 숫자를 써넣으세요.

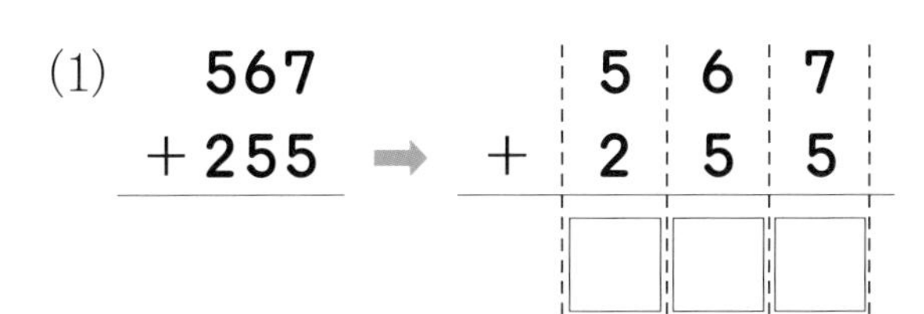

(1) 567 ＋ 255 ➡ 5 6 7 ＋ 2 5 5 = □□□

(2) 349 ＋ 988 ➡ 3 4 9 ＋ 9 8 8 = □□□□

중요

3 계산해 보세요.

(1) 469 ＋ 452　　(2) 256 ＋ 457

(3) 165＋386　　(4) 627＋884

4 빈 곳에 알맞은 수를 써넣으세요.

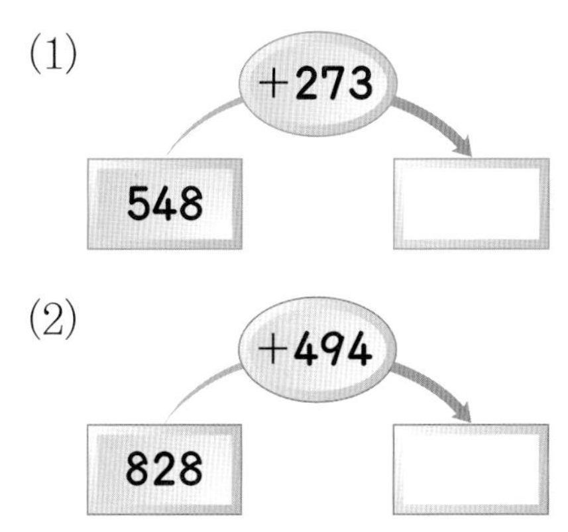

(1) 548 —(＋273)→ □

(2) 828 —(＋494)→ □

5 관계있는 것끼리 선으로 이어 보세요.

493＋668 •	• 1110
938＋577 •	• 1515
615＋495 •	• 1161

6 효근이네 마을에는 얼룩소가 589마리, 염소가 547마리 있습니다. 효근이네 마을에 있는 얼룩소와 염소는 모두 몇 마리인가요?

식 ____________________

답 ____________________

Tip (얼룩소 수)+(염소 수)를 계산합니다.

유형 1 받아올림이 없는 (세 자리 수)+(세 자리 수)

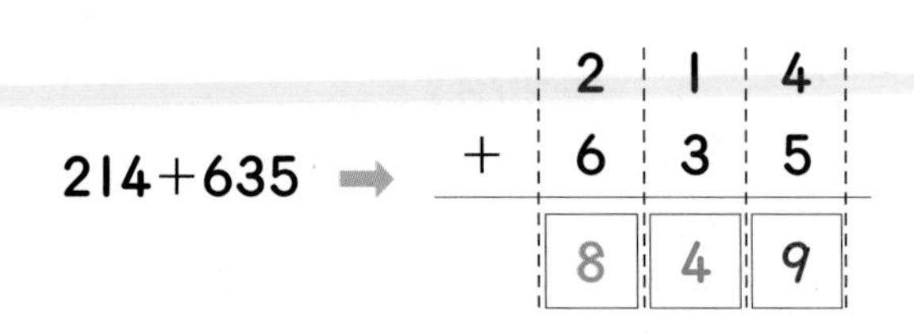

1-1 □ 안에 알맞은 숫자를 써넣으시오.

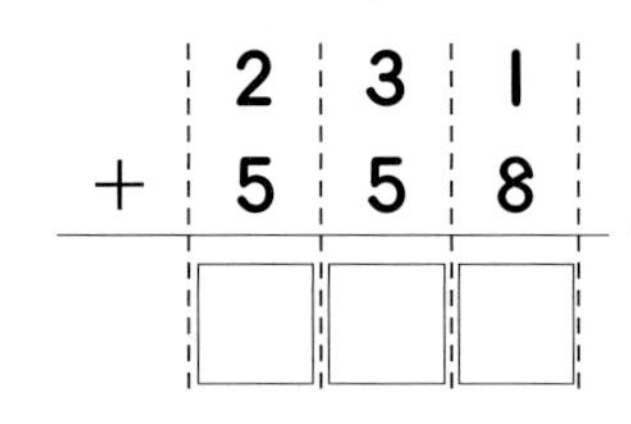

1-2 □ 안에 알맞은 수를 써넣으세요.

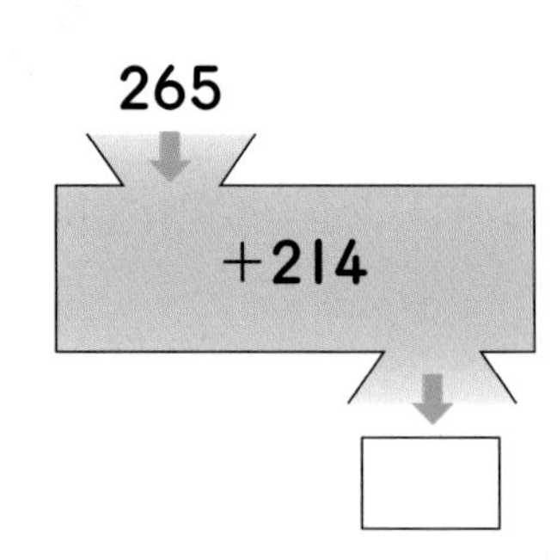

1-3 바르게 어림한 친구의 이름을 써 보세요.

솔비: 425+342는 700보다 큽니다.
윤아: 264+335는 700보다 큽니다.

(　　　　　　)

1-4 계산해 보세요.

(1) $\begin{array}{r} 234 \\ +523 \\ \hline \end{array}$　　(2) $\begin{array}{r} 413 \\ +246 \\ \hline \end{array}$

(3) 315+422　　(4) 514+374

1-5 □ 안에 알맞은 수를 써넣으세요.

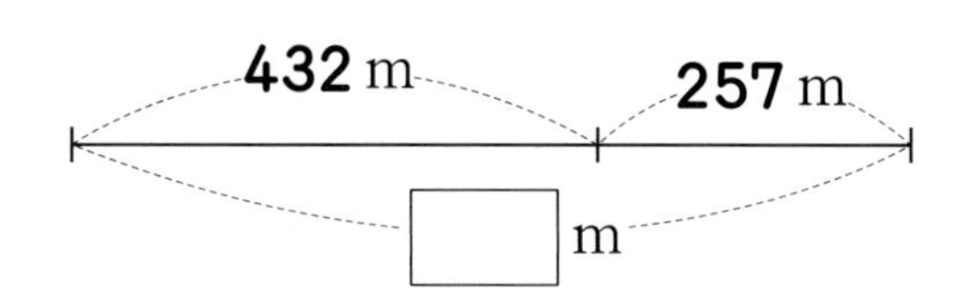

1-6 3장의 숫자 카드를 모두 사용하여 세 자리 수를 만들려고 합니다. 만들 수 있는 가장 큰 수와 가장 작은 수의 합을 구해 보세요.

(　　　　　　)

대표유형

1-7 울릉도로 가는 배에 어른이 452명, 어린이가 226명 타고 있습니다. 이 배에 타고 있는 사람은 모두 몇 명인지 구해 보세요.

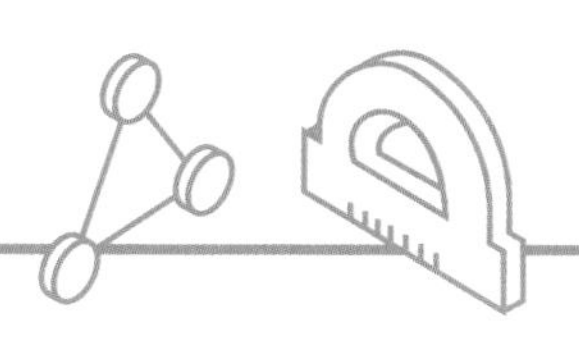

유형 2 받아올림이 한 번 있는 (세 자리 수)+(세 자리 수)

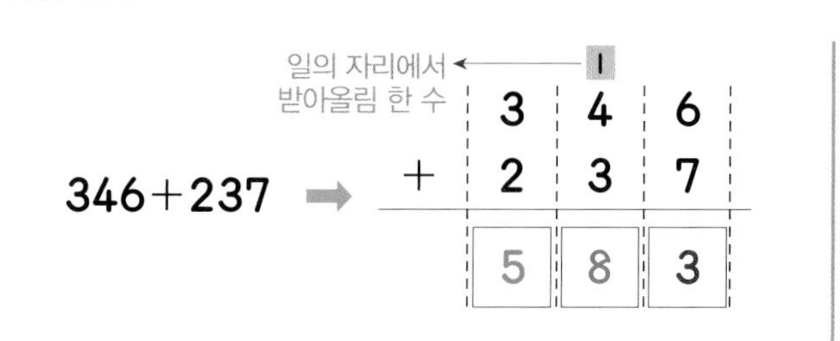

일의 자리에서 받아올림 한 수
1
346+237
3 4 6
+ 2 3 7
5 8 3

2-1 □ 안에 알맞은 숫자를 써넣으세요.

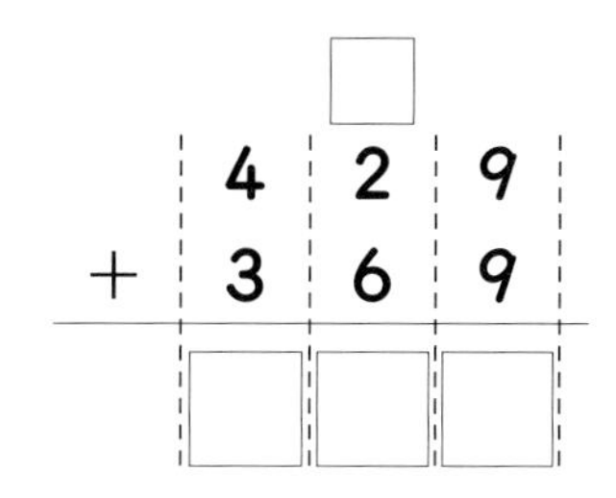

시험에 잘 나와요

2-2 계산해 보세요.

(1) $\begin{array}{r} 436 \\ +257 \\ \hline \end{array}$ (2) $\begin{array}{r} 583 \\ +294 \\ \hline \end{array}$

(3) $218+356$ (4) $584+153$

2-3 □ 안에 알맞은 수를 써넣으세요.

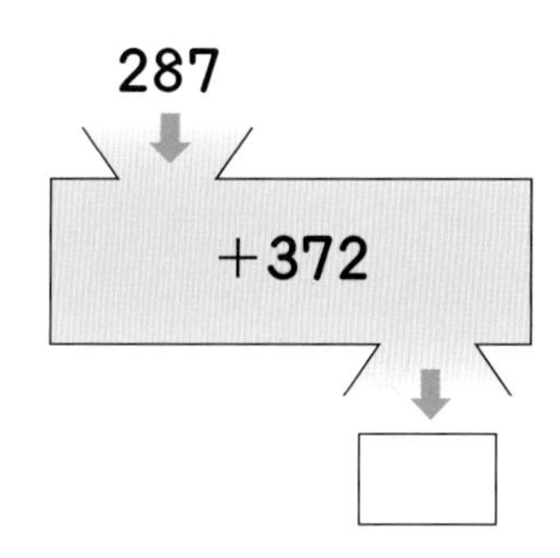

잘 틀려요

2-4 덧셈식에서 ㉠에 들어갈 숫자와 실제로 나타내는 값을 차례로 써 보세요.

(　　　　), (　　　　)

2-5 가장 큰 수와 가장 작은 수의 합을 구해 보세요.

243	742	394	186

(　　　　)

2-6 □ 안에 알맞은 숫자를 써넣으세요.

$\begin{array}{r} 2\ \square\ 7 \\ +\ \square\ 4\ 3 \\ \hline 6\ 8\ \square \end{array}$

2-7 신영이네 밭에서 작년에는 딸기를 **477**상자 수확하였습니다. 올해는 작년보다 **241**상자를 더 수확하였습니다. 올해 수확한 딸기는 몇 상자인가요?

(　　　　)

유형 3 받아올림이 두 번 있는 (세 자리 수)+(세 자리 수)

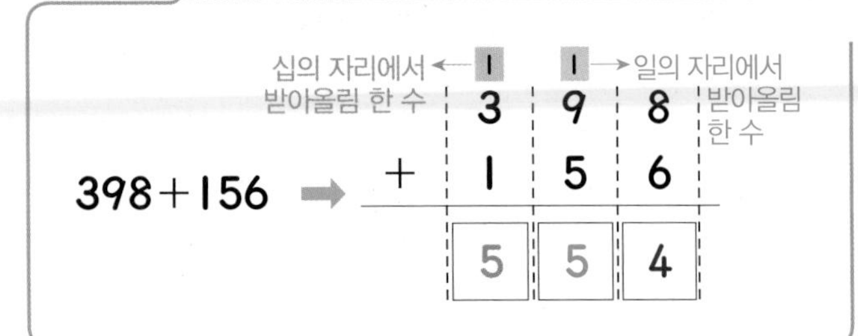

3-1 □ 안에 알맞은 숫자를 써넣으세요.

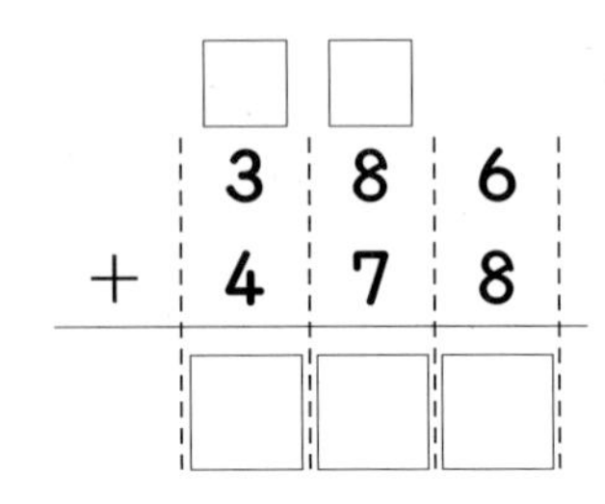

3-2 계산해 보세요.

(1) $\begin{array}{r} 246 \\ +289 \\ \hline \end{array}$ (2) $\begin{array}{r} 457 \\ +398 \\ \hline \end{array}$

(3) 198+629 (4) 564+289

3-3 □ 안에 알맞은 수를 써넣으세요.

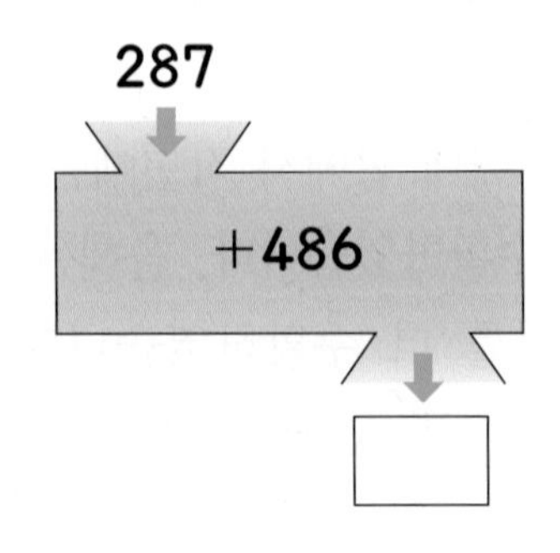

3-4 빈칸에 알맞은 수를 써넣으세요.

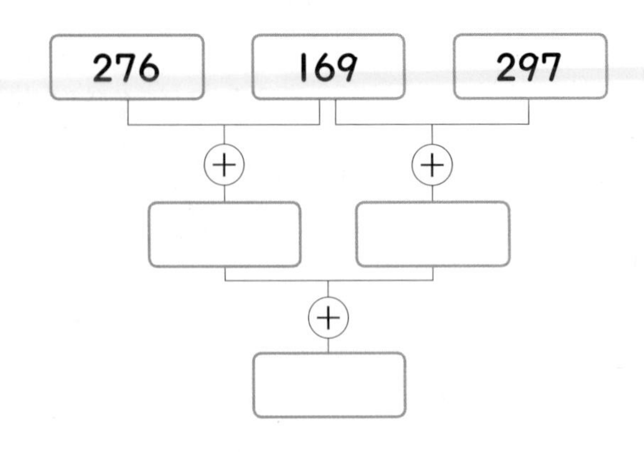

3-5 계산에서 잘못된 부분을 찾아 바르게 고쳐 보세요.

$\begin{array}{r} 386 \\ +528 \\ \hline 804 \end{array}$ ➡ □

3-6 □ 안에 알맞은 숫자를 써넣으세요.

$\begin{array}{r} 3\ 5\ \square \\ +\ 2\ \square\ 7 \\ \hline \square\ 4\ 6 \end{array}$

3-7 한초는 두 달 동안 메모지를 모았습니다. 첫째 달에 **284**장, 둘째 달에 **397**장을 모았습니다. 한초가 모은 메모지는 모두 몇 장인가요?

( )

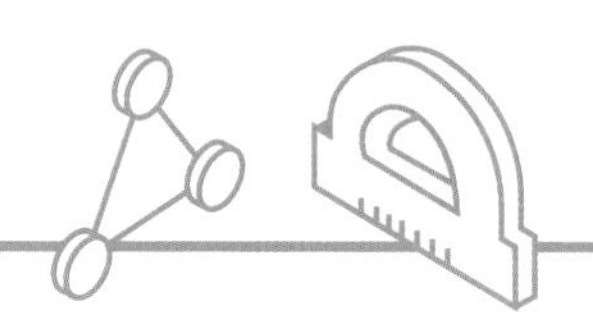

유형 4 받아올림이 세 번 있는 (세 자리 수)+(세 자리 수)

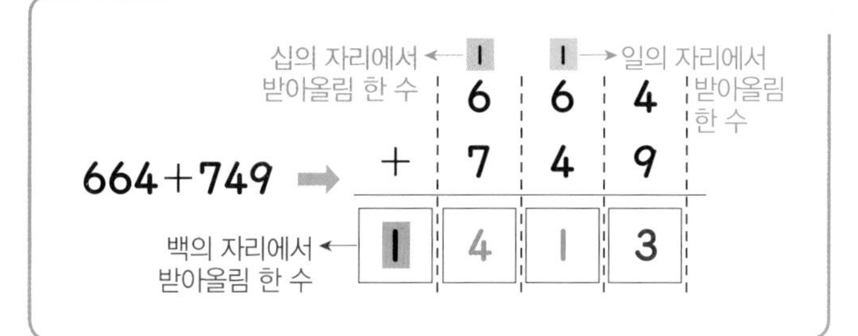

4-1 □ 안에 알맞은 숫자를 써넣으세요.

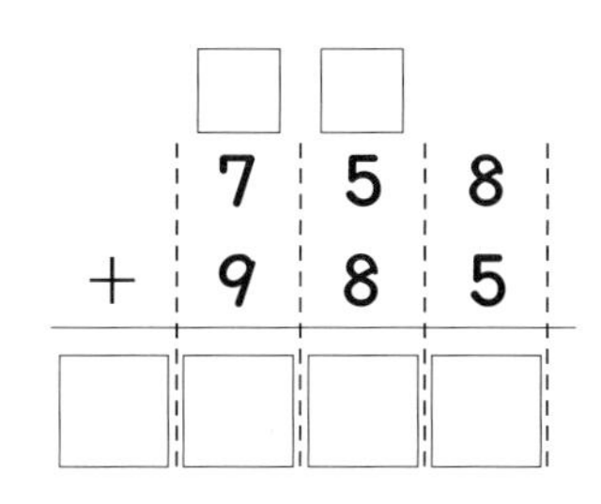

4-2 계산해 보세요.

(1) 397 + 726

(2) 687 + 356

(3) 483+728 (4) 847+398

4-3 빈칸에 알맞은 수를 써넣으세요.

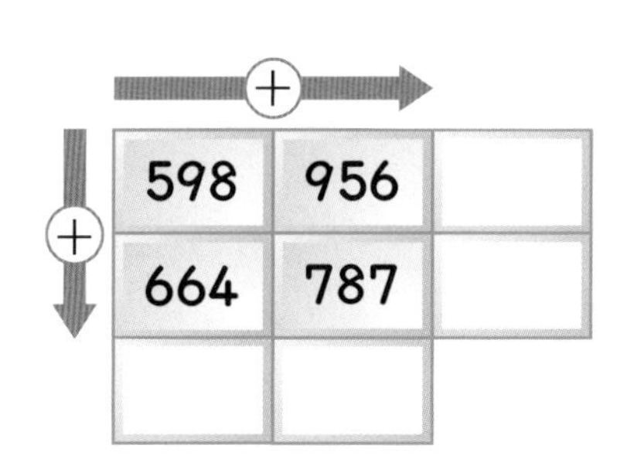

4-4 계산 결과의 크기를 비교하여 ○ 안에 >, =, <를 알맞게 써넣으세요.

538+795 ○ 869+357

4-5 100이 6개, 10이 4개, 1이 9개인 수보다 396만큼 더 큰 수를 구해 보세요.

( )

4-6 3장의 숫자 카드 3, 8, 7을 모두 사용하여 만들 수 있는 세 자리 수 중 가장 큰 수와 가장 작은 수의 합을 구해 보세요.

( )

4-7 효근이는 학교에서 도서관에 들렀다가 집에 가려고 합니다. 효근이가 걸어야 하는 거리는 몇 m인가요?

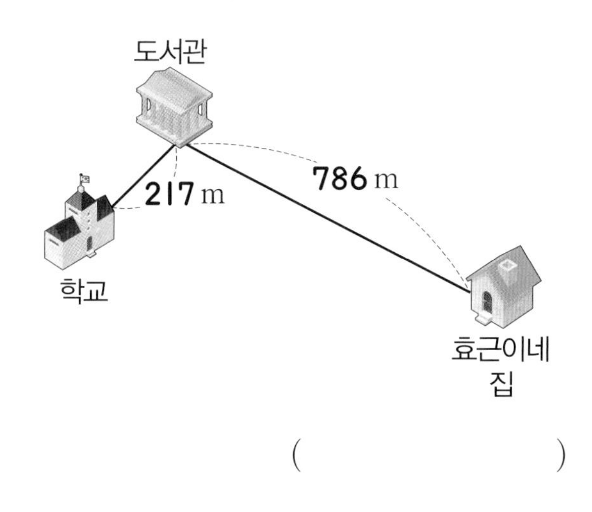

( )

4. 뺄셈 알아보기 (1)

교과서 개념을 이해하고 확인 문제를 통해 익혀요.

받아내림이 없는 (세 자리 수)−(세 자리 수)

• 548−213의 계산

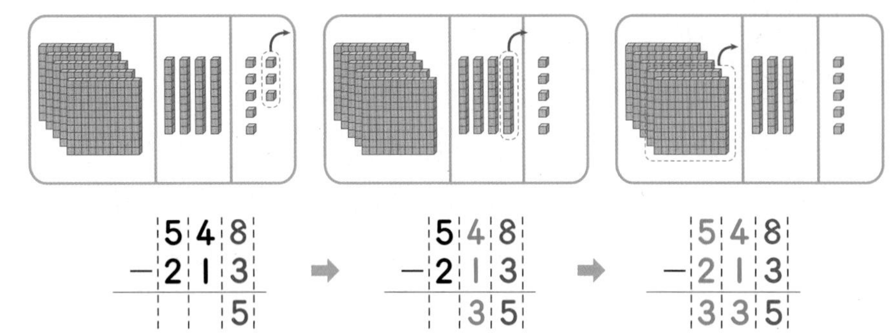

	5	4	8
−	2	1	3
			5

➡

	5	4	8
−	2	1	3
		3	5

➡

	5	4	8
−	2	1	3
	3	3	5

개념잡기

어림하여 계산하기

548 → 약 550
213 → 약 210
약 550−약 210=약 340

뺄셈 계산 방법

① 각 자리의 숫자를 맞추어 씁니다.
② 일의 자리부터 빼 준 값을 차례로 씁니다.

---

1 개념확인

□ 안에 알맞은 숫자를 써넣으세요.

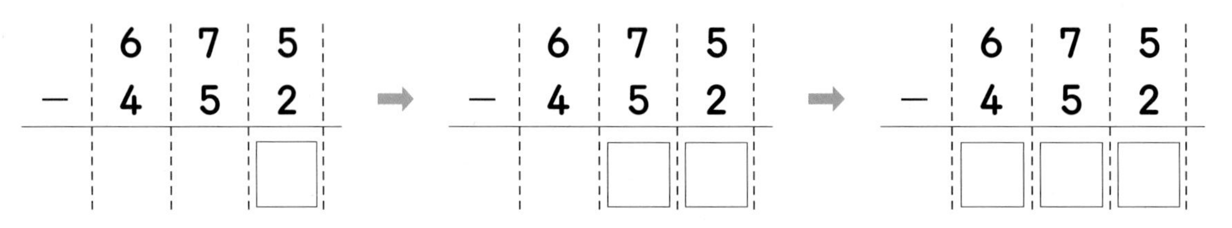

	6	7	5
−	4	5	2
			□

➡

	6	7	5
−	4	5	2
		□	□

➡

	6	7	5
−	4	5	2
	□	□	□

2 개념확인

□ 안에 알맞은 수를 써넣으세요.

685−243=(600+80+5)−(200+□+□)
=(600−200)+(80−□)+(5−□)
=□+□+□
=□

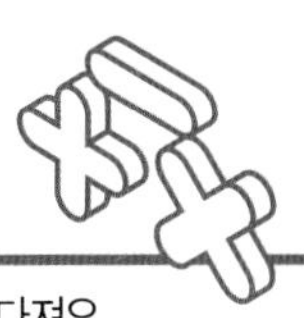

1 498−102를 어림셈으로 구하려고 합니다. □ 안에 알맞은 수를 써넣으세요.

(1) 498을 몇백으로 어림하면
약 □입니다.

(2) 102를 몇백으로 어림하면
약 □입니다.

(3) 어림셈으로 계산하면
□−□=□이므로
약 □입니다.

2 □안에 알맞은 숫자를 써넣으세요.

(1)

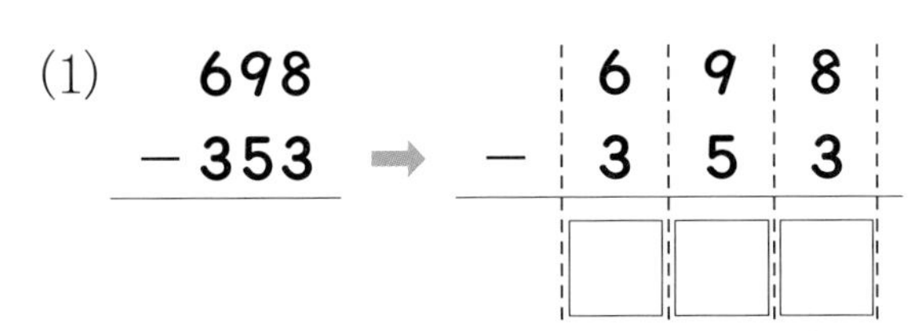

(2)

579
− 314
➡
5 7 9
− 3 1 4
□□□

중요

3 계산해 보세요.

(1) $\begin{array}{r} 867 \\ -\ 342 \\ \hline \end{array}$

(2) $\begin{array}{r} 987 \\ -\ 155 \\ \hline \end{array}$

(3) 686−324

(4) 765−233

4 빈 곳에 알맞은 수를 써넣으세요.

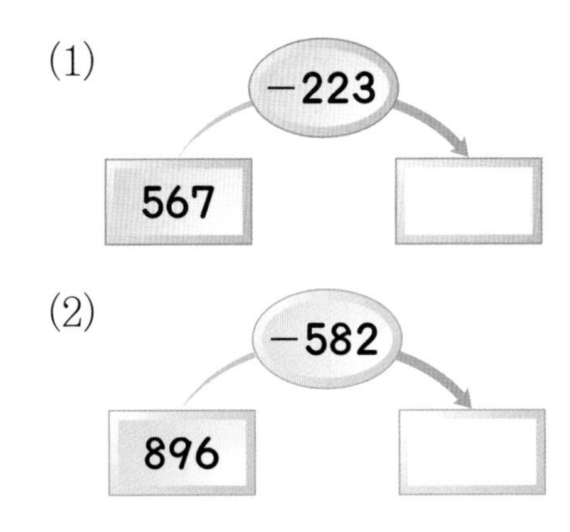

5 관계있는 것끼리 선으로 이어 보세요.

767−213 •	• 435
843−410 •	• 433
659−224 •	• 554

6 목포에서 제주도로 가는 여객선에 남자 438명, 여자 315명이 탔습니다. 남자는 여자보다 몇 명 더 탔는지 구해 보세요.

(   )

5. 뺄셈 알아보기 (2)

교과서 개념을 이해하고 확인 문제를 통해 익혀요.

받아내림이 한 번 있는 (세 자리 수)−(세 자리 수)

• 484−258의 계산

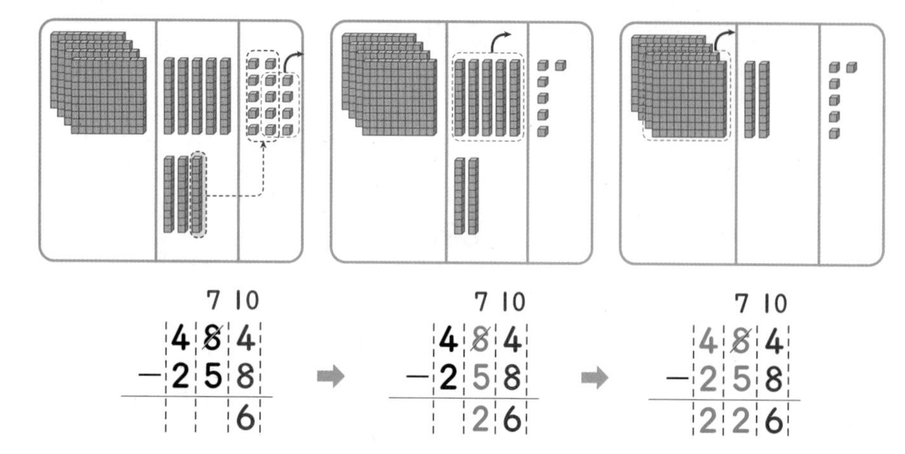

개념잡기

뺄셈의 계산 방법

① 각 자리의 숫자를 맞추어 씁니다.

② 일의 자리 수끼리 뺄 수 없으면 십의 자리에서 받아내림하여 계산합니다.

③ 십의 자리 수끼리 뺄 수 없으면 백의 자리에서 받아내림하여 계산합니다.

---

1 개념확인

□ 안에 알맞은 숫자를 써넣으세요.

(1)

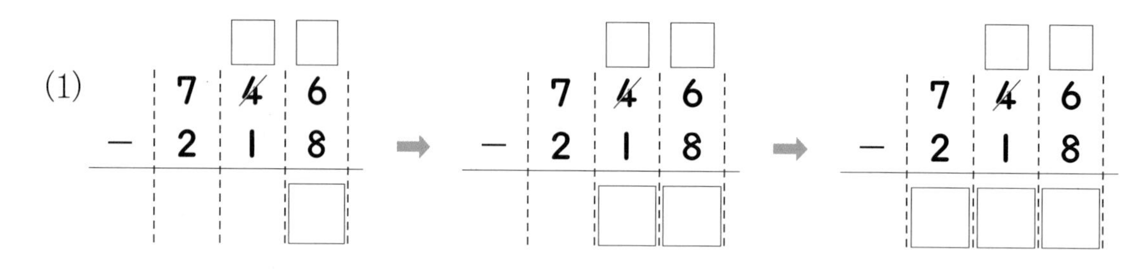

(2)

	6	4	8
−	3	7	2
			□

➡

	□	□	
	6	4	8
−	3	7	2
		□	□

➡

	□	□	
	6	4	8
−	3	7	2
	□	□	□

2 개념확인

□ 안에 알맞은 수를 써넣으세요.

845−318=(800+40+□)−(300+□+□)

=(800−300)+(40−□)+(5−□)

=(800−300)+(30−□)+(10+□−□)

=□+□+□

=□

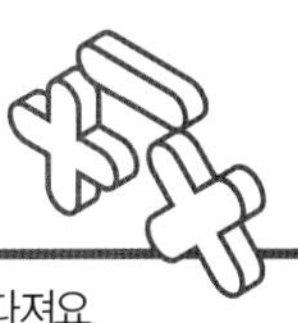

기본 문제를 통해 교과서 개념을 다져요.

1 514－392를 어림셈으로 구하려고 합니다. □ 안에 알맞은 수를 써넣으세요.

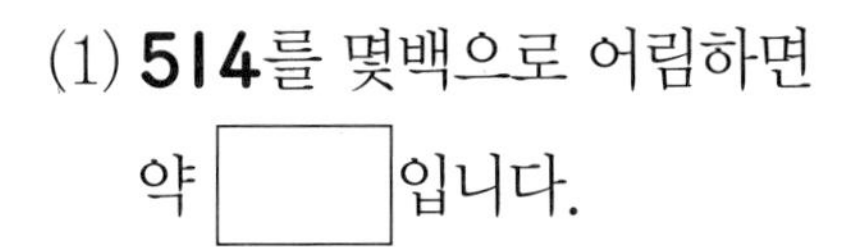

(1) 514를 몇백으로 어림하면
약 □입니다.

(2) 392를 몇백으로 어림하면
약 □입니다.

(3) 어림셈으로 계산하면
□－□＝□이므로
약 □입니다.

2 □ 안에 알맞은 숫자를 써넣으세요.

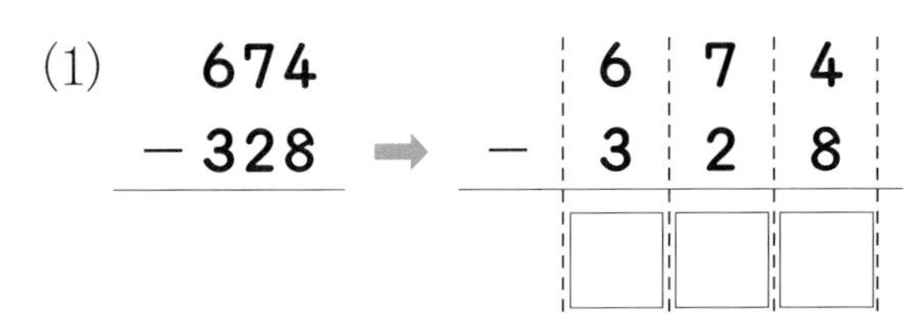

(1)
$$\begin{array}{r} 674 \\ -\ 328 \\ \hline \end{array} \Rightarrow \begin{array}{r|c|c|c} & 6 & 7 & 4 \\ - & 3 & 2 & 8 \\ \hline & \square & \square & \square \end{array}$$

(2)
$$\begin{array}{r} 726 \\ -\ 244 \\ \hline \end{array} \Rightarrow \begin{array}{r|c|c|c} & 7 & 2 & 6 \\ - & 2 & 4 & 4 \\ \hline & \square & \square & \square \end{array}$$

중요

3 계산해 보세요.

(1)
$$\begin{array}{r} 542 \\ -\ 216 \\ \hline \end{array}$$

(2)
$$\begin{array}{r} 619 \\ -\ 223 \\ \hline \end{array}$$

(3) 673－258 (4) 846－572

4 빈 곳에 알맞은 수를 써넣으세요.

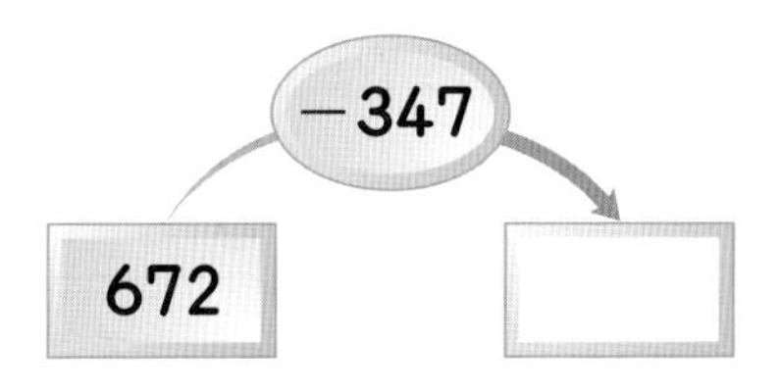

5 관계있는 것끼리 선으로 이어 보세요.

847－263 •	• 326
518－192 •	• 584
726－354 •	• 372

6 주어진 3장의 숫자 카드를 모두 사용하여 만들 수 있는 세 자리 수 중에서 가장 큰 수와 가장 작은 수의 차를 구해 보세요.

(　　　　　　)

7 가영이네 학교의 3학년 학생은 336명입니다. 그중에서 여학생은 154명입니다. 남학생은 몇 명인가요?

(　　　　　　)

6. 뺄셈 알아보기 (3)

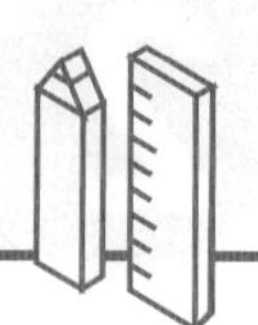

교과서 개념을 이해하고 확인 문제를 통해 익혀요.

받아내림이 두 번 있는 (세 자리 수)−(세 자리 수)

• 634−275의 계산

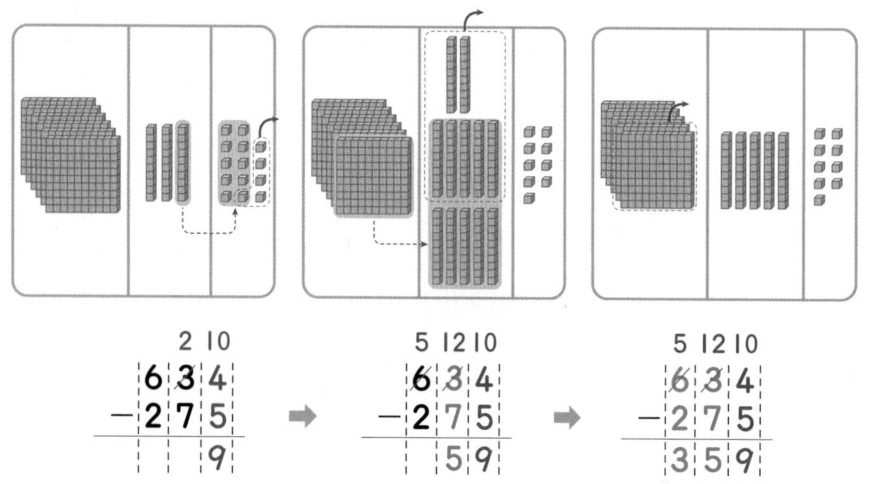

$$\begin{array}{r} 634 \\ -\,275 \\ \hline 9 \end{array} \Rightarrow \begin{array}{r} 634 \\ -\,275 \\ \hline 59 \end{array} \Rightarrow \begin{array}{r} 634 \\ -\,275 \\ \hline 359 \end{array}$$

개념잡기

뺄셈의 계산 방법

① 일의 자리 숫자끼리 뺄 수 없으면 십의 자리에서 받아내림하여 계산합니다.

② 십의 자리 숫자끼리 뺄 수 없으면 백의 자리에서 받아내림하여 계산합니다.

---

1 개념확인 □ 안에 알맞은 숫자를 써넣으세요.

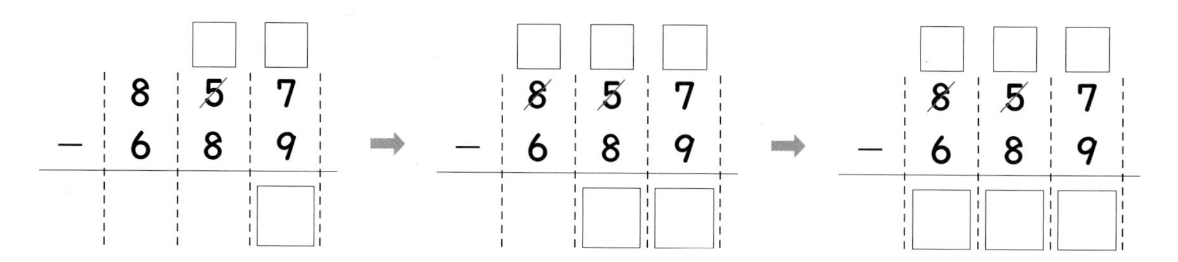

$$\begin{array}{r} 857 \\ -\,689 \\ \hline \square \end{array} \Rightarrow \begin{array}{r} 857 \\ -\,689 \\ \hline \square\square \end{array} \Rightarrow \begin{array}{r} 857 \\ -\,689 \\ \hline \square\square\square \end{array}$$

2 개념확인 □ 안에 알맞은 수를 써넣으세요.

$726-368=(700+20+\square)-(300+60+\square)$

$=(700-300)+(20-\square)+(\square-\square)$

$=(700-300)+(10-\square)+(10+\square-\square)$

$=(600-300)+(\square+10-\square)+\square$

$=\square+\square+\square$

$=\square$

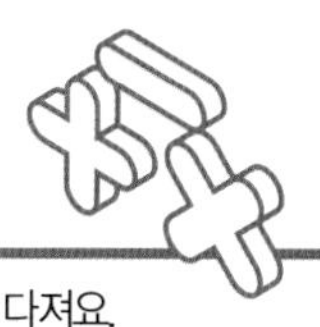

1 413－189를 어림셈으로 구하려고 합니다. □ 안에 알맞은 수를 써넣으세요.

(1) 413을 몇백으로 어림하면

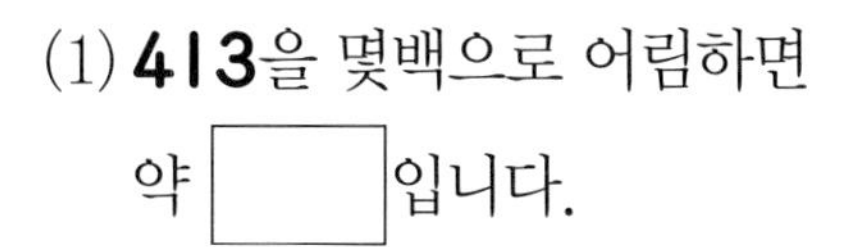

약 □입니다.

(2) 189를 몇백으로 어림하면

약 □입니다.

(3) 어림셈으로 계산하면

□－□＝□이므로

약 □입니다.

2 □ 안에 알맞은 숫자를 써넣으세요.

(1)

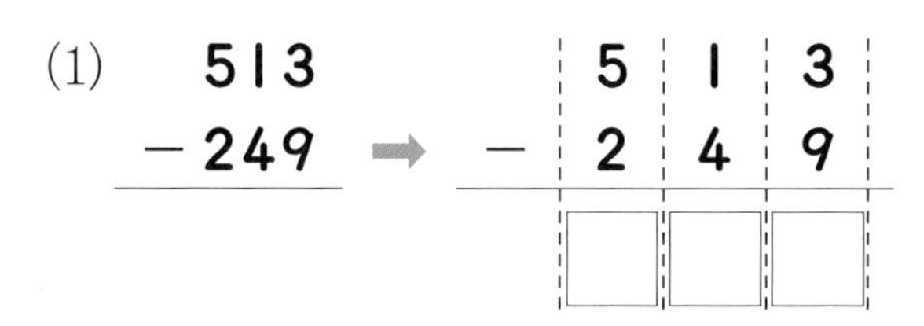

$$\begin{array}{r} 513 \\ -\ 249 \\ \hline \end{array} \Rightarrow \begin{array}{r} 5\ 1\ 3 \\ -\ 2\ 4\ 9 \\ \hline \square\ \square\ \square \end{array}$$

(2)

$$\begin{array}{r} 746 \\ -\ 377 \\ \hline \end{array} \Rightarrow \begin{array}{r} 7\ 4\ 6 \\ -\ 3\ 7\ 7 \\ \hline \square\ \square\ \square \end{array}$$

중요

3 계산해 보세요.

(1)
$$\begin{array}{r} 324 \\ -\ 198 \\ \hline \end{array}$$

(2)
$$\begin{array}{r} 606 \\ -\ 229 \\ \hline \end{array}$$

(3) 537－139 (4) 914－536

4 빈 곳에 알맞은 수를 써넣으세요.

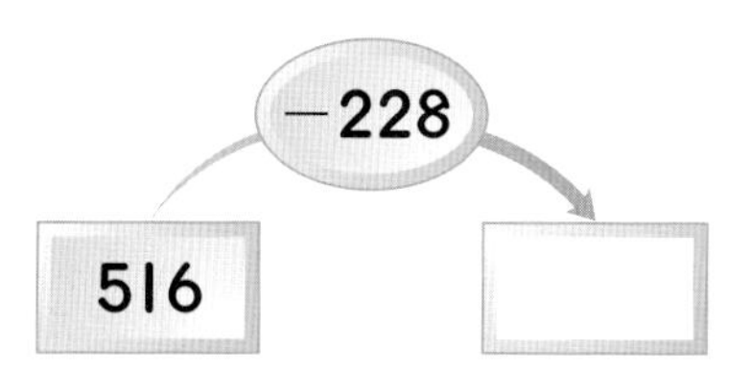

5 관계있는 것끼리 선으로 이어 보세요.

536－279 •	• 165
725－386 •	• 339
652－487 •	• 257

6 주어진 수 중에서 두 수를 골라 차가 가장 작게 나오도록 식을 만들어 보세요.

356 683 429 908

□－□＝□

7 기차에 543명이 타고 있습니다. 그중에서 남자가 278명이라면 여자는 몇 명인가요?

( )

유형 5 받아내림이 없는 (세 자리 수)−(세 자리 수)

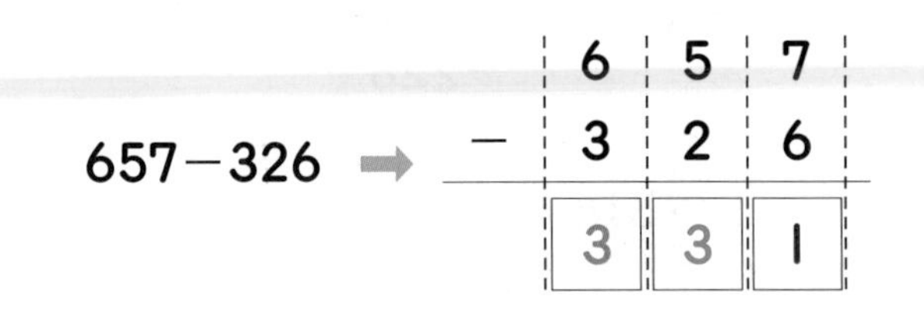

5-1 □ 안에 알맞은 숫자를 써넣으세요.

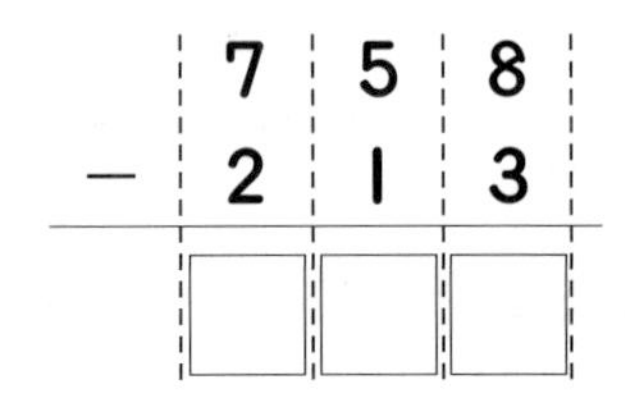

대표유형

5-2 계산해 보세요.

(1) $746 - 305$

(2) $583 - 241$

(3) $865-324$

(4) $957-224$

5-3 □ 안에 알맞은 수를 써넣으세요.

(1) 649

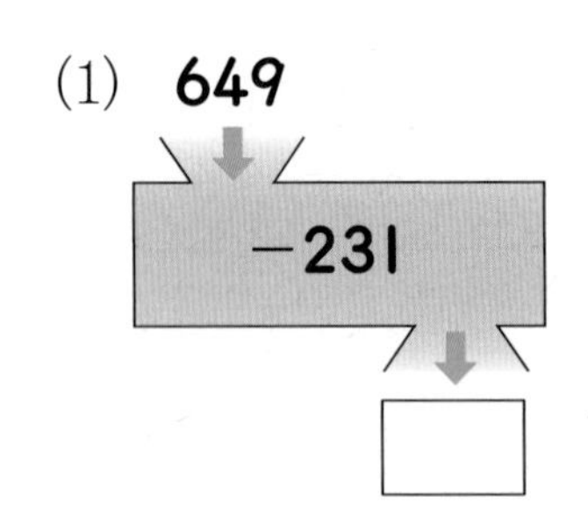

(2) 567

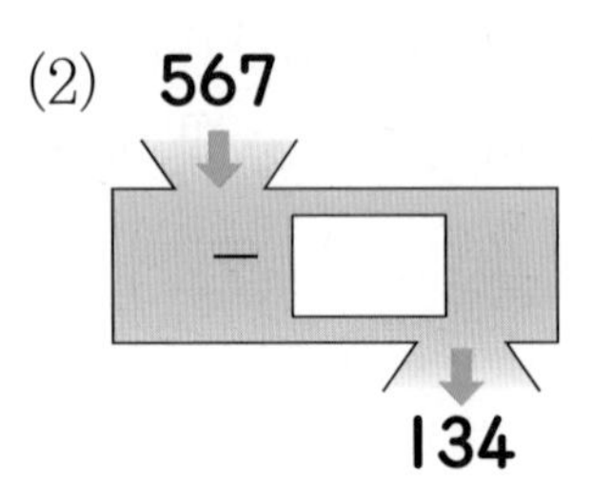

5-4 계산 결과를 비교하여 ○ 안에 >, =, <를 알맞게 써넣으세요.

$688-346$ ○ $474-233$

잘 틀려요

5-5 100이 5개, 10이 8개, 1이 3개인 수보다 272만큼 더 작은 수를 구해 보세요.

( )

5-6 차가 212가 되는 두 수를 고르세요.

697 868 485

( ), ( )

5-7 어느 분식집에서 김밥을 367줄 말아서 243줄 팔았습니다. 남은 김밥은 몇 줄인가요?

( )

Tip (남은 김밥 수)
=(만든 김밥 수)−(판 김밥 수)

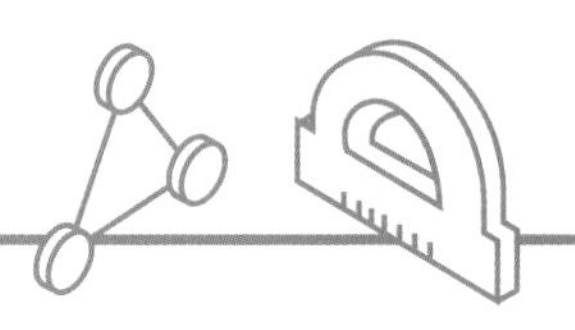

유형 6 받아내림이 한 번 있는 (세 자리 수)−(세 자리 수)

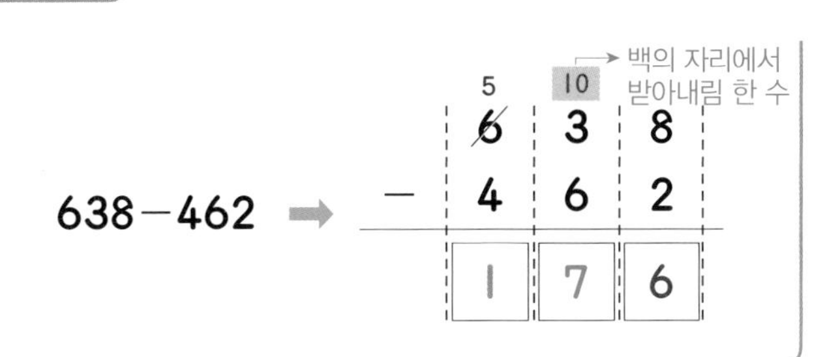

6-1 □ 안에 알맞은 수를 써넣으세요.

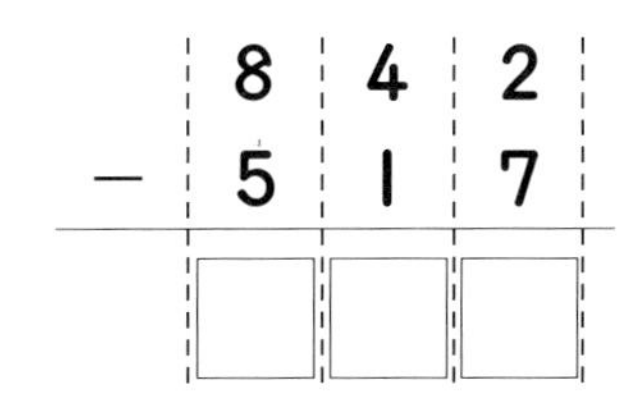

6-2 계산해 보세요.

(1) $\begin{array}{r} 783 \\ -\ 237 \\ \hline \end{array}$　(2) $\begin{array}{r} 829 \\ -\ 572 \\ \hline \end{array}$

(3) 475−318　(4) 629−137

6-3 □ 안에 알맞은 수를 써넣으세요.

(1)

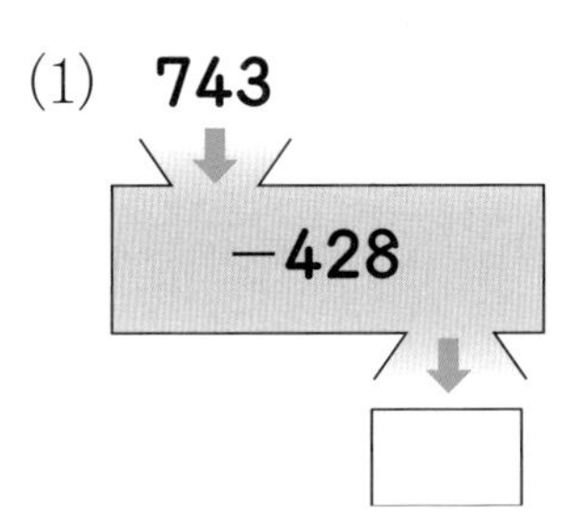

(2)

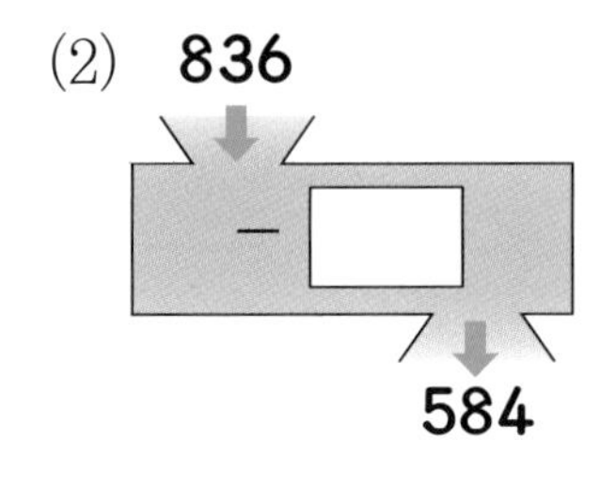

6-4 □ 안에 알맞은 수를 써넣으세요.

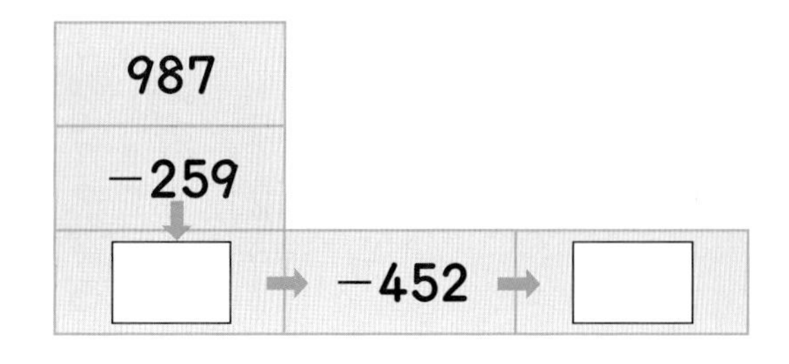

6-5 계산에서 틀린 곳을 찾아 바르게 고쳐 보세요.

$\begin{array}{r} 639 \\ -\ 273 \\ \hline 466 \end{array}$ ➡ □

시험에 잘 나와요

6-6 □ 안에 알맞은 숫자를 써넣으세요.

$\begin{array}{r} \square\ 5\ 4 \\ -\ 5\ \square\ 2 \\ \hline 3\ 7\ 2 \end{array}$

6-7 영수와 가영이가 접은 종이학의 수를 나타낸 것입니다. 누가 몇 개를 더 많이 접었는지 구해 보세요.

이름	영수	가영
종이학 수(개)	392	457

(　　　　　), (　　　　　)

유형 7 받아내림이 두 번 있는 (세 자리 수)−(세 자리 수)

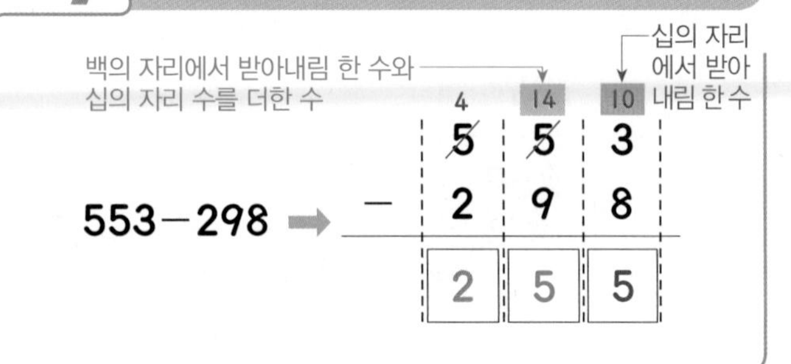

7-1 어제와 오늘 실내체육관에 방문한 사람 수입니다. 어제 방문한 사람은 오늘 방문한 사람보다 몇 명 더 많은지 어림셈으로 구해 보세요.

어제	901
오늘	772

( )

7-2 □ 안에 알맞은 숫자를 써넣으세요.

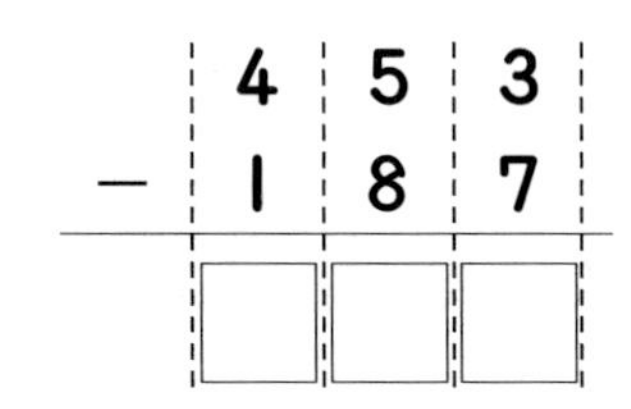

대표유형

7-3 계산해 보세요.

(1) $\begin{array}{r} 753 \\ -\ 259 \\ \hline \end{array}$ (2) $\begin{array}{r} 624 \\ -\ 389 \\ \hline \end{array}$

(3) 535−276 (4) 817−438

7-4 빈 곳에 알맞은 수를 써넣으세요.

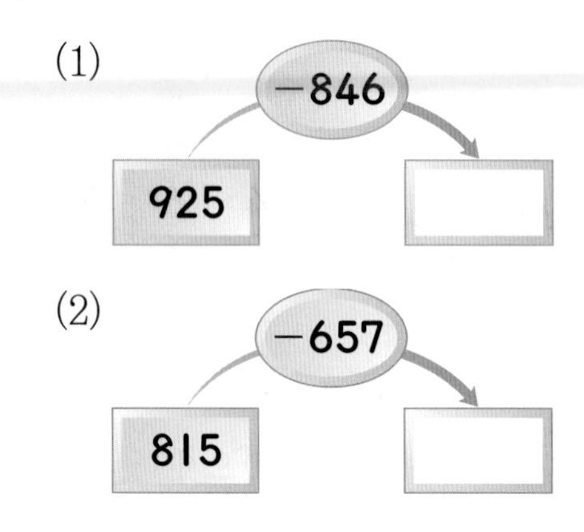

7-5 □ 안에 알맞은 수를 써넣으세요.

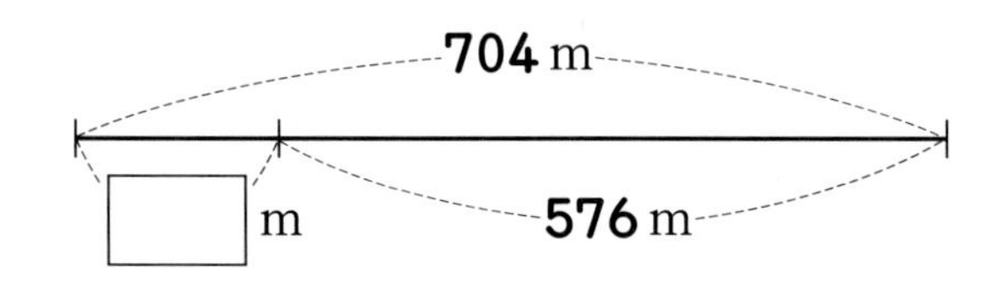

시험에 잘 나와요

7-6 가장 큰 수와 가장 작은 수의 차를 구해 보세요.

298 814 792

( )

7-7 위인전은 434쪽이고 동화책은 296쪽입니다. 위인전은 동화책보다 몇 쪽 더 많은가요?

( )

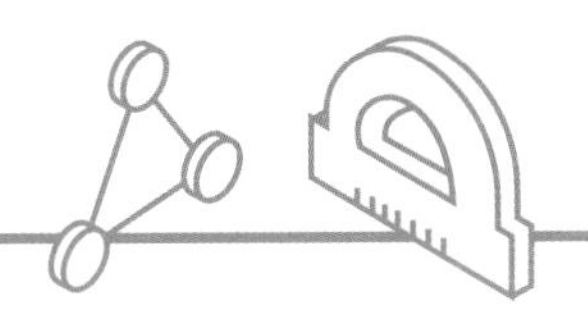

7-8 도영이네 집에서 약국과 병원 중에서 어느 곳이 몇 m 더 멀리 떨어져 있나요?

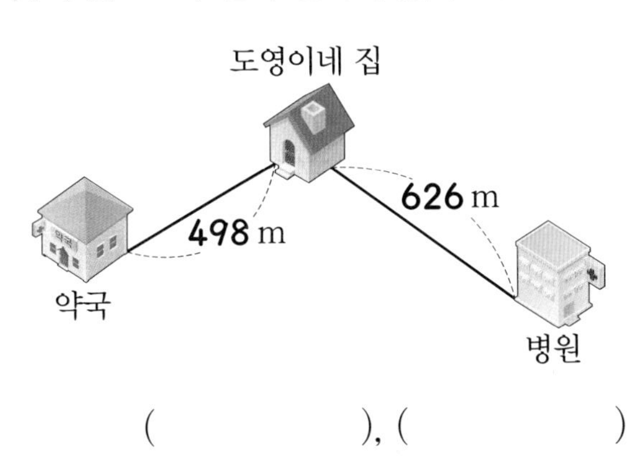

( ), ( )

7-9 사각형 안에 있는 수들의 차를 구해 보세요.

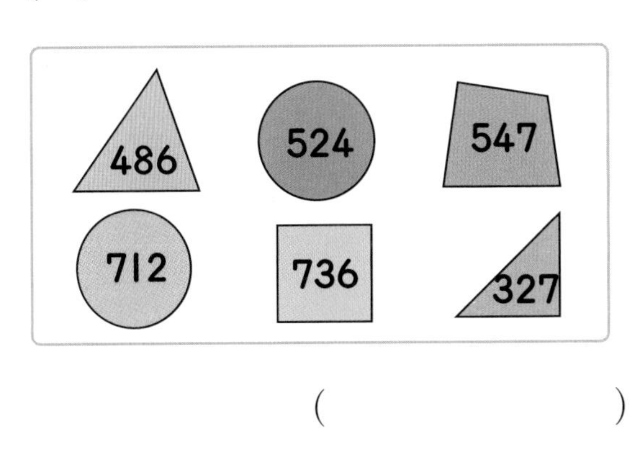

( )

잘 틀려요

7-10 집에서 시청까지의 거리가 568 m일 때, 학교에서 경찰서까지의 거리는 몇 m인가요?

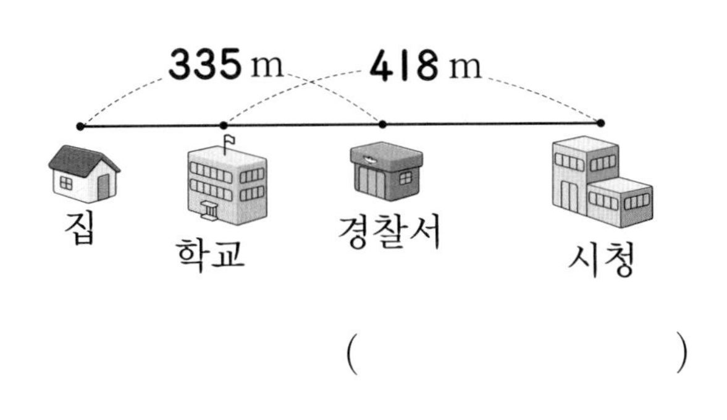

( )

7-11 계산식에서 □ 안의 수가 실제로 나타내는 수를 구해 보세요.

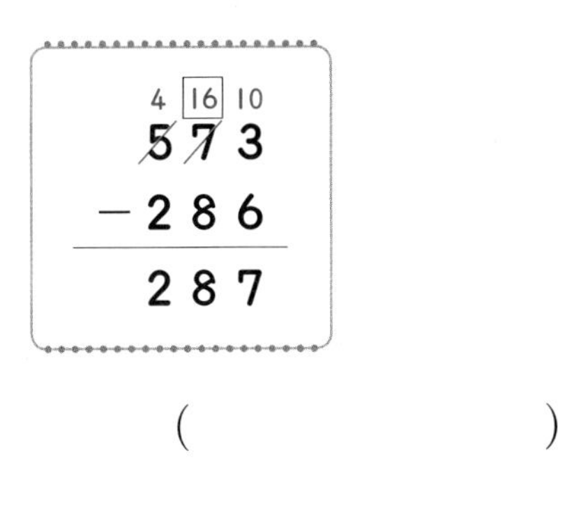

( )

7-12 세 사람의 이야기를 읽고 물음에 답해 보세요.

석기: 내가 오늘 접은 종이학은 모두 **427**개야.
가영: 내가 오늘 접은 종이학은 석기가 접은 종이학보다 **168**개가 많아.
상연: 나는 가영이보다 **197**개가 적은 종이학을 접었어.

(1) 가영이가 접은 종이학은 몇 개인가요?

( )

(2) 상연이가 접은 종이학은 모두 몇 개인가요?

( )

7-13 빈칸에 알맞은 수를 써넣으세요.

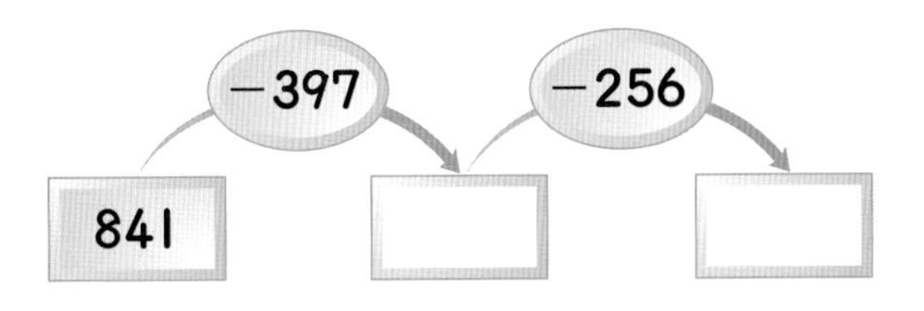

유형 콕콕을 통해 다진 기본을 확인하고
좀 더 수준이 높은 문제를 풀며 실력을 높여요.

1 ㉠+㉡의 값을 구해 보세요.

㉠ 100이 6개, 10이 8개, 1이 9개인 수
㉡ 100이 3개, 10이 14개, 1이 58개 인 수

(　　　　　)

2 4장의 숫자 카드 중 3장을 뽑아 세 자리 수를 만들려고 합니다. 만들 수 있는 가장 큰 수와 가장 작은 수의 합을 구해 보세요.

4, 3, 0, 5

(　　　　　)

3 345+423을 두 가지 방법으로 계산해 보세요.

방법 1

방법 2

4 빈칸에 알맞은 수를 써넣으세요.

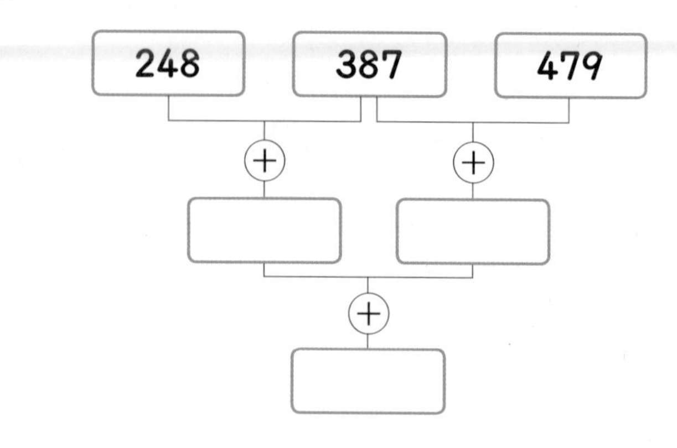

5 종이 2장에 세 자리 수를 한 개씩 써놓았는데 한 장이 찢어져서 백의 자리 숫자만 보입니다. 두 수의 합이 493일 때 찢어진 종이에 적혔던 세 자리 수를 구해 보세요.

167　　3

(　　　　　)

6 □ 안에 알맞은 숫자를 써넣으세요.

(1)
```
    □ 8 6
+ 4 □ □
-------
    7 9 8
```

(2)
```
    □ 2 □
+ 3 □ 6
-------
    5 8 5
```

(3)
```
    5 2 □
+ 2 □ 7
-------
    □ 0 6
```

(4)
```
    3 9 □
+ □ 4 5
-------
    □ 2 □ 2
```

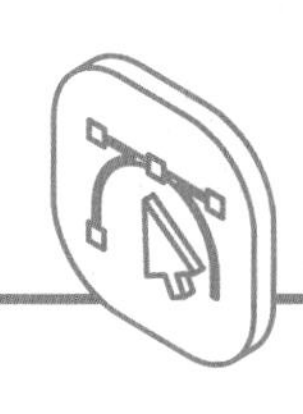

7 □ 안에 들어갈 수 있는 숫자를 모두 구해 보세요.

39□+838<1234

(　　　　　　　　)

8 글을 읽고 어떤 수는 얼마인지 구해 보세요.

상연 : 예슬아, 내가 이 문제를 왜 틀렸는지 모르겠어. 너는 알겠니?
예슬: 어떻게 풀었는지 살펴볼까? 어떤 수에서 123을 빼야 하는데 더해서 669가 나왔구나.
상연: 앗! 나의 실수. 어떤 수에서 123을 빼야 하는구나.

(　　　　　　　　)

9 운동장에 여학생이 246명 있고, 남학생은 여학생보다 123명 더 많이 있습니다. 운동장에 있는 여학생과 남학생은 모두 몇 명인가요?

(　　　　　　　　)

10 계산 결과를 비교하여 ○ 안에 >, =, <를 알맞게 써넣으세요.

837+498 ○ 977+388

11 두 수의 합이 가장 큰 것을 찾아 기호를 써 보세요.

㉠ 509+789　　㉡ 624+693
㉢ 777+555　　㉣ 819+468

(　　　　　　　　)

12 4장의 숫자 카드 2, 8, 3, 5 중에서 3장을 뽑아 만들 수 있는 가장 큰 세 자리 수와 두 번째로 큰 세 자리 수의 합을 구해 보세요.

(　　　　　　　　)

13 빈칸에 알맞은 수를 써넣으세요.

→ ⊖ (가로), ↓ ⊖ (세로)

982	648	
705		
	224	

14 비행기에 탄 어른과 어린이 수의 차가 **200**명보다 많은지 적은지 어림셈을 이용하여 알아보려고 합니다. 알맞은 말에 ○표 하세요.

어른	어린이
907명	694명

비행기에 탄 어른 수는 **900**명보다 (많은 , 적은) **907**명이고, 어린이 수는 **700**명보다 (많은 , 적은) **694**명이므로 비행기에 탄 어른과 어린이 수의 차는 **200**명보다 (많습니다 , 적습니다).

15 삼각형 안에 있는 수들의 차를 구해 보세요.

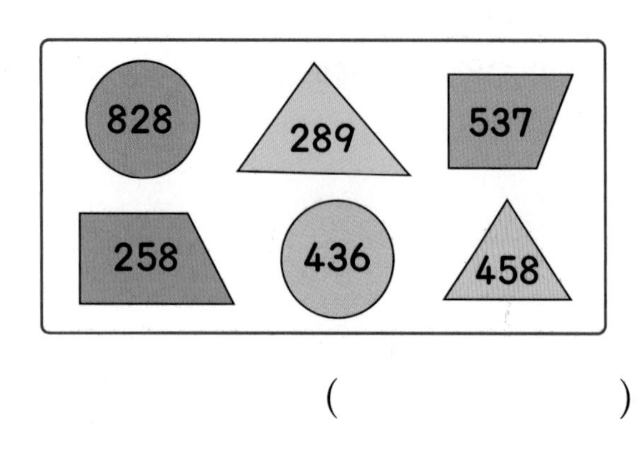

( )

16 빈 곳에 알맞은 수를 써넣으세요.

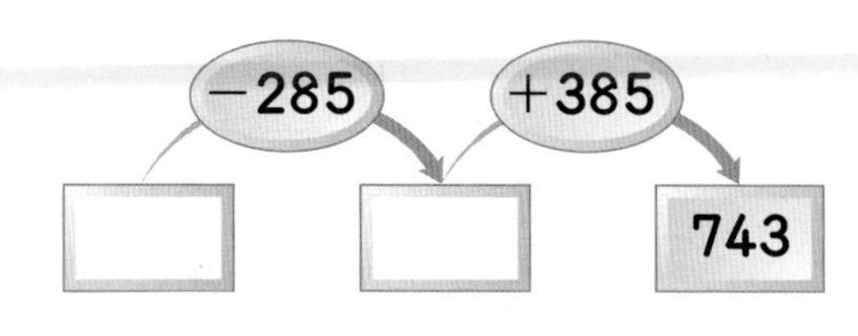

17 **4**장의 숫자 카드 중에서 **3**장을 뽑아 세 자리 수를 만들려고 합니다. 만들 수 있는 가장 큰 수와 가장 작은 수의 차는 얼마인가요?

2 4 7 0

( )

18 받아내림이 두 번 있는 뺄셈식입니다. ㉠, ㉡, ㉢에 알맞은 수의 합을 구해 보세요. (단, 같은 기호는 같은 숫자를 나타냅니다.)

```
   ㉠ 3 ㉡
 − ㉡ ㉢ 5
 ─────────
   5 ㉢ 7
```

( )

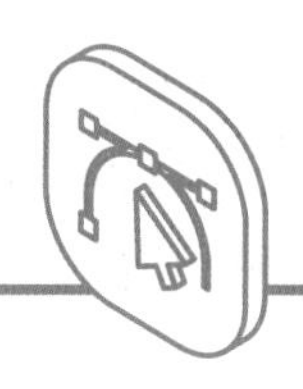

19 □ 안에 알맞은 숫자를 써넣으세요.

(1)
$$\begin{array}{r} \square\ 4\ 5 \\ -\ 3\ \square\ 6 \\ \hline 3\ 7\ \square \end{array}$$

(2)
$$\begin{array}{r} 9\ \square\ 2 \\ -\ 5\ 7\ \square \\ \hline \square\ 9\ 8 \end{array}$$

20 주어진 수 중에서 세 수를 □ 안에 써넣어 계산 결과가 가장 크게 되도록 하고 계산 결과도 구해 보세요.

823 429 257 326

□−□+□

(　　　　　　)

21 0에서 9까지의 숫자 중에서 □ 안에 들어갈 수 있는 숫자를 모두 구해 보세요.

62□−298<327

(　　　　　　)

22 세 자리 수 ㉠㉡㉢과 567의 합은 935입니다. ㉠㉡㉢과 567의 차를 구해 보세요.

(　　　　　　)

23 주어진 식이 옳은 식이 되도록 숫자 카드 한 장을 바꾸는 방법을 설명해 보세요.

7 2 3 − 5 6 9 = 1 6 4

24 어떤 수에서 237을 빼야 할 것을 잘못하여 더했더니 788이 되었습니다. 바르게 계산한 답을 구해 보세요.

(　　　　　　)

서술 유형 익히기

주어진 풀이 과정을 함께 해결하면서
서술형 문제의 해결 방법을 익혀요.

1 석기는 달리기를 하여 어제와 오늘 각각 **788** m씩 달렸습니다. 석기가 어제와 오늘 달린 거리는 모두 몇 m인지 풀이 과정을 쓰고 답을 구해 보세요.

풀이 (석기가 달린 거리)
=(어제 달린 거리)+(오늘 달린 거리)
=□+□
=□(m)
따라서 석기가 달린 거리는 □ m 입니다.

답 □ m

1-1 신영이는 어제와 오늘 줄넘기를 각각 **579**번씩 했습니다. 신영이가 어제와 오늘 줄넘기를 모두 몇 번 했는지 풀이 과정을 쓰고 답을 구해 보세요.

풀이

답

2 가장 큰 수와 가장 작은 수의 합은 얼마인지 풀이 과정을 쓰고 답을 구해 보세요.

478 297 736 835

풀이 백의 자리 숫자끼리 크기를 비교하면 백의 자리 숫자가 가장 큰 수는 □이고, 백의 자리 숫자가 가장 작은 수는 □입니다. 따라서 두 수의 합은 □+□=□입니다.

답 □

2-1 가장 큰 수와 가장 작은 수의 차는 얼마인지 풀이 과정을 쓰고 답을 구해 보세요.

457 603 129 357

풀이

답

3 숫자 카드를 모두 사용하여 세 자리 수를 만들려고 합니다. 만들 수 있는 가장 큰 수와 가장 작은 수의 합은 얼마인지 풀이 과정을 쓰고 답을 구해 보세요.

3　7　6

풀이 수의 크기를 비교하면

 이므로 만들 수 있는 가장 큰 세 자리 수는 □이고 가장 작은 세 자리 수는 □입니다.

따라서 두 수의 합은

□ + □ = □입니다.

답 □

3-1 숫자 카드를 모두 사용하여 세 자리 수를 만들려고 합니다. 만들 수 있는 가장 큰 수와 가장 작은 수의 차는 얼마인지 풀이 과정을 쓰고 답을 구해 보세요.

2　8　4

풀이

답

4 ㉮와 ㉯의 합은 얼마인지 풀이 과정을 쓰고 답을 구해 보세요.

㉮+357=492
㉯−246=163

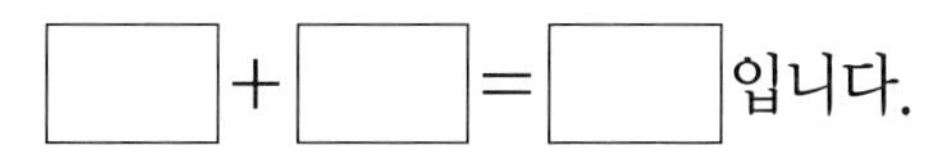

풀이 ㉮+357=492에서

㉮=492−□=□이고,

㉯−246=163에서

㉯=163+□=□입니다.

따라서 ㉮와 ㉯의 합은

□+□=□입니다.

답 □

4-1 ㉮와 ㉯의 차는 얼마인지 풀이 과정을 쓰고 답을 구해 보세요.

㉮−397=538
724−㉯=437

풀이

답

단원 평가

1 □ 안에 알맞은 숫자를 써넣으세요.

(1)

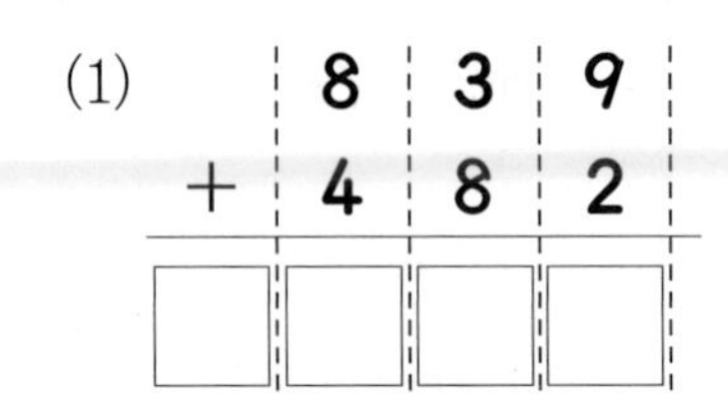

	8	3	9
+	4	8	2
□	□	□	□

(2)

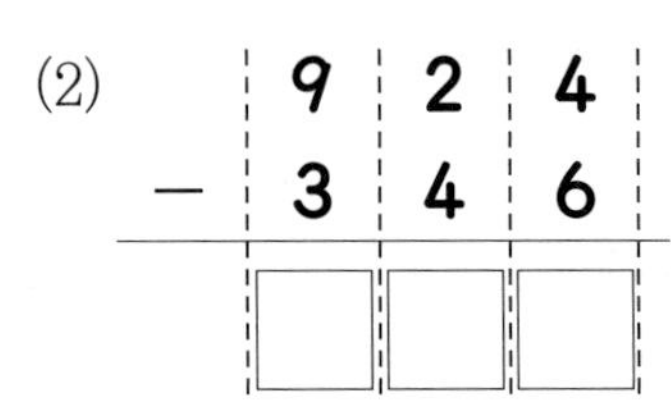

	9	2	4
−	3	4	6
	□	□	□

2 계산해 보세요.

(1) $\begin{array}{r} 489 \\ +\ 376 \\ \hline \end{array}$ (2) $\begin{array}{r} 875 \\ -\ 398 \\ \hline \end{array}$

(3) $324+557$ (4) $825-269$

3 빈칸에 알맞은 수를 써넣으세요.

+454

132	979

4 빈칸에 알맞은 수를 써넣으세요.

608	795

5 두 수의 합과 차를 각각 구해 보세요.

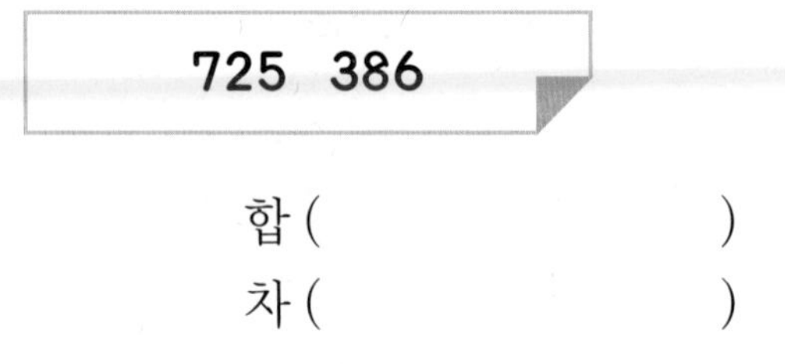

합 (　　　　　　　)
차 (　　　　　　　)

6 관계있는 것끼리 선으로 이어 보세요.

707−188 •	• 359
185+269 •	• 454
531−172 •	• 519

7 $384+475$를 두 가지 방법으로 계산해 보세요.

(1)

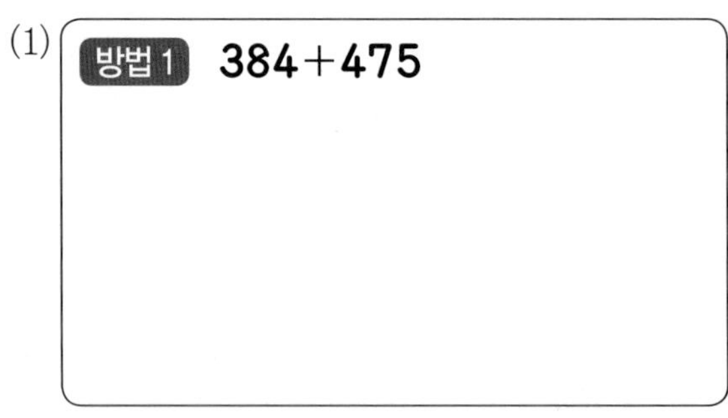

(2) 방법 2 $384+475$

8 삼각형 안에 있는 수들의 차를 구해 보세요.

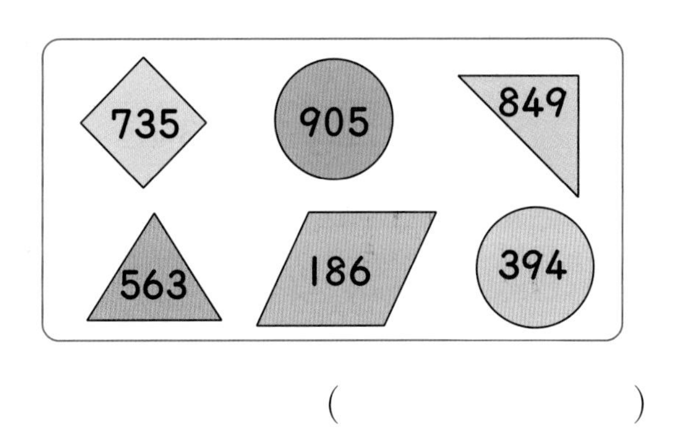

( )

9 계산에서 잘못된 곳을 찾아 바르게 고쳐 보세요.

$$\begin{array}{r} 838 \\ -\ 456 \\ \hline 482 \end{array} \rightarrow \begin{array}{r} 838 \\ -\ 456 \\ \hline \end{array}$$

10 빈칸에 알맞은 수를 써넣으세요.

(→ +, ↓ −)

636	765	
437	578	

11 빈 곳에 알맞은 수를 써넣으세요.

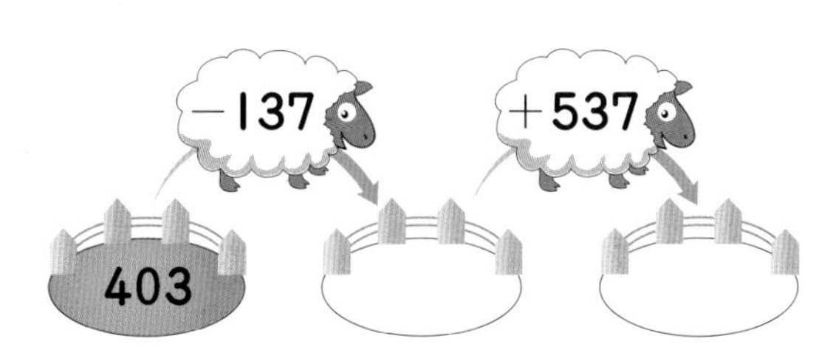

12 계산 결과가 가장 큰 것을 찾아 기호를 써 보세요.

㉠ 756+494
㉡ 937+295
㉢ 326+885

( )

13 계산 결과가 가장 작은 것은 어느 것인가요? ( )

① 853−367 ② 784−286
③ 807−339 ④ 934−458
⑤ 924−459

14 합이 1027이 되는 두 수를 찾아 써 보세요.

889 965 138

( ), ( )

15 753－328을 두 가지 방법으로 계산해 보세요.

(1) 방법 1 753－328

(2) 방법 2 753－328

16 경이네 학교 도서관에는 동화책이 398권, 과학책이 522권 있습니다. 동화책과 과학책은 모두 몇 권인가요?

(　　　　　　　)

17 윤정이는 집에 도착하려면 628걸음을 걸어야 합니다. 윤정이가 259걸음을 걸었다면 앞으로 몇 걸음을 더 걸어야 하나요?

(　　　　　　　)

18 지은이네 학교의 학년별 학생 수를 나타낸 표입니다. 학생 수가 가장 많은 학년과 가장 적은 학년의 학생 수의 차는 몇 명인가요?

1학년	2학년	3학년	4학년
223명	198명	187명	217명

(　　　　　　　)

□ 안에 알맞은 숫자를 써넣으세요. [19~20]

19

$$\begin{array}{r} 6\ 5\ 3 \\ +\ 5\ \square\ 7 \\ \hline 1\ 2\ 4\ 0 \end{array}$$

20

$$\begin{array}{r} 5\ 2\ \square \\ -\ 2\ \square\ 7 \\ \hline 2\ 6\ 5 \end{array}$$

21 지하철에 504명이 타고 있습니다. 이번 역에서 246명이 내리고 172명이 탔습니다. 지금 지하철에 타고 있는 사람은 몇 명인가요?

(　　　　　　　)

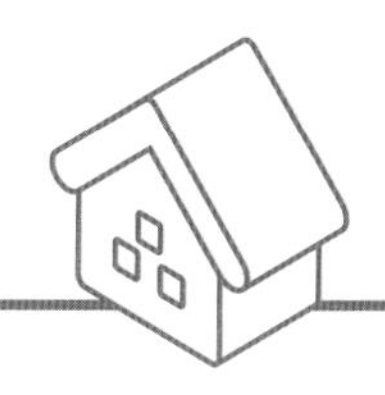

서술형

22 미나네 집에서 문구점까지의 거리와 미나네 집에서 은행까지의 거리 중에서 어느 곳이 몇 m 더 먼지 풀이 과정을 쓰고 답을 구해 보세요.

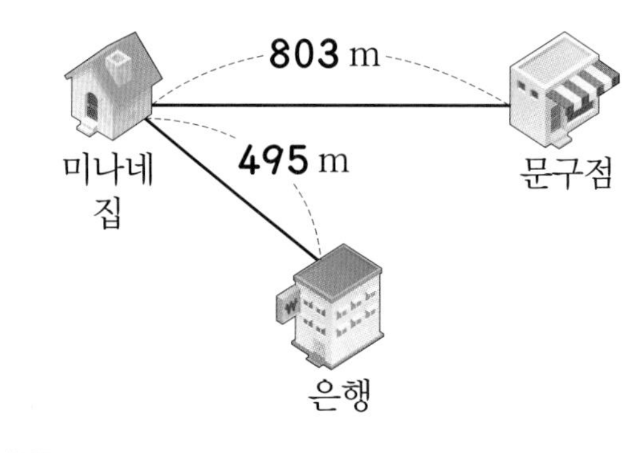

풀이

답 ,

23 4장의 숫자 카드 중에서 3장을 뽑아 만든 세 자리 수 중 가장 큰 수와 가장 작은 수의 합은 얼마인지 풀이 과정을 쓰고 답을 구해 보세요.

2 6 4 9

풀이

답

24 612와 384의 차는 228입니다. $612-384=228$이 되는 과정을 두 가지 방법으로 설명해 보세요.

풀이

25 어느 박물관에 어제 입장한 사람은 478명이고, 오늘 입장한 사람은 어제보다 198명 더 많았습니다. 어제와 오늘 박물관에 입장한 사람은 모두 몇 명인지 풀이 과정을 쓰고 답을 구해 보세요.

풀이

답

탐구 수학

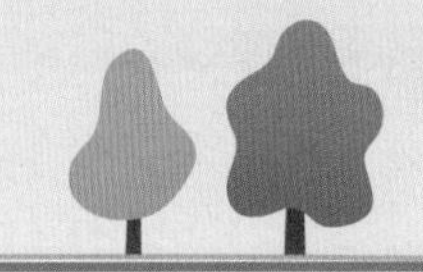

도윤이네 가족이 솔별타워로 소풍을 가기 위해 지도를 보고 있습니다. 물음에 답해 보세요. [1~2]

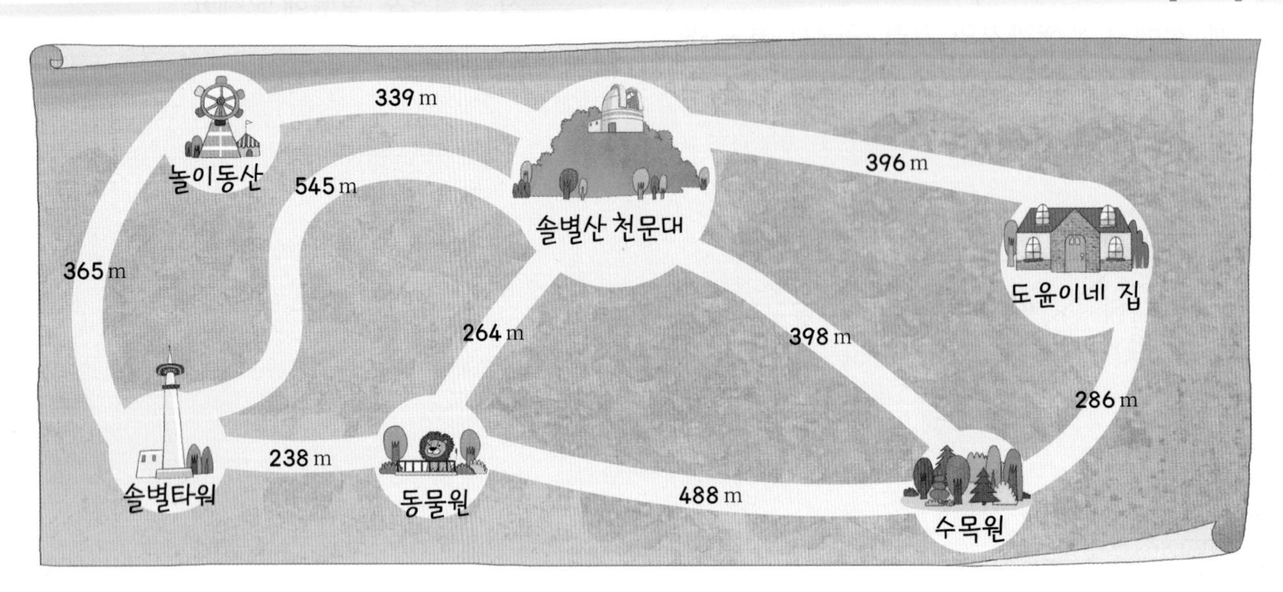

1 도윤이네 집에서 솔별타워로 가는 여러 가지 방법을 찾아 그 거리를 계산해 보세요.

2 도윤이네 집에서 솔별타워로 가는 가장 짧은 길을 찾아보세요.

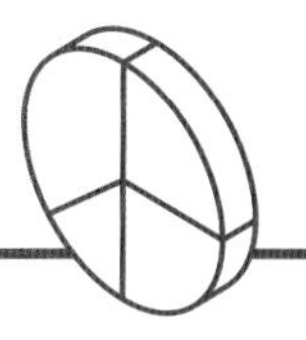

나처럼 해 봐라, 이렇게!

수돌이는 고집쟁이예요. 한 번 하겠다고 마음 먹으면 다른 사람 말은 들으려고 하지 않아요. 어릴 땐 장난감 가게에서 갖고 싶은 장난감을 모두 사 달라고 고집을 부려서 엄마 속을 태우더니 학교에 입학해서는 무엇이든 자기가 하고 싶은 대로 하는 바람에 선생님 속까지 태운답니다. 연필로 쓰라고 하면 색연필로 쓰는게 더 예쁘다고 고집을 부리고, 체육복을 입고 오라고 하면 집에서 입고 있던 헐렁한 바지를 입고 와서는 이게 체육복보다 더 편하다면서 뛰어다닙니다.

3학년이 되더니 이젠 수학 공부도 수돌이 마음대로 해요. 구구단을 외워 보라고 하면 **9×9=81, 9×8=72, 9×7=63**하면서 거꾸로 외워요.

또 시도 때도 없이 구구단을 큰 소리로 외우며 돌아다녀서 친구들을 불편하게 해요.

그런데 오늘, 수돌이가 선생님께 칭찬을 받았어요. 선생님은 수돌이를 칭찬하시고 '덧셈 박사'라는 별명까지 붙여 주셨어요. 언제나 **100**점을 받는 것도 아니고, 남들보다 덧셈을 더 빨리 푸는 것도 아닌데 왜 덧셈 박사인지 샘도 나고 궁금하기도 해서 수돌이에게 물었어요.

"네가 뭘 어떻게 했는데 박사니?"하고 따지듯이 묻는 친구도 있었고, "덧셈 박사니까 우리 문제 다 풀어 주는 거야?"라고 말하며 마치 자기 수학책에 수돌이가 답을 다 써 주기로 약속이나 한 듯이 싱글벙글 좋아하는 친구도 있네요.

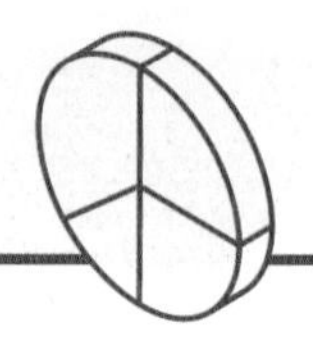

"덧셈을 어떻게 하는데 선생님이 너에게 덧셈 박사라고 하시니?"라고 한 친구가 이렇게 묻자 수돌이는 귀찮다는 듯이 공책을 쑥 내밀었어요. 지난 수업 시간에 선생님께서 내 주신 덧셈 문제를 예쁜 글씨로 풀어놓은 것이 보였어요. 하지만 그것만으로는 왜 선생님은 수돌이에게 덧셈 박사라고 하셨는지 알 수가 없어요. 그런데 가만히 살펴보니 수돌이가 계산한 덧셈은 모두 기역처럼 보였어요.

259+382=500	408+526=900	593+409=900
130	20	90
+ 11	+ 14	+ 12
641	934	1002

이건 뭐지? 답이 맞나? 난 얼른 내 공책을 가져와서 답을 맞추어 보았더니 모두 정답이에요. 그래서 다시 천천히 살펴보았지요.아하! 이제 알았어요. 수돌이는 백의 자리부터 더한 거예요. 우리는 일의 자리부터 더하는데 수돌이가 새로운 방법으로 덧셈을 하니까 선생님께서는 '박사!'라고 말씀하신 것 같아요.

맨 마지막 문제처럼 **9**가 나오면 나는 늘 가슴이 두근두근해요.'혹시 틀리면 어쩌지? 받아올림이 맞나?' 하고 말이죠. 그런데 수돌이처럼 덧셈을 하면 걱정이 덜 될 것 같았어요. 그래서 나도 얼른 십의 자리에 **0**이 있는 답을 찾아 다시 계산해 보았어요.

298+306=500	272+329=500	926+777=1600
90	90	90
+ 14	+ 11	+ 13
604	601	1703

수돌아, 고마워! 나도 이젠 덧셈 박사가 될 수 있을 것 같아!

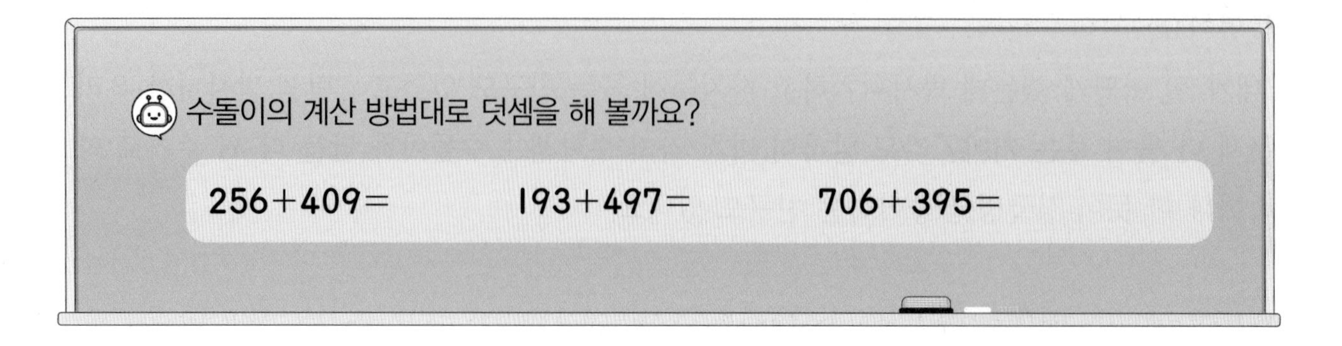

수돌이의 계산 방법대로 덧셈을 해 볼까요?
256+409=
193+497=
706+395=

단원 2 평면도형

이번에 배울 내용

1. 선분, 반직선, 직선
2. 각, 직각
3. 직각삼각형
4. 직사각형
5. 정사각형

이전에 배운 내용

- 삼각형, 사각형 알아보기
- 원 알아보기

다음에 배울 내용

- 이등변삼각형 알아보기
- 사다리꼴, 평행사변형, 마름모 알아보기

1. 선분, 반직선, 직선

교과서 개념을 이해하고 확인 문제를 통해 익혀요.

선분

• 두 점을 곧게 이은 선을 선분이라고 합니다.

• 점 ㄱ과 점 ㄴ을 이은 선분을 선분 ㄱㄴ이라고 합니다. (또는 선분 ㄴㄱ)

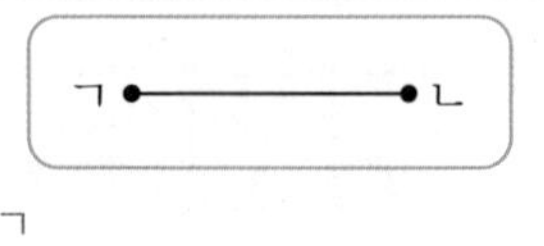

반직선

• 한 점에서 시작하여 한쪽으로 끝없이 늘인 곧은 선을 반직선이라고 합니다.

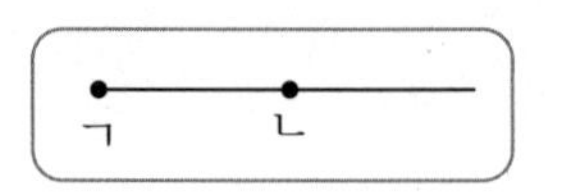

• 점 ㄱ에서 시작하여 점 ㄴ을 지나는 반직선을 반직선 ㄱㄴ이라고 합니다.

직선

• 양쪽으로 끝없이 늘인 곧은 선을 직선이라고 합니다.

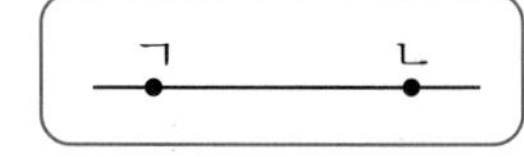

• 점 ㄱ과 점 ㄴ을 지나는 직선을 직선 ㄱㄴ이라고 합니다. (또는 직선 ㄴㄱ)

개념잡기

선분과 직선의 차이

• 선분 — 점 ㄱ과 점 ㄴ 사이를 잇습니다.

ㄱ ——— ㄴ (끝점, 끝점)

• 직선 — 점 ㄱ과 점 ㄴ을 지납니다.

참고 선분은 양쪽에 끝점이 있으나 직선은 양쪽에 끝점이 없습니다.

---

1 개념확인

점 ㄱ과 점 ㄴ을 자를 대고 곧게 이어 보고 □ 안에 알맞게 써넣으세요.

ㄱ•　　　　　　　　•ㄴ

위와 같이 두 점을 곧게 이은 선을 □이라 하고, 점 ㄱ과 점 ㄴ을 이은 선분을 선분 □ 또는 선분 □이라고 합니다.

2 개념확인

오른쪽 그림을 보고 □ 안에 알맞게 써넣으세요.

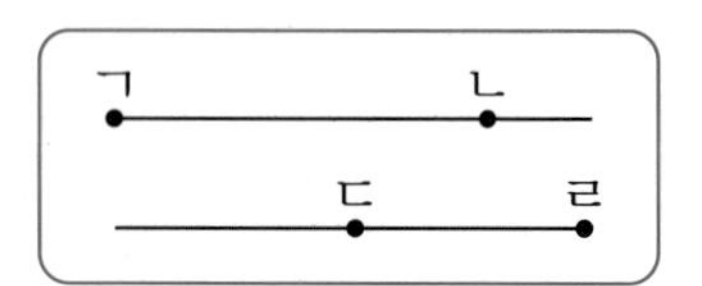

한 점에서 시작하여 한쪽으로 끝없이 늘인 곧은 선을 □이라고 합니다. 점 ㄱ에서 시작하여 점 ㄴ을 지나는 반직선을 □이라 하고, 점 ㄹ에서 시작하여 점 ㄷ을 지나는 반직선을 □이라고 합니다.

2단계 핵심 쏙쏙

기본 문제를 통해 교과서 개념을 다져요.

1 곧은 선에 ○표, 굽은 선에 △표 하세요.

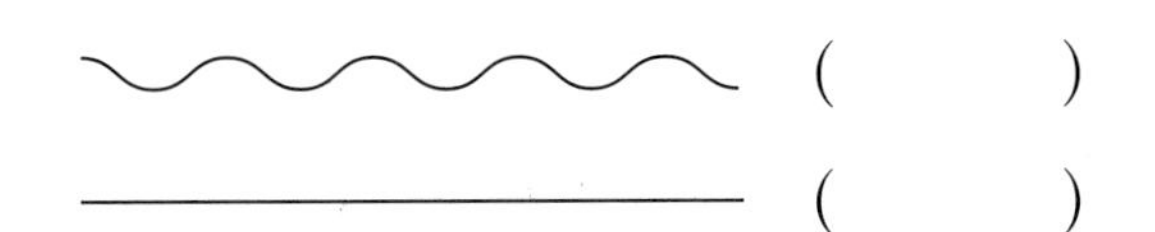

( )

( )

2 직선을 찾아 ○표 하세요.

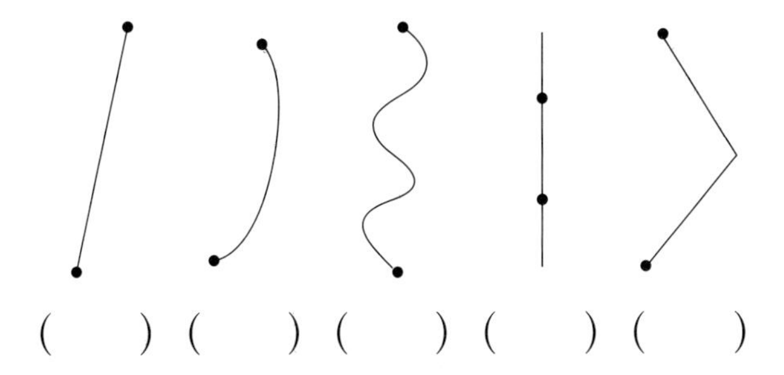

( ) ( ) ( ) ( ) ( )

중요

3 □ 안에 알맞은 말을 써넣으세요.

(1) 한 점에서 시작하여 한쪽으로 끝없이 늘인 곧은 선을 □이라고 합니다.

(2) 양쪽으로 끝없이 늘인 곧은 선을 □이라고 합니다.

4 도형의 이름을 써 보세요.

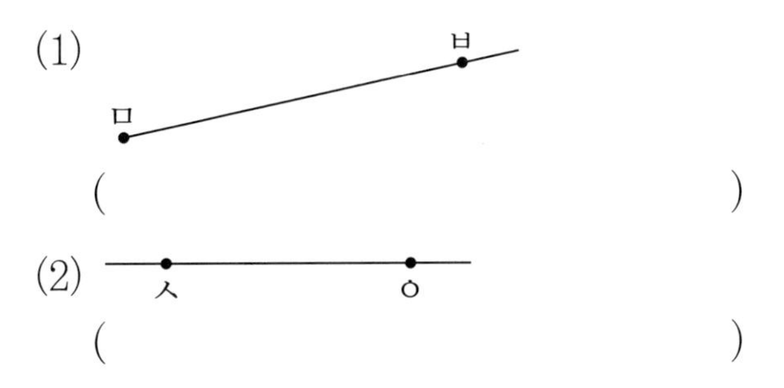

(1) ( )

(2) ( )

5 선분인 것을 모두 찾아 기호를 써 보세요.

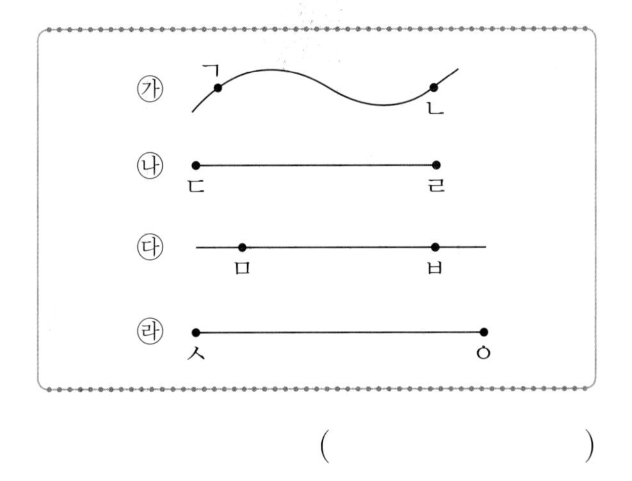

( )

6 도형을 그려 보세요.

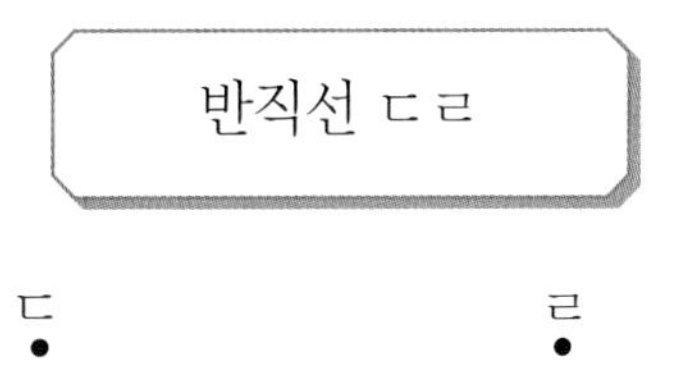

7 선분 ㄱㅂ과 직선 ㄴㄹ을 그려 보세요.

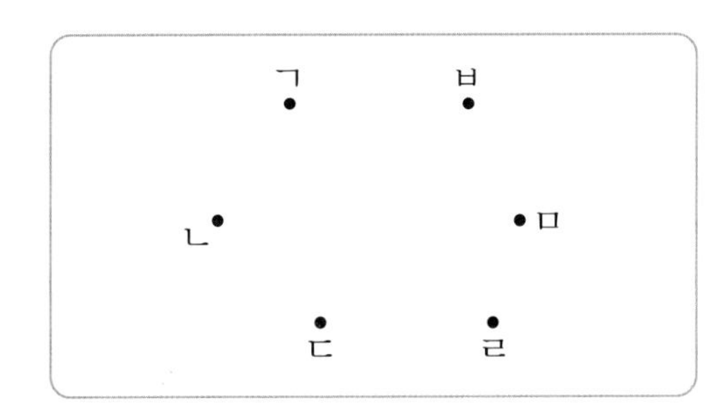

8 3개의 점 중 2개의 점을 골라 그릴 수 있는 선분은 모두 몇 개인가요?

( )

단원 2

2. 각, 직각

교과서 개념을 이해하고 확인 문제를 통해 익혀요.

각 알아보기

한 점에서 그은 두 반직선으로 이루어진 도형을 각이라고 합니다. 오른쪽 각에서 점 ㄴ을 각의 꼭짓점이라 하고, 반직선 ㄴㄱ, 반직선 ㄴㄷ을 각의 변이라고 합니다.

이 각을 각 ㄱㄴㄷ 또는 각 ㄷㄴㄱ이라고 합니다.

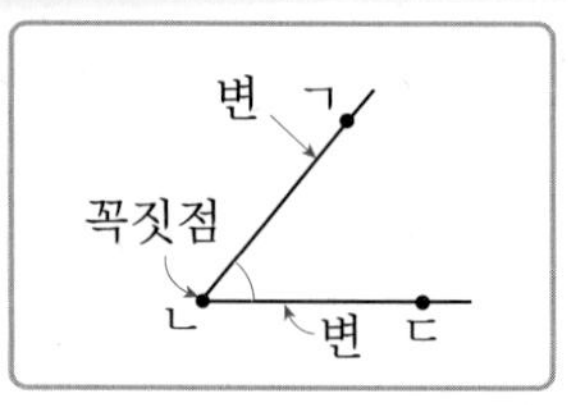

직각 알아보기

각 ㄱㄴㄷ과 같은 모양의 각을 직각이라고 합니다.

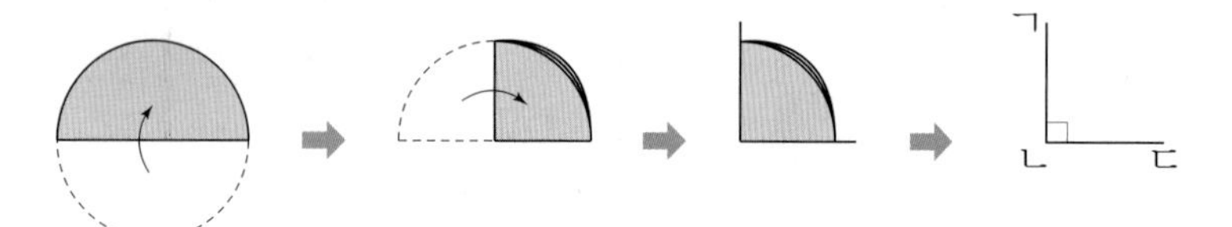

개념잡기

보충 각은 한 점에서 그은 두 반직선으로 이루어진 도형입니다.

참고 각을 읽을 때 꼭짓점이 가운데 오도록 읽습니다.

참고 삼각자의 직각 부분을 대었을 때 꼭 맞게 겹쳐지는 각이 직각입니다.

---

1 개념확인 각이 있는 도형을 찾아 기호를 써 보세요.

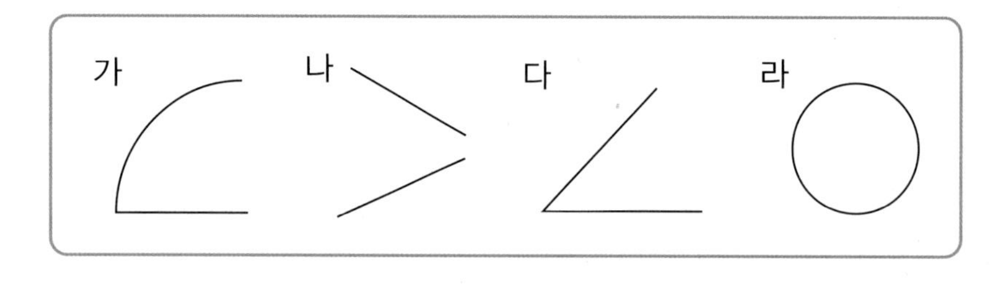

(　　　　　　　)

2 개념확인 오른쪽 도형을 보고 □ 안에 알맞은 말을 써넣으세요.

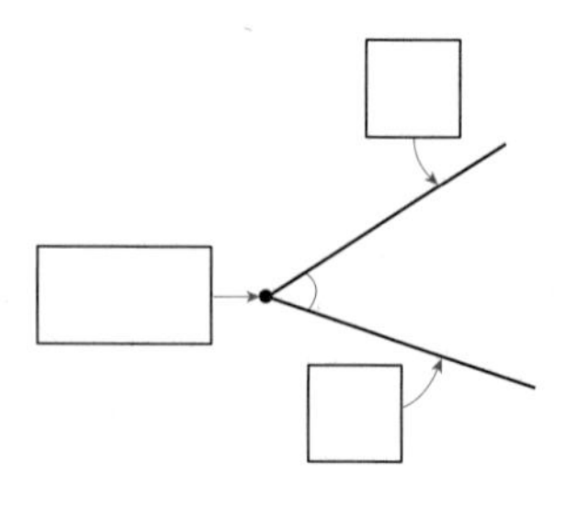

3 개념확인 직각이 있는 도형을 모두 찾아 ○표 하세요.

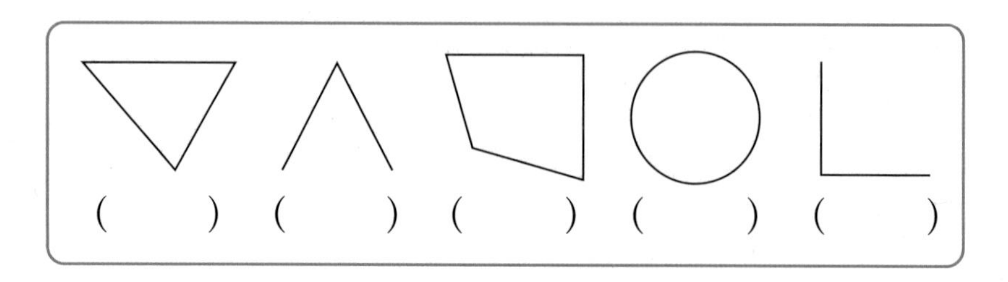

(　　) (　　) (　　) (　　) (　　)

기본 문제를 통해 교과서 개념을 다져요.

1 각이 아닌 것을 모두 찾아 기호를 써 보세요.

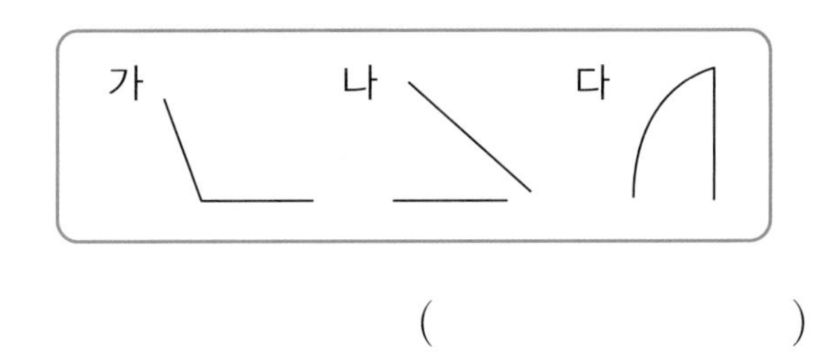

( )

중요

2 그림을 보고 ( ) 안에 알맞게 써 보세요.

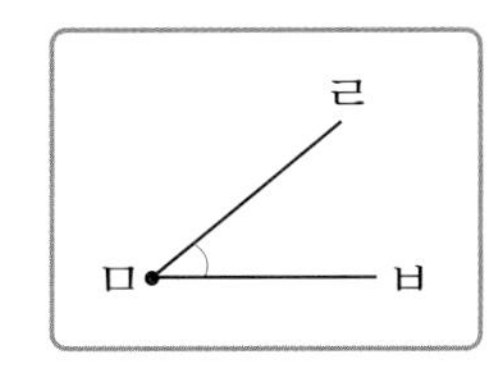

각의 이름 ( )

각의 꼭짓점 ( )

각의 변 ( )

3 도형에서 각이 모두 몇 개인지 구해 보세요.

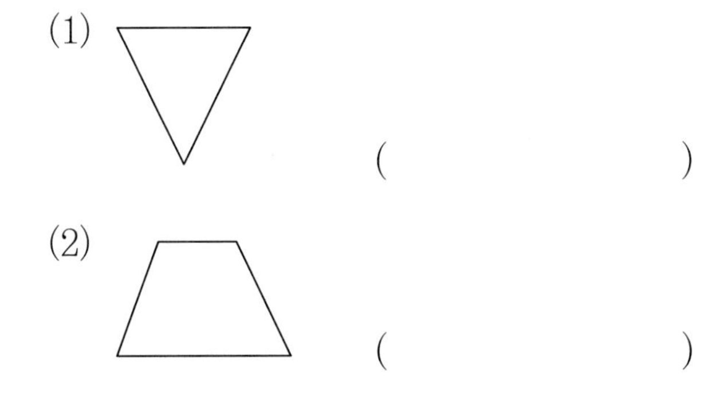

(1) ( )

(2) ( )

4 직각이 있는 도형을 찾아 기호를 써 보세요.

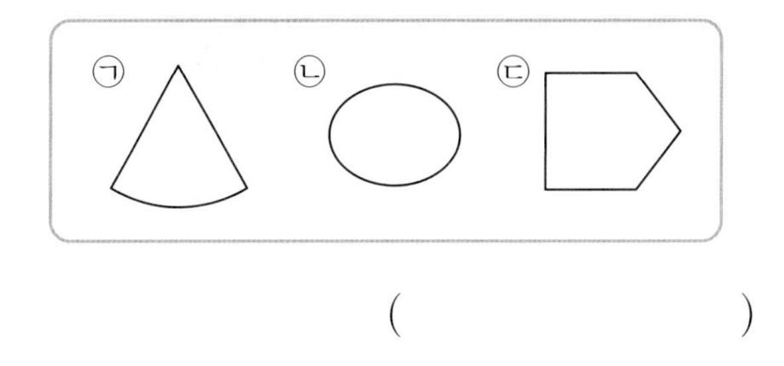

( )

5 도형에서 직각을 모두 찾아 ∟ 으로 표시해 보세요.

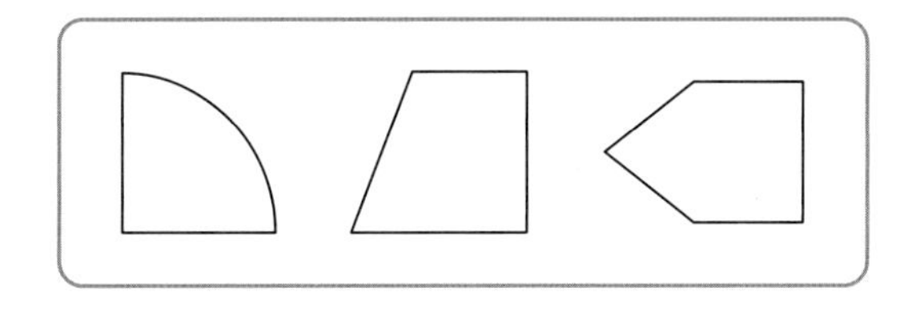

6 삼각자를 이용하여 주어진 선을 한 변으로 하는 직각을 각각 그려 보세요.

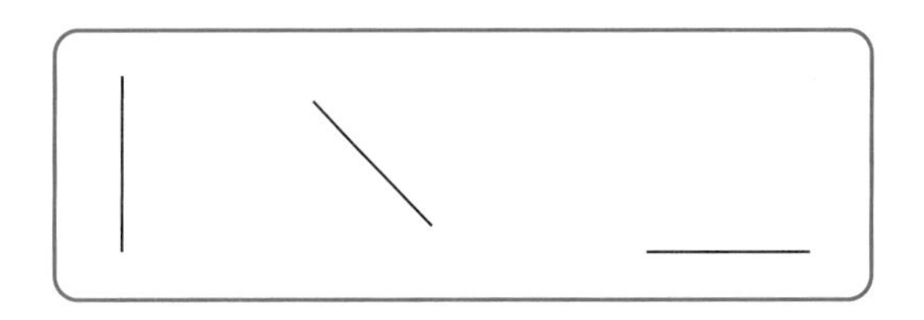

7 그림에서 직각을 모두 찾아 ∟ 으로 표시하고 몇 개인지 써 보세요.

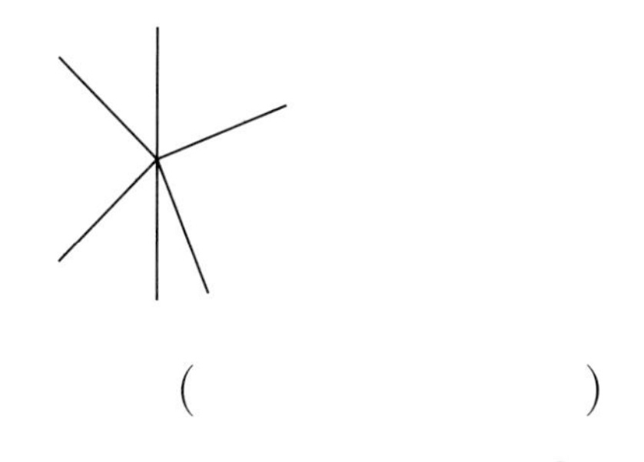

( )

단원 2

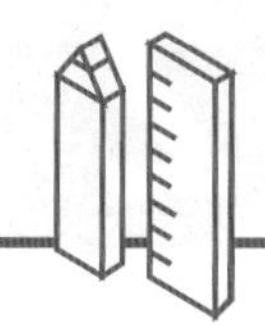

3. 직각삼각형

교과서 개념을 이해하고 확인 문제를 통해 익혀요.

직각삼각형 알아보기

한 각이 직각인 삼각형을 직각삼각형이라고 합니다.

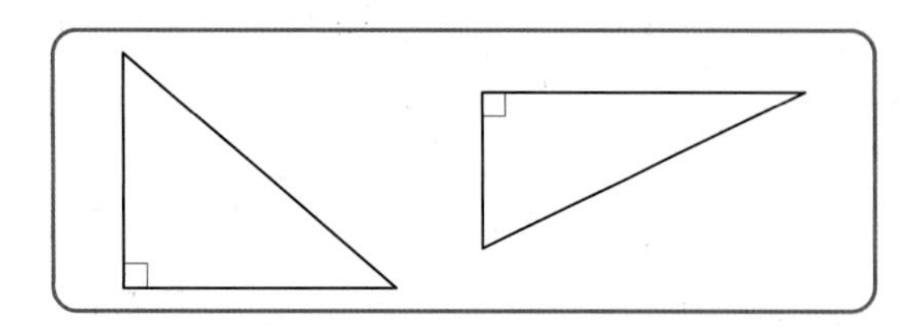

직각삼각형 찾기

삼각형의 세 각에 각각 삼각자의 직각인 부분을 대었을 때, 한 각이 겹쳐지면 직각삼각형입니다.

개념잡기

보충 직각삼각형의 성질

① 3개의 선분으로 둘러싸여 있습니다.
② 각, 변, 꼭짓점이 3개씩 있습니다.
③ 직각이 1개 있습니다.

---

1 개념확인 직각이 있는 삼각형을 찾아 ○표 하세요.

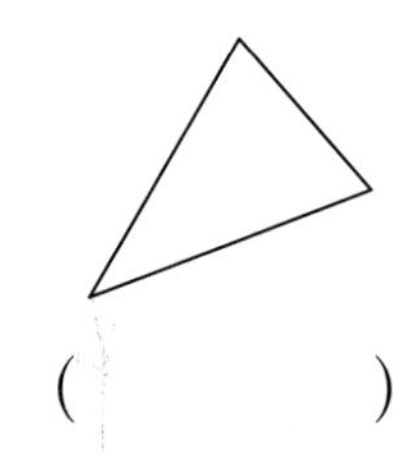 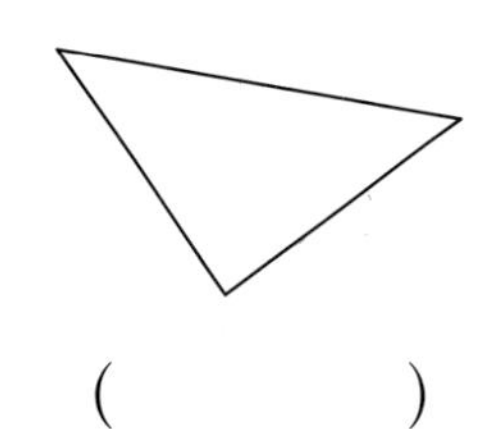 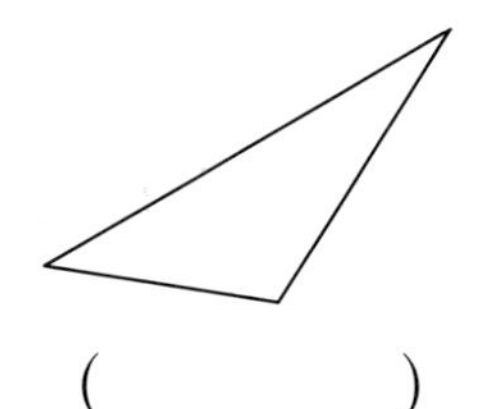 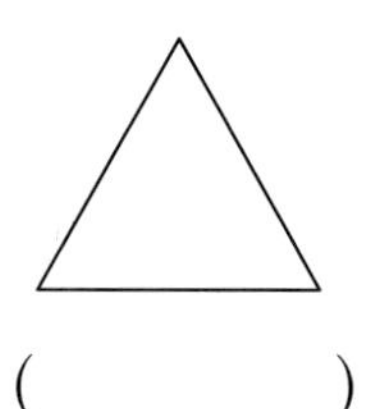

(　　　) (　　　) (　　　) (　　　)

2 개념확인 오른쪽 도형에서 직각인 곳을 찾아 ∟으로 표시해 보세요.

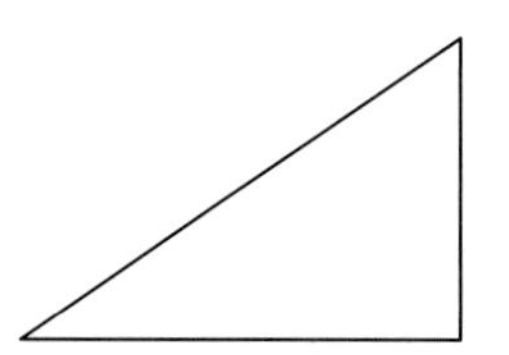

3 개념확인 도형을 보고 물음에 답해 보세요.

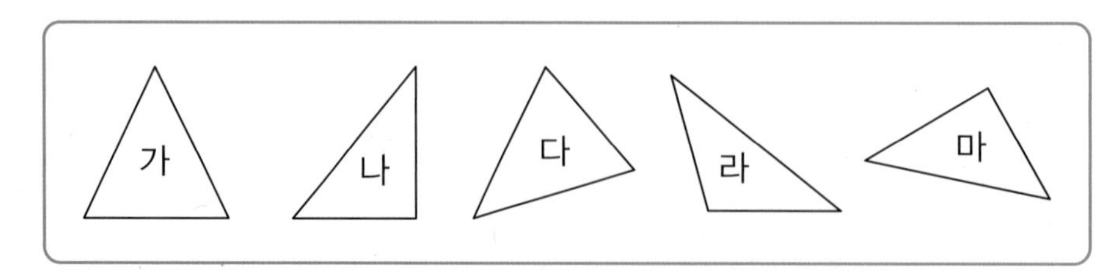

(1) 직각이 있는 삼각형을 모두 찾아 기호를 써 보세요.

(　　　　　　　)

(2) 한 각이 직각인 삼각형을 무엇이라고 하나요?

(　　　　　　　)

1 오른쪽과 같은 도형의 이름은 무엇인가요?

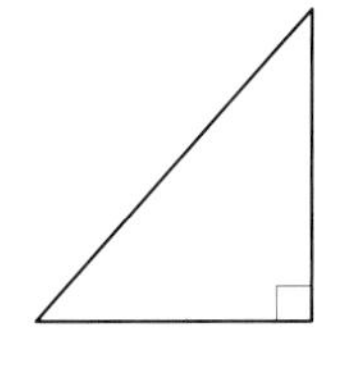

(　　　　　　　　)

2 직각삼각형을 모두 찾아 기호를 써 보세요.

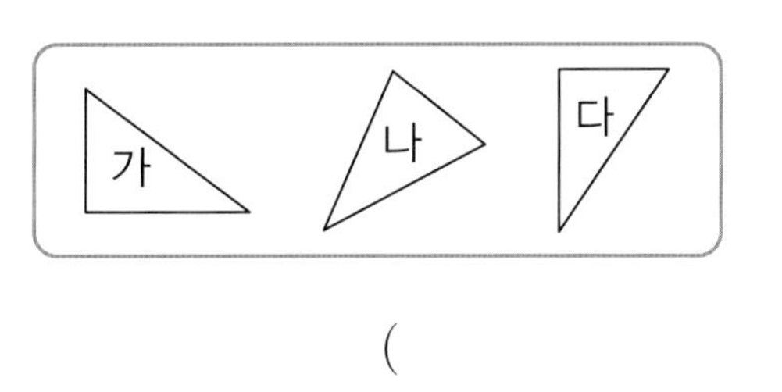

(　　　　　　　　)

3 색종이를 그림과 같이 점선을 따라 접은 후 접힌 선을 따라 자르면 몇 개의 직각삼각형으로 나누어지나요?

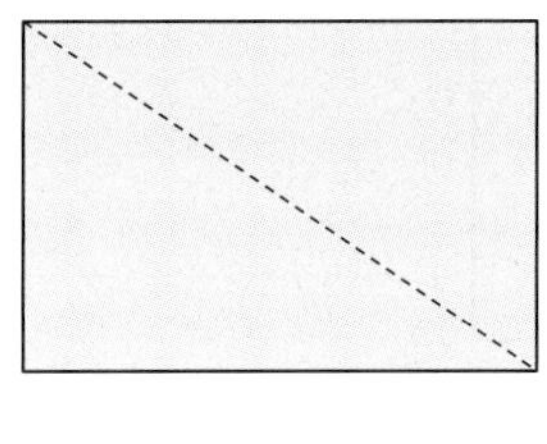

(　　　　　　　　)

4 직각삼각형의 변, 꼭짓점, 직각은 각각 몇 개인지 알맞은 수를 써넣으세요.

변의 수(개)	꼭짓점의 수(개)	직각의 수(개)

5 모눈종이 위에 직각삼각형 ㄱㄴㄷ을 그리려고 합니다. 점 ㄱ의 위치로 알맞은 것은 어느 것인가요? (　　　　)

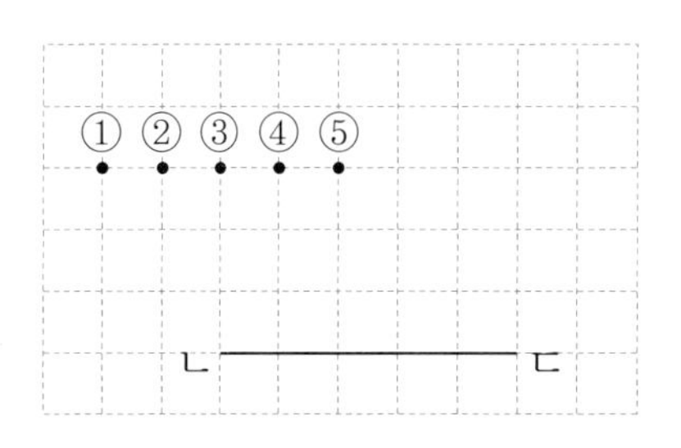

6 점 종이에 크기가 다른 직각삼각형을 2개 그려 보세요.

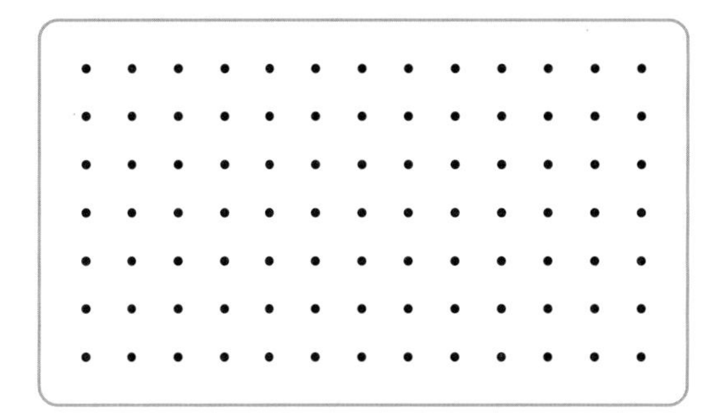

중요

7 도형에서 찾을 수 있는 크고 작은 직각삼각형은 모두 몇 개인가요?

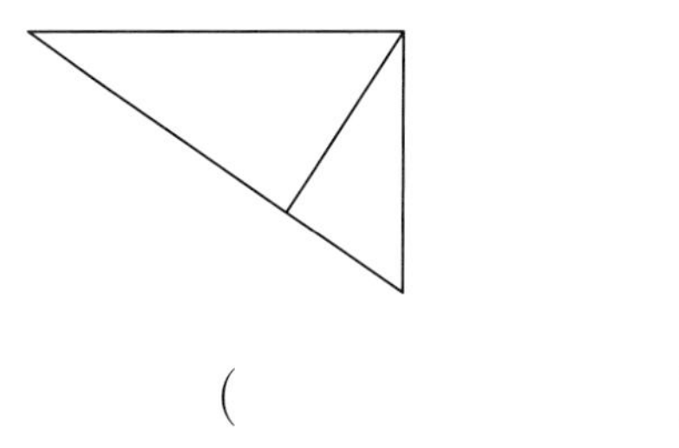

(　　　　　　　　)

Tip 1개짜리, 2개짜리 직각삼각형으로 나누어 구해 봅니다.

4. 직사각형

교과서 개념을 이해하고 확인 문제를 통해 익혀요.

직사각형 알아보기

네 각이 모두 직각인 사각형을 직사각형이라고 합니다.

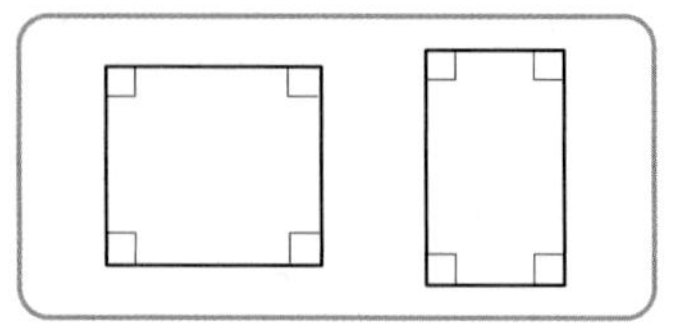

직사각형의 성질

① 각, 변, 꼭짓점이 **4**개씩 있습니다.
② 네 각이 모두 직각입니다.
③ 마주 보는 두 변의 길이가 같습니다.

개념잡기

보충 모양과 크기가 달라도 네 각이 모두 직각이면 직사각형입니다.

주의 직사각형을 직각사각형이라고 말하지 않도록 합니다.

---

1 개념확인 네 각이 모두 직각인 사각형을 찾아 ○표 하세요.

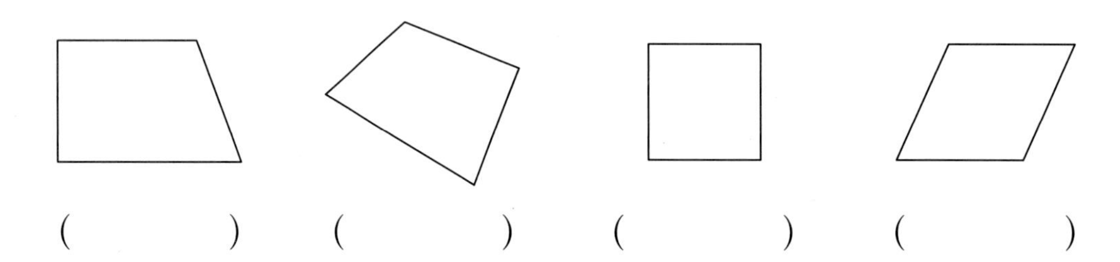

( ) ( ) ( ) ( )

2 개념확인 도형에서 직각인 곳을 모두 찾아 ∟으로 표시해 보세요.

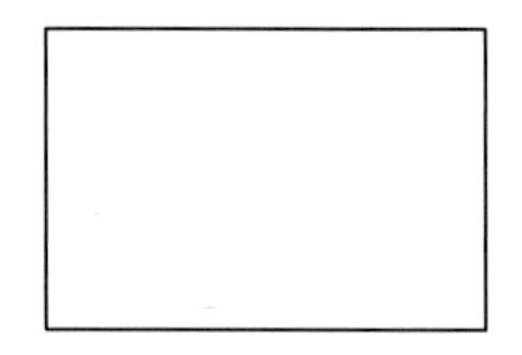

3 개념확인 도형을 보고 물음에 답해 보세요.

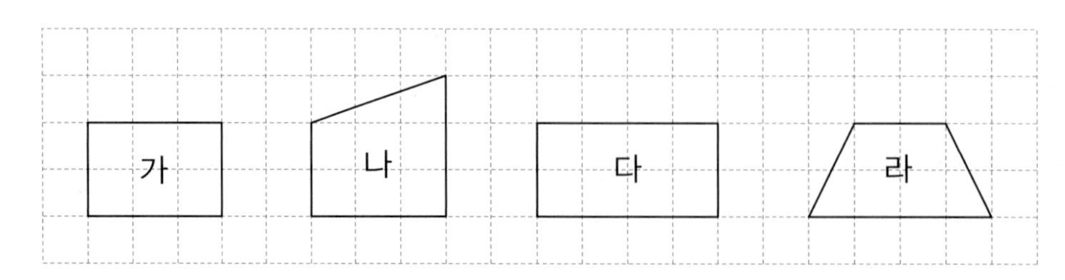

(1) 네 각이 모두 직각인 사각형을 모두 찾아 기호를 써 보세요.

( )

(2) 네 각이 모두 직각인 사각형을 무엇이라고 하나요?

( )

기본 문제를 통해 교과서 개념을 다져요.

1 도형의 이름을 써 보세요.

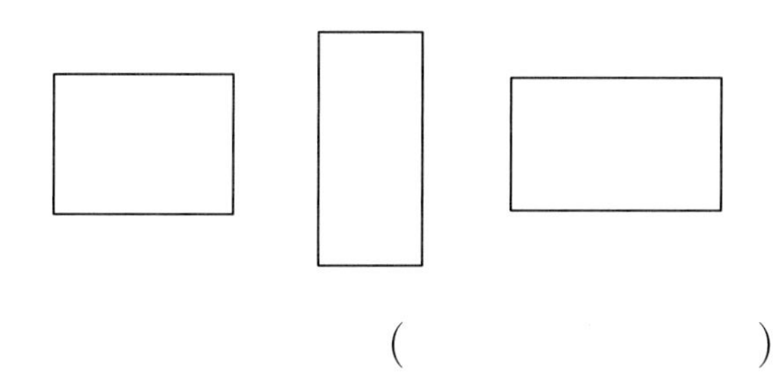

( )

2 직사각형이 아닌 것을 모두 찾아 기호를 써 보세요.

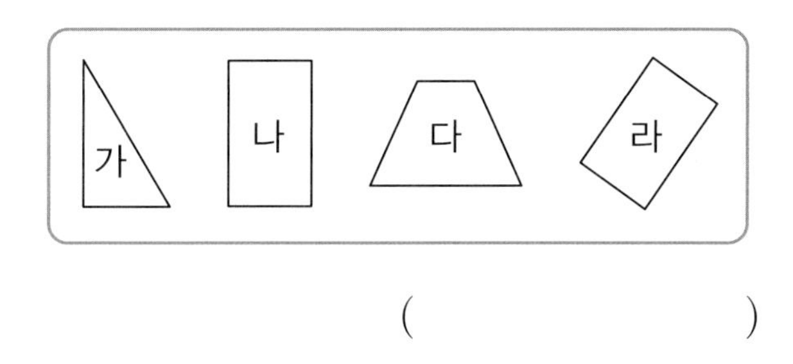

( )

중요

3 □ 안에 알맞은 수나 말을 써넣으세요.

직사각형은 각, 변, 꼭짓점이 □ 개씩 있고 네 각이 모두 □ 입니다.

4 색종이를 점선을 따라 잘랐을 때, 직사각형은 모두 몇 개 생기나요?

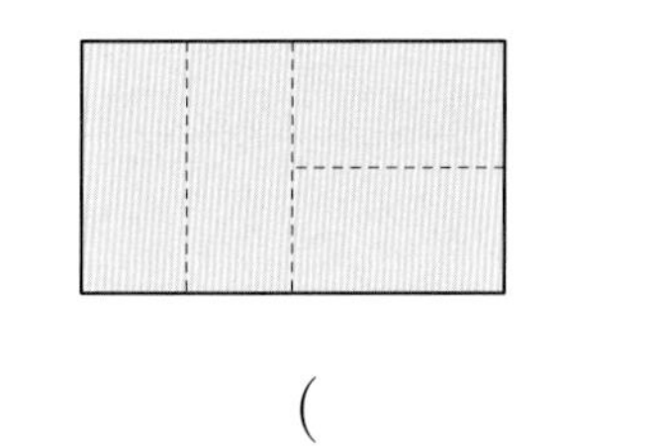

( )

5 모눈종이 위에 직사각형 ㄱㄴㄷㄹ을 그리려고 합니다. 점 ㄴ의 위치로 알맞은 것은 어느 것인가요? ( )

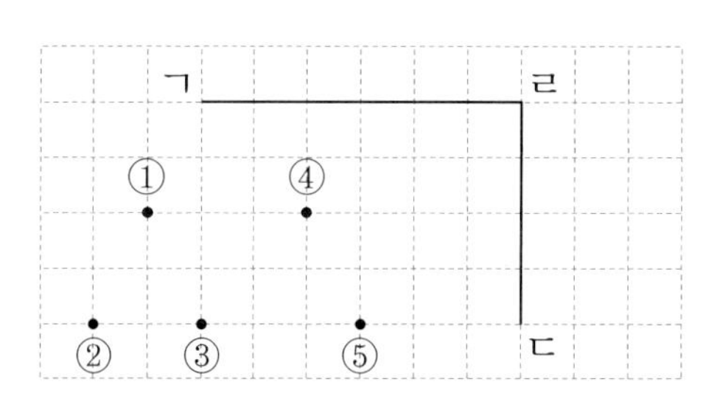

6 점 종이에 크기가 다른 직사각형을 2개 그려 보세요.

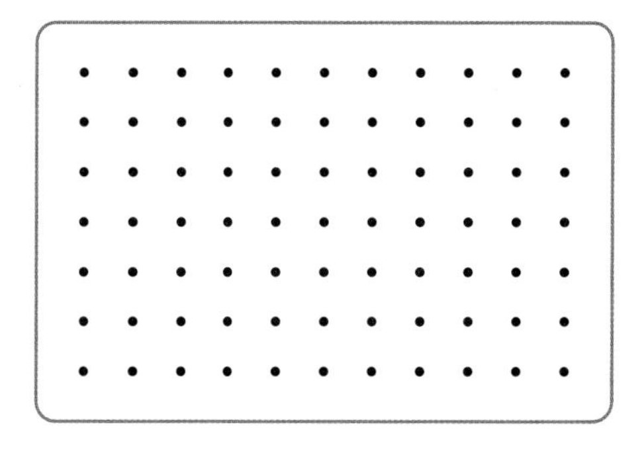

7 도형에서 찾을 수 있는 크고 작은 직사각형은 모두 몇 개인가요?

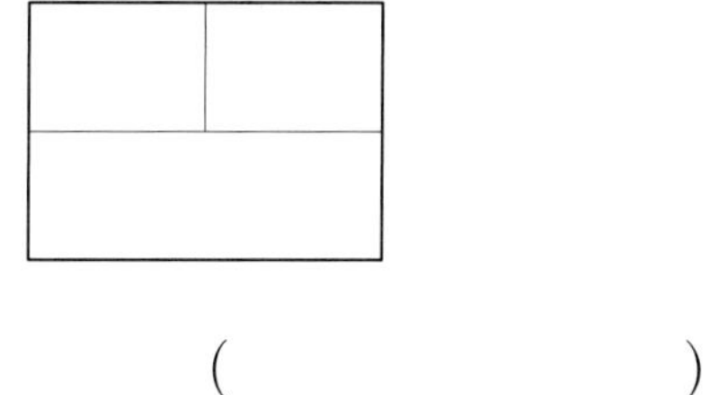

( )

Tip 1개짜리, 2개짜리, 3개짜리 직사각형으로 나누어 구해 봅니다.

5. 정사각형

교과서 개념을 이해하고 확인 문제를 통해 익혀요.

정사각형 알아보기

네 각이 모두 직각이고 네 변의 길이가 모두 같은 사각형을 정사각형이라고 합니다.

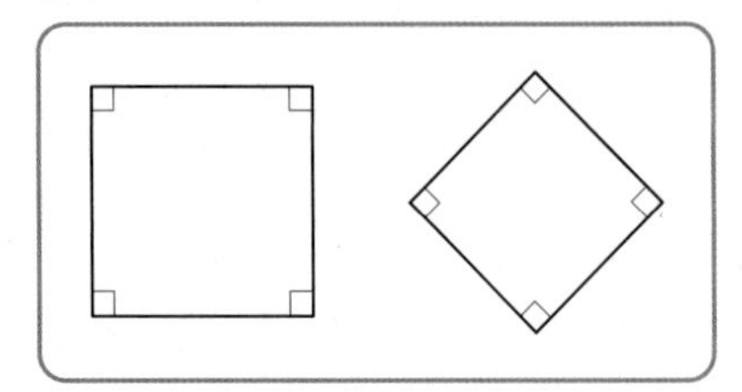

정사각형의 성질

① 네 각이 모두 직각입니다.
② 네 변의 길이가 모두 같습니다.

개념잡기

직사각형과 정사각형의 관계
정사각형은 네 각이 모두 직각이므로 직사각형이라고 할 수 있고, 직사각형은 네 변의 길이가 모두 같지 않은 것도 있기 때문에 정사각형이라고 할 수 없습니다.

---

1 개념확인 도형을 보고 □ 안에 알맞은 기호나 말을 써넣으세요.

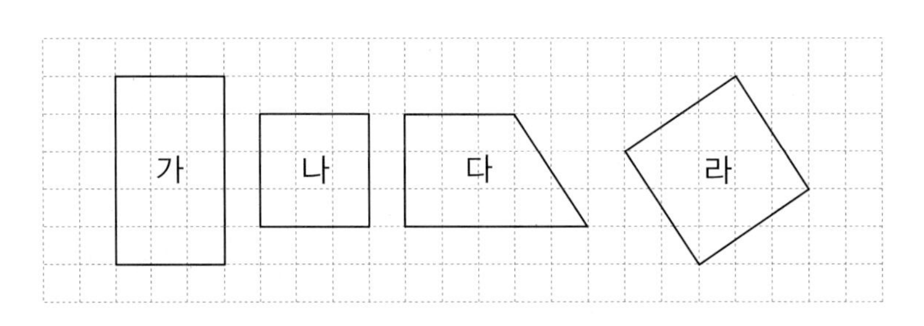

(1) 네 각이 모두 직각인 사각형은 □, □, □입니다.

(2) 네 변의 길이가 모두 같은 사각형은 □, □입니다.

(3) 네 각이 모두 직각이고 네 변의 길이가 모두 같은 사각형은 □, □입니다.

(4) 네 각이 모두 직각이고 네 변의 길이가 모두 같은 사각형을 □이라고 합니다.

2 개념확인 네 각이 모두 직각이고 네 변의 길이가 모두 같은 사각형을 찾아 ○표 하세요.

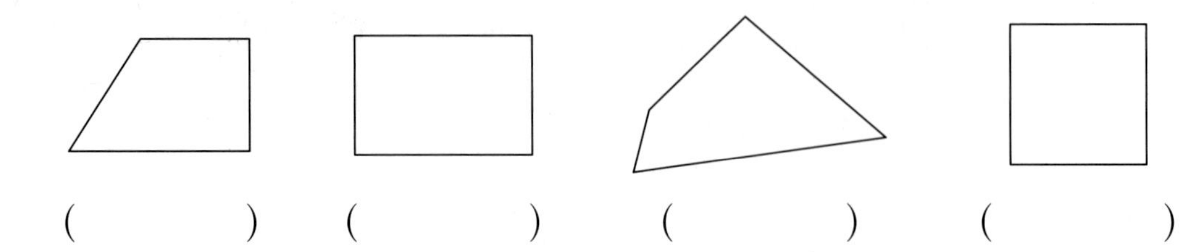

( ) ( ) ( ) ( )

2단계 핵심 쏙쏙

기본 문제를 통해 교과서 개념을 다져요.

1 그림을 보고 □ 안에 알맞은 말을 써넣으세요.

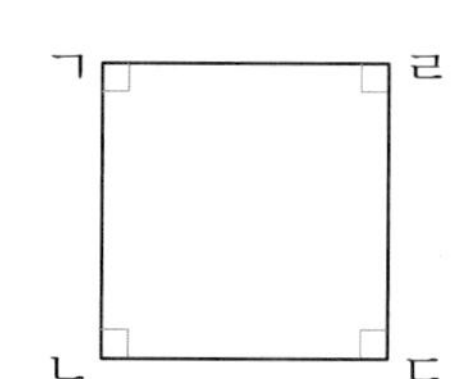

네 각이 모두 [ ]이고 네 [ ]의 길이가 모두 같은 사각형을 [ ]이라고 합니다.

2 정사각형은 어느 것인가요? (　　　　)

① 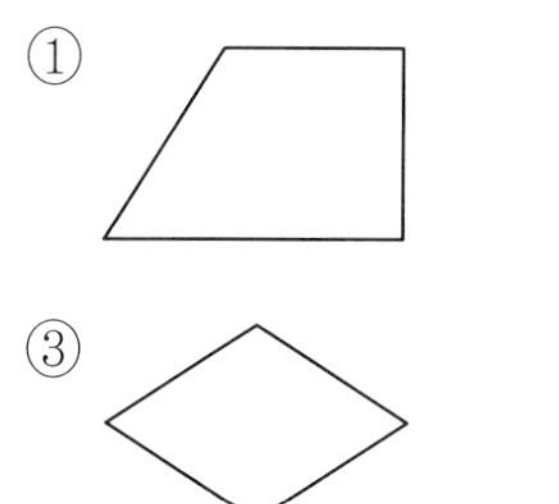
② 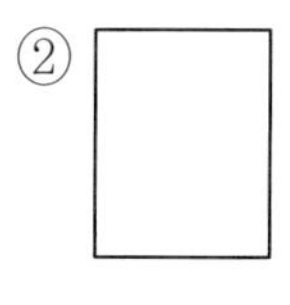
③
④
⑤ 

3 직사각형 모양의 종이를 그림과 같이 접어서 잘랐을 때, **가** 부분을 펼치면 어떤 사각형이 되나요?

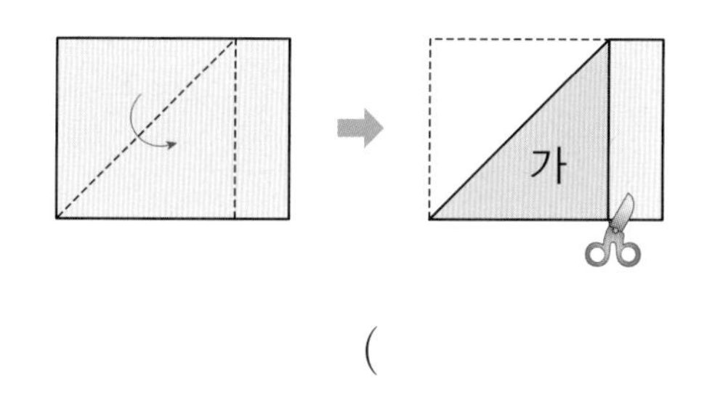

(　　　　　　　　)

중요

4 정사각형에 대한 설명으로 잘못된 것을 찾아 기호를 써 보세요.

㉠ 네 각은 모두 직각입니다.
㉡ 마주 보는 두 변의 길이가 같습니다.
㉢ 직사각형이라고 할 수 없습니다.

(　　　　　　　　)

5 오른쪽 도형은 정사각형이 아닙니다. 그 이유를 써 보세요.

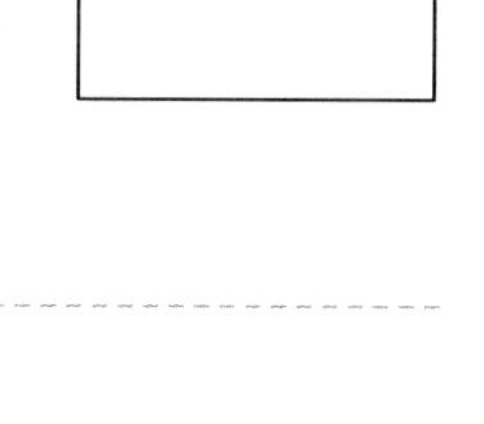

---

6 점 종이에 크기가 다른 정사각형을 **2**개 그려 보세요.

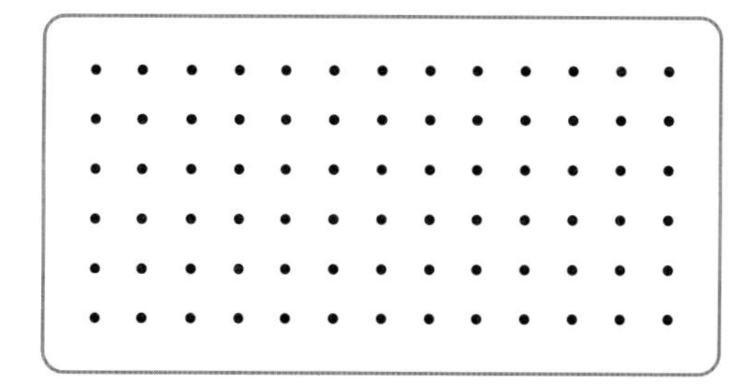

7 도형에서 찾을 수 있는 크고 작은 정사각형은 모두 몇 개인가요?

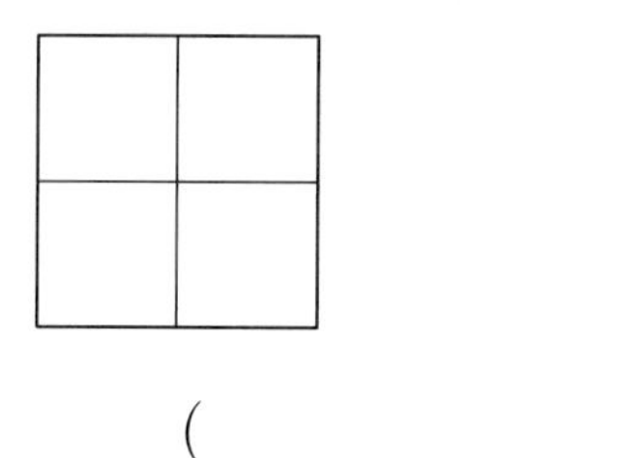

(　　　　　　　　)

Tip I개짜리, 4개짜리 정사각형으로 나누어 구해 봅니다.

단원 2

3단계 유형 콕콕

다양한 기본 유형 문제를 통해 실력을 탄탄히 다져요.

유형 1 선분, 반직선, 직선

선분	두 점을 곧게 이은 선	선분 ㅁㅂ 또는 선분 ㅂㅁ
반직선	한 점에서 시작하여 한 쪽으로 끝없이 늘인 곧은 선	반직선 ㄷㄹ
직선	양쪽으로 끝없이 늘인 곧은 선	직선 ㄱㄴ 또는 직선 ㄴㄱ

1-1 곧은 선에 ○표 하세요.

( )

( )

( )

대표유형

1-2 반직선 ㄱㄴ을 바르게 그린 것을 찾아 기호를 써 보세요.

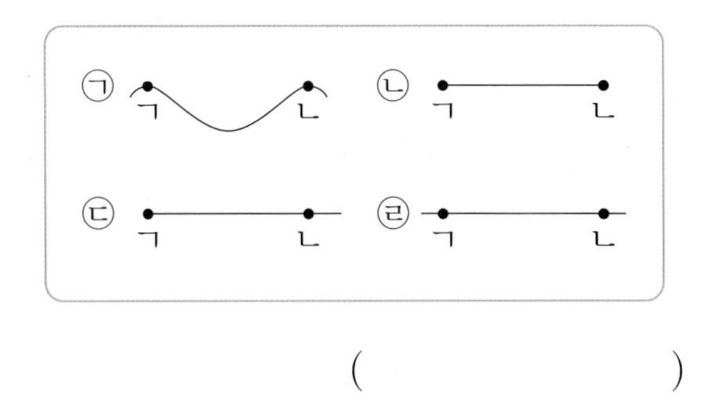

( )

1-3 4개의 점 중 2개의 점을 골라 그릴 수 있는 선분은 모두 몇 개인가요?

( )

잘 틀려요

1-4 선분이 아닌 이유를 써 보세요.

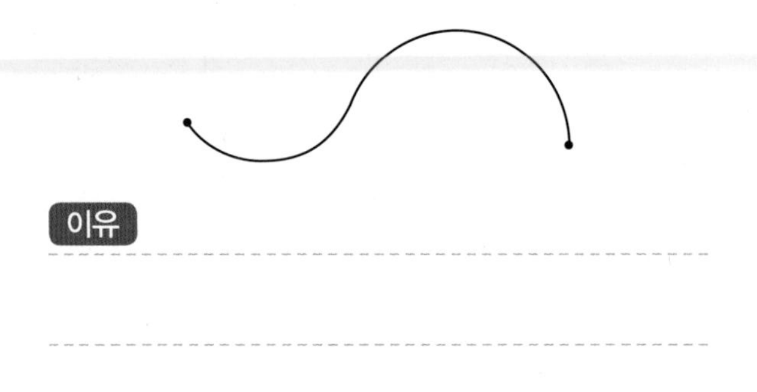

이유

1-5 옳은 것을 모두 고르세요. ( )

① 한 점을 지나는 직선은 1개 있습니다.
② 두 점을 지나는 직선은 2개 있습니다.
③ 선분 ㄱㄴ을 선분 ㄴㄱ이라 할 수 있습니다.
④ 반직선 ㄱㄴ을 반직선 ㄴㄱ이라고 할 수 있습니다.
⑤ 직선 ㄱㄴ을 직선 ㄴㄱ이라고 할 수 있습니다.

1-6 선분 ㄱㄴ 위에 2개의 점을 찍었을 때 찾을 수 있는 선분은 모두 몇 개인가요?

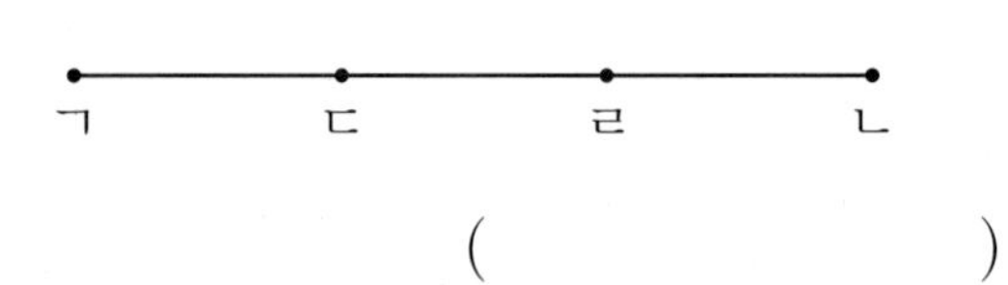

( )

1-7 도형에는 선분이 몇 개 있나요?

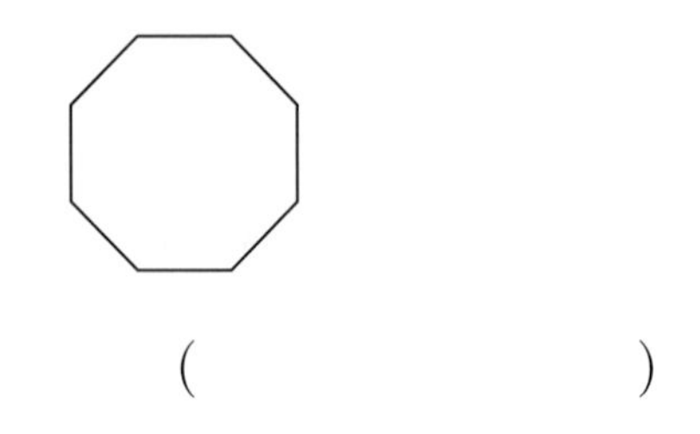

( )

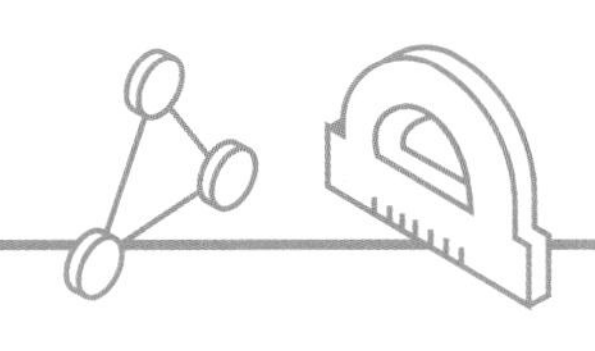

유형 2 각, 직각

• 각

한 점에서 그은 두 반직선으로 이루어진 도형을 각이라고 합니다.

• 직각

각 ㄱㄴㄷ과 같은 모양의 각을 직각이라고 합니다.

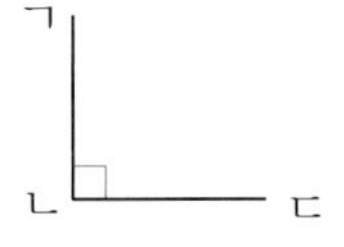

2-1 각이 아닌 것을 모두 고르세요.

(　　　　)

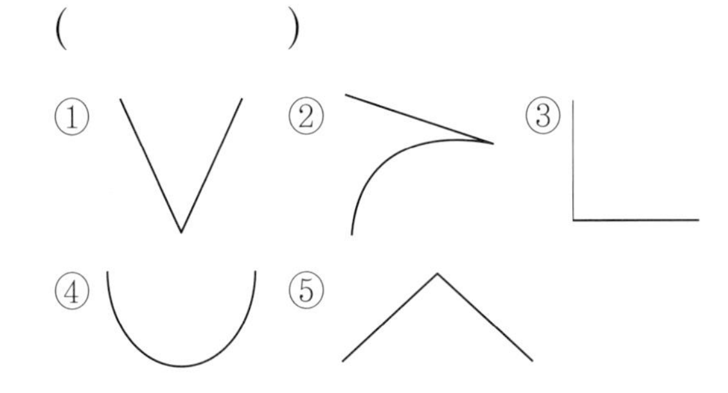

2-2 도형을 보고 각이 모두 몇 개인지 구해 보세요.

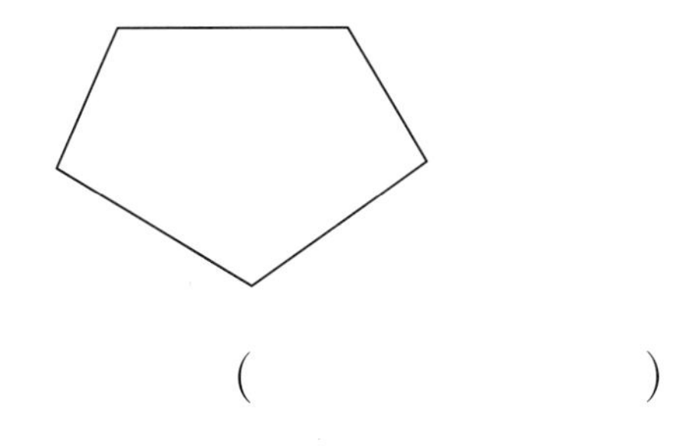

(　　　　)

2-3 색칠된 각 ∠의 이름을 써 보세요.

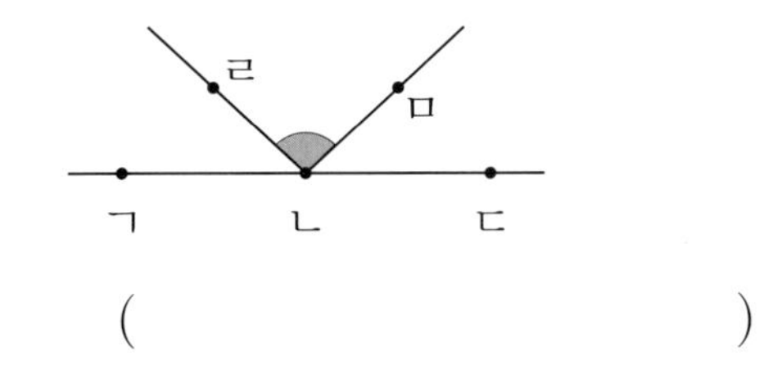

(　　　　)

2-4 시계의 두 바늘이 이루는 작은 쪽의 각이 직각인 경우는 어느 것인가요? (　　　　)

① 12시 30분　② 3시 30분

③ 8시 30분　④ 6시

⑤ 9시

시험에 잘 나와요

2-5 직각을 모두 찾아 ∟으로 표시하고 몇 개인지 구해 보세요.

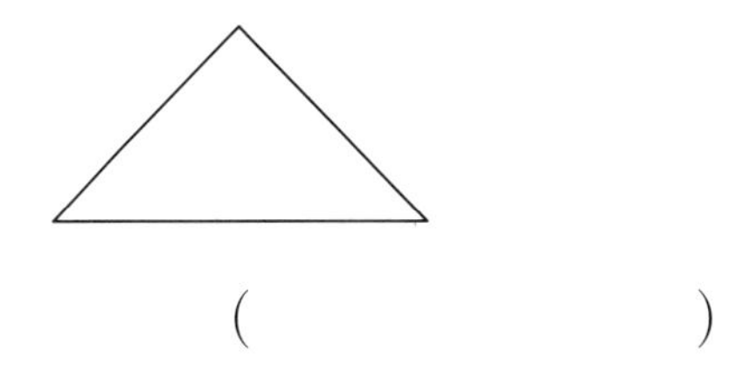

(　　　　)

2-6 모눈종이에 직각을 2개 그려 보세요.

2-7 도형에서 직각은 모두 몇 개인지 구해 보세요.

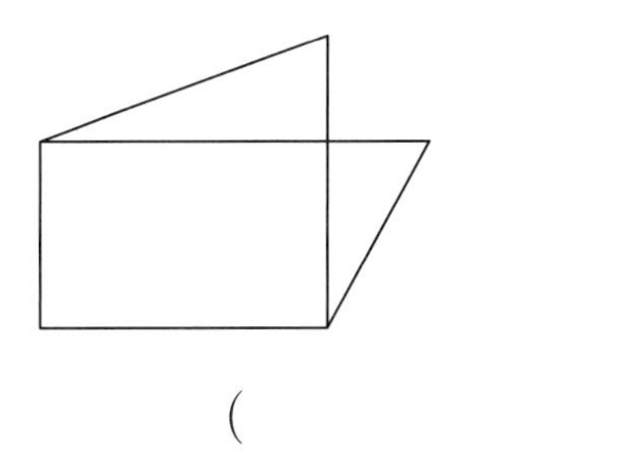

(　　　　)

단원 2

유형 3 직각삼각형

한 각이 직각인 삼각형을 직각삼각형이라고 합니다.

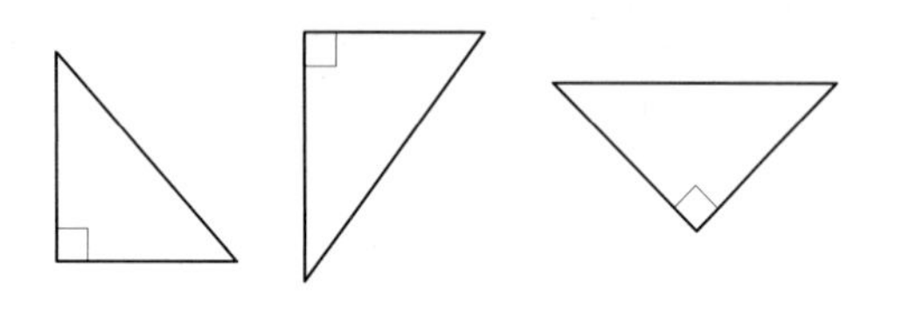

3-1 오른쪽 삼각형을 점선을 따라 완전히 포개지도록 접었을 때 생기는 도형의 이름을 써 보세요.

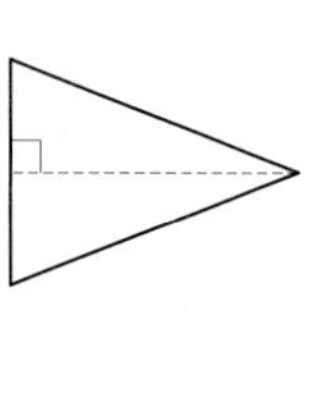

(　　　　　　)

3-2 두 직각삼각형의 같은 점을 써 보세요.

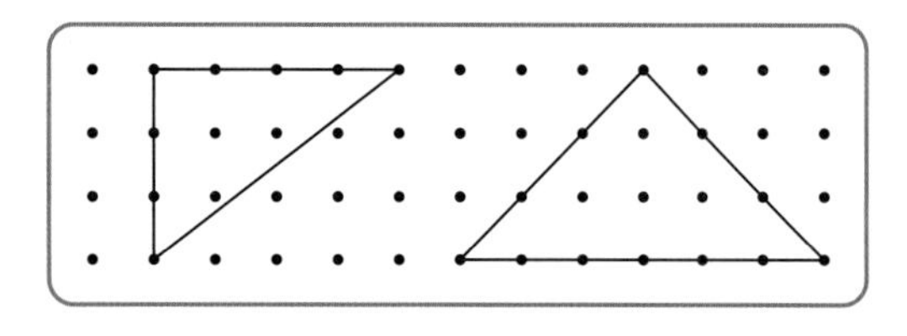

같은 점

3-3 그림을 점선을 따라 잘랐을 때, 만들어지는 직각삼각형은 모두 몇 개인가요?

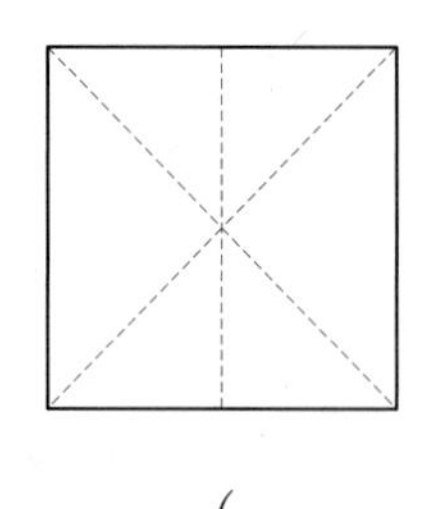

(　　　　　　)

3-4 삼각형 ㄱㄴㄷ의 꼭짓점 ㄱ을 옮겨 직각삼각형을 만들려고 합니다. 꼭짓점 ㄱ을 어느 점으로 옮겨야 하나요? (　　　)

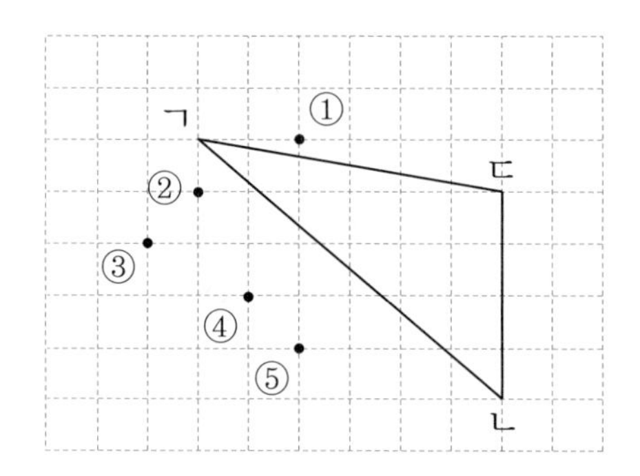

3-5 세 점을 이어 직각삼각형을 완성해 보세요.

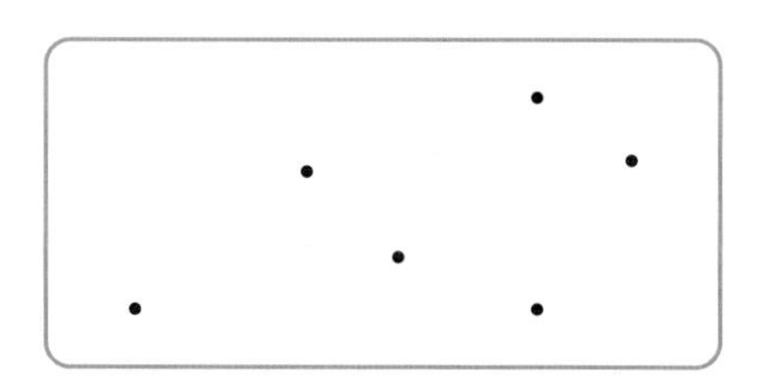

3-6 삼각형의 안쪽에 선분 1개를 그어서 두 개의 직각삼각형을 만들어 보세요.

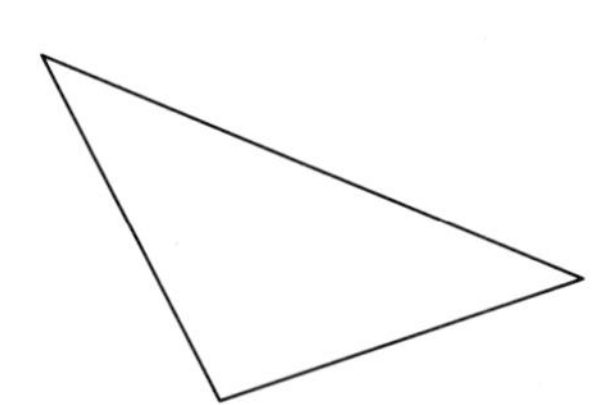

시험에 잘 나와요

3-7 도형에서 크고 작은 직각삼각형은 모두 몇 개인가요?

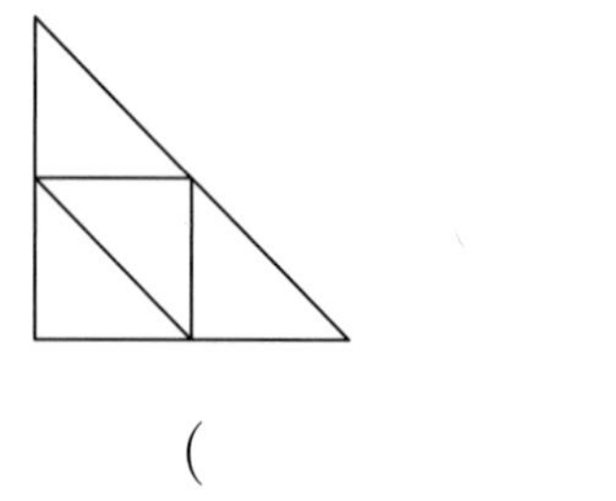

(　　　　　　)

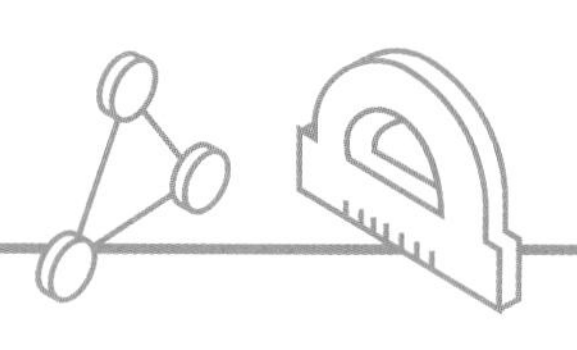

유형 4 직사각형

네 각이 모두 직각인 사각형을 직사각형이라고 합니다.

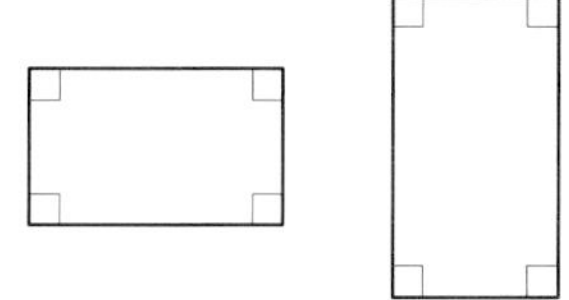

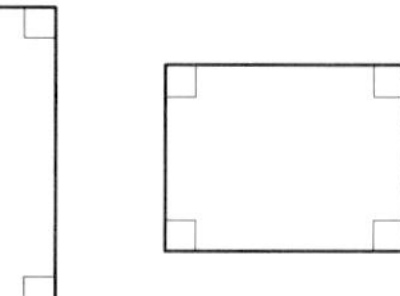

4-1 직사각형을 모두 찾아 기호를 써 보세요.

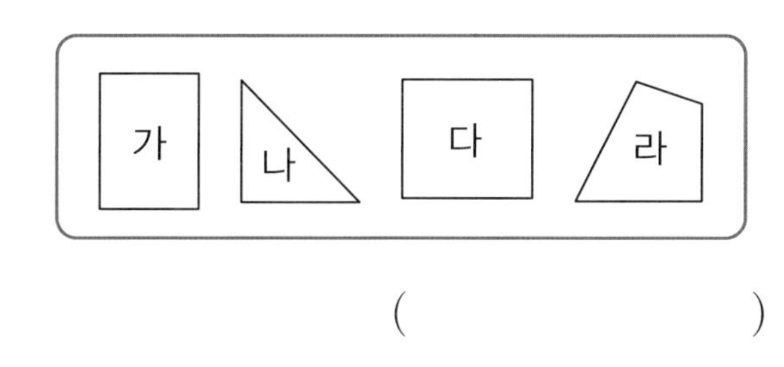

(　　　　　　)

4-2 도형은 직사각형입니다. □ 안에 알맞은 수를 써넣으세요.

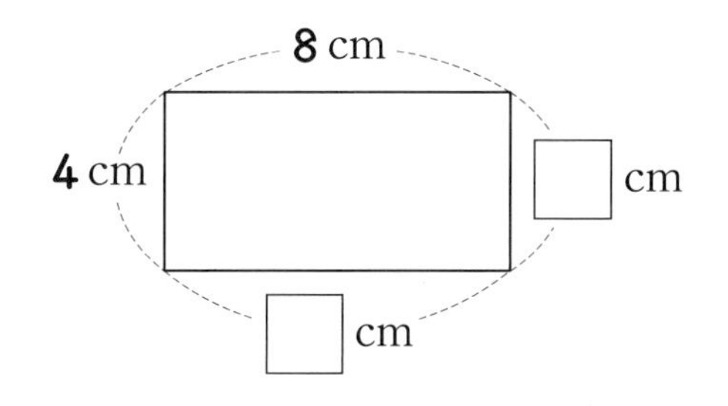

4-3 직사각형이 되도록 그려 보세요.

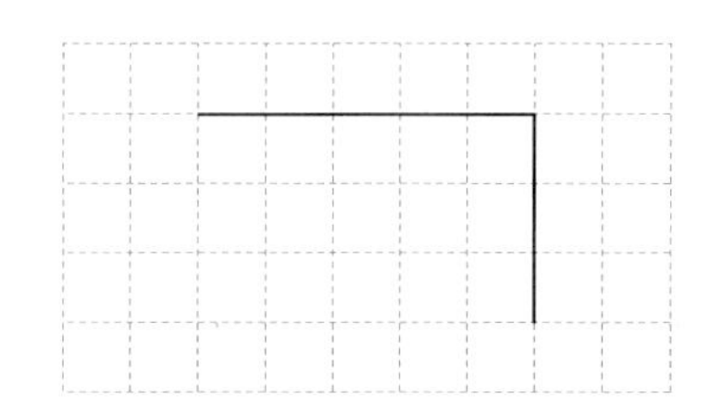

4-4 직사각형에 대한 설명으로 틀린 것은 어느 것인가요? (　　　)

① 꼭짓점이 4개 있습니다.
② 변이 4개 있습니다.
③ 각이 4개 있습니다.
④ 이웃하는 두 변의 길이가 같습니다.
⑤ 모든 각이 직각입니다.

4-5 오른쪽 도형이 직사각형이 아닌 이유를 써 보세요.

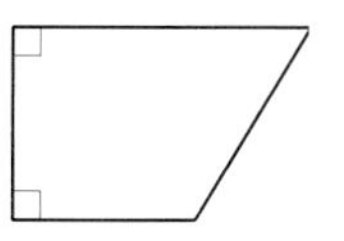

이유

4-6 모눈종이에 모양과 크기가 다른 직사각형을 2개 그려 보고, 그린 두 직사각형의 같은 점과 다른 점을 써 보세요.

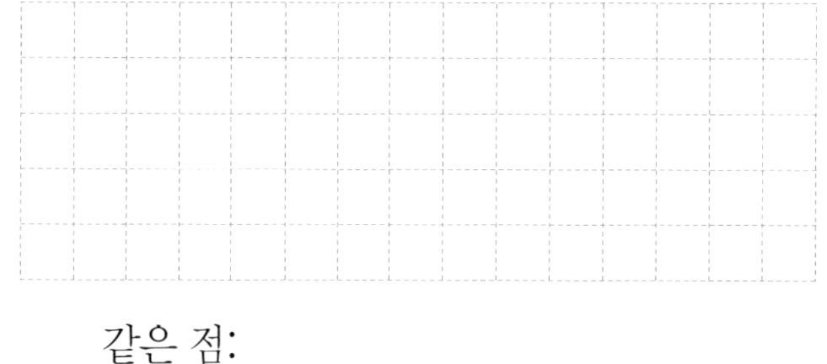

같은 점:

다른 점:

4-7 직사각형의 네 변의 길이의 합은 몇 cm인가요?

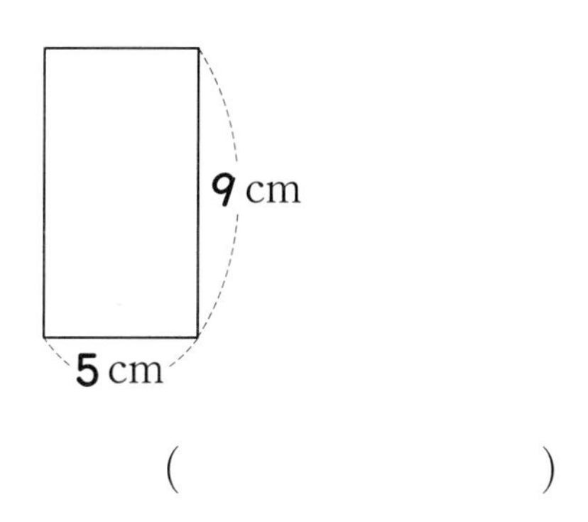

(　　　　　　)

단원 2

4-8 사각형의 네 변의 길이가 다음과 같을 때, 직사각형이 될 수 없는 것을 찾아 기호를 써 보세요.

㉠ 6 cm, 7 cm, 6 cm, 7 cm
㉡ 3 cm, 8 cm, 8 cm, 9 cm
㉢ 5 cm, 2 cm, 2 cm, 5 cm

(　　　　　　)

4-9 직사각형의 네 변의 길이의 합은 20 cm입니다. □ 안에 알맞은 수를 써넣으세요.

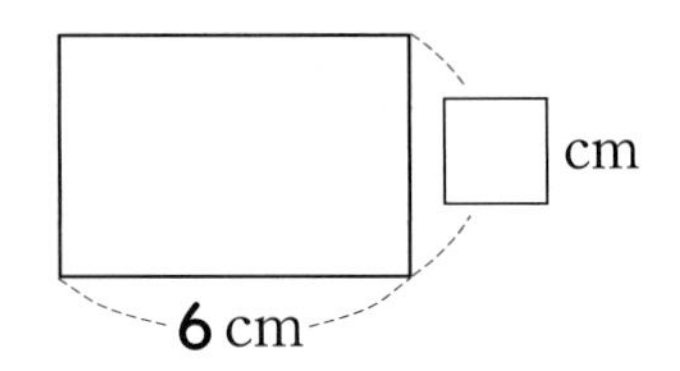

시험에 잘 나와요

4-10 도형에서 찾을 수 있는 크고 작은 직사각형은 모두 몇 개인가요?

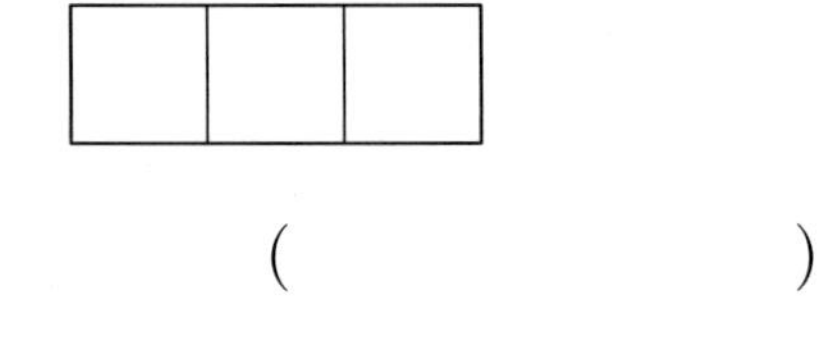

(　　　　　　)

유형 5 정사각형

네 각이 모두 직각이고 네 변의 길이가 모두 같은 사각형을 정사각형이라고 합니다.

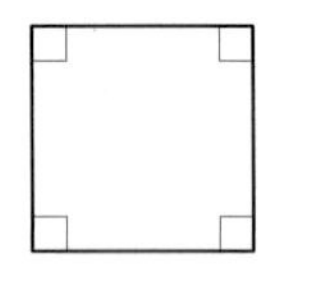
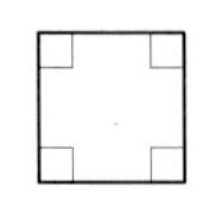
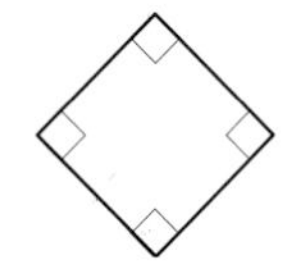

5-1 정사각형은 모두 몇 개인가요?

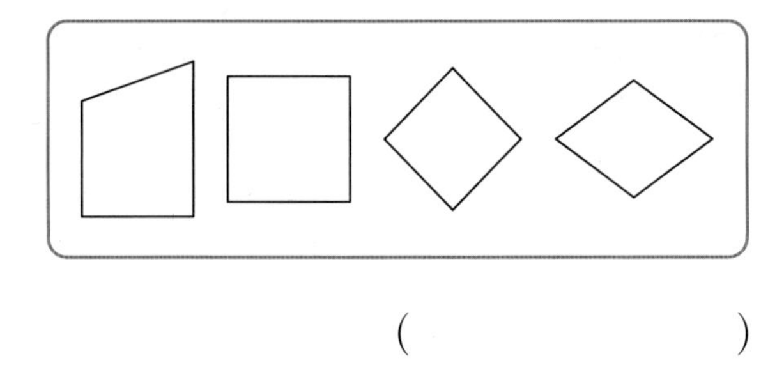

(　　　　　　)

대표유형

5-2 직사각형과 정사각형을 각각 찾아 기호를 모두 써 보세요.

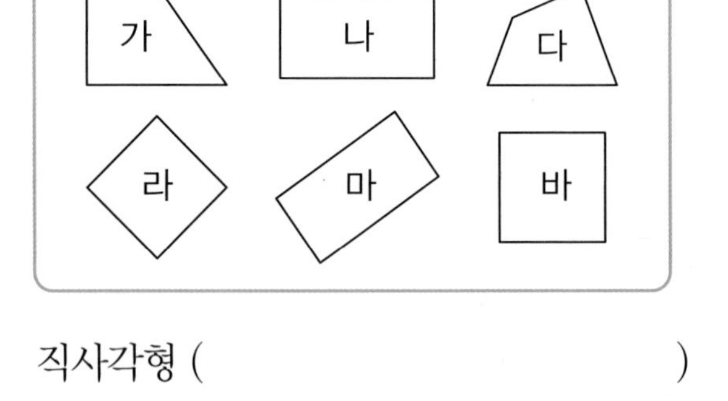

직사각형 (　　　　　　)
정사각형 (　　　　　　)

5-3 정사각형과 직사각형의 설명으로 옳지 않은 것은 어느 것인가요? (　　　)

① 변이 4개 있습니다.
② 각이 4개 있습니다.
③ 꼭짓점이 4개 있습니다.
④ 네 각이 모두 직각입니다.
⑤ 네 변의 길이가 모두 같습니다.

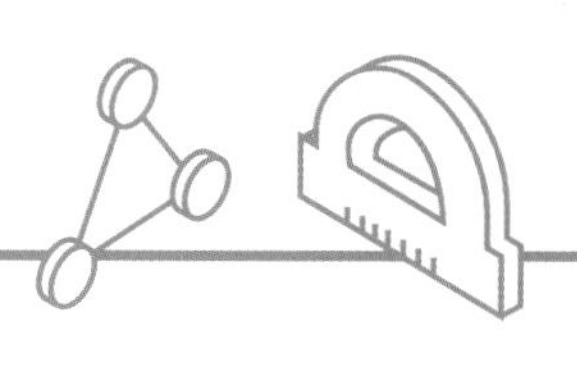

5-4 도형에서 찾을 수 있는 크고 작은 정사각형은 모두 몇 개인가요?

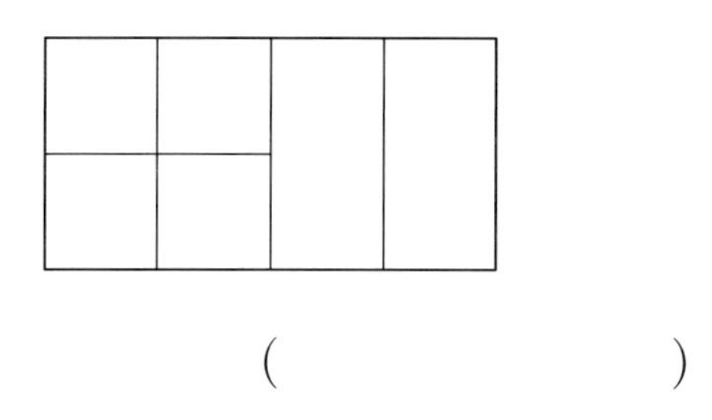

(　　　　　　　　)

잘 틀려요

5-5 다음 정사각형의 네 변의 길이의 합은 **40** cm입니다. □ 안에 알맞은 수를 써넣으세요.

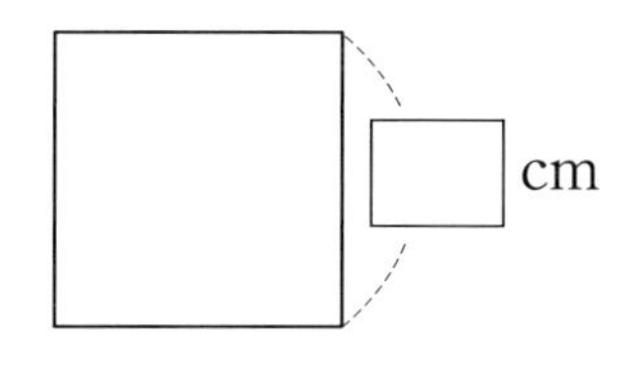

5-6 ㉠, ㉡의 정사각형을 모눈종이에 각각 그려 보세요.

㉠ 한 변의 길이가 **4**칸인 정사각형
㉡ 다이아몬드 모양으로 세워진 정사각형

5-7 도형은 정사각형이 아닙니다. 그 이유를 써 보세요.

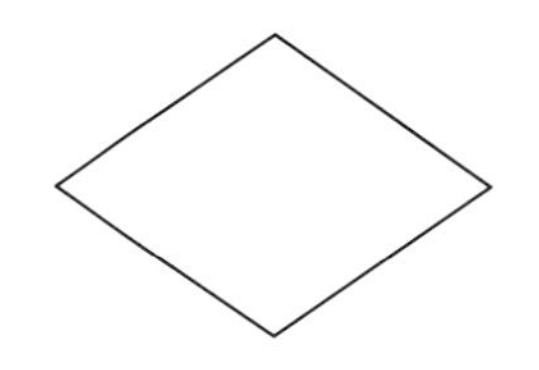

이유

5-8 직사각형 모양의 종이를 그림과 같이 접어서 오렸습니다. ㉮와 ㉯는 각각 어떤 사각형인지 이름을 써 보세요.

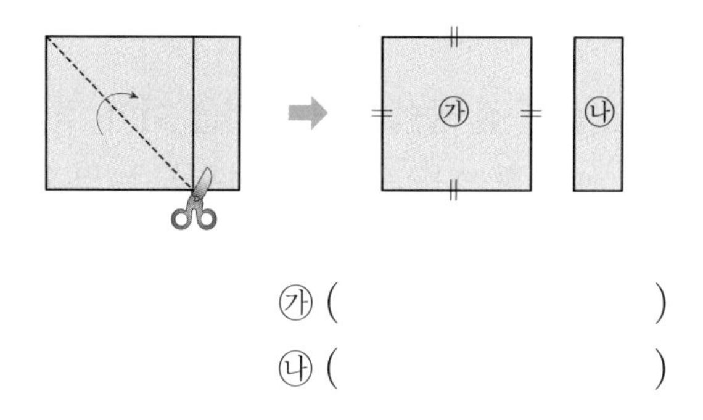

㉮ (　　　　　　　　)
㉯ (　　　　　　　　)

5-9 긴 변의 길이가 **12** cm이고 짧은 변의 길이가 **8** cm인 직사각형을 만든 철사를 다시 펴서 한 변의 길이가 **9** cm인 정사각형을 만들었습니다. 남은 철사의 길이는 몇 cm인가요?

(　　　　　　　　)

단원 2

유형 콕콕을 통해 다진 기본을 확인하고
좀 더 수준이 높은 문제를 풀며 실력을 높여요.

1 관계있는 것끼리 선으로 이어 보세요.

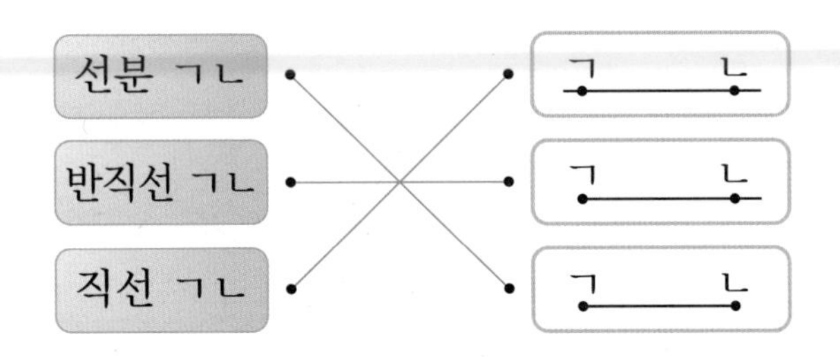

2 3개 점 중에서 2개 점을 이어 그릴 수 있는 반직선은 모두 몇 개인가요?

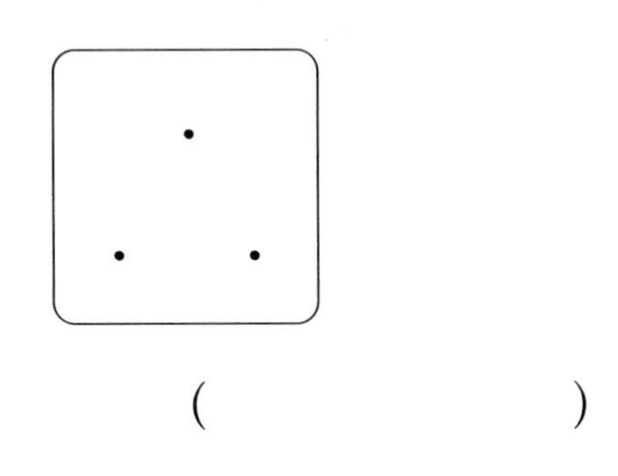

( )

3 6개 점 중에서 2개 점을 이어 직선을 그릴 때, 점 ㄱ을 지나는 직선은 모두 몇 개인가요?

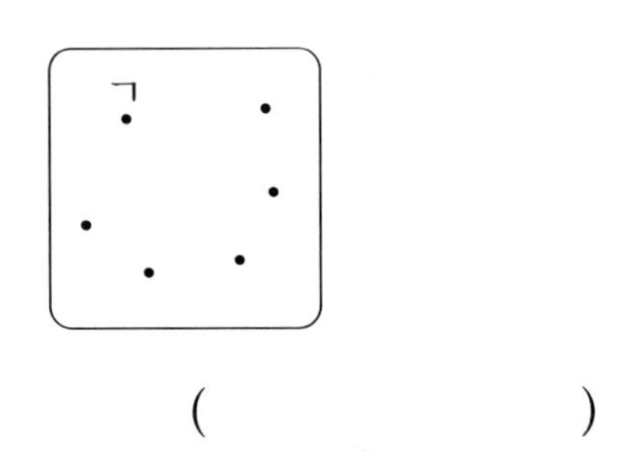

( )

4 도형이 각이 아닌 이유를 써 보세요.

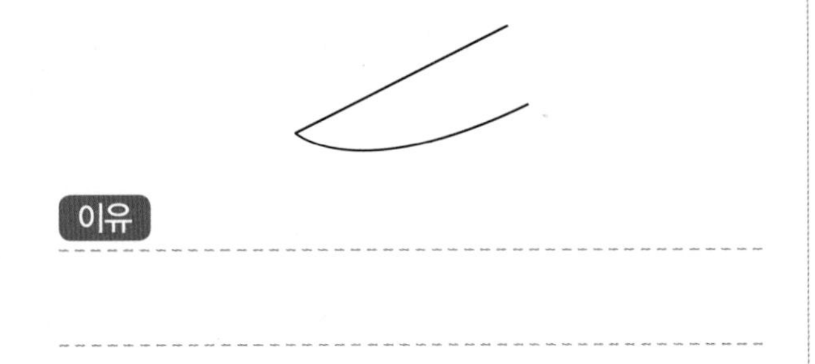

5 각이 없는 도형을 모두 고르세요.

( )

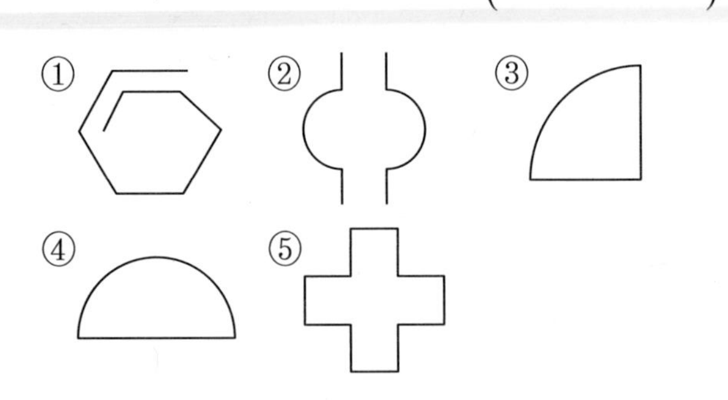

6 도형에서 찾을 수 있는 크고 작은 각은 모두 몇 개인가요?

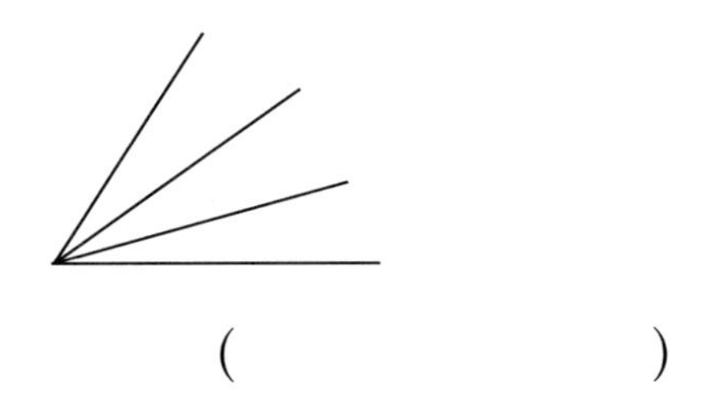

( )

7 그림에서 찾을 수 있는 직각은 모두 몇 개인가요?

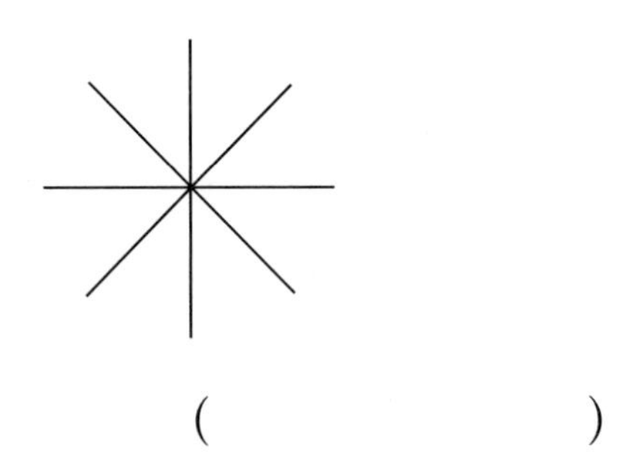

( )

8 시계의 두 바늘이 직각을 이루고 있는 시각을 모두 고르세요. ( )

① 1시 30분 ② 3시
③ 6시 30분 ④ 9시
⑤ 12시

9 도형에서 찾을 수 있는 직각은 모두 몇 개인가요?

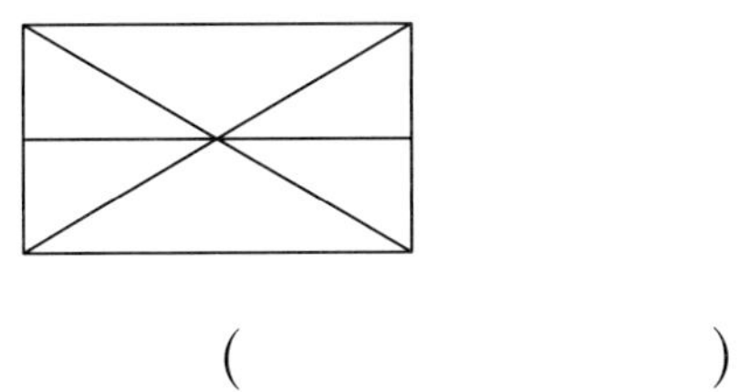

(   )

10 어떤 도형에 대한 설명인가요?

- 꼭짓점이 3개 있습니다.
- 변이 3개 있습니다.
- 직각이 1개 있습니다.

(   )

11 정사각형 모양의 종이를 다음과 같이 선을 긋고, 그 선을 따라 잘랐을 때 만들어지는 직각삼각형을 모두 찾아 번호를 써 보세요.

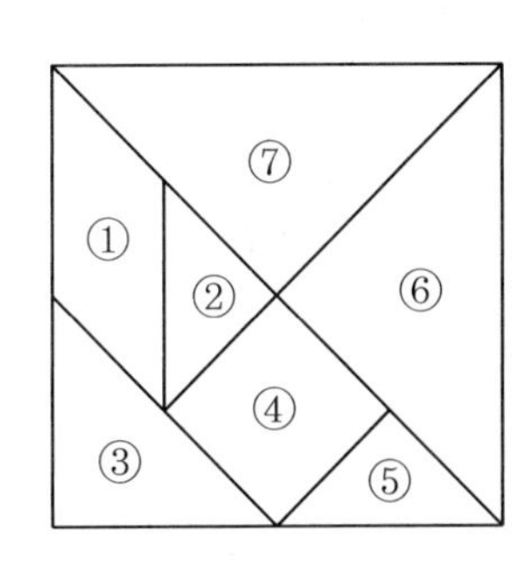

(   )

12 도형에서 찾을 수 있는 크고 작은 직각삼각형은 모두 몇 개인가요?

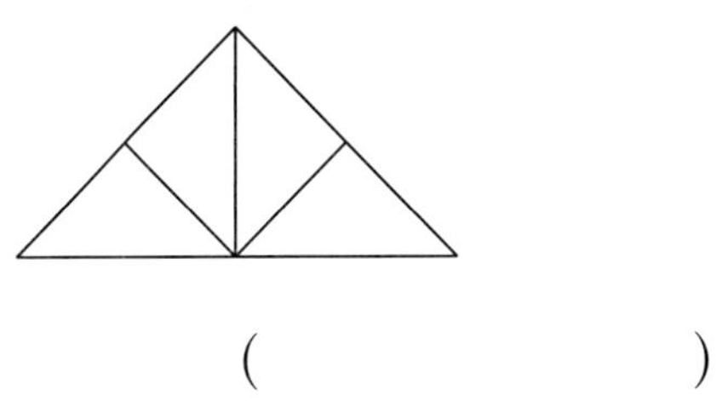

(   )

13 오른쪽 도형은 정사각형이 아닙니다. 그 이유를 써 보세요.

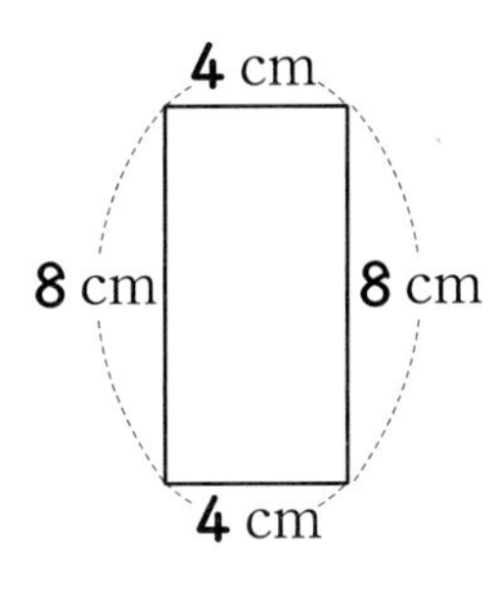

이유

14 정사각형은 직사각형이라고 할 수 있습니다. 그 이유를 써 보세요.

이유

15 주어진 선분을 한 변으로 하는 정사각형을 그려 보세요.

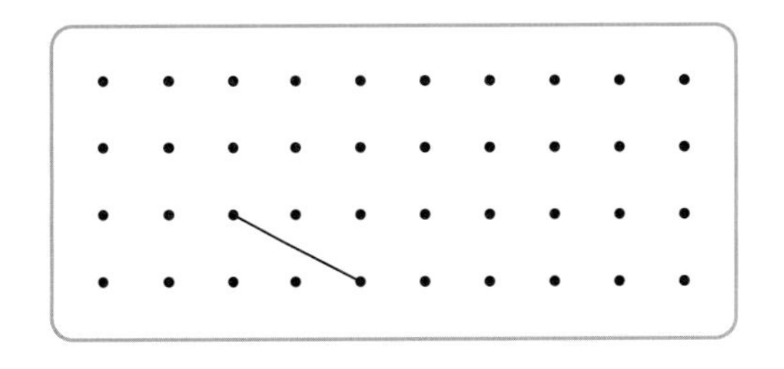

16 옳은 설명을 모두 찾아 기호를 써 보세요.

> ㉠ 직사각형은 각, 변, 꼭짓점이 4개씩 있습니다.
> ㉡ 네 변의 길이가 모두 같은 직사각형은 정사각형입니다.
> ㉢ 모든 직사각형은 정사각형입니다.
> ㉣ 네 각이 모두 직각이면 정사각형이라고 할 수 있습니다.

(   )

17 사각형 ㄹㅁㄷㅂ은 정사각형입니다. 그림에서 찾을 수 있는 크고 작은 직각삼각형은 모두 몇 개인가요?

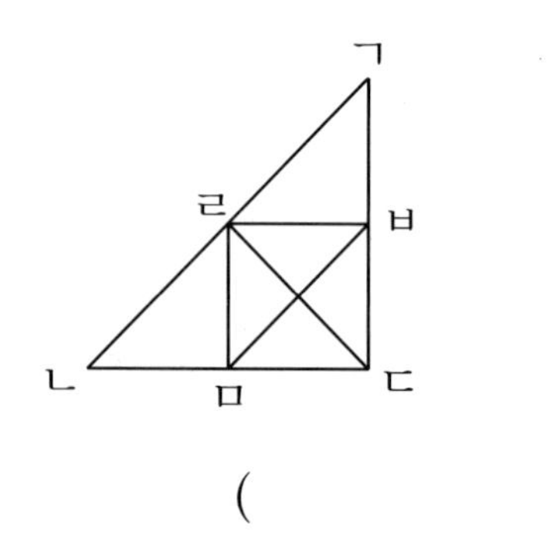

(   )

18 도형에서 찾을 수 있는 크고 작은 직사각형은 모두 몇 개인가요?

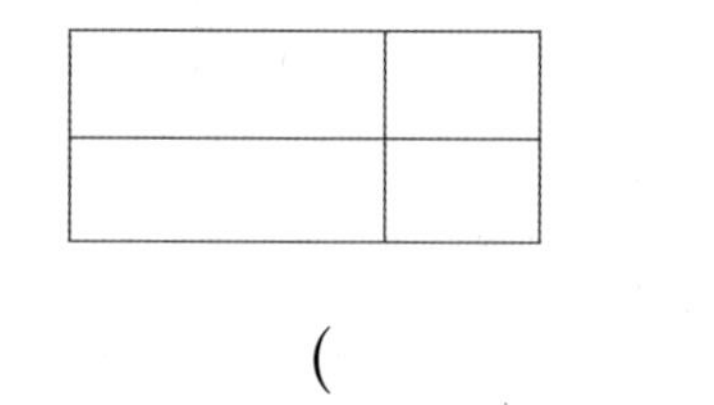

(   )

19 도형에서 찾을 수 있는 크고 작은 정사각형은 모두 몇 개인가요?

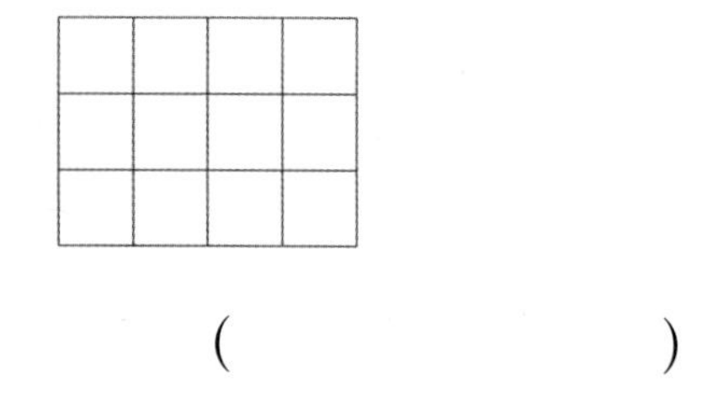

(   )

20 직사각형 모양의 종이를 잘라서 가장 큰 정사각형을 만들려고 합니다. 가장 큰 정사각형을 만들려면 한 변의 길이는 몇 cm로 해야 하나요?

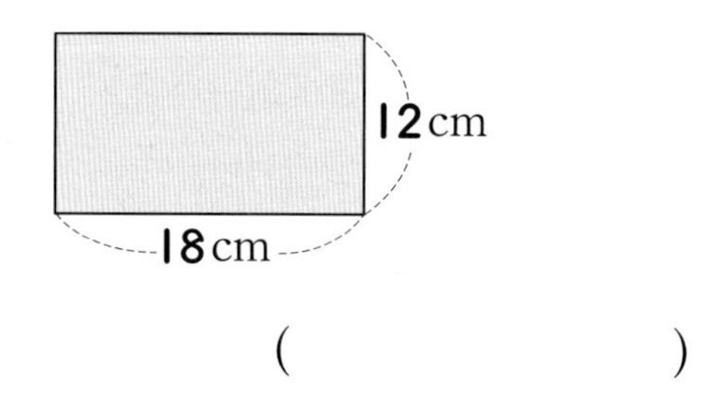

(   )

21 크기가 같은 직사각형 2개를 겹치는 부분 없이 붙여 큰 직사각형을 만들었습니다. 큰 직사각형의 네 변의 길이의 합은 몇 cm인가요?

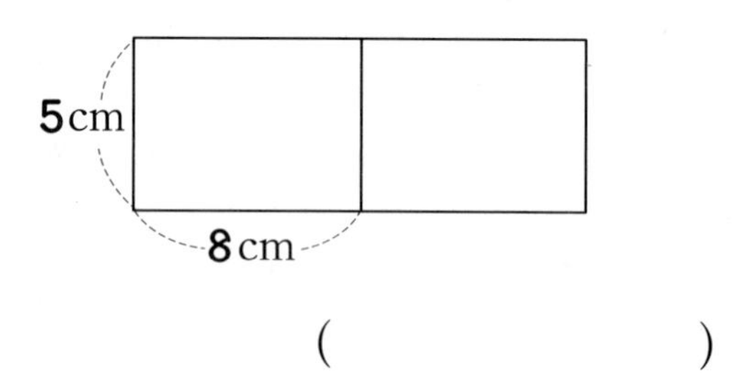

(   )

22 한 변의 길이가 6 cm인 정사각형 6개를 겹치는 부분 없이 이어 붙여 만든 도형입니다. 굵은 선의 길이는 몇 cm인가요?

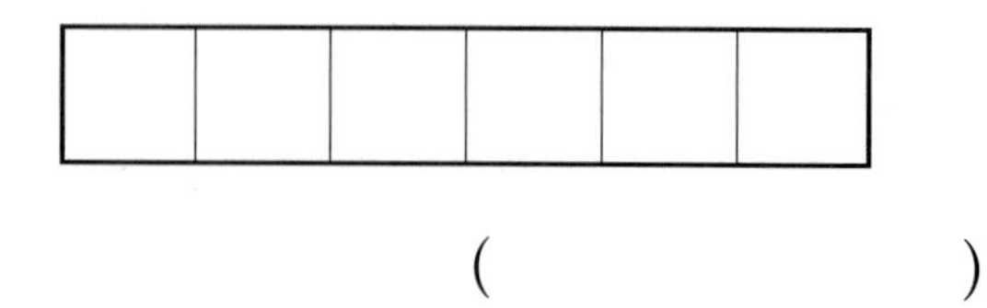

(   )

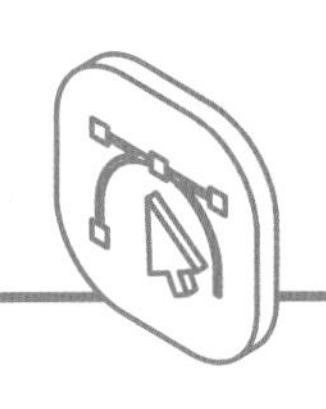

23 직사각형 모양의 벽 위에 한 변의 길이가 9 cm인 정사각형 모양의 타일을 붙이려고 합니다. 타일을 빈틈없이 겹치지 않게 이어 붙인다면 타일은 모두 몇 개까지 붙일 수 있나요?

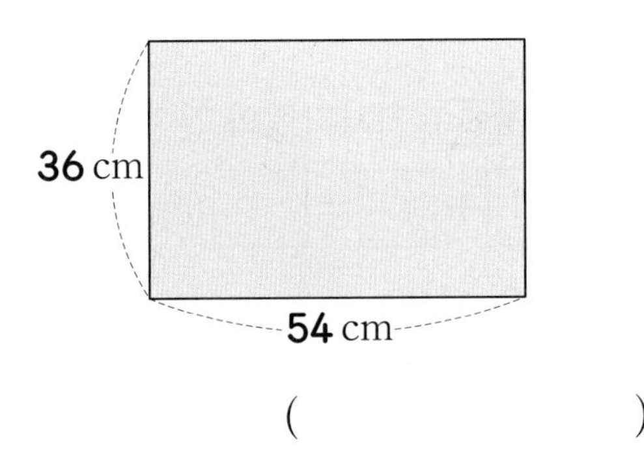

(　　　　　　)

24 오른쪽과 같은 직사각형 5개를 겹치지 않게 이어 붙였더니 정사각형이 되었습니다. 이 정사각형의 네 변의 길이의 합을 구해 보세요.

8 cm

(　　　　　　)

25 크기가 다른 2개의 정사각형을 겹치지 않게 붙여 놓은 것입니다. 큰 정사각형의 네 변의 길이의 합을 구해 보세요.

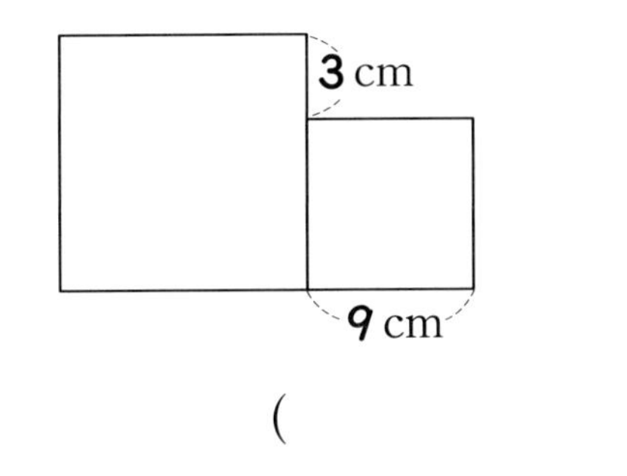

(　　　　　　)

26 가로가 6 cm이고, 세로가 10 cm인 직사각형의 네 변의 길이의 합과 어떤 정사각형의 네 변의 길이의 합이 같습니다. 이 정사각형의 한 변의 길이는 몇 cm인가요?

(　　　　　　)

27 사각형 ㄱㄴㅅㅁ과 사각형 ㅁㅂㅇㄹ은 정사각형입니다. 사각형 ㅂㅅㄷㅇ의 네 변의 길이의 합을 구해 보세요.

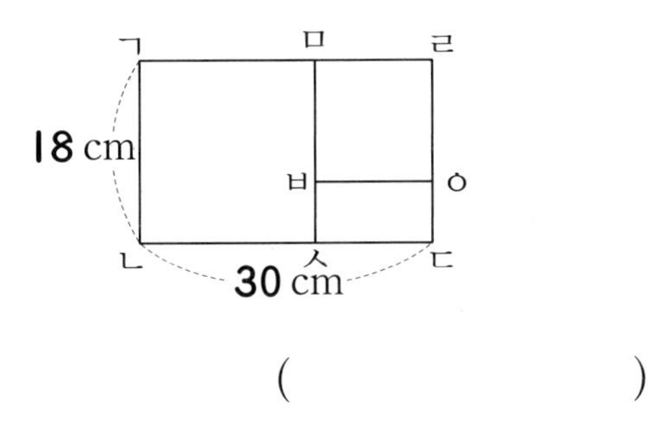

(　　　　　　)

28 삼각형과 정사각형을 겹치지 않게 이어 붙여 놓은 도형을 보고 삼각형의 세 변의 길이의 합이 39 cm일 때, 정사각형 네 변의 길이의 합을 구해 보세요.

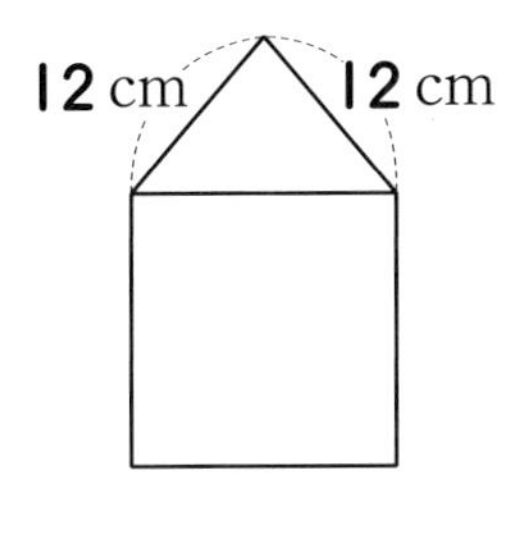

(　　　　　　)

단원 2

서술 유형 익히기

주어진 풀이 과정을 함께 해결하면서
서술형 문제의 해결 방법을 익혀요.

1 도형은 정사각형이 아닙니다. 그 이유를 써 보세요.

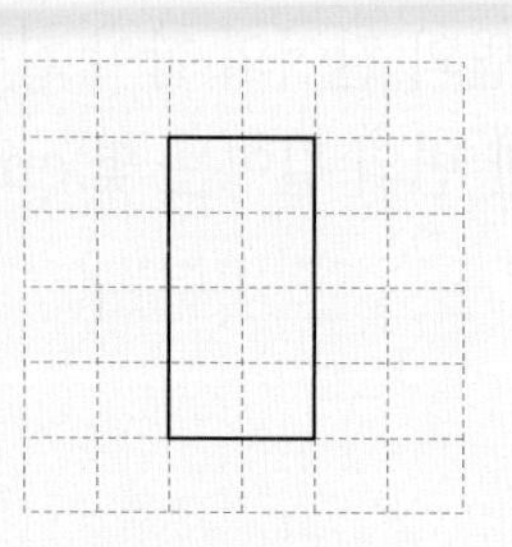

이유 네 각이 모두 직각이고 네 변의 길이가 모두 같은 사각형이 [ ]인데 주어진 사각형은 네 각은 모두 [ ]이지만 네 [ ]의 길이가 모두 같지 않기 때문에 정사각형이 아닙니다.

1-1 도형이 직각삼각형인지 아닌지 쓰고, 아니라면 그 이유를 써 보세요.

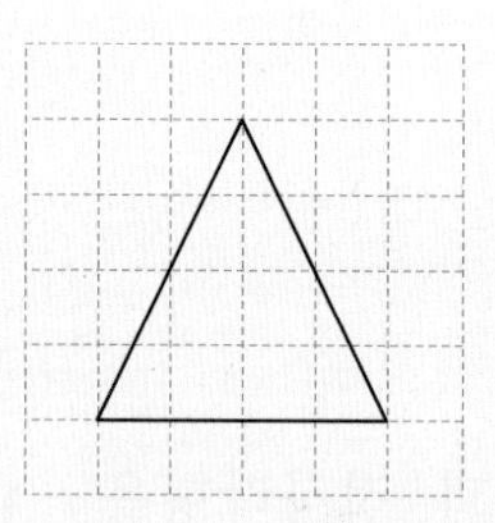

이유

2 한 변이 6 cm인 정사각형 2개를 겹치는 부분 없이 나란히 이어 붙여서 직사각형을 만들었습니다. 이 직사각형의 네 변의 길이의 합은 몇 cm인지 풀이 과정을 쓰고 답을 구해 보세요.

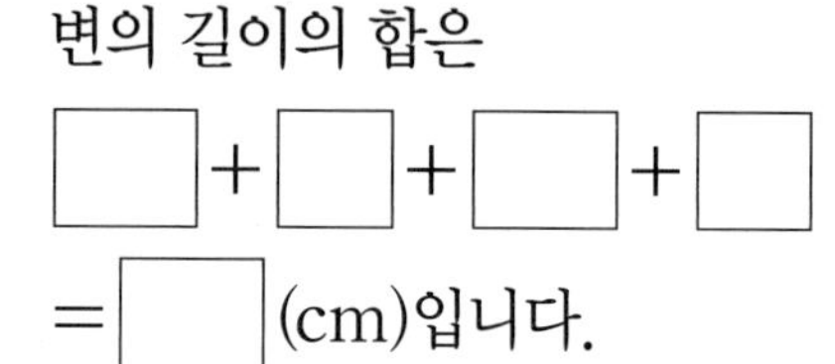

풀이 직사각형의 긴 변은
[ ]+[ ]=[ ](cm)이고,
짧은 변은 [ ] cm이므로 직사각형의 네 변의 길이의 합은
[ ]+[ ]+[ ]+[ ]
=[ ](cm)입니다.

답 [ ] cm

2-1 한 변이 8 cm인 정사각형 3개를 겹치는 부분 없이 나란히 이어 붙여서 직사각형을 만들었습니다. 이 직사각형의 네 변의 길이의 합은 몇 cm인지 풀이 과정을 쓰고 답을 구해 보세요.

풀이

답

3 철사로 오른쪽과 같은 직사각형을 만들었습니다. 이 철사로 한 변이 10 cm인 정사각형을 만들면 몇 cm의 철사가 남는지 풀이 과정을 쓰고 답을 구해 보세요.

8 cm
16 cm

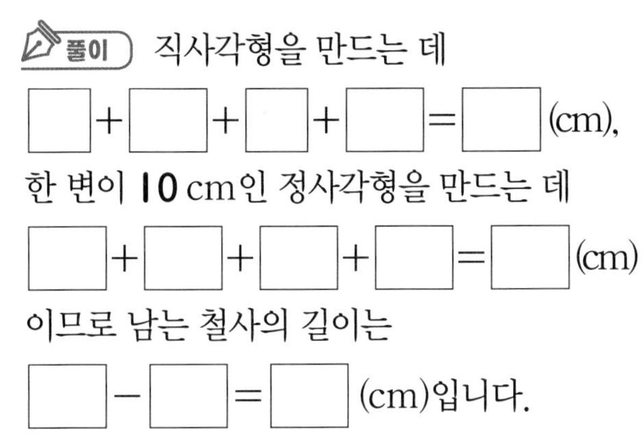

풀이 직사각형을 만드는 데

□+□+□+□=□(cm),

한 변이 10 cm인 정사각형을 만드는 데

□+□+□+□=□(cm)

이므로 남는 철사의 길이는

□−□=□(cm)입니다.

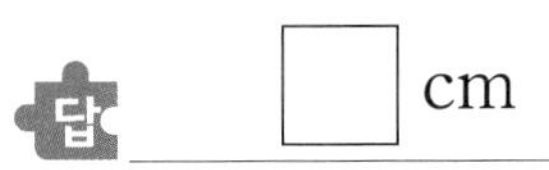

답 □ cm

3-1 철사로 한 변이 15 cm인 정사각형을 만든 후 다시 철사를 펴서 위의 직사각형을 만들었습니다. 남은 철사는 몇 cm인지 풀이 과정을 쓰고 답을 구해 보세요.

21 cm
7 cm

풀이

답

4 도형에서 찾을 수 있는 크고 작은 직각삼각형은 몇 개인지 풀이 과정을 쓰고 답을 구해 보세요.

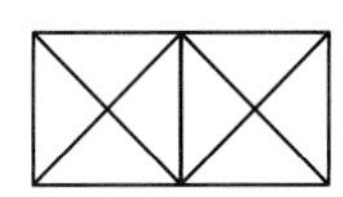

풀이 직각삼각형은 1개짜리가 □개, 2개짜리가 □개, 4개짜리가 □개이므로 크고 작은 직각삼각형은 모두

□+□+□=□(개)입니다.

답 □개

4-1 도형에서 찾을 수 있는 크고 작은 직각삼각형은 몇 개인지 풀이 과정을 쓰고 답을 구해 보세요.

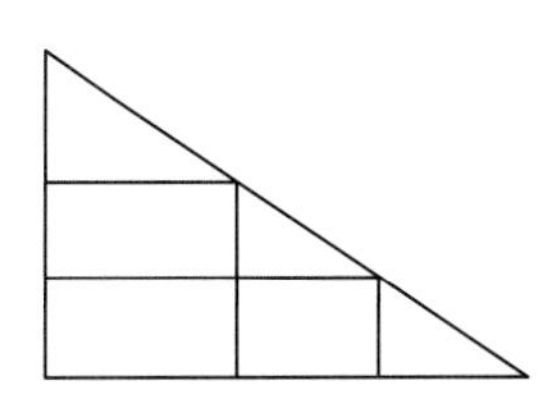

풀이

답

단원 2

2단원 단원 평가

1 선분 ㄱㄴ을 바르게 나타낸 것은 어느 것인가요? (　　　)

① ② ③ ④ ⑤

2 □ 안에 알맞은 수나 말을 써넣으세요.

한 점을 지나는 직선은 □ 그릴 수 있고, 두 점을 지나는 직선은 □개 그릴 수 있습니다.

3 각을 모두 찾아 ○표 하세요.

(1) (2)

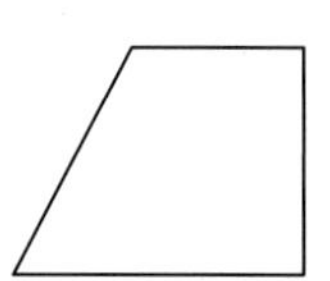

4 도형 중에서 각의 수가 가장 많은 도형을 찾아 기호를 써 보세요.

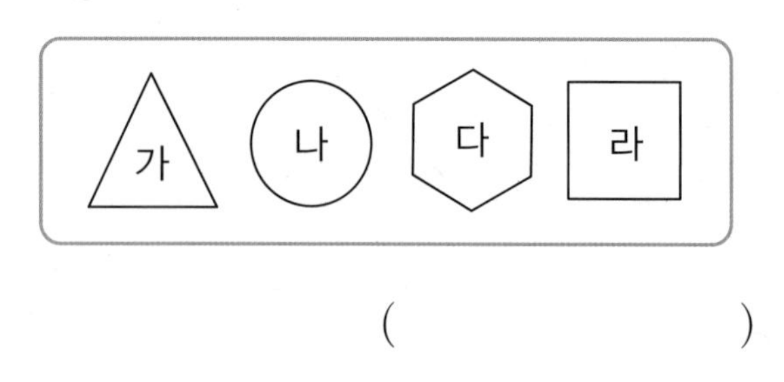

(　　　　　)

5 도형에는 직각이 몇 개 있나요?

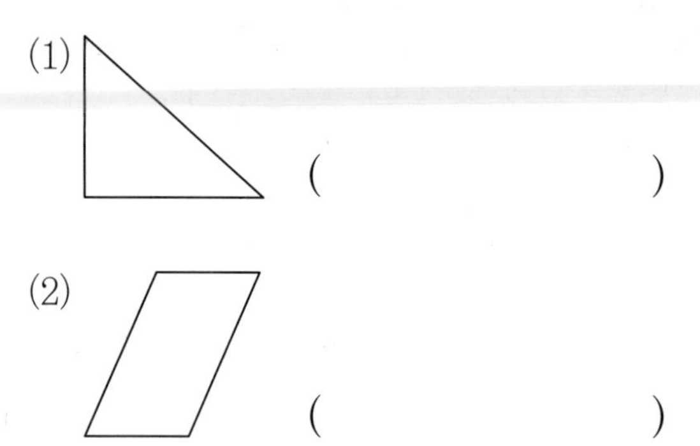

(1) (　　　　　)

(2) (　　　　　)

6 직각삼각형은 어느 것인가요? (　　　)

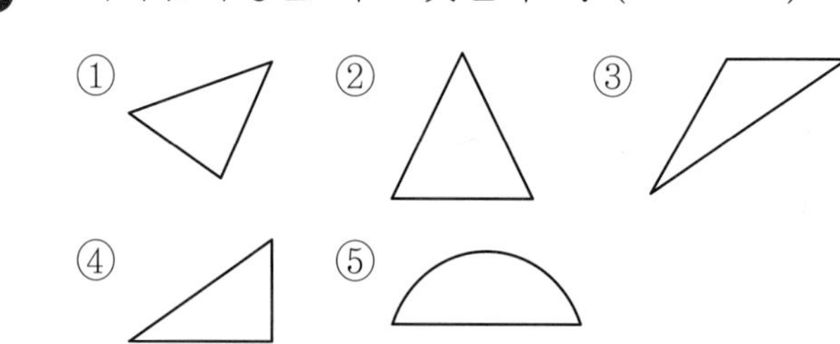

① ② ③ ④ ⑤

7 점 종이에 크기가 다른 직각삼각형을 2개 그려 보세요.

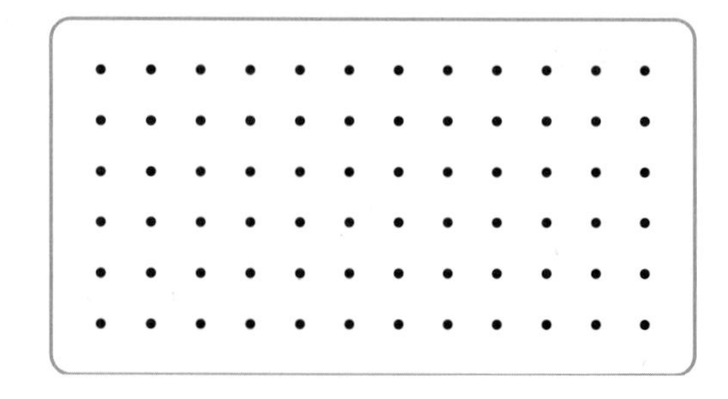

8 도형에서 찾을 수 있는 각은 모두 몇 개인가요?

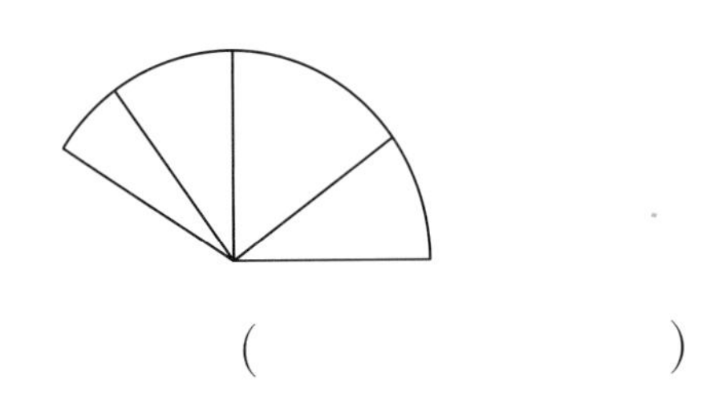

(　　　　　　)

9 찾을 수 있는 직각은 모두 몇 개인가요?

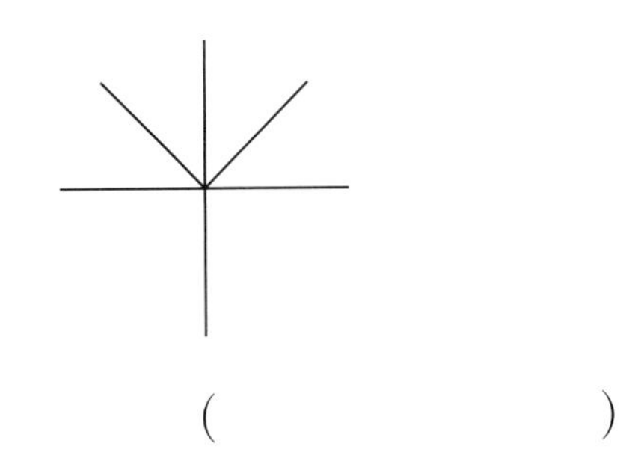

(　　　　　　)

그림을 보고 물음에 답해 보세요. [10~11]

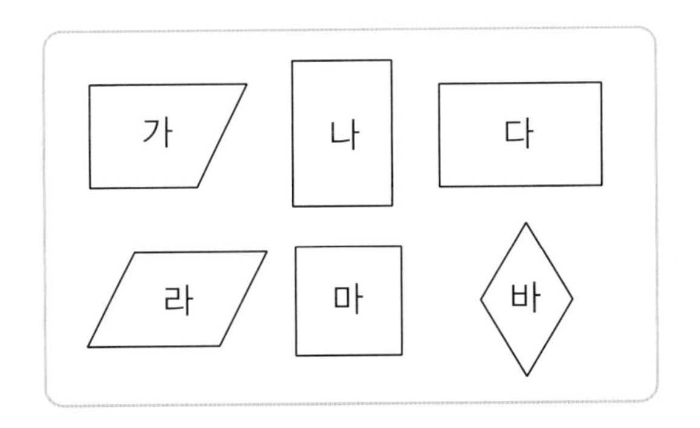

10 직사각형을 모두 찾아 기호를 써 보세요.

(　　　　　　)

11 정사각형을 찾아 기호를 써 보세요.

(　　　　　　)

12 상자를 위, 앞, 옆에서 본 모양은 어떤 도형인가요?

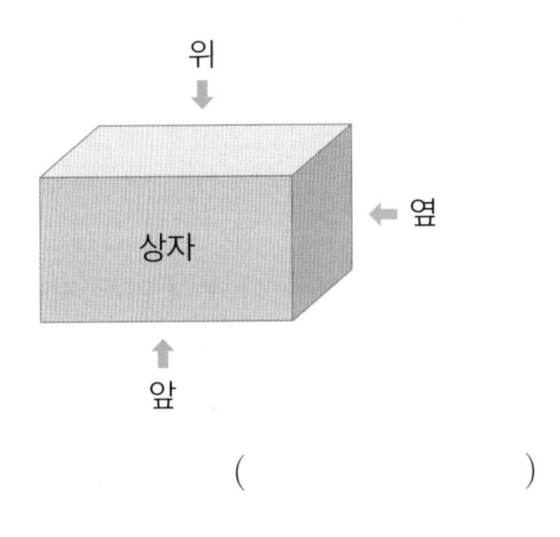

(　　　　　　)

13 직사각형의 네 변의 길이의 합은 몇 cm인가요?

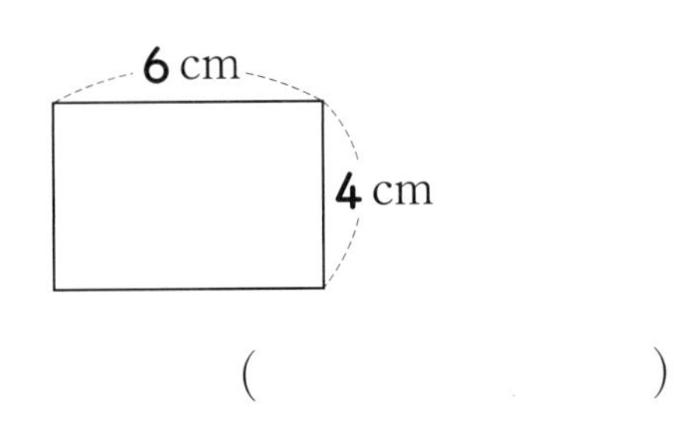

(　　　　　　)

14 도형에서 찾을 수 있는 크고 작은 직각삼각형은 모두 몇 개인가요?

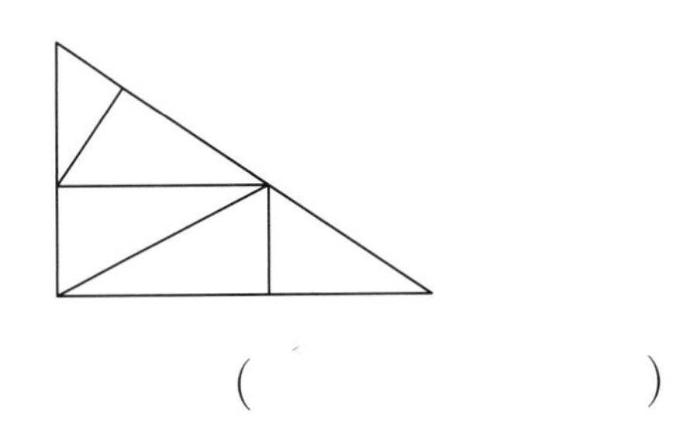

(　　　　　　)

15 시계의 두 바늘이 이루는 작은 쪽의 각이 직각일 때는 몇 시와 몇 시인가요?

( ), ( )

16 크기가 같은 정사각형 **3**개를 겹치는 부분이 없도록 이어 붙여 만든 직사각형입니다. □ 안에 알맞은 수를 구해 보세요.

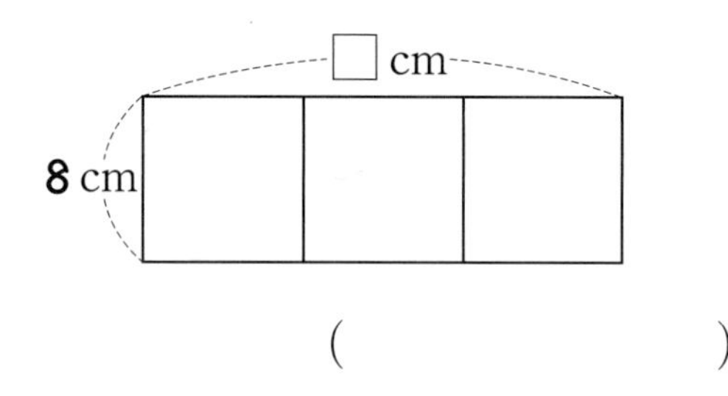

( )

17 어떤 도형에 대한 설명인지 도형의 이름을 써 보세요.

- 네 개의 선분으로 둘러싸여 있습니다.
- 꼭짓점이 **4**개입니다.
- 네 각이 모두 직각이고, 이웃한 두 변의 길이가 같습니다.

( )

18 도형에서 찾을 수 있는 크고 작은 직사각형은 모두 몇 개인가요?

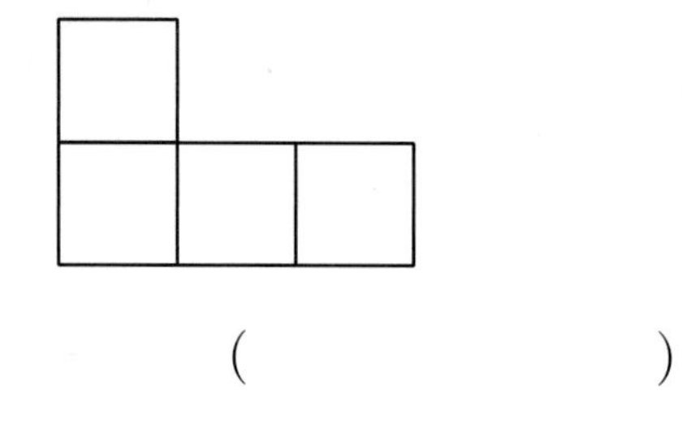

( )

19 도형은 직사각형입니다. 이 직사각형의 네 변의 길이의 합은 몇 cm인가요?

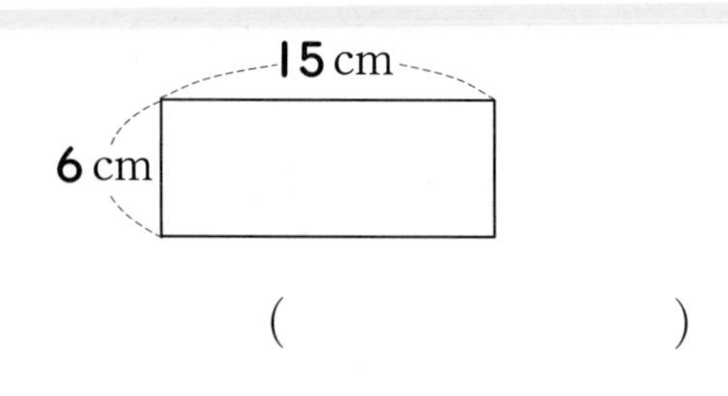

( )

20 정사각형의 네 변의 길이의 합은 **32** cm입니다. □ 안에 알맞은 수를 써넣으세요.

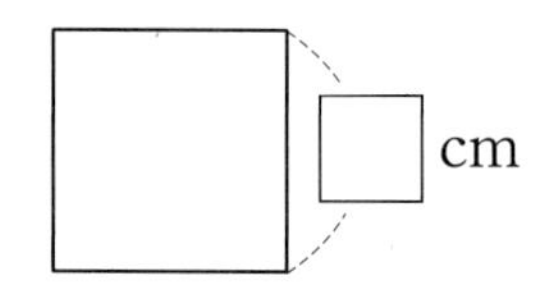

21 직사각형 ㉮와 정사각형 ㉯가 있습니다. 네 변의 길이의 합은 어느 것이 몇 cm 더 긴가요?

6 cm ㉮ 12 cm

㉯ 10 cm

( ), ( )

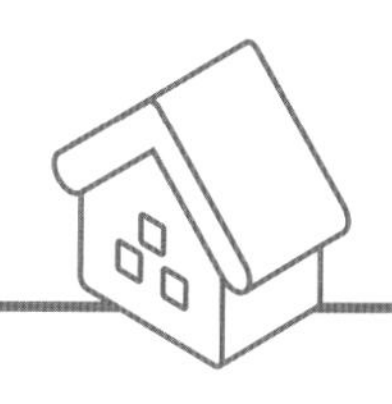

단원 2

서술형

22 주어진 도형이 각인지 아닌지 쓰고, 아니라면 그 이유를 써 보세요.

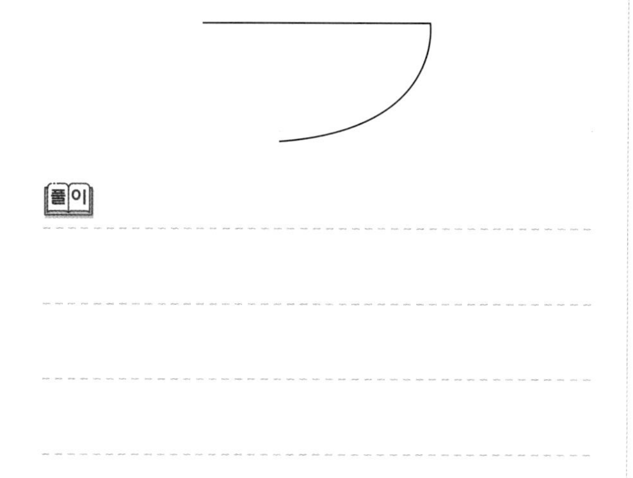

풀이

23 네 변의 길이의 합이 **36** cm인 직사각형이 있습니다. 이 직사각형의 긴 변이 **10** cm라면, 짧은 변은 몇 cm인지 풀이 과정을 쓰고 답을 구해 보세요.

풀이

답

24 직사각형의 네 변의 길이의 합과 정사각형의 네 변의 길이의 합이 같습니다. 정사각형의 한 변은 몇 cm인지 풀이 과정을 쓰고 답을 구해 보세요.

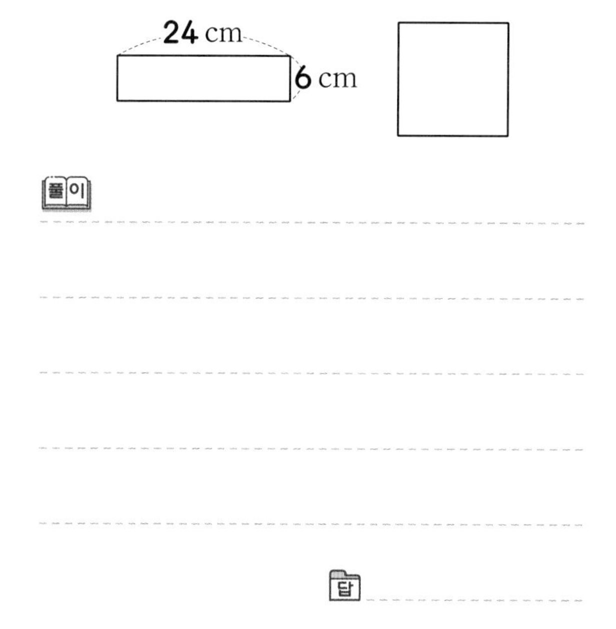

답

25 그림과 같은 직사각형 모양의 종이를 잘라서 한 변이 **3** cm인 정사각형을 만들려고 합니다. 정사각형을 몇 개까지 만들 수 있는지 풀이 과정을 쓰고 답을 구해 보세요.

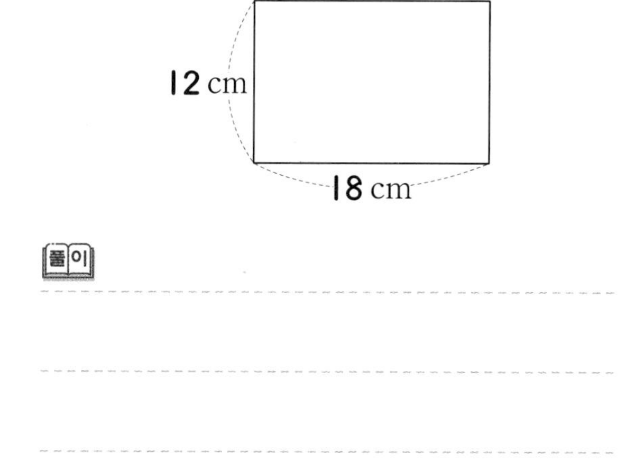

탐구 수학

보기의 직사각형 모양 조각 ㉮, ㉯를 이용하여 색칠된 부분을 모두 덮으려고 합니다. 조각을 각각 몇 개 이용해야 할지 알아보세요. [1~2]

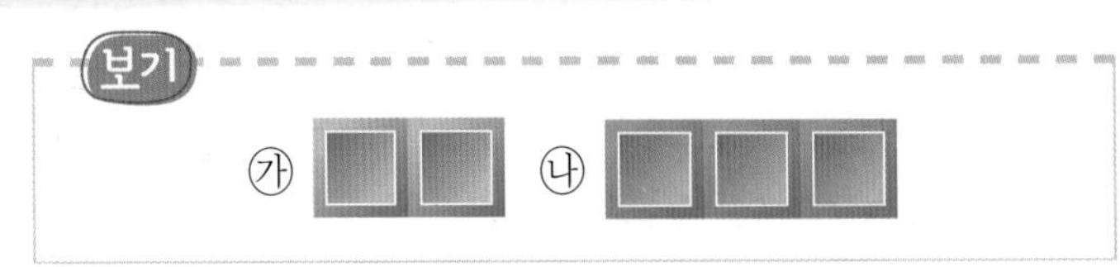

1 ㉮ 모양 조각을 가능한 한 많이 이용하여 덮어 보고 사용된 모양 조각의 수를 각각 구해 보세요.

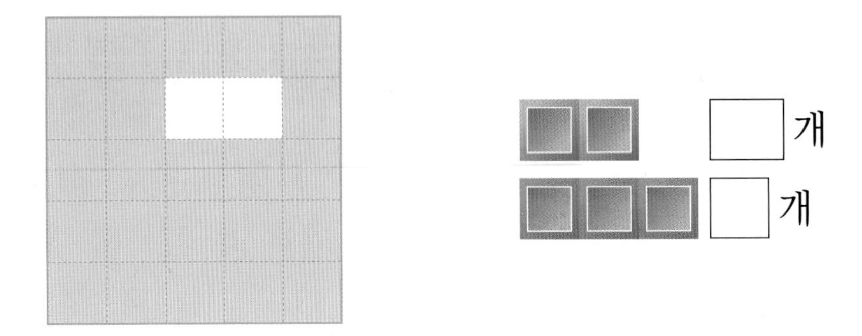

2 ㉯ 모양 조각을 가능한 한 많이 이용하여 덮어 보고 사용된 모양 조각의 수를 각각 구해 보세요.

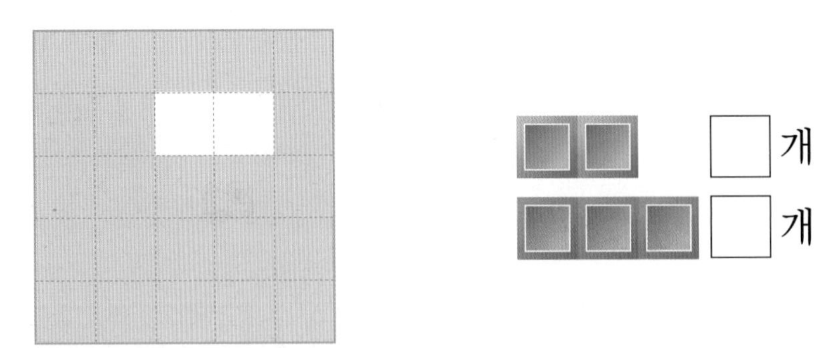

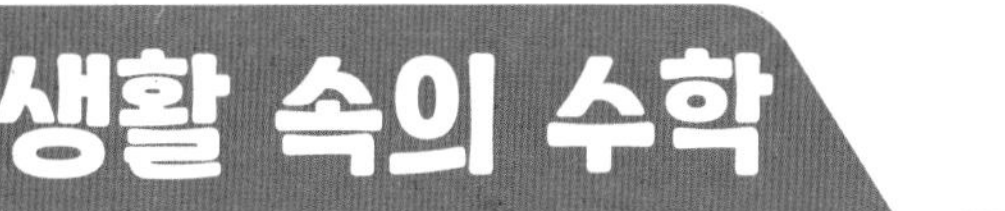
생활 속의 수학

말이 너무 어려워요!

꼬불이는 내 별명이에요. 곱슬머리라고 어릴 때 엄마가 붙여 주신 별명이에요.
엄마는 내 이름보다 '꼬불아!'하고 부르실 때가 더 많아서 난 그 별명이 좋아요.
그런데 가끔 내가 온 집안을 뛰어다니며 소란스럽게 굴면 꼬불이 별명은 까불이가 되어 버려요.
"까불아, 조용히 좀 못 해!"
"까불아, 왜 이렇게 어지럽혔어?"
라고 소리를 지르실 땐 내 이름이 까불이가 되어 버려요. 꼬불이든 까불이든 엄마가 불러 주시는 이름이니까 무조건 좋아요.
어제는 수학 숙제를 하고 있는데 엄마가 가만히 들여다보시더니 크게 화를 내시는 게 아니겠어요? 나도 모르게 눈물이 펑펑 났어요. 그리고 왜 엄마가 화를 내시는지도 알 수가 없

직선과 반직선의 다른 점을 써 보세요.
직선은 똑바로 그은 선이고, 반직선은 반대되는 선이다.

었어요. 난 그냥 숙제를 하고 있었을 뿐인데요.
난 하던 숙제를 밀쳐놓고 울고 또 울었어요. 왜냐하면 난 수학책에 나오는 말을 하나도 모르겠거든요. 직선이 어떻고 반직선이 어떻고, 또 뭐라더라? 그날 짝이 재미있는 만화책을 가져오는 바람에 온통 만화 생각만 하느라고 선생님 설명을 잘 안 들었거든요. 하지만 엄마한테 그 말까지 했다가는 더 야단을 맞을 것 같아서 그냥 막 울기만 했어요.
"딩동!"
현관문이 열리고 외삼촌이 오신 걸 보고 난 더 크게 울었어요.
외삼촌은 나를 번쩍 안아 올리시면서 "우리 꼬불이가 왜 울어?"라고 물으셨어요.
난 엄마가 화를 냈다고 다 일렀어요. 그런데 외삼촌은 껄껄 웃기만 하셨어요.
"꼬불아, 수학 숙제 좀 보자!"

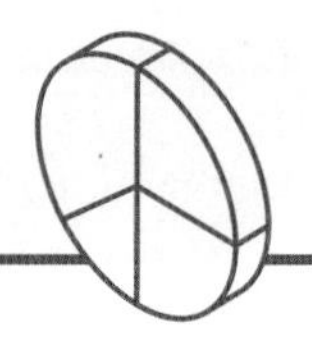

외삼촌은 내가 써 놓은 답을 보시고는 더 크게 웃으셨어요.
"꼬불이가 누나를 닮았는 데 뭘 그래?"
"어휴, 속 터져. 외삼촌이 좀 가르쳐 봐." 엄마가 짜증 섞인 목소리로 말했어요.

엄마는 왜 화만 내실까요? 외삼촌처럼 친절하게 가르쳐 주시면 좋겠어요. 난 이제 직선, 반직선, 선분이 뭔지 다 알아요. 외삼촌이 가르쳐 주셨거든요. 그래서 내가 만화 본 이야기도 삼촌에게만 귓속말로 했어요. 엄마한테 말하면 안 된다고 손가락도 걸었고요.
"선분은 직선을 나눈 것이라고 생각하면 돼. '분'은 한자로 나눈다는 뜻이거든.
기다란 직선을 가위로 동강동강 자르면 시작하는 점도 있고 끝나는 점도 생기지?"
"무슨 점이요?" 어머나, 꼬불이가 선분에 무슨 점이 있냐고 묻고 있으니 엄마가 또 화를 내시겠죠? 우리가 얼른 꼬불이에게 알려줘야겠어요.
"꼬불아. 본래 모든 선은 점이 모여서 만들어진 거야. 그러니까 선분에는 시작하는 점과 끝나는 점이 있는 거야."

선분은 두 점을 곧게 이은 선입니다. 선분을 그려 보세요.

단원 3 나눗셈

이번에 배울 내용

1. 똑같이 나누기 (1)
2. 똑같이 나누기 (2)
3. 곱셈과 나눗셈의 관계
4. 곱셈식에서 나눗셈의 몫 알기
5. 곱셈구구로 나눗셈의 몫 구하기

이전에 배운 내용

- 곱셈구구
- 곱셈표 만들기

다음에 배울 내용

- 분수 알아보기
- (몇십)÷(몇), (몇십몇)÷(몇), 나눗셈식 검산하기
- 두 자리 수로 나누기

1. 똑같이 나누기 (1)

교과서 개념을 이해하고 확인 문제를 통해 익혀요.

나눗셈식 $6 \div 2 = 3$ 알아보기

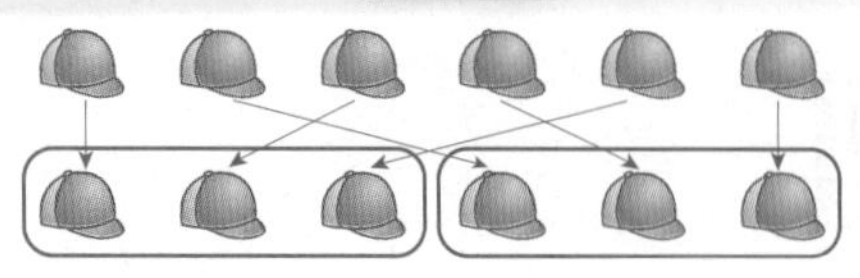

- 6을 2로 나누면 3이 됩니다.
- $6 \div 2 = 3$과 같은 식을 나눗셈식이라 하고 6 나누기 2는 3과 같습니다라고 읽습니다.
- 3은 $6 \div 2$의 몫이라고 합니다.

나눗셈식 $12 \div 4 = 3$ 알아보기

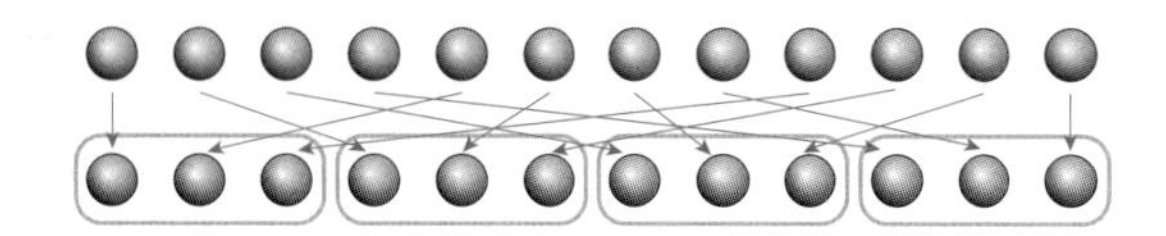

바둑돌 12개를 4곳으로 똑같이 나누면 한 곳은 3개씩입니다.

개념잡기

참고 • 똑같이 묶어 내기
9를 3씩 3번 묶어 내면 0입니다.
➡ $9 \div 3 = 3$
• 똑같이 나누기
9를 3으로 나누면 3이 됩니다.
➡ $9 \div 3 = 3$

보충 나눗셈식 $12 \div 4 = 3$ 알아보기
① 12 나누기 4는 3과 같습니다.
② 12를 4로 나누면 3이 됩니다.
③ 3은 $12 \div 4$의 몫입니다.

---

1 개념확인

□ 안에 알맞은 수나 말을 써넣으세요.

(1) 18을 6으로 나누면 □이 됩니다. 이것을 식으로 $18 \div 6 =$ □이라 쓰고 '18 나누기 6은 □과 같습니다'라고 읽습니다.

(2) $18 \div 6 =$ □과 같은 식을 □이라 하고 3은 18을 6으로 나눈 □이라고 합니다.

2 개념확인

나눗셈식 $8 \div 2 = 4$를 여러 가지 방법으로 나타내려고 합니다. 빈 곳에 알맞게 ○를 그려 넣고 □ 안에 알맞은 수를 써넣으세요.

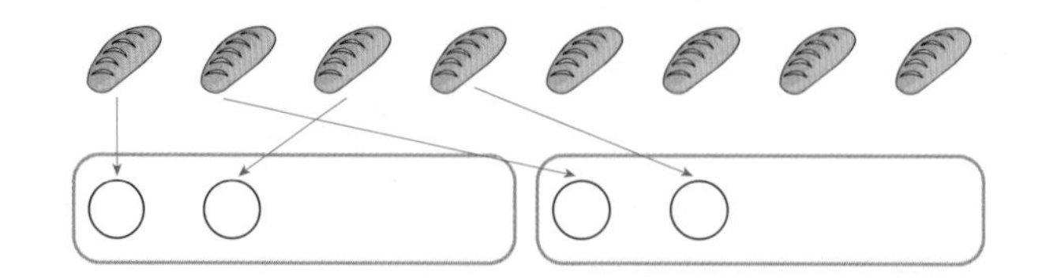

빵 □개를 □명에게 똑같이 나누어 주면 한 명에게 □개씩 줄 수 있습니다.

2단계 핵심 쏙쏙

기본 문제를 통해 교과서 개념을 다져요.

1 구슬 25개를 5칸에 똑같이 나누었습니다. □ 안에 알맞은 수나 말을 써넣으세요.

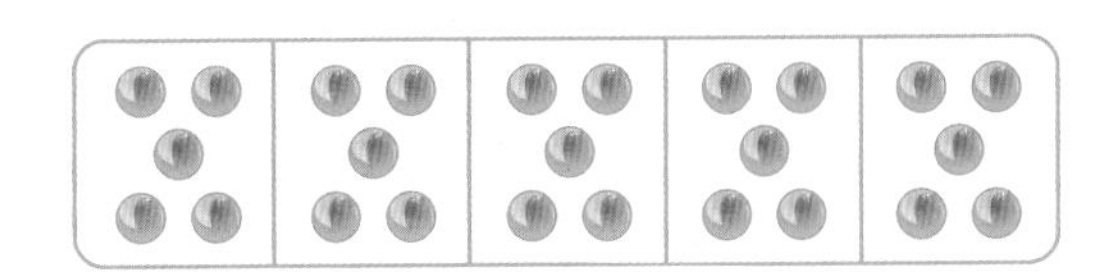

(1) 구슬을 □개씩 5칸에 똑같이 나누었습니다.

(2) 나눗셈식으로 나타내 보세요.

25÷5=□

(3) 5는 25÷5의 □입니다.

중요

2 나눗셈식을 보고 □ 안에 알맞은 수를 써넣으세요.

15÷5=3

(1) 15 나누기 □는 □과 같습니다.

(2) 15를 □로 나누면 □입니다.

(3) □은 15를 □로 나눈 몫입니다.

3 나눗셈식으로 나타내 보세요.

(1) 12를 4로 나누면 3입니다.

➡ ____________________

(2) 21을 3으로 나누면 7입니다.

➡ ____________________

4 나눗셈식 10÷2=5를 여러 가지 방법으로 나타내 보세요.

(1) 색종이 10장을 2곳으로 똑같이 나누어 나타내 보세요.

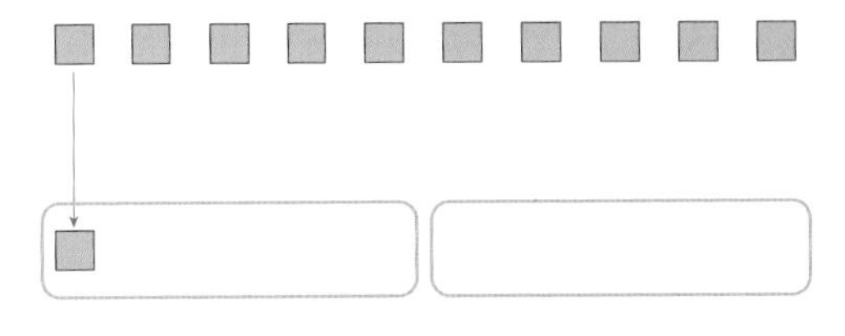

(2) 10÷2=5를 문장으로 나타내 보세요.

색종이 □장을 □명의 학생에게 똑같이 나누어 주면 한 학생이 □장씩 갖게 됩니다.

5 연필 12자루를 3명에게 똑같이 나누어 주려고 합니다. 한 명에게 연필을 몇 자루씩 주면 되는지 알아보세요.

(1) 연필 12자루를 3곳으로 똑같이 나누어 보세요.

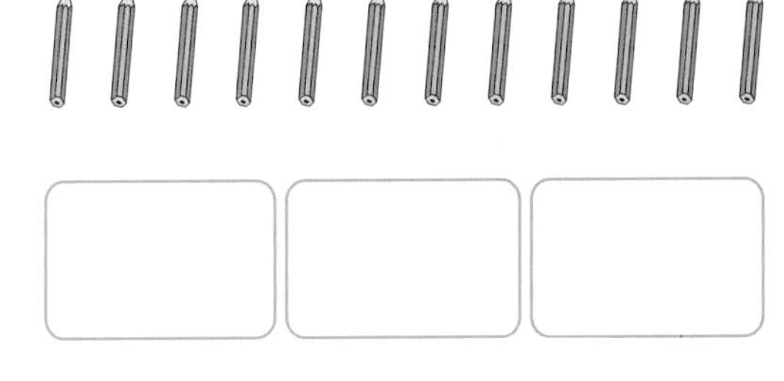

(2) 한 명에게 연필을 몇 자루씩 주면 되나요?

(　　　　　　)

단원 3

2. 똑같이 나누기 (2)

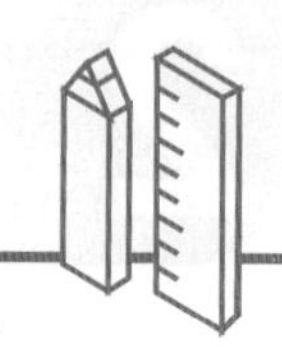

교과서 개념을 이해하고 확인 문제를 통해 익혀요.

나눗셈식 $10 \div 2 = 5$ 알아보기

- 10을 2씩 묶으면 5묶음이 됩니다.
- $10-2-2-2-2-2=0$
- 2개씩 5번 빼면 0이 되므로 2개씩 5명에게 줄 수 있습니다.
- 이것을 식으로 나타내면 $10 \div 2 = 5$입니다.

나눗셈식 $12 \div 2 = 6$ 알아보기

사과 12개를 한 봉지에 2개씩 담으면 6봉지가 됩니다.

개념잡기

참고 나눗셈식 $8 \div 2 = 4$
➡ 읽기: 8 나누기 2는 4와 같습니다.

보충 나눗셈식 $12 \div 2 = 6$ 알아보기
① 12 나누기 2는 6과 같습니다.
② 12를 2씩 묶으면 6묶음입니다.
③ 6은 12를 2로 나눈 몫입니다.

---

1 개념확인 □ 안에 알맞게 써넣으세요.

사탕 20개를 한 사람에게 4개씩 나누어 주려고 합니다.
20 − □ − □ − □ − □ − □ = 0이므로 4개씩 □번 빼면 □이 되므로 □명에게 나누어 줄 수 있습니다. 이것을 나눗셈식으로 나타내면 □입니다.

2 개념확인 나눗셈식 $12 \div 3 = 4$를 여러 가지 방법으로 나타내 보세요.

(1) 복숭아 12개를 3개씩 묶어 보세요.

(2) 나눗셈식 $12 \div 3 = 4$를 문장으로 나타내 보세요.

복숭아 □개를 친구 한 명에게 □개씩 주면 □명에게 줄 수 있습니다.

기본 문제를 통해 교과서 개념을 다져요.

1 바둑돌 8개를 4개씩 묶었습니다. □ 안에 알맞은 수나 말을 써넣으세요.

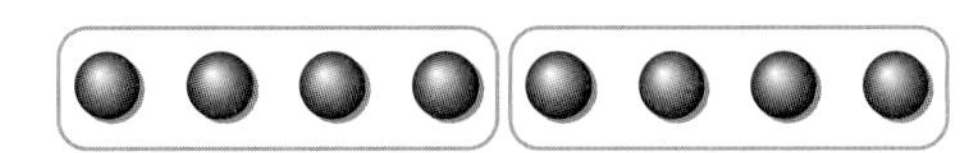

(1) 바둑돌을 4개씩 묶으면 □ 묶음입니다.

(2) 8－□－□＝0

(3) 나눗셈식으로 나타내 보세요.

8÷4＝□

(4) 2는 8을 4로 나눈 □ 입니다.

2 나눗셈식을 보고 □ 안에 알맞은 수나 말을 써넣으세요.

18÷3＝6

(1) 18 나누기 □ 은 □ 과 같습니다.

(2) 18을 □ 씩 묶으면 □ 묶음입니다.

(3) 6은 18을 3으로 나눈 □ 입니다.

중요

3 나눗셈식으로 나타내 보세요.

(1) 18을 2씩 묶으면 9묶음입니다.

➡ ____________

(2) 35를 7씩 묶으면 5묶음입니다.

➡ ____________

4 나눗셈식 24÷6＝4를 여러 가지 방법으로 나타내 보세요.

(1) 야구공 24개를 6개씩 묶어 보세요.

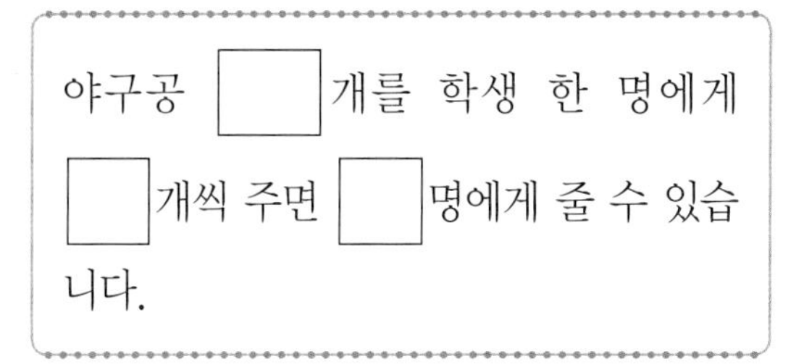

(2) 24－□－□－□－□＝0

(3) 24÷6＝4를 문장으로 나타내 보세요.

야구공 □ 개를 학생 한 명에게 □ 개씩 주면 □ 명에게 줄 수 있습니다.

5 딸기가 16개 있습니다. 한 접시에 2개씩 담으려고 합니다. 접시는 모두 몇 개가 필요한지 알아보세요.

(1) 딸기 16개를 2개씩 묶어 보세요.

(2) 접시는 모두 몇 개가 필요하나요?

(　　　　　　)

6 그림을 보고 □ 안에 알맞은 수를 써넣으세요.

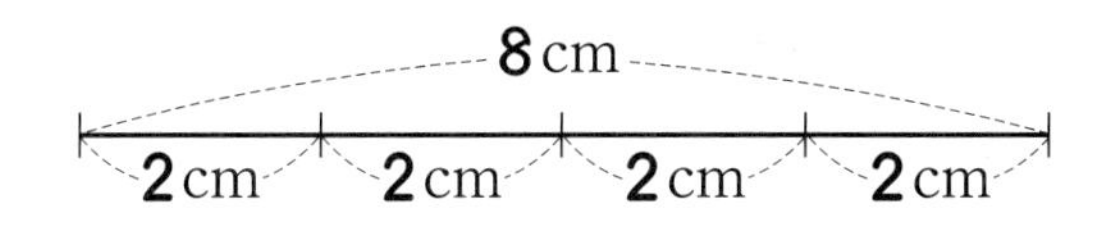

길이가 8 cm인 막대를 □ cm씩 자르면 □ 도막으로 나눌 수 있습니다.

단원 3

교과서 개념을 이해하고 확인 문제를 통해 익혀요.

곱셈식과 나눗셈식 쓰기

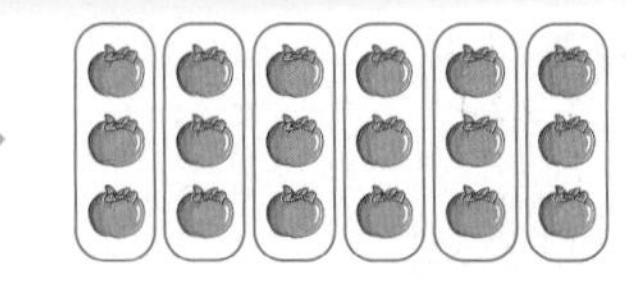

- 3개씩 6묶음이므로 곱셈식 $3\times6=18$로 나타낼 수 있습니다.
- 18개를 6곳으로 똑같이 나누면 한 곳에 3개씩이므로 나눗셈식 $18\div6=3$으로 나타낼 수 있습니다.
- 18개는 3개씩 6묶음이므로 나눗셈식 $18\div3=6$으로 나타낼 수 있습니다.

$18\div6=3$ < $3\times6=18$, $6\times3=18$

$3\times6=18$ < $18\div3=6$, $18\div6=3$

개념잡기

보충 곱셈과 나눗셈의 관계
하나의 곱셈식으로 2개의 나눗셈식을 만들 수 있습니다.

● × ▲ = ■ < ■ ÷ ● = ▲, ■ ÷ ▲ = ●

---

1 개념확인 그림을 보고 곱셈식을 나눗셈식으로 나타내려고 합니다. □ 안에 알맞은 수를 써넣으세요.

(1)

$3\times5=\square$ < $15\div3=\square$, $15\div5=\square$

(2)

$6\times4=\square$ < $24\div6=\square$, $24\div4=\square$

2 개념확인 곱셈식과 나눗셈식을 보고 □ 안에 알맞은 수를 써넣으세요.

(1) $3\times7=21$ < $21\div3=\square$, $21\div7=\square$

(2) $8\times2=16$ < $16\div8=\square$, $16\div2=\square$

기본 문제를 통해 교과서 개념을 다져요.

1 그림을 보고 물음에 답해 보세요.

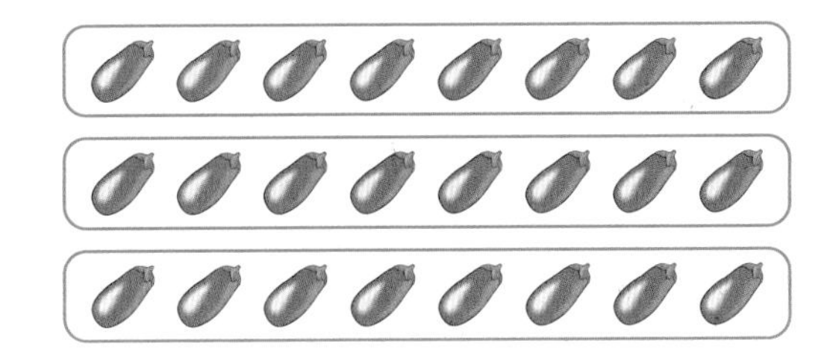

(1) 곱셈식을 써 보세요.

$8\times\square=\square$

(2) 나눗셈식을 2개 써 보세요.

$\square\div 8=\square$, $\square\div 3=\square$

2 곱셈식을 보고 나눗셈식으로 나타내 보세요.

(1) $5\times 6=\square$ → $30\div\square=6$, $30\div\square=\square$

(2) $4\times 7=\square$ → $28\div\square=\square$, $28\div 7=\square$

3 나눗셈식을 보고 곱셈식으로 나타내 보세요.

(1) $27\div 9=3$ → $\square\times 3=\square$, $\square\times\square=\square$

(2) $48\div 6=8$ → $\square\times\square=\square$, $8\times\square=\square$

4 곱셈식을 보고 만들 수 없는 나눗셈식을 찾아 기호를 써 보세요.

$4\times 9=36$

㉠ $36\div 4=9$
㉡ $36\div 6=6$
㉢ $36\div 9=4$

(　　　　　　)

중요

5 주어진 글을 읽고 □ 안에 알맞은 수를 써넣으세요.

식탁에 빵이 한 접시에 7개씩 5접시 있습니다.

(1) 곱셈식과 나눗셈식으로 각각 나타내 보세요.

$7\times\square=\square$, $\square\div 7=\square$

(2) 나눗셈식에 알맞은 문장을 만들어 보세요.

식탁에 있는 빵 □개를 한 접시에 □개씩 놓으면 □접시가 됩니다.

6 주어진 글을 읽고, 나눗셈식에 알맞은 문장으로 만들어 보세요.

바둑판에 바둑돌이 6개씩 8줄로 놓여져 있습니다.

유형 1 똑같이 나누기 (1)

- 16을 2로 나누면 8입니다.
- 이것을 식으로 16÷2=8이라 쓰고 16 나누기 2는 8과 같습니다라고 읽습니다.
- 16÷2=8과 같은 식을 나눗셈식이라 하고 8은 16÷2의 몫이라고 합니다.

대표유형

1-1 나눗셈식으로 쓰고 읽어 보세요.

21을 7로 나누면 3입니다.

쓰기 (　　　　　　　　　　)
읽기 (　　　　　　　　　　)

1-2 다음을 읽고 알맞은 식에 ○표 하세요.

자두 35개를 5명에게 똑같이 나누어 주면 한 명이 7개씩 갖게 됩니다.

(35÷7=5 , 35÷5=7)

1-3 사탕 18개를 3봉지에 똑같이 나누어 담으려고 합니다. 한 봉지에 사탕을 몇 개씩 담아야 하나요?

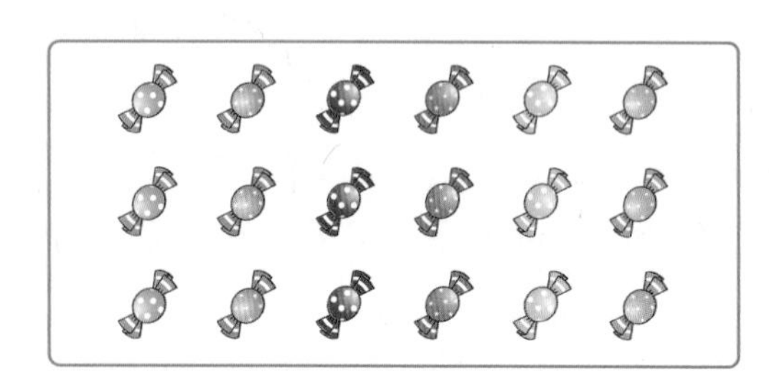

18÷☐=☐(개)

1-4 주어진 문장을 나눗셈식으로 나타내 보세요.

42개를 7묶음으로 똑같이 나누면 한 묶음에 6개씩입니다.

(　　　　　　　　　　)

시험에 잘 나와요

1-5 귤 20개를 학생 5명에게 똑같이 나누어 주려고 합니다. 학생 한 명에게 귤을 몇 개씩 나누어 주어야 하나요?

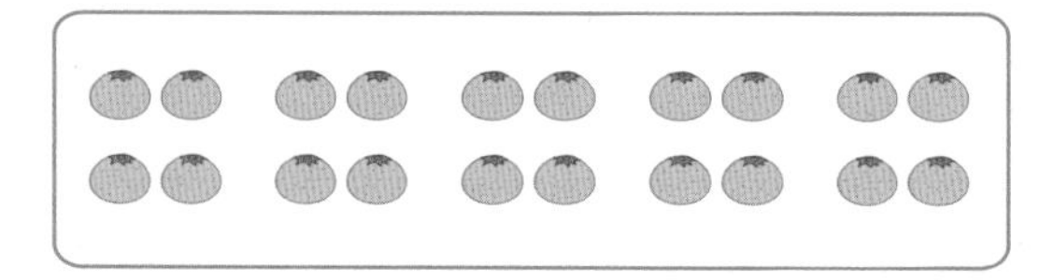

식 ____________

답 ____________

1-6 효근이네 반 학생 24명을 6모둠으로 똑같이 나누려고 합니다. 한 모둠을 몇 명씩 되도록 해야 하나요?

식 ____________

답 ____________

1-7 영수는 63쪽짜리 동화책을 9일 동안 매일 똑같은 쪽수로 나누어 읽었습니다. 하루에 몇 쪽씩 읽었나요?

식 ____________

답 ____________

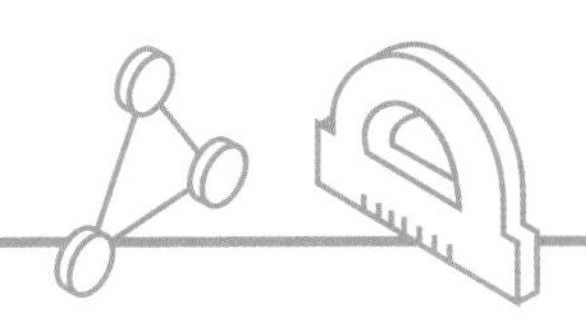

유형 2 똑같이 나누기 (2)

- 8을 2씩 묶으면 4묶음입니다.
- 8−2−2−2−2=0
  8에서 2씩 4번 빼면 0이 됩니다.
- 이것을 식으로 나타내면 8÷2=4입니다.

2-1 공책 10권을 한 명에게 2권씩 나누어 주려고 합니다. □ 안에 알맞은 수를 써넣으세요.

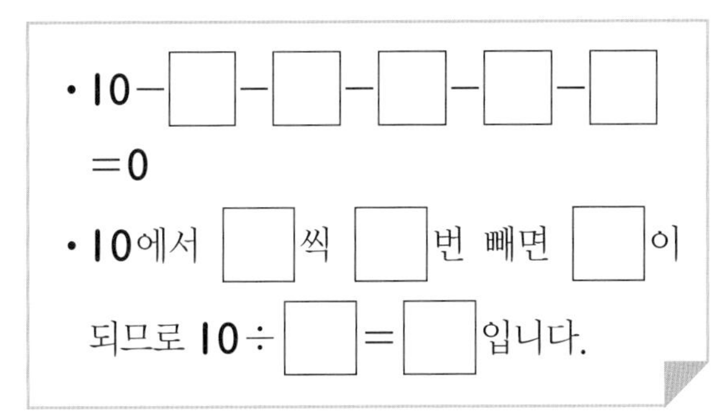

- 10−□−□−□−□−□=0
- 10에서 □씩 □번 빼면 □이 되므로 10÷□=□입니다.

2-2 뺄셈식과 나눗셈식으로 각각 나타내 보세요.

24에서 8씩 3번 빼면 0입니다.

뺄셈식

나눗셈식

2-3 □ 안에 알맞은 수를 써넣으세요.

(1) 35÷7=5
➡ 35−□−□−□−□−□=0

(2) 24−3−3−3−3−3−3−3−3=0
➡ □÷□=□

2-4 구슬 15개를 한 명에게 3개씩 나누어 주려고 합니다. 몇 명에게 나누어 줄 수 있는지 구슬을 똑같이 나누어 묶고 답을 구해 보세요.

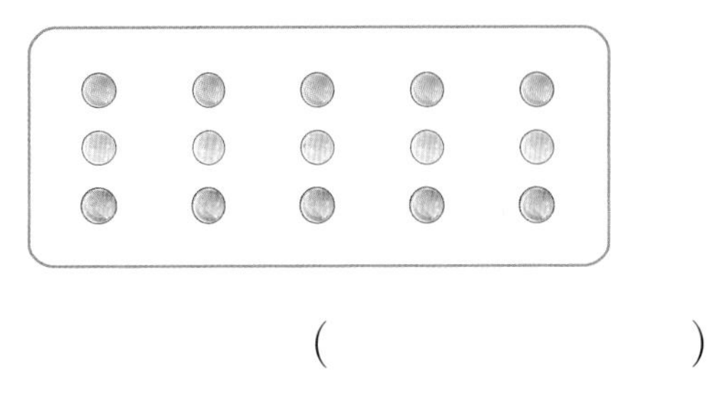

(　　　　　　)

2-5 빵 12개를 한 접시에 4개씩 담으면 몇 접시가 되나요?

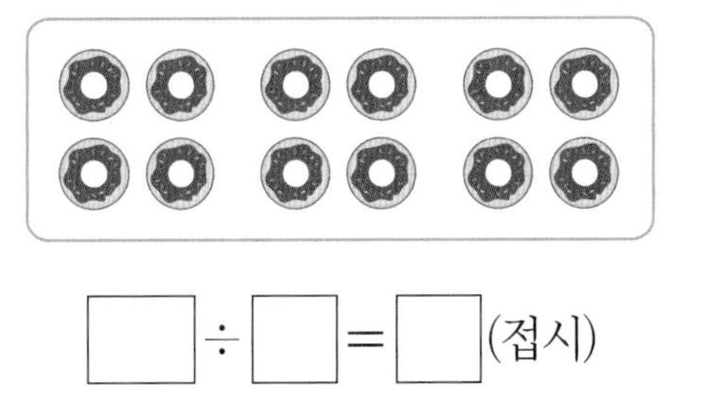

□÷□=□(접시)

잘 틀려요

2-6 문장을 잘못 나타낸 것은 어느 것인가요?

(　　　)

초콜릿 24개를 한 상자에 4개씩 담으려면 상자는 모두 6개가 필요합니다.

① 24÷4=6
② 24 나누기 4는 6과 같습니다.
③ 6은 24를 4로 나눈 몫입니다.
④ 24는 6을 4로 나눈 몫입니다.
⑤ 24개를 4개씩 묶으면 6묶음입니다.

2-7 주어진 문장을 나눗셈식으로 나타내 보세요.

> 아이스크림 12개를 한 명에게 4개씩 나누어 주면 모두 3명에게 줄 수 있습니다.

(　　　　　　)

2-8 연필 40자루를 연필꽂이 한 개에 5자루씩 꽂으려고 합니다. 연필을 모두 꽂기 위해 필요한 연필꽂이는 모두 몇 개인가요?

식 ____________

답 ____________

시험에 잘 나와요

2-9 야구 선수 45명으로 한 팀에 9명씩 야구팀을 만들려고 합니다. 야구팀을 모두 몇 팀 만들 수 있나요?

식 ____________

답 ____________

2-10 나눗셈식 $6 \div 3 = 2$를 여러 가지 방법으로 나타내 보세요.

(1) ○를 6개 그리고 3개씩 묶어 보시오.

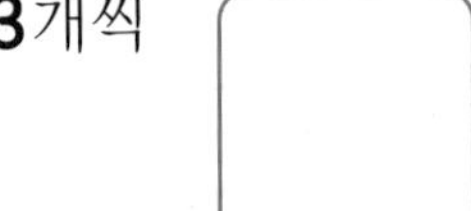

(2) 나눗셈식 $6 \div 3 = 2$를 문장으로 나타내 보세요.

- - - - - - - - - - - - - - - -

- - - - - - - - - - - - - - - -

유형 3 곱셈과 나눗셈의 관계

> 하나의 곱셈식은 2개의 나눗셈식으로 나타낼 수 있습니다.
>
> $6 \times 4 = 24$ → $24 \div 6 = 4$, $24 \div 4 = 6$

3-1 사자 인형 그림을 7개씩 묶어 보고, 곱셈과 나눗셈의 관계를 알아보세요.

(1) 곱셈식을 써 보세요.

$7 \times \square = \square$

(2) □ 안에 알맞은 수를 써넣으세요.

$7 \times \square = \square$ → $21 \div 7 = \square$, $21 \div \square = \square$

대표유형

3-2 그림을 보고 곱셈식과 나눗셈식을 써 보세요.

곱셈식 - - - - - - - - - - - - - - - -

나눗셈식 - - - - - - - - - - - - - - - -

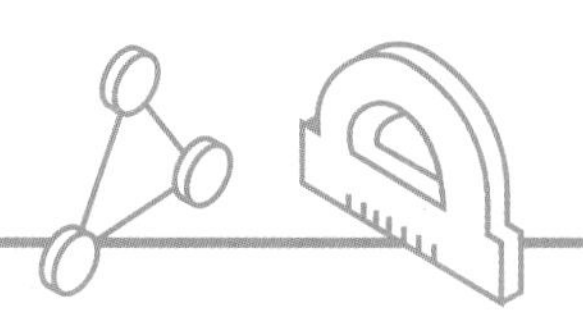

곱셈식은 나눗셈식으로, 나눗셈식은 곱셈식으로 나타내 보세요. [3-3～3-4]

3-3 $8 \times 5 = 40$

$\square \div \square = \square$

$\square \div \square = \square$

3-4 $63 \div 9 = 7$

$\square \times \square = \square$

$\square \times \square = \square$

3-5 그림을 보고 □ 안에 알맞은 수를 써넣으세요.

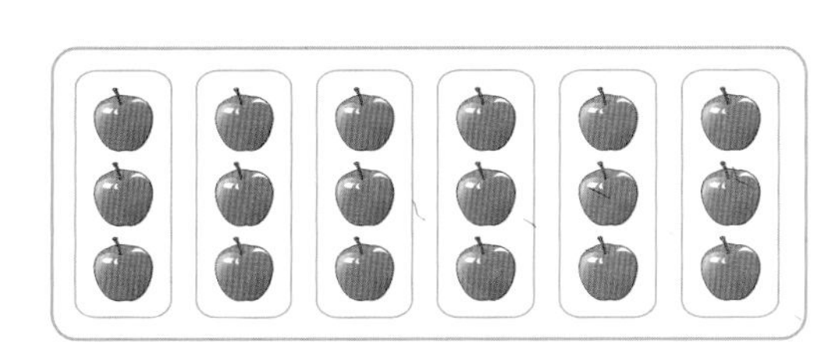

$\square \times 6 = \square$

$\square \div 3 = \square$

$\square \div \square = \square$

3-6 8, 72, 9를 이용하여 곱셈식과 나눗셈식을 2개씩 만들어 보세요.

곱셈식

나눗셈식

3-7 그림을 보고 곱셈식을 만들고, 만든 곱셈식을 나눗셈식 2개로 나타내 보세요.

(1)

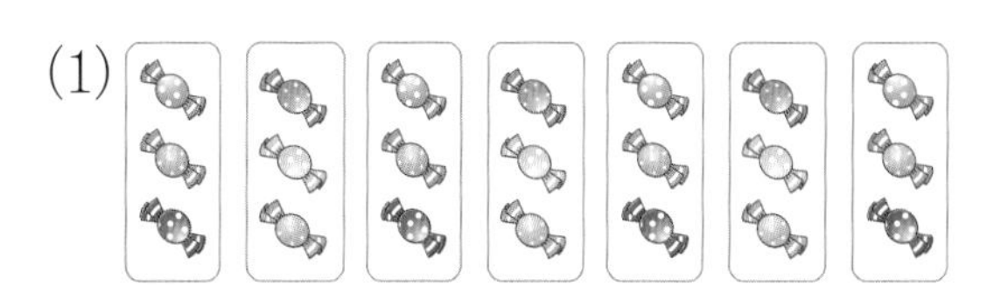

곱셈식

나눗셈식 ,

(2)

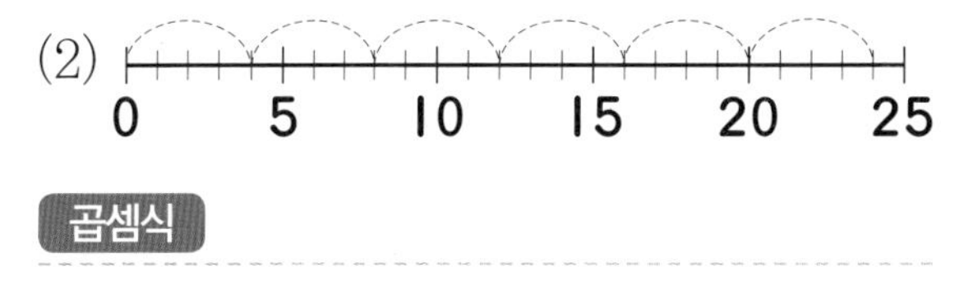

곱셈식

나눗셈식 ,

3-8 곱셈식과 나눗셈식에 알맞은 문장을 만들어 보세요.

(1) 곱셈식 $8 \times 6 = 48$

(2) 나눗셈식 $48 \div 8 = 6$

잘 틀려요

3-9 5장의 수 카드 중 3장을 뽑아 만들 수 있는 나눗셈식을 써 보세요.

4, 3, 5, 7, 28

(,)

단원 3

4. 곱셈식에서 나눗셈의 몫 알기

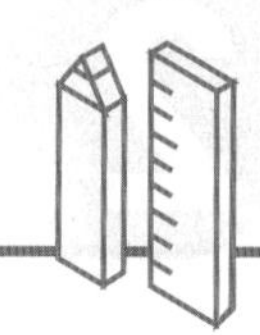

교과서 개념을 이해하고 확인 문제를 통해 익혀요.

곱셈식에서 나눗셈의 몫 구하는 방법

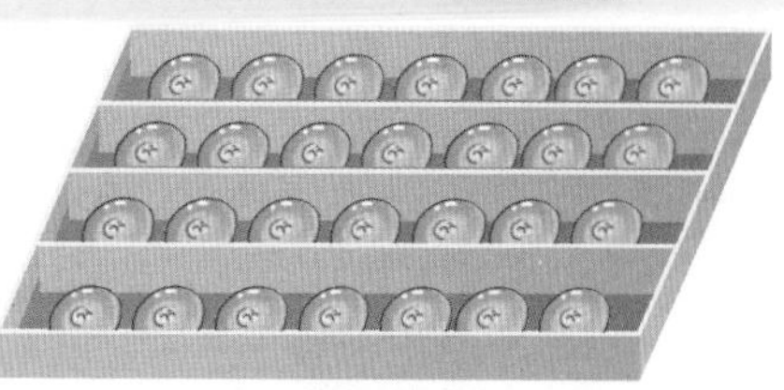

- 상자에 담긴 빵의 수를 곱셈식으로 나타내면 $7 \times \boxed{4} = 28$입니다.
- 곱셈식을 나눗셈식으로 나타내면 $28 \div 7 = \boxed{4}$입니다.
- $7 \times \square = 28$에서 $\square$가 4일 때 28이 되므로 $28 \div 7$의 몫은 4입니다.

개념잡기

보충 곱셈식에서 곱하는 수와 곱해지는 수를 찾아 나눗셈의 몫을 구할 수 있습니다.

---

1 개념확인

그림을 보고 곱셈식으로 나타내고, 나눗셈의 몫을 구해 보세요.

(1)

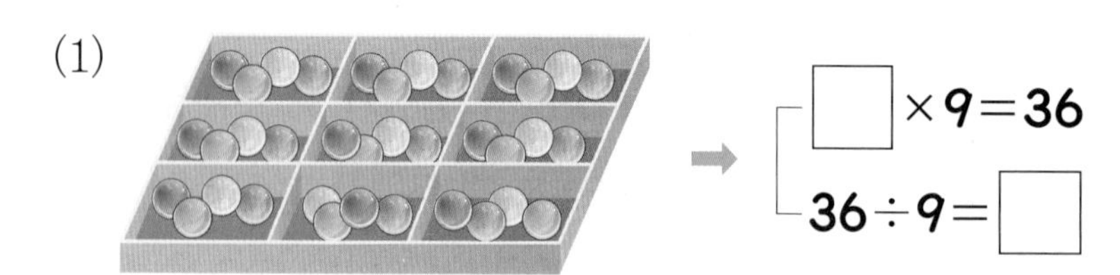

→ $\square \times 9 = 36$, $36 \div 9 = \square$

(2)

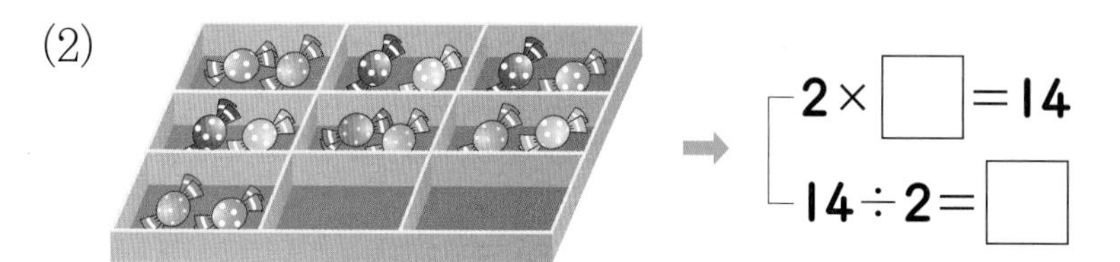

→ $2 \times \square = 14$, $14 \div 2 = \square$

2 개념확인

□ 안에 알맞은 수를 써넣으세요.

(1) $\square \times 6 = 54$ → $54 \div 6 = \square$

(2) $\square \times 7 = 42$ → $42 \div 7 = \square$

2단계 핵심 쏙쏙

기본 문제를 통해 교과서 개념을 다져요.

1 그림을 보고 □ 안에 알맞은 수를 써넣으세요.

(1)

□ $\times$ 3 = □ ↔ □ $\div$ 3 = □

(2)

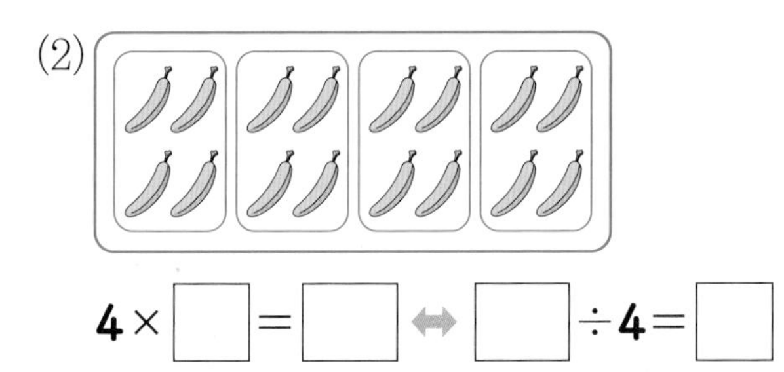

4 $\times$ □ = □ ↔ □ $\div$ 4 = □

중요

2 곱셈식을 이용하여 나눗셈의 몫을 구해 보세요.

(1) 3 $\times$ □ = 24 ➡ 24 $\div$ 3 = □

(2) 9 $\times$ □ = 45 ➡ 45 $\div$ 9 = □

(3) 4 $\times$ □ = 12 ➡ 12 $\div$ 4 = □

3 나눗셈의 몫을 구할 때, 필요한 곱셈구구를 써 보세요.

(1) 20 $\div$ 4 ➡ □단 곱셈구구

(2) 63 $\div$ 9 ➡ □단 곱셈구구

4 5단 곱셈구구를 이용하여 몫을 구해 보세요.

(1) 15 $\div$ 5 = □　(2) 30 $\div$ 5 = □

(3) 35 $\div$ 5 = □　(4) 40 $\div$ 5 = □

단원 3

5 나눗셈의 몫을 구해 보세요.

(1) 18 $\div$ 3 = □　(2) 24 $\div$ 4 = □

(3) 14 $\div$ 7 = □　(4) 48 $\div$ 6 = □

6 □ 안에 알맞은 수를 써넣으세요.

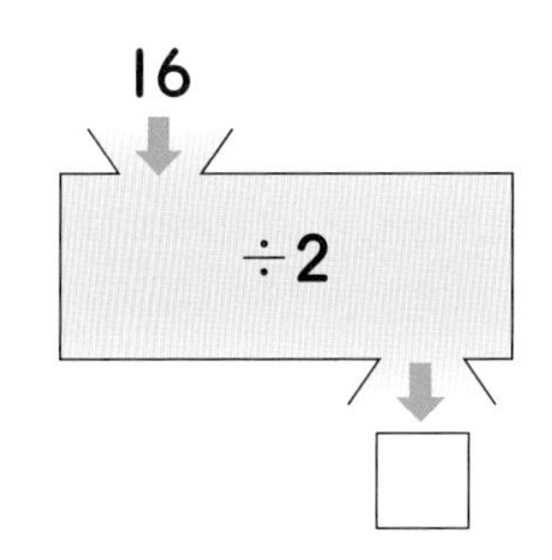

7 연필 56자루를 한 명에게 8자루씩 나누어 주려고 합니다. 모두 몇 명에게 나누어 줄 수 있을까요? □ 안에 알맞은 수를 써넣고 답을 구해 보세요.

8 $\times$ □ = 56 ↔ 56 $\div$ 8 = □

(　　　　　　)

Tip 8단 곱셈구구를 이용하여 나눗셈의 몫을 구합니다.

5. 곱셈구구로 나눗셈의 몫 구하기

교과서 개념을 이해하고 확인 문제를 통해 익혀요.

사탕 48개를 똑같이 나누기

① 6명으로 나누기(6단 이용)

$48 \div 6 = \square$ ➡ $6 \times \boxed{8} = 48$

➡ 한 명당 $\boxed{8}$ 개씩 나눔

② 8명으로 나누기(8단 이용)

$48 \div 8 = \square$ ➡ $8 \times \boxed{6} = 48$

➡ 한 명당 $\boxed{6}$ 개씩 나눔

×	1	2	3	4	5	6	7	8	9
1	1	2	3	4	5	6	7	8	9
2	2	4	6	8	10	12	14	16	18
3	3	6	9	12	15	18	21	24	27
4	4	8	12	16	20	24	28	32	36
5	5	10	15	20	25	30	35	40	45
6	6	12	18	24	30	36	42	48	54
7	7	14	21	28	35	42	49	56	63
8	8	16	24	32	40	48	56	64	72
9	9	18	27	36	45	54	63	72	81

개념잡기

참고

- 6명으로 나눌 때는 6단을 이용
- 8명으로 나눌 때는 8단을 이용
- 곱셈표에서 가로의 6이나 세로의 6 중 한 곳을 선택합니다.

---

1 개념확인

야구공 32개를 바구니 4개에 똑같이 나누어 담을 때, 한 바구니에 야구공을 몇 개씩 담아야 하는지 알아보려고 합니다. 물음에 답해 보세요.

(1) 32를 만드는 곱셈식을 써 보세요.

식 $4 \times \square = 32$, $\square \times 4 = 32$

(2) 한 바구니에 야구공을 몇 개씩 담아야 하나요?

( )

(3) 야구공 32개를 한 바구니에 4개씩 담을 때, 바구니는 몇 개가 필요하나요?

식 ______ 답 ______

2 개념확인

곱셈구구를 이용하여 빈칸을 알맞게 채우세요.

(1) $\square \times \square = 21$ → $21 \div \square = \square$, $21 \div \square = \square$

(2) $\square \times \square = 45$ → $45 \div \square = \square$, $45 \div \square = \square$

기본 문제를 통해 교과서 개념을 다져요.

1 곱셈표가 지워졌습니다. □ 안에 알맞은 수를 써넣으세요.

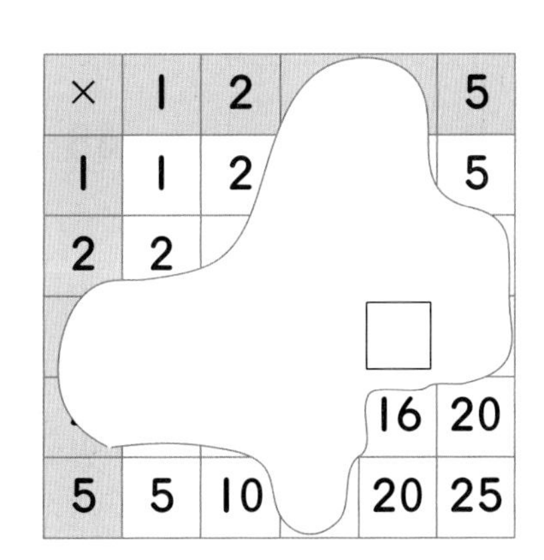

2 □ 안에 알맞은 수를 써넣으세요.

$28 \div 7 = ■$는 $7 \times ■ = 28$이므로 7단 곱셈구구를 이용하면 ■=□입니다.

따라서 $28 \div 7 =$□입니다.

3 그림을 보고 곱셈식으로 나타내고, 나눗셈의 몫을 구해 보세요.

□×3=□

$18 \div 3 =$□

4 □ 안에 알맞은 수를 써넣으세요.

(1) $3 \times$□$=24$ ➡ $24 \div 3 =$□

(2) □$\times 7 = 56$ ➡ $56 \div 7 =$□

중요

5 나눗셈의 몫을 구해 보세요.

(1) $36 \div 4 =$□ (2) $42 \div 6 =$□

(3) $63 \div 9 =$□ (4) $72 \div 8 =$□

6 몫이 같은 나눗셈식끼리 선으로 이어 보세요.

$18 \div 6$ •	• $32 \div 4$
$48 \div 6$ •	• $42 \div 6$
$56 \div 8$ •	• $27 \div 9$

7 빈칸에 알맞은 수를 써넣으세요.

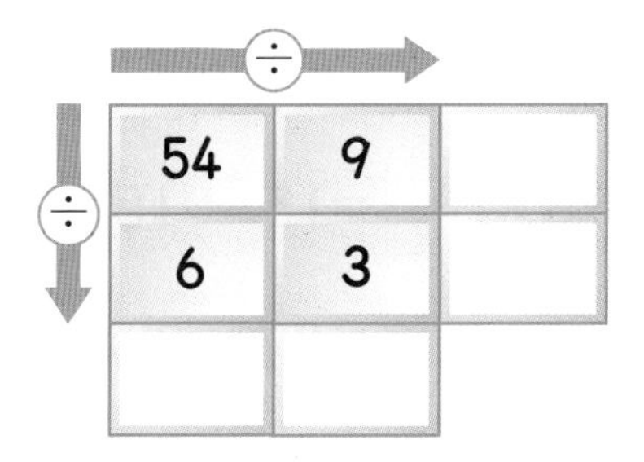

8 효근이네 반 학생들이 차 한 대에 3명씩 타고 동물원에 가려고 합니다. 동물원에 가는 학생이 21명이라면 차는 모두 몇 대 필요한지 □ 안에 알맞은 수를 써넣고 답을 구해 보세요.

$3 \times$□$=21$ ➡ $21 \div 3 =$□

( )

단원 3

유형 4 곱셈식에서 나눗셈의 몫 알기

곱셈식을 이용하여 나눗셈의 몫 구하기

$7 \times 8 = 56 \Rightarrow 56 \div 8 = 7$

$3 \times 6 = 18 \Rightarrow 18 \div 3 = 6$

곱셈식에서 곱하는 수와 곱해지는 수를 찾아 나눗셈의 몫을 구합니다.

4-1 $24 \div 6$의 몫을 구하는 방법입니다. □ 안에 알맞은 수를 써넣으세요.

$24 \div 6 = \square$

$\Rightarrow 6 \times \square = 24$에서 몫은 □입니다.

4-2 곱셈식을 이용하여 나눗셈식의 몫을 구해 보세요.

(1) $3 \times \square = 15 \Rightarrow 15 \div 3 = \square$

(2) $9 \times \square = 27 \Rightarrow 27 \div 9 = \square$

(3) $6 \times \square = 48 \Rightarrow 48 \div 6 = \square$

대표유형

4-3 7단 곱셈구구를 이용하여 몫을 구해 보세요.

(1) $14 \div 7 = \square$ (2) $28 \div 7 = \square$

(3) $21 \div 7 = \square$ (4) $63 \div 7 = \square$

시험에 잘 나와요

4-4 나눗셈의 몫을 구해 보세요.

(1) $25 \div 5 = \square$ (2) $36 \div 9 = \square$

(3) $56 \div 8 = \square$ (4) $48 \div 6 = \square$

4-5 $18 \div 6$의 몫을 구할 때 필요한 곱셈식은 어느 것인가요? (   )

① $6 \times 2 = 12$ ② $8 \times 3 = 24$

③ $6 \times 3 = 18$ ④ $6 \times 4 = 24$

⑤ $6 \times 5 = 30$

4-6 보기와 같이 위의 수를 8로 나눈 몫을 빈칸에 알맞게 써넣으세요.

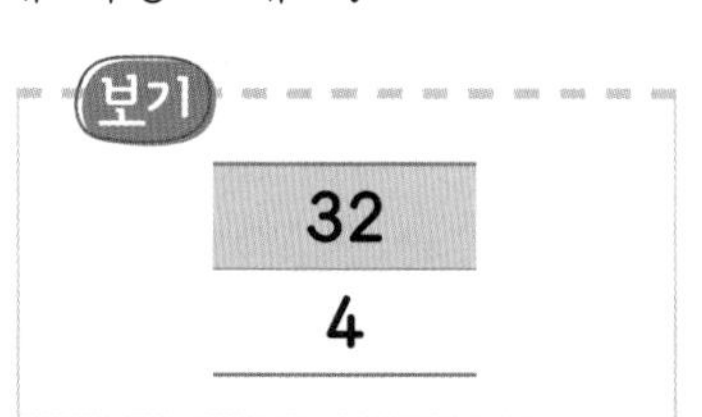

16	24	40	56

4-7 몫이 가장 큰 것을 찾아 기호를 써 보세요.

㉠ $18 \div 3$ ㉡ $35 \div 7$ ㉢ $54 \div 6$

(   )

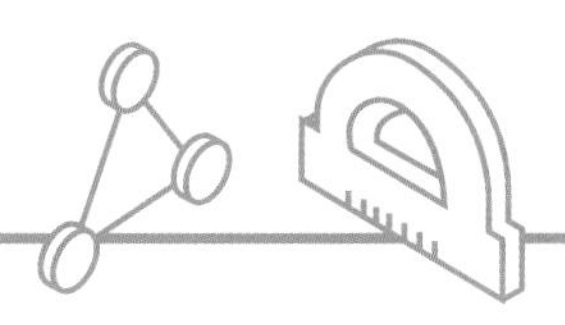

4-8 몫이 같은 것끼리 선으로 이어 보세요.

24÷6 •	• 32÷4
64÷8 •	• 36÷9
63÷7 •	• 81÷9

4-9 가장 큰 수를 가장 작은 수로 나눈 몫을 구해 보세요.

25　　30　　5

(　　　　　　)

4-10 □ 안에 알맞은 수 중에서 가장 큰 수는 어느 것인가요? (　　　)

① 15÷3=□　　② 32÷4=□
③ 36÷6=□　　④ 56÷7=□
⑤ 18÷2=□

4-11 빈칸에 알맞은 수를 써넣으세요.

÷	9	12	28	
	3	2		4
몫	3		4	8

유형 5 곱셈구구로 나눗셈의 몫 구하기

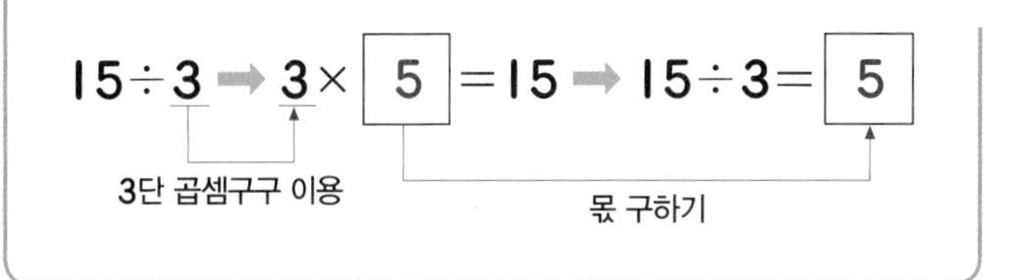

5-1 □ 안에 알맞은 수를 써넣으세요.

(1) 42÷6
➡ 6×□=42 ➡ 42÷6=□

(2) 56÷7
➡ □×□=56 ➡ 56÷7=□

잘 틀려요

5-2 곱셈구구를 이용하여 나눗셈식의 몫을 구하려고 합니다. 관계있는 것끼리 선으로 이어 보세요.

32÷8=□	45÷9=□	42÷7=□
9×5=45	8×4=32	7×6=42
□=6	□=5	□=4

5-3 몫의 크기를 비교하여 ○ 안에 >, =, <를 알맞게 써넣으세요.

(1) 36÷6 ○ 49÷7

(2) 72÷8 ○ 27÷3

단원 3

5-4 몫이 가장 큰 것부터 차례대로 기호를 써 보세요.

㉠ $42 \div 6$ ㉡ $36 \div 4$ ㉢ $48 \div 8$

( )

5-5 도화지 한 장으로 종이학 4개를 만들 수 있습니다. 종이학 28개를 만들려면 도화지 몇 장이 필요하나요?

식 ______________

답 ______________

5-6 사과가 63개 있습니다. 7명이 똑같이 나누어 가지면 한 명당 사과를 몇 개씩 가질 수 있나요?

식 ______________

답 ______________

5-7 사탕 48개를 한 봉지에 6개씩 넣으려고 합니다. 남지 않게 사탕을 넣을 때 몇 봉지에 넣을 수 있나요?

( )

유형 6 나눗셈식의 □ 구하기

□를 이용하여 나눗셈식을 만들고 곱셈구구를 이용하여 나눗셈식의 □를 구합니다.

6-1 □ 안에 알맞은 수를 써넣으세요.

(1) $42 \div \square = 7$

(2) $\square \div 7 = 5$

6-2 관계있는 것끼리 선으로 이어 보세요.

$\square \div 5 = 7$ • • $\square = 18$

$32 \div \square = 8$ • • $\square = 4$

$\square \div 6 = 3$ • • $\square = 35$

6-3 빈칸에 알맞은 수를 써넣으세요.

(→ ÷, ↓ ÷)

18		2
6	3	
	3	

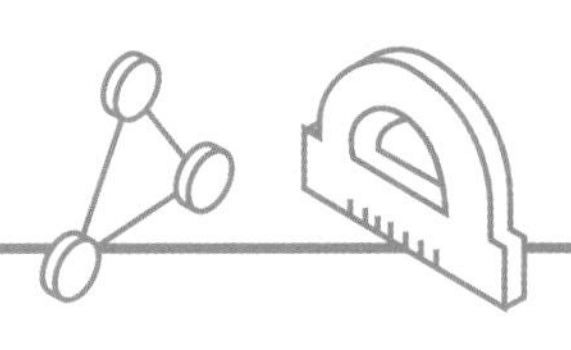

6-4 두 장의 숫자 카드를 골라 밑줄 친 곳에 넣고, □ 안에 알맞은 수를 써넣으세요.

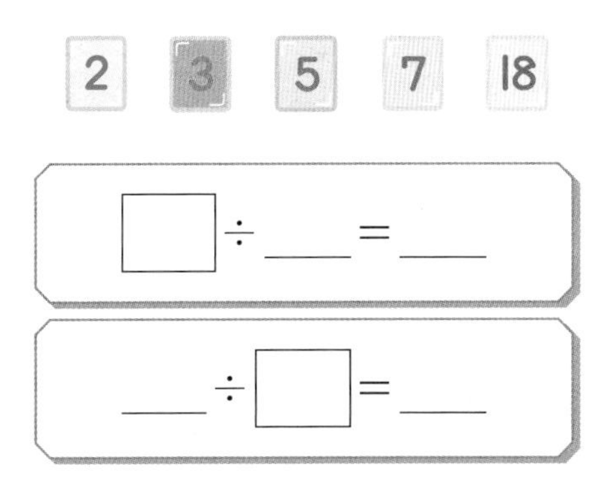

6-5 □가 들어간 나눗셈식으로 나타내고, □에 알맞은 수를 구해 보세요.

사과 **20**개를 한 바구니에 □개씩 나누어 담으면 모두 **5**바구니에 담을 수 있습니다.

6-6 인형 **21**개를 한 명에게 □개씩 나누어 주면 모두 **7**명에게 줄 수 있습니다. 한 명에게 몇 개씩 주면 되는지 □가 들어간 나눗셈식으로 나타내고, 답을 구해 보세요.

6-7 □를 사용하여 나눗셈식으로 나타내고, □에 알맞은 수를 구해 보세요.

35를 어떤 수로 나누면 **7**과 같습니다.

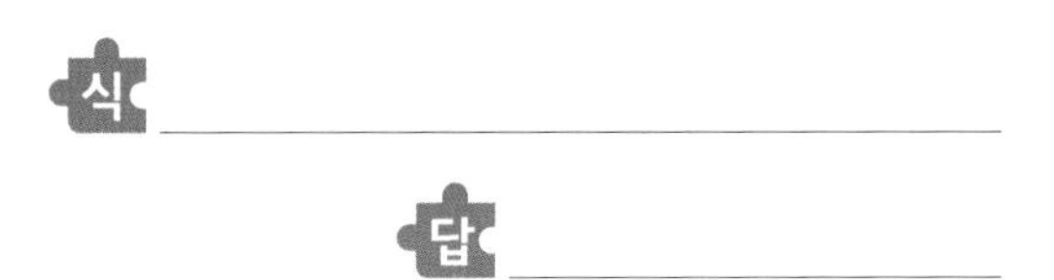

6-8 □가 들어간 나눗셈식으로 나타내고, □에 알맞은 수를 구해 보세요.

가영이네 친척 **24**명이 승용차 한 대에 □명씩 나누어 타려면 승용차는 **6**대가 필요합니다.

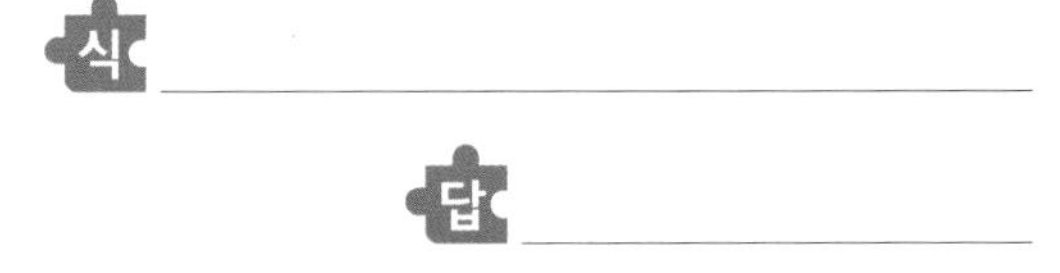

6-9 빈 병 □개를 한 상자에 **9**개씩 나누어 담으면 **6**상자에 담을 수 있습니다. 빈 병은 모두 몇 개인지 □가 들어간 나눗셈식으로 나타내고, 답을 구해 보세요.

6-10 꽃 **28**송이를 꽃병 한 개에 □송이씩 나누어 꽂으려면 꽃병 **4**개가 필요합니다. 꽃을 몇 송이씩 꽂으면 되는지 □가 들어간 나눗셈식으로 나타내고, 답을 구해 보세요.

4단계 실력 팍팍

유형 콕콕을 통해 다진 기본을 확인하고
좀 더 수준이 높은 문제를 풀며 실력을 높여요.

1 나눗셈식을 곱셈식으로, 곱셈식을 나눗셈식으로 나타내 보세요.

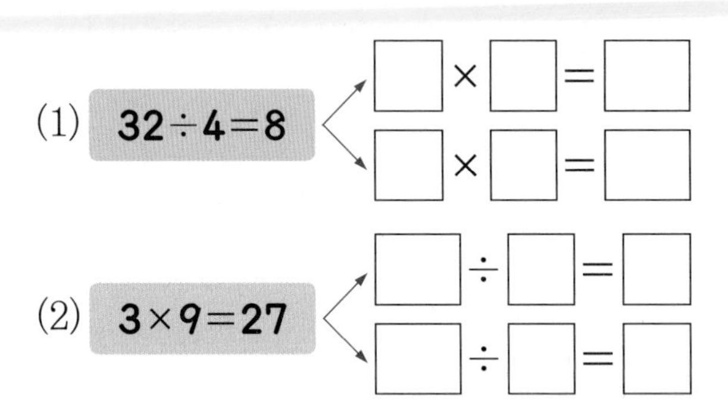

2 35÷7=5를 뺄셈식으로 바르게 나타낸 것을 찾아 기호를 써 보세요.

㉠ 35−5−5−5−5−5−5−5
㉡ 35−7−7−7−7−7
㉢ 35−7−5
㉣ 35−7−7−5−5−5−5

(　　　　　　)

3 같은 모양은 같은 수를 나타낼 때 □ 안에 알맞은 수를 구해 보세요.

40−◎−◎−◎−◎−◎=0

40÷◎=□

4 그림을 보고 곱셈식과 나눗셈식으로 각각 나타내 보세요.

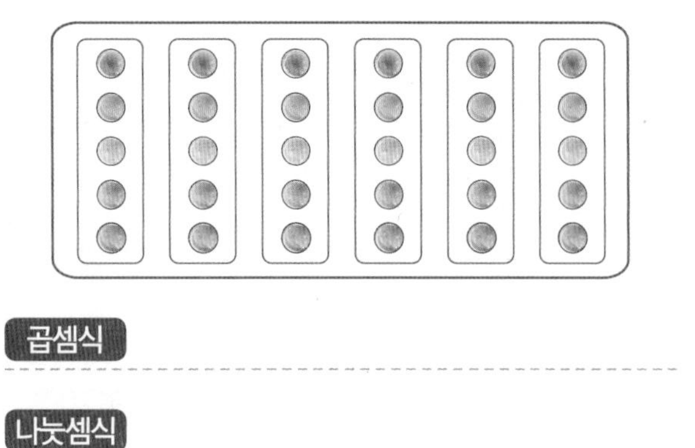

곱셈식

나눗셈식

5 □ 안에 알맞은 수를 써넣으세요.

(1) □÷6=4

(2) 36÷□=9

(3) 72÷9=□

6 연필 72자루를 한 명에게 8자루씩 나누어 주려고 합니다. 모두 몇 명에게 나누어 줄 수 있나요? □ 안에 알맞은 수를 써넣고 답을 구해 보세요.

8×□=72 ➡ 72÷8=□

(　　　　　　)

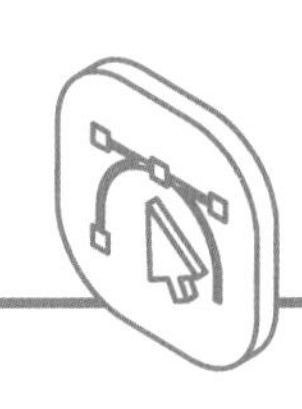

7 관계있는 것끼리 선으로 이어 보세요.

$\square \div 6 = 8$ •	• $\square = 7$
$49 \div \square = 7$ •	• $\square = 30$
$\square \div 5 = 6$ •	• $\square = 48$

8 빈 곳에 알맞은 수를 써넣으세요.

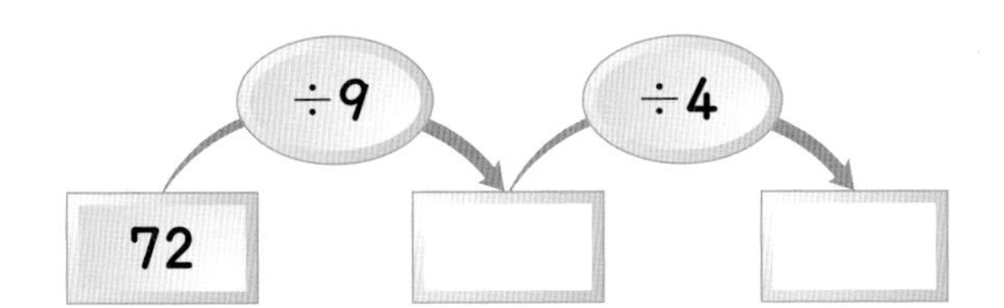

9 빈칸에 알맞은 수를 써넣으세요.

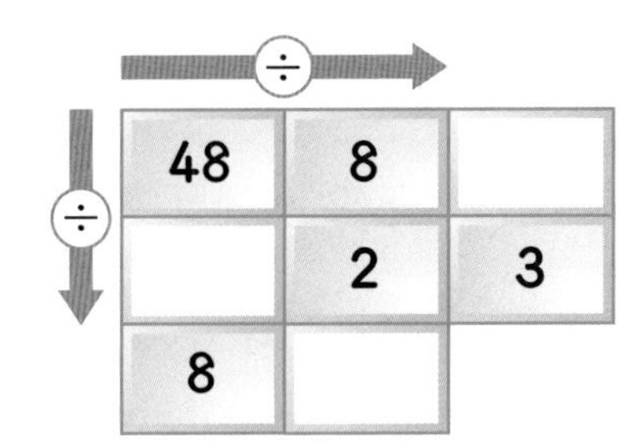

10 □ 안에 알맞은 수를 구해 보세요.

$36 \div 9 = 20 \div \square$

(   )

11 가장 큰 수를 가장 작은 수로 나눈 몫을 구해 보세요.

42 24 6

(   )

12 몫의 크기를 비교하여 ○ 안에 >, =, <를 알맞게 써넣으세요.

(1) $24 \div 6$ ○ $48 \div 8$

(2) $18 \div 2$ ○ $45 \div 9$

단원 3

13 몫이 가장 큰 것부터 차례대로 기호를 써 보세요.

㉠ $42 \div 7$	㉡ $16 \div 4$
㉢ $45 \div 5$	㉣ $27 \div 9$

( )

14 나눗셈의 몫이 같을 때, □ 안에 알맞은 수를 써넣으세요.

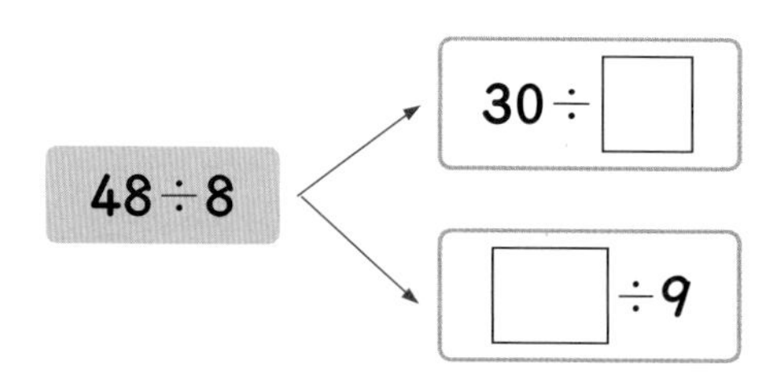

15 길이가 같은 끈 8개가 있습니다. 8개를 겹치지 않게 이은 길이를 재어 보니 56 cm였습니다. 끈 한 개의 길이는 몇 cm인지 나눗셈식을 쓰고 답을 구해 보세요.

16 □ 안에 알맞은 수 중에서 가장 큰 수는 어느 것인가요? ( )

① $18 \div 3 = \square$　② $40 \div 8 = \square$
③ $45 \div 5 = \square$　④ $54 \div \square = 9$
⑤ $56 \div \square = 8$

17 $24 \div 4$의 몫을 구할 때 필요한 곱셈식을 찾아 기호를 써 보세요.

㉠ 6×8	㉡ 4×8
㉢ 24×4	㉣ 4×6

( )

18 나눗셈 $54 \div 6$의 몫을 구하는 문제를 만들고 답을 구해 보세요.

( )

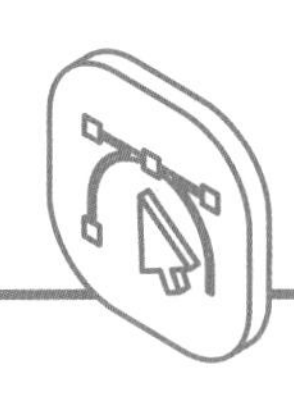

19 □ 안에 알맞은 수를 써넣으세요.

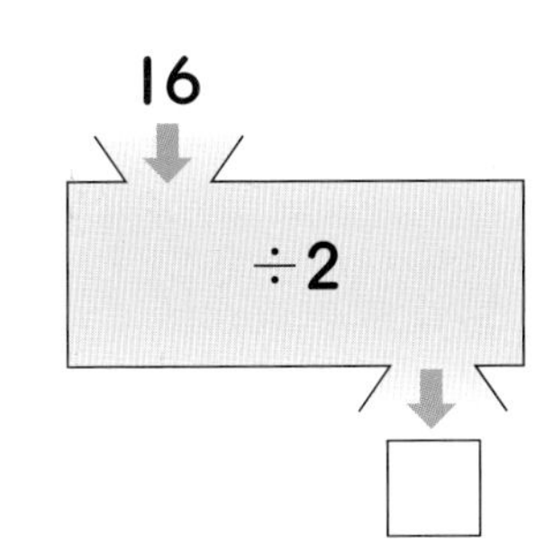

20 그림을 보고 곱셈식을 만들고 만든 곱셈식을 나눗셈식 2개로 나타내 보세요.

(1) 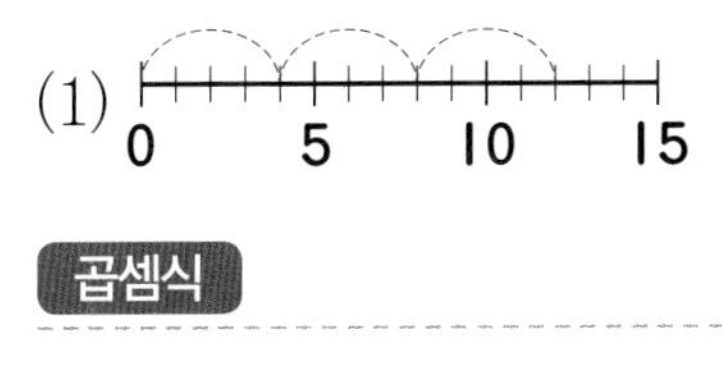

곱셈식

나눗셈식 ,

(2) 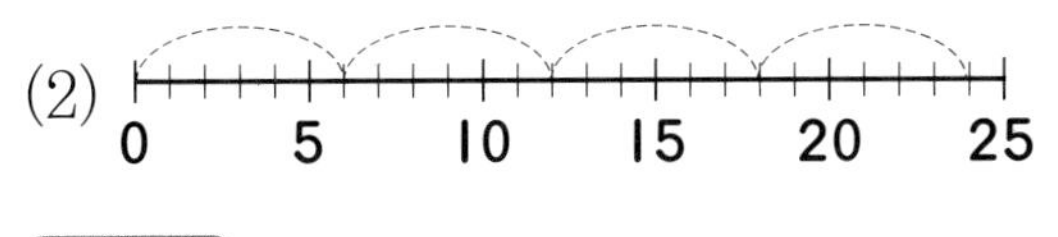

곱셈식

나눗셈식 ,

21 나눗셈식으로 나타내었을 때 몫이 더 큰 것의 기호를 써 보세요.

㉠ 35에서 5씩 7번 빼면 0입니다.
㉡ 54에서 9씩 6번 빼면 0입니다.

( )

22 □를 사용하여 나눗셈식으로 나타내고, □ 안에 알맞은 수를 구해 보세요.

(1) 어떤 수를 9로 나누면 6과 같습니다.

( )

(2) 25를 어떤 수로 나누면 5와 같습니다.

( )

(3) 6으로 어떤 수를 나누면 3과 같습니다.

( )

단원 3

23 두 수가 있습니다. 두 수의 합은 15이고 큰 수를 작은 수로 나누면 몫이 4입니다. 두 수를 구해 보세요.

( )

24 토끼 2마리가 하루에 당근 6개를 먹습니다. 모든 토끼가 매일 똑같은 수의 당근을 먹는다면 토끼 9마리가 3일 동안 먹는 당근은 몇 개인가요?

( )

서술 유형 익히기

주어진 풀이 과정을 함께 해결하면서
서술형 문제의 해결 방법을 익혀요.

1 유승이네 반 학생 24명을 8모둠으로 똑같이 나누려고 합니다. 한 모둠에 몇 명씩인지 풀이 과정을 쓰고 답을 구해 보세요.

풀이 24를 □로 나누면 □입니다.
따라서 $24 \div □ = □$이므로 한 모둠에 □명씩입니다.

답 □명

1-1 색종이 45장을 학생 9명이 똑같이 나누어 가지려고 합니다. 한 학생이 몇 장씩 가질 수 있는지 풀이 과정을 쓰고 답을 구해 보세요.

풀이

답

2 $8 \div 4$의 몫은 2입니다. 왜 $8 \div 4 = 2$인지 서로 다른 2가지 방법으로 설명해 보세요.

설명

방법 1

8개를 □곳으로 똑같이 나누면 한곳에 □개씩입니다.

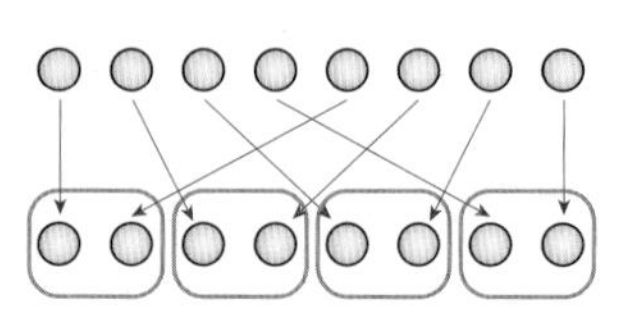

방법 2

8개를 □개씩 묶으면 □묶음입니다.

2-1 $15 \div 5$의 몫은 3입니다. 왜 $15 \div 5 = 3$인지 서로 다른 2가지 방법으로 설명해 보세요.

설명 방법 1

방법 2

3 어떤 수를 8로 나누면 3과 같습니다. 어떤 수는 얼마인지 풀이 과정을 쓰고 답을 구해 보세요.

풀이 어떤 수를 ◎라고 하면

◎÷☐=☐입니다.

◎÷☐=☐에서 ◎=☐×☐

이고, ◎=☐이므로 어떤 수는 ☐입니다.

답 ☐

4 사탕 28개를 몇 명이 몇 개씩 나누어 가지려고 합니다. 한 명당 몇 개씩 몇 명이 나누어 가질 수 있는지 곱셈구구를 이용하여 설명해 보세요.

설명 곱셈구구에서 28이 되는 수를 찾아 보면 ☐와 ☐입니다.

따라서 사탕을 4명이 나누어 가지면 한 명당 ☐개씩 가질 수 있고 7명이 나누어 가지면 한 명당 ☐개씩 가질 수 있습니다.

3-1 색종이 몇 장을 7명이 남김없이 나누어 가졌더니 한 명당 6장씩 갖게 되었습니다. 처음에 색종이는 모두 몇 장이 있었는지 풀이 과정을 쓰고 답을 구해 보세요.

풀이

답

4-1 귤 45개를 한 봉지에 몇 개씩 넣으려고 합니다. 귤을 한 봉지에 몇 개씩 몇 봉지에 넣을 수 있는지 곱셈구구를 이용하여 설명해 보세요.

설명

단원 평가

1 나눗셈식 $36 \div 9 = 4$에 대한 설명입니다. □ 안에 알맞은 수를 써넣으세요.

(1) □ 나누기 □는 □와 같습니다.

(2) 4는 □을 □로 나눈 몫입니다.

(3) 36을 □로 나누면 □입니다.

2 곱셈식을 보고 □ 안에 알맞은 수를 써넣으세요.

(1) $2 \times 6 = 12$ → $12 \div □ = 6$, $12 \div □ = □$

(2) $9 \times 7 = 63$ → $63 \div □ = □$, $63 \div 7 = □$

3 나눗셈식을 보고 곱셈식으로 나타내 보세요.

$27 \div 3 = 9$

,

4 곱셈식을 이용하여 나눗셈의 몫을 구해 보세요.

(1) $40 \div 8 = □$ ➡ $□ \times 5 = □$

(2) $28 \div 4 = □$ ➡ $4 \times □ = □$

5 9단 곱셈구구를 이용하여 $72 \div 9$의 몫을 구하려고 합니다. 필요한 곱셈식을 써 보세요.

곱셈식

6 나눗셈의 몫을 구해 보세요.

(1) $6 \div 3$

(2) $25 \div 5$

(3) $30 \div 5$

(4) $64 \div 8$

7 나눗셈의 몫이 3이 아닌 것을 모두 찾아 기호를 써 보세요.

㉠ $54 \div 9$	㉡ $36 \div 6$
㉢ $24 \div 8$	㉣ $21 \div 7$
㉤ $12 \div 4$	㉥ $48 \div 6$

(　　　　　)

8 6단 곱셈구구를 이용하여 6으로 나눈 몫을 빈칸에 알맞게 써넣으세요.

54	42	30	24	18	48
	7		4		

9 빈 곳에 알맞은 수를 써넣으세요.

÷ →

27	9	
56		8

10 관계있는 것끼리 선으로 이어 보세요.

40÷□=8 •	• □=8
□÷9=7 •	• □=5
72÷□=9 •	• □=63

11 효근이는 노란 구슬 28개, 파란 구슬 35개를 가지고 있습니다. 이 구슬을 모아서 주머니 7개에 똑같이 나누어 넣었습니다. 한 주머니에 넣은 구슬은 몇 개씩인가요?

( )

12 길이가 32 cm인 철사를 이용하여 가장 큰 정사각형 하나를 만들었습니다. 만든 정사각형의 한 변의 길이를 구해 보세요.

( )

13 몫의 크기를 비교하여 ○ 안에 >, =, <를 알맞게 써넣으세요.

(1) $40 \div 5$ ○ $28 \div 4$

(2) $63 \div 9$ ○ $18 \div 2$

14 뺄셈식을 나눗셈식으로 나타낼 때, 나눗셈의 몫이 가장 큰 것부터 차례대로 기호를 써 보세요.

㉠ $20-4-4-4-4-4=0$
㉡ $24-8-8-8=0$
㉢ $36-9-9-9-9=0$

( )

단원 3

15 빈 곳에 알맞은 수를 써넣으세요.

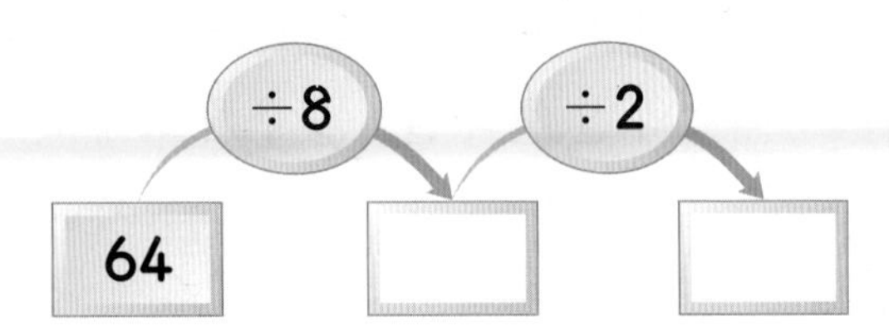

16 위인전 63쪽을 9일 동안 똑같이 나누어 읽었습니다. 하루에 몇 쪽씩 읽었나요?

식 ________________

답 ________________

17 승용차가 8대 있습니다. 40명이 승용차에 똑같이 나누어 타려면 1대에 몇 명씩 타면 되나요?

곱셈식 ________________

나눗셈식 ________________

답 ________________

18 두 수가 있습니다. 이 두 수의 합은 20이고 큰 수를 작은 수로 나누면 몫이 4입니다. 두 수를 각각 구해 보세요.

( ), ( )

19 목장에 양이 몇 마리 있는데 다리의 수가 모두 28개였습니다. 양은 모두 몇 마리 있나요?

곱셈식 ________________

나눗셈식 ________________

답 ________________

20 만두가 65개 있습니다. 그중 11개를 먹고 나머지 만두를 한 봉지에 6개씩 나누어 담는다면 몇 봉지가 되나요?

( )

21 신영이는 한 상자에 6개씩 들어 있는 탁구공을 6상자 가지고 있습니다. 이 탁구공을 한 사람에게 9개씩 나누어 준다면, 몇 명에게 줄 수 있나요?

( )

단원 3

서술형

22 장미와 꽃병을 이용하여 나눗셈식 $24 \div 6 = 4$에 알맞은 문장을 만들어 보세요.

풀이

23 연필 18자루를 9명에게 똑같이 나누어 주려고 합니다. 한 명에게 몇 자루씩 나누어 줄 수 있는지 나눗셈식을 이용하여 풀이 과정을 쓰고 답을 구해 보세요.

풀이

답

24 나눗셈식 $21 \div 7 = \square$를 이용하여 몫을 구하는 문제를 만들고 풀어 보세요.

풀이

25 귤이 32개, 사과가 8개 있습니다. 귤과 사과를 합하여 어린이 8명에게 똑같이 나누어 주면 한 명이 갖게 되는 과일은 몇 개인지 풀이 과정을 쓰고 답을 구해 보세요.

풀이

답

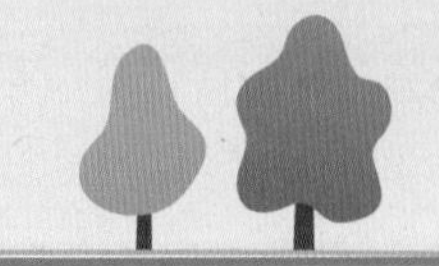

탐구 수학

현아와 동규는 서로 다른 방법으로 사탕을 똑같이 나누려고 합니다. 나누는 방법이 어떻게 다른지 알아보세요. [1~2]

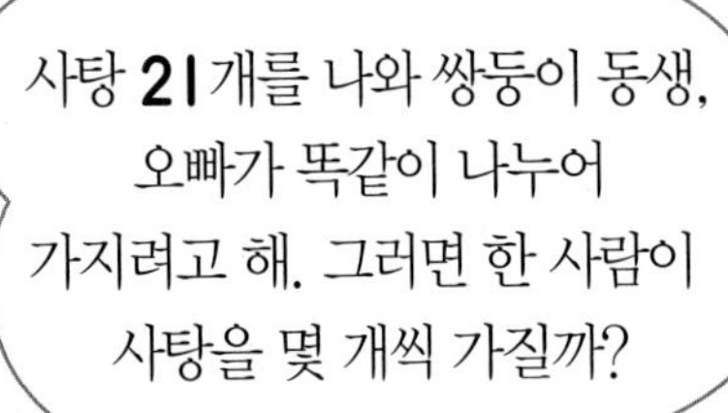

사탕 21개를 나와 쌍둥이 동생, 오빠가 똑같이 나누어 가지려고 해. 그러면 한 사람이 사탕을 몇 개씩 가질까?
사탕 21개를 한 명에게 3개씩 나누어 주려고 해. 몇 명에게 나누어 줄 수 있을까?

1 현아와 동규가 사탕을 나누는 방법을 그림으로 그려 보세요.

2 현아와 동규가 구한 몫은 각각 무엇을 나타내나요?

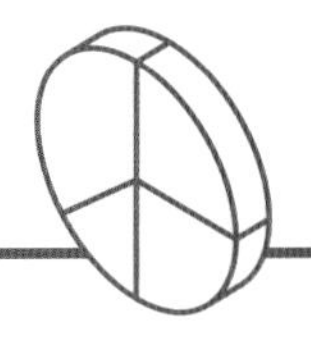

나누기에게 친구가 생겼어요.

나누기는 늘 슬펐어요.
모여 놀던 새들도 나누기만 나타나면 흩어져 버리고, 광주리에 가득 담겨 있던 맛있는 과일도 나누기만 나타나면 이리저리 흩어지고, 삼삼오오 짝을 지어 놀던 아이들도 나누기만 나타나면 어디론가 모두 가버리고 없는 거예요.
"얘들아, 나랑 놀자!"
라고 말을 붙일 새도 없이 모두 사라져 버려요.
어느 날 늘어지게 잠만 자는 나무늘보가 부스스 눈을 뜨자 나누기가 물었어요.
"나무늘보야. 왜 모두 나만 보면 없어지는 걸까?"
나무늘보는 입이 찢어져라 크게 하품을 하더니
"너는 무엇이든 보기만 하면 나누잖아. 함께 있고 싶은 것들을 다 나누어 놓으니까 도망가는 거지."
라고 느릿느릿 대답을 했어요.
"그럼 넌 왜 도망을 안 가는 건데?"
"난 귀찮아서 안 가. 그리고 난 혼자 있기 때문에 네가 나눌 수가 없어."
"그럼 나랑 친구 할래?"
"어? 맘대로 해. 그런데 난 자꾸 잠이 와서 자야 하니까 오늘은 그만 놀자."
이렇게 잠만 자는 나무늘보는 나누기의 친구가 될 수 없었어요.
나누기가 가만히 생각해 보니 나무늘보의 말이 맞아요. 곱하기는 친구들을 커다랗게 만들어 주는데 나누기는 커다란 것도 작게 만들어버리니 누가 좋아하겠어요. 그래서 나누기는 곱하기를 찾아가기로 했어요.
곱하기는 마당에서 콩닥콩닥 뛰면서 여전히 즐겁게 놀고 있었어요.

8과 7 이쪽으로 올래?
내가 56으로 만들어
줄게!

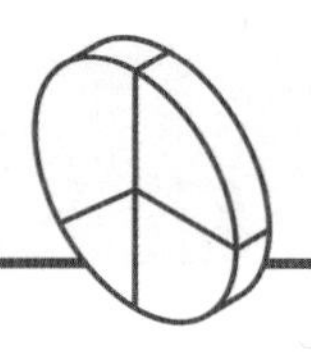

"56아! 이리 와, 나하고도 놀자!"
나누기가 이렇게 말하려는데 벌써 56은 멀리멀리 달아나고 없어요.
곱하기가 싱긋 웃으면서 말했어요.
"나누기야. 넌 나하고 친구야!"
"뭐라고? 난 친구가 없어. 아무도 나하고는 안 놀아."
"맞아. 아무도 너하고는 안 놀지만 난 너하고 놀 거야."
그러더니 곱하기가 노래를 불렀어요.

7 곱하기 2는 14이구요.
14 나누기 2는 7입니다.
14 나누기 7은 2가 되지요.

듣고 있던 나누기는 그 노래를 금방 배울 수 있었어요.
$9 \times 8 = 72$이구요, **$72 \div 8 = 9$**입니다. **$72 \div 9 = 8$**이 되지요.
어느새 나누기와 곱하기는 목청 높여 함께 노래를 불렀어요.
그때부터 사람들은 곱셈구구를 이용하여 나눗셈의 몫을 알게 되었습니다.

곱셈과 나눗셈이 부른 노래를 우리도 따라 불러 볼까요?

$9 \times 7 = 63$이구요. $63 \div 7 = \square$입니다. $63 \div 9 = \square$이 되지요.
$5 \times 8 = \square$이구요. $\square \div 8 = \square$입니다. $\square \div 5 = \square$이 되지요.

단원 4 곱셈

이번에 배울 내용

1 (몇십)×(몇)의 계산
2 (몇십몇)×(몇)의 계산 (1)
3 (몇십몇)×(몇)의 계산 (2)
4 (몇십몇)×(몇)의 계산 (3)
5 (몇십몇)×(몇)의 계산 (4)

이전에 배운 내용

- 곱셈구구 알아보기
- 곱셈구구로 문제 해결하기

다음에 배울 내용

- (세 자리 수)×(한 자리 수)
- (한 자리 수)×(두 자리 수)
- (두 자리 수)×(두 자리 수)

1단계 개념 탄탄

1. (몇십)×(몇)의 계산

교과서 개념을 이해하고 확인 문제를 통해 익혀요.

(몇십)×(몇)의 계산 방법

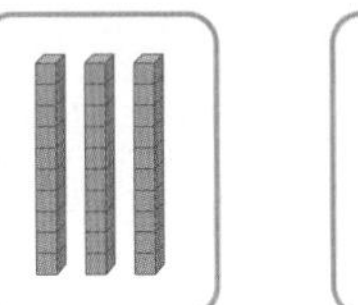

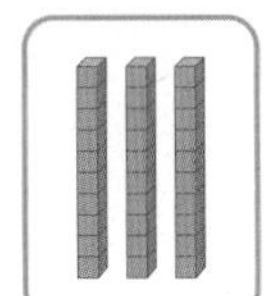

- 30+30=60이므로 30×2=60입니다.
- 3×2를 구하여 십의 자리에 6을 쓰고, 일의 자리에 0을 씁니다.

$30\times2=60$

$$\begin{array}{r} 30 \\ \times\ \ 2 \\ \hline 60 \end{array}$$

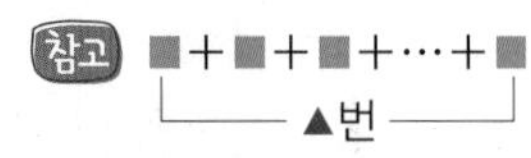

개념잡기

참고 ■+■+■+…+■ (▲번)
➡ ■씩 ▲묶음
➡ ■의 ▲배
➡ ■×▲

보충 30×2의 계산은 3×2의 곱에 0을 하나 붙여 쓴 것과 같습니다.

---

1 개념확인

수 모형을 보고 □ 안에 알맞은 수를 써넣으세요.

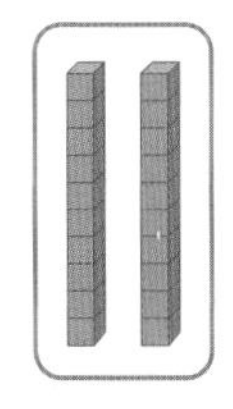 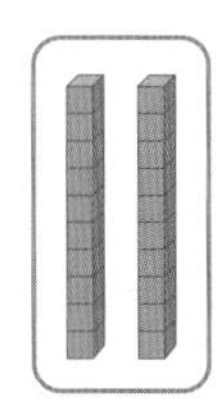 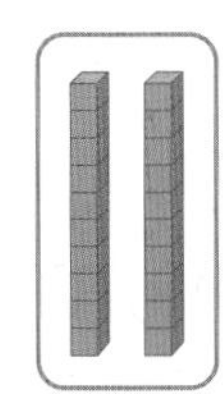 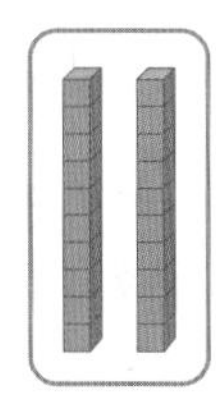

(1) 20+20+20+20은 □입니다.

(2) 십 모형의 수를 곱셈식으로 나타내면 □×4=□개입니다.

(3) 십 모형 8개는 일 모형 □개와 같습니다.

(4) 20×4=□

2 개념확인

□ 안에 알맞은 수를 써넣으세요.

(1) 10×9=□0

(2) 60×7=□0

2단계 핵심 쏙쏙

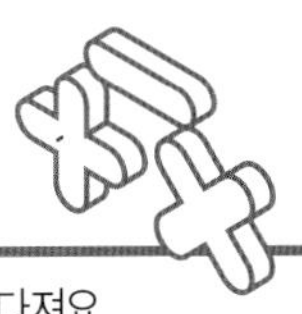

기본 문제를 통해 교과서 개념을 다져요.

1 수 모형을 보고 곱셈식으로 써 보세요.

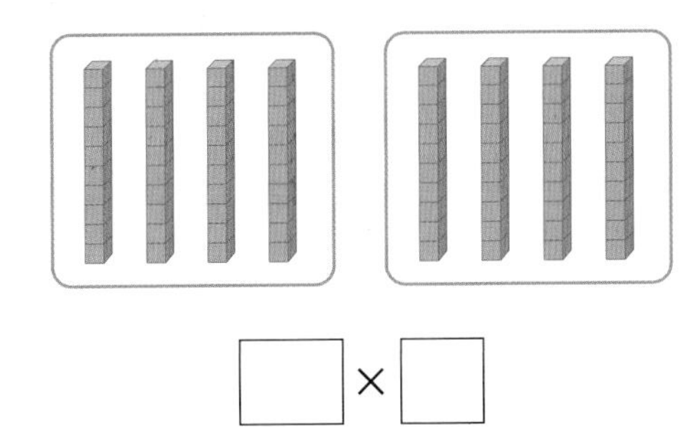

□ × □

2 와 같이 곱셈식으로 나타내 보세요.

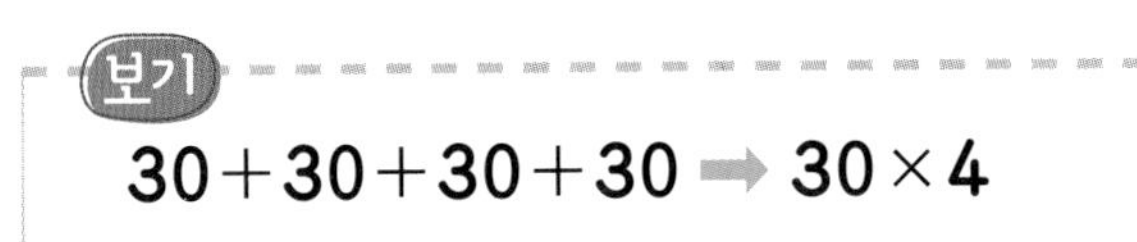

(1) 40+40+40 ➡ □ × □

(2) 10씩 3묶음 ➡ □ × □

(3) 10의 4배 ➡ □ × □

(4) 20과 5의 곱 ➡ □ × □

3 계산해 보세요.

(1) 40×2　　(2) 40×5

(3) 60×4　　(4) 50×3

4 빈 곳에 알맞은 수를 써넣으세요.

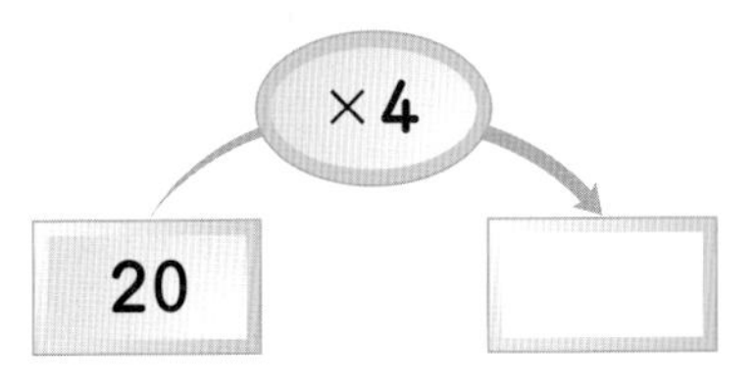

5 계산 결과가 가장 큰 것은 어느 것인가요?

(　　　)

① 10×8　　② 20×6

③ 40×9　　④ 50×5

⑤ 80×3

6 한 상자에 사과가 10개씩 들어 있습니다. 두 상자에는 사과가 모두 몇 개 들어 있나요?

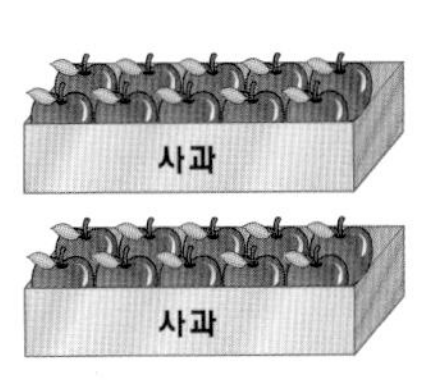

식 ________________

답 ________________

7 영수는 어머니와 함께 마트에 가서 달걀 7판을 샀습니다. 달걀 한 판에는 달걀이 30개씩 들어 있을 때 영수가 산 달걀은 몇 개인가요?

식 ________________

답 ________________

2. (몇십몇)×(몇)의 계산 (1)

교과서 개념을 이해하고 확인 문제를 통해 익혀요.

12×3 계산하기(올림이 없는 계산)

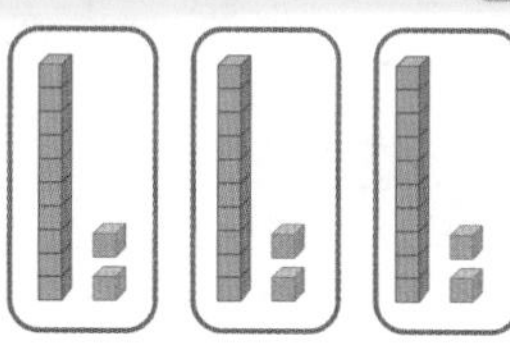

$2\times3=6$, $12\times3=36$, $1\times3=3$

$$\begin{array}{r} 12 \\ \times\ \ 3 \\ \hline 6 \\ 30 \\ \hline 36 \end{array}$$

6 ← 2×3
30 ← 10×3

$$\begin{array}{r} 12 \\ \times\ \ 3 \\ \hline 6 \end{array} \Rightarrow \begin{array}{r} 12 \\ \times\ \ 3 \\ \hline 36 \end{array}$$

개념잡기

참고 12×3
$=12+12+12=36$
$12\times3=36$
$10\times3=30$
$2\times3=6$

주의 일의 자리의 곱은 일의 자리에, 십의 자리의 곱은 십의 자리에 씁니다.

---

1 개념확인

32×3을 여러 가지 방법으로 계산하려고 합니다. 수 모형을 보고 □ 안에 알맞은 수를 써넣으세요.

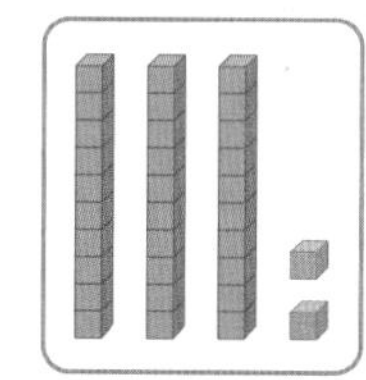
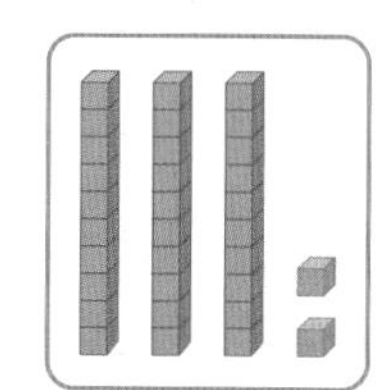
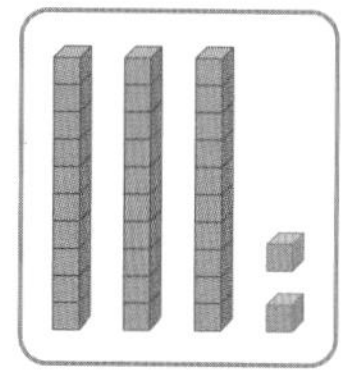

(1) $32\times3=32+32+32=$ □

(2) 32×3 — $30\times3=$ □, $2\times3=$ □ → □

(3)

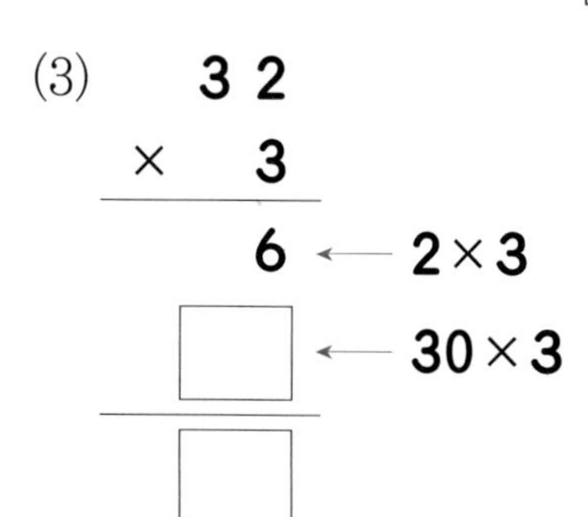

$$\begin{array}{r} 32 \\ \times\ \ 3 \\ \hline 6 \\ \square \\ \hline \square \end{array}$$

6 ← 2×3
□ ← 30×3

2 개념확인

수 모형을 보고 □ 안에 알맞은 수를 써넣으세요.

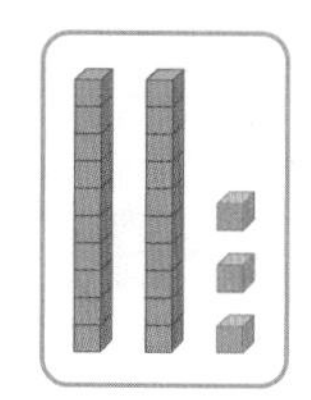
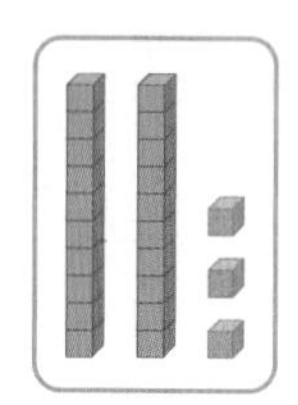
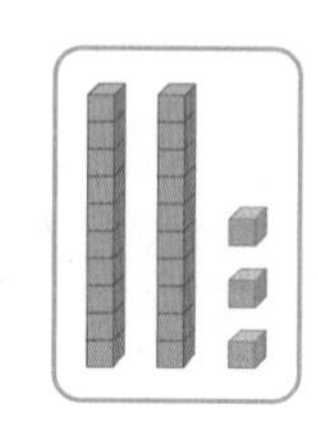

(1) $23+23+23=$ □

(2) $23\times3=$ □

1 그림을 보고 □ 안에 알맞은 수를 써넣으세요.

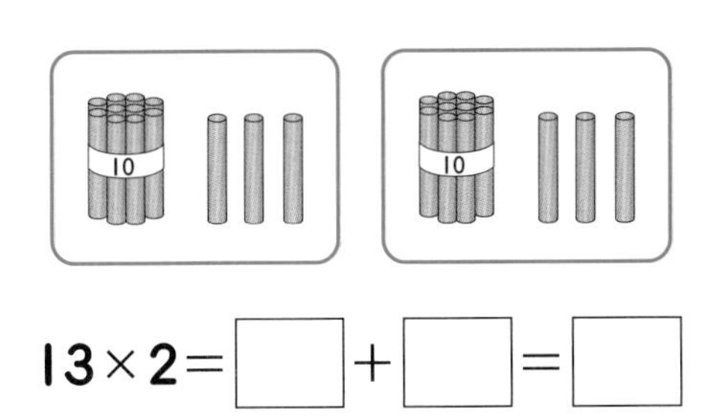

$13 \times 2 = \square + \square = \square$

2 수 모형을 보고 □ 안에 알맞은 수를 써넣으세요.

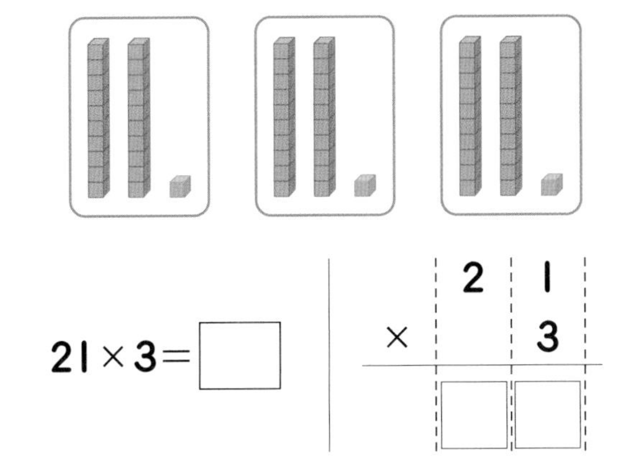

$21 \times 3 = \square$

3 □ 안에 알맞은 수를 써넣으세요.

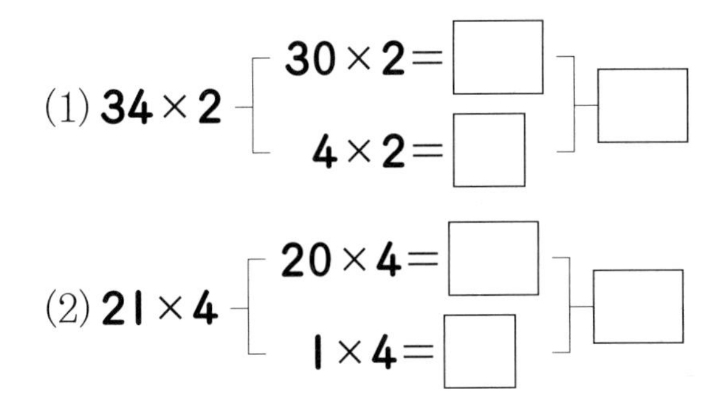

(1) 34×2 $\begin{cases} 30 \times 2 = \boxed{} \\ 4 \times 2 = \boxed{} \end{cases}$ $\boxed{}$

(2) 21×4 $\begin{cases} 20 \times 4 = \boxed{} \\ 1 \times 4 = \boxed{} \end{cases}$ $\boxed{}$

4 계산해 보세요.

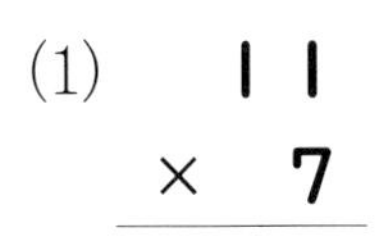

(1) 11×7 (2) 33×3

(3) 22×4 (4) 32×2

5 빈 곳에 알맞은 수를 써넣으세요.

(1)

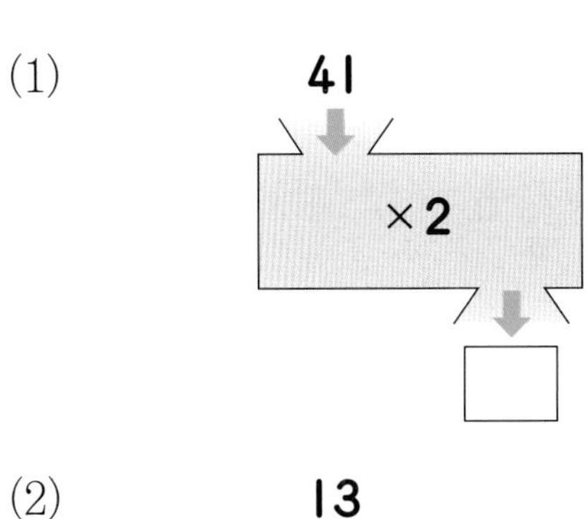

(2)

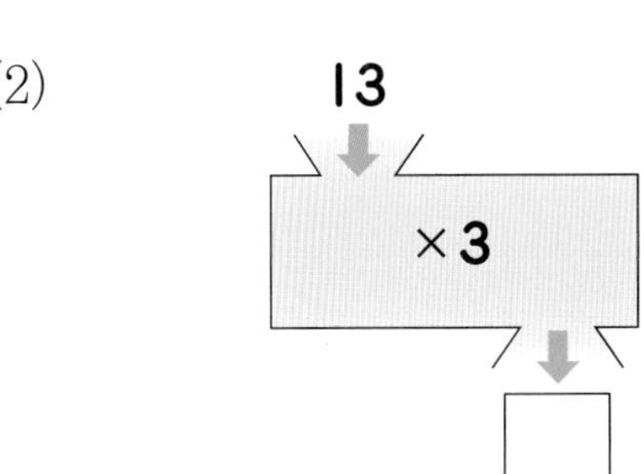

중요

6 효진이는 색종이를 21장씩 2묶음 가지고 있습니다. 효진이는 색종이를 모두 몇 장 가지고 있나요?

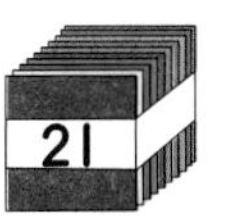

식 ______________________

답 ______________________

Tip (전체 색종이 수)=(한 묶음의 색종이 수)×(묶음 수)

다양한 기본 유형 문제를 통해 실력을 탄탄히 다져요.

유형 1 (몇십)×(몇)의 계산

$20 \times 3 = 60$

$$\begin{array}{r} 20 \\ \times \quad 3 \\ \hline 60 \end{array}$$

(몇)×(몇)을 십의 자리에 쓰고, 일의 자리에 0을 씁니다.

대표유형

1-1 계산해 보세요.

(1) 10×9

(2) 60×2

(3) $\begin{array}{r} 40 \\ \times \quad 6 \\ \hline \end{array}$

(4) $\begin{array}{r} 50 \\ \times \quad 5 \\ \hline \end{array}$

1-2 관계있는 것끼리 선으로 이어 보세요.

70×4 •	• 240
30×8 •	• 450
50×9 •	• 280

1-3 빈 곳에 알맞은 수를 써넣으세요.

(1)

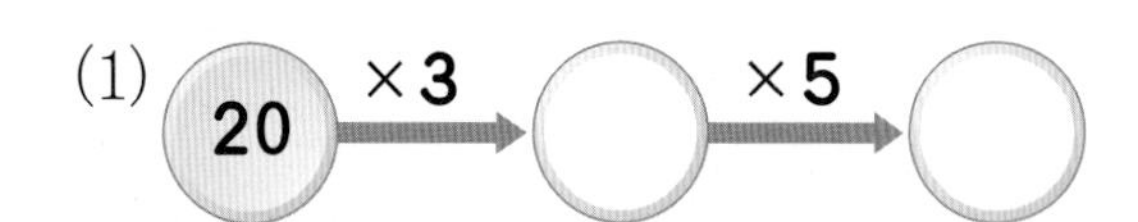

(2)

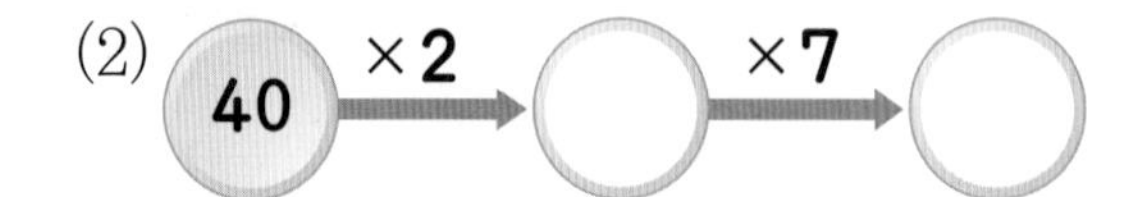

시험에 잘 나와요

1-4 계산 결과를 비교하여 ○ 안에 >, =, < 를 알맞게 써넣으세요.

(1) 10×8 ○ 30×3

(2) 50×7 ○ 40×9

1-5 계산 결과가 가장 큰 것부터 차례대로 번호를 써 보세요.

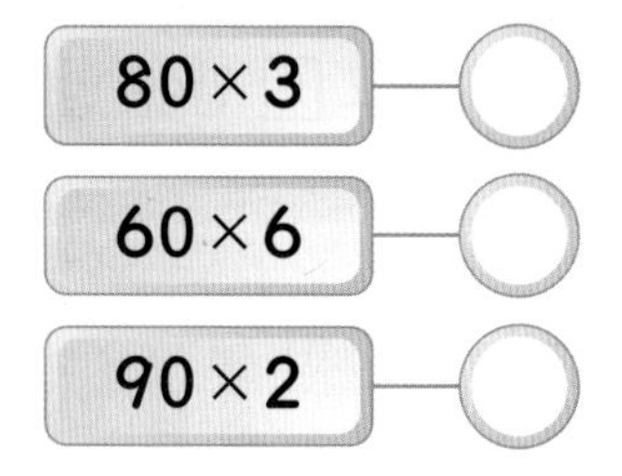

1-6 □ 안에 알맞은 수를 써넣으세요.

(1) $40 \times \square = 240$

(2) $80 \times \square = 560$

1-7 석기는 동화책을 하루에 30쪽씩 읽으려고 합니다. 5일 동안에 모두 몇 쪽을 읽을 수 있나요?

식 ______________________

답 ______________________

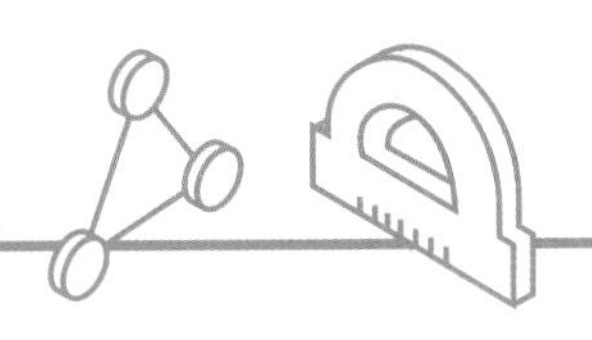

1-8 빈칸에 알맞은 수를 써넣으세요.

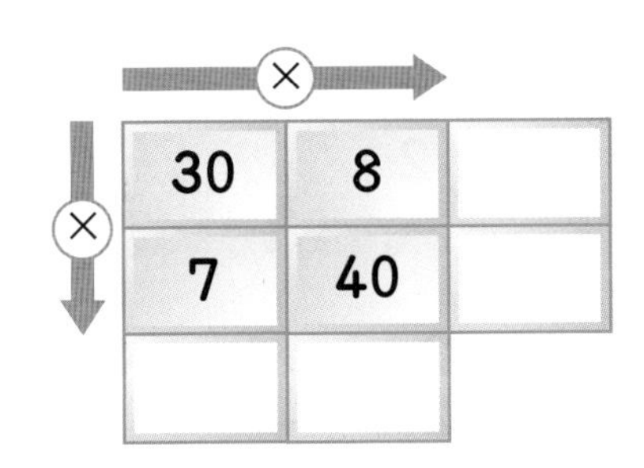

1-9 빈칸에 알맞은 수를 써넣으세요.

	10	20	30	40
×2				
×8				

1-10 대화를 읽고 영수는 구슬 몇 개를 가지고 있는지 구해 보세요.

> 상연: 나는 구슬을 10개 가지고 있어.
> 예슬: 나는 상연이가 가지고 있는 구슬 수의 2배를 가지고 있어.
> 영수: 나는 예슬이가 가지고 있는 구슬 수의 3배를 가지고 있어.

(　　　　　　　　)

1-11 사탕이 30개씩 들어 있는 통이 9통 있습니다. 통에 들어 있는 사탕은 모두 몇 개인가요?

(　　　　　　　　)

잘 틀려요

1-12 1부터 9까지의 수 중에서 □ 안에 들어 갈 수 있는 수를 모두 구해 보세요.

$$40\times\square<200$$

(　　　　　　　　)

1-13 신영이는 4월 한 달 동안 수학 문제를 매일 8문제씩 풀었습니다. 신영이가 푼 수학 문제는 모두 몇 문제인가요?

(　　　　　　　　)

1-14 한 판에 들어 있는 달걀을 세어 보았더니 한 줄에 6개씩 5줄이었습니다. 이 달걀 9판을 샀을 때 산 달걀은 모두 몇 개인가요?

(　　　　　　　　)

유형 2 (몇십몇)×(몇)의 계산 (1)

올림이 없는 (몇십몇)×(몇)의 계산 방법

① 일의 자리의 곱은 일의 자리에 씁니다.

② 십의 자리의 곱은 십의 자리에 씁니다.

2-1 수 모형을 보고 □ 안에 알맞은 수를 써 넣으세요.

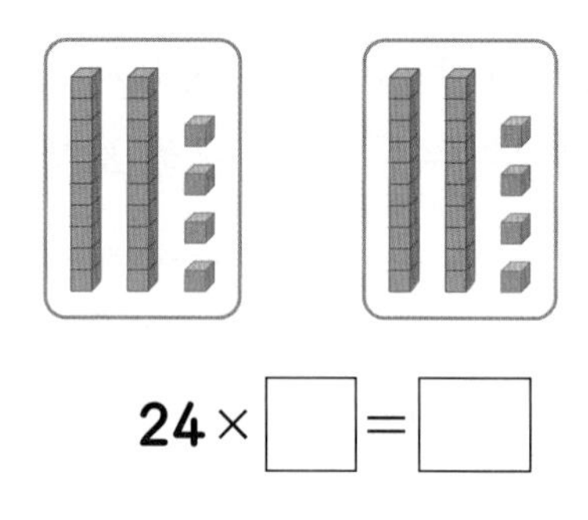

24×□=□

2-2 수직선을 보고 □ 안에 알맞은 수를 써넣으세요.

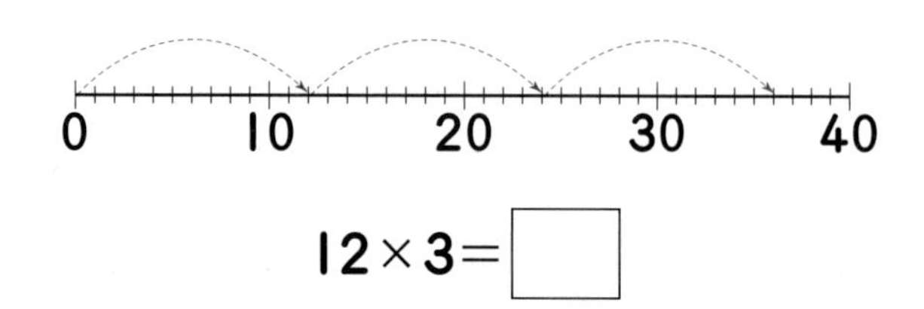

12×3=□

2-3 □ 안에 알맞은 수를 써넣으세요.

(1) 21×2 — 20×2=□, 1×2=□ → □

(2) 32×3 — 30×□=□, 2×□=□ → □

2-4 계산해 보세요.

(1) $\begin{array}{r} 44 \\ \times\ 2 \\ \hline \end{array}$

(2) $\begin{array}{r} 31 \\ \times\ 3 \\ \hline \end{array}$

(3) 41×2

(4) 12×4

2-5 관계있는 것끼리 선으로 이어 보세요.

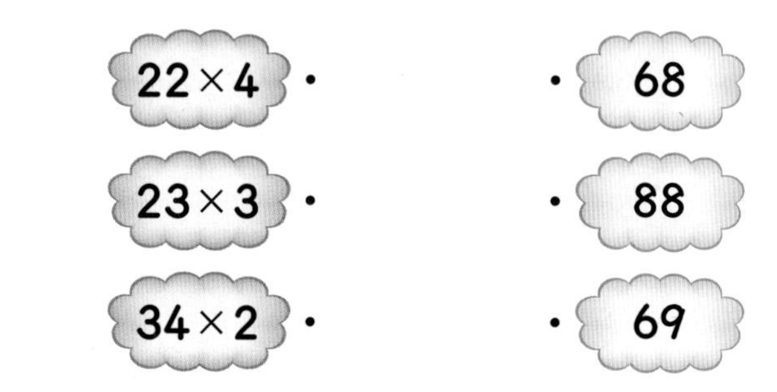

대표유형

2-6 빈칸에 알맞은 수를 써넣으세요.

32	3	
2	22	

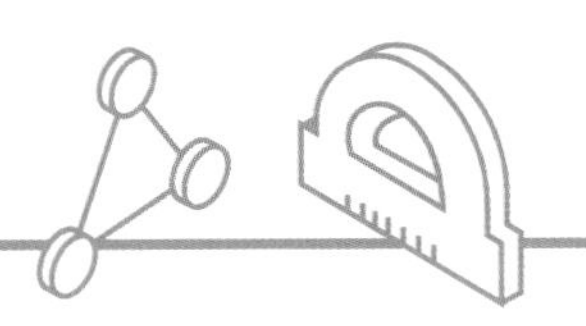

단원 4

2-7 계산 결과를 비교하여 ○ 안에 >, =, < 를 알맞게 써넣으세요.

31×2 ○ 24×2

2-8 계산 결과가 같은 것끼리 선으로 이어 보세요.

12×4 •	• 11×6
21×4 •	• 24×2
22×3 •	• 42×2

2-9 계산 결과가 가장 큰 것부터 차례대로 기호를 써 보세요.

㉠ 21×3	㉡ 42×1
㉢ 33×2	㉣ 21×4

( )

시험에 잘 나와요

2-10 민호는 연필 4타를 가지고 있습니다. 민호가 가지고 있는 연필은 모두 몇 자루인가요? (단, 연필 한 타는 12자루입니다.)

식 ______

답 ______

2-11 가영이네 학교 3학년 학생들이 버스를 타고 현장 학습을 가려고 합니다. 버스 한 대에 32명씩 탈 수 있다면, 버스 3대에는 모두 몇 명까지 탈 수 있나요?

( )

2-12 밭에서 감자를 106개 수확하였습니다. 이 감자를 한 상자에 11개씩 담아 9상자를 팔았다면 남은 감자는 몇 개인가요?

( )

잘 틀려요

2-13 상연이네 가족의 나이를 모두 더하면 몇 살인가요?

상연: 나는 10살이에요.
유나: 나는 상연이보다 3살이 더 많아요.
어머니: 난 상연이 나이의 4배야.
아버지: 내 나이는 유나 나이의 3배보다 5살이 많지.

( )

3. (몇십몇)×(몇)의 계산 (2)

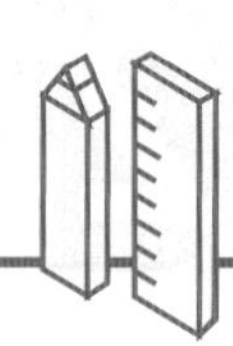

교과서 개념을 이해하고 확인 문제를 통해 익혀요.

31×4 계산하기(십의 자리에서 올림이 있는 계산)

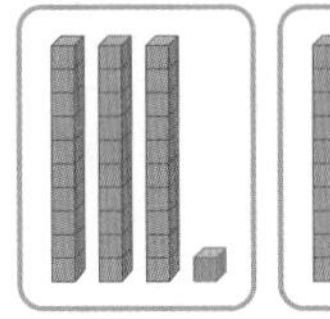
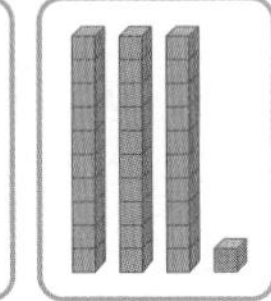
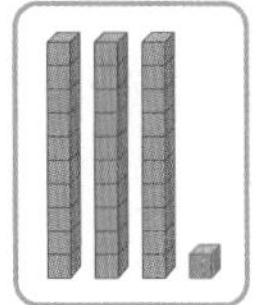
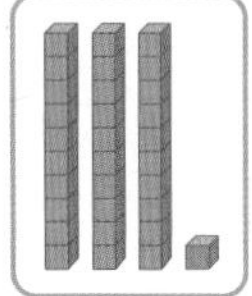

$1\times4=4$

$31\times4=124$

$3\times4=12$

```
    3 1
 ×    4
 ------
      4  ← 1×4
  1 2 0  ← 30×4
 ------
  1 2 4
```

```
    3 1              3 1
 ×    4    ➡     ×    4
 ------          ------
      4           1 2 4
```

개념잡기

참고 31×4
$=31+31+31+31$
$=124$

주의 십의 자리에서 올림한 수는 백의 자리에 씁니다.

---

1 개념확인

42×3을 여러 가지 방법으로 계산하려고 합니다. 수 모형을 보고 □ 안에 알맞은 수를 써넣으세요.

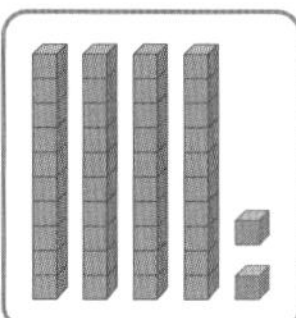
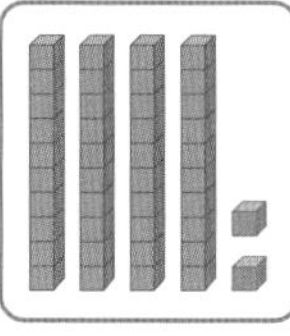
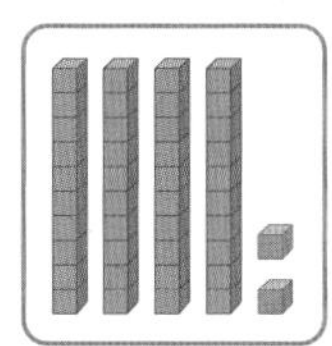
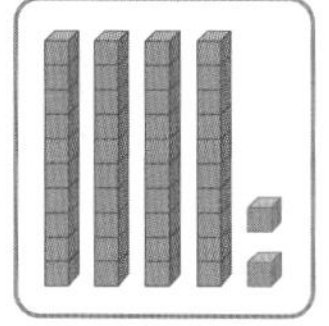

(1) $42\times3=42+42+42=$ □

(2) 42×3 ─ $40\times3=$ □, $2\times3=$ □ → □

(3)
```
    4 2
 ×    3
 ------
      6  ← 2×3
     □   ← 40×3
 ------
     □
```

2 개념확인

수 모형을 보고 □ 안에 알맞은 수를 써넣으세요.

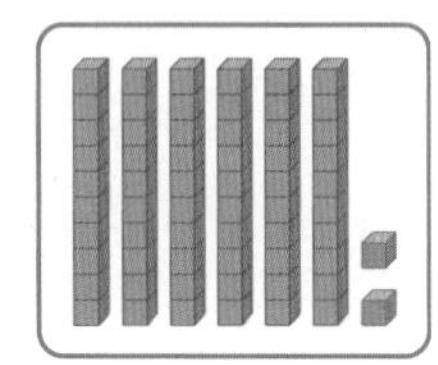
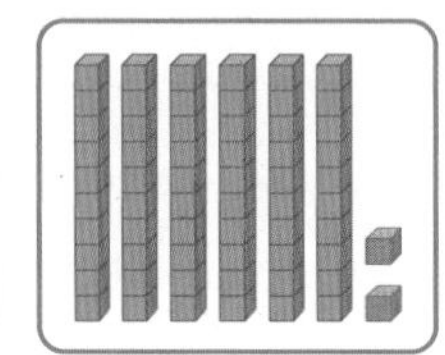
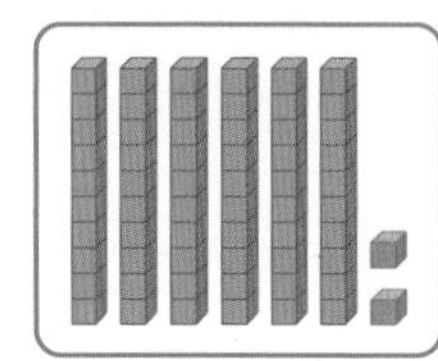

(1) $62+62+62=$ □

(2) $62\times3=$ □

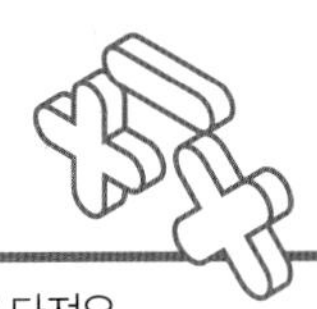

1 곱셈을 어림하여 계산하려고 합니다. □ 안에 알맞은 수를 써넣으세요.

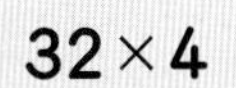

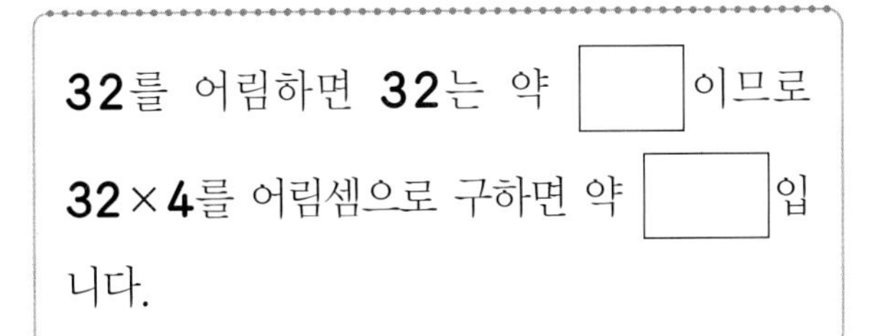

32를 어림하면 32는 약 □ 이므로
32×4를 어림셈으로 구하면 약 □ 입니다.

2 수 모형을 보고 □ 안에 알맞은 수를 써넣으세요.

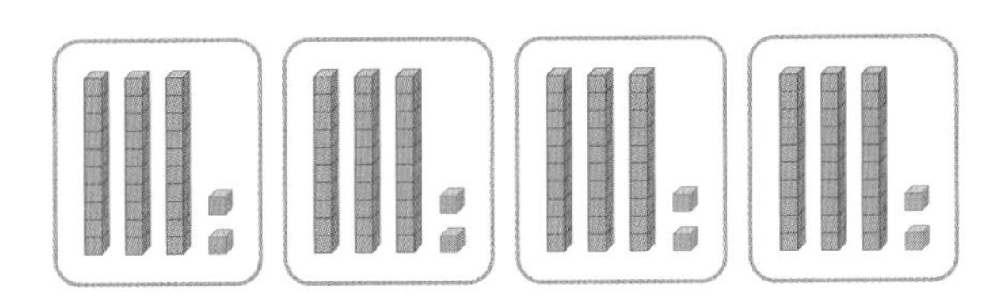

(1) 32×4
= □ + □ + □ + □
= □

(2) 32×4 — 30×4= □, 2×4= □ → □

(3)

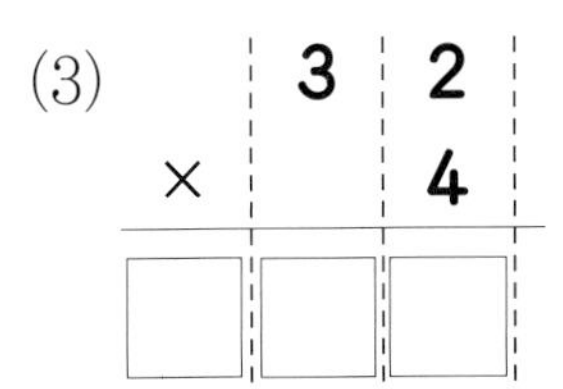

중요

3 수직선을 보고 □ 안에 알맞은 수를 써넣으세요.

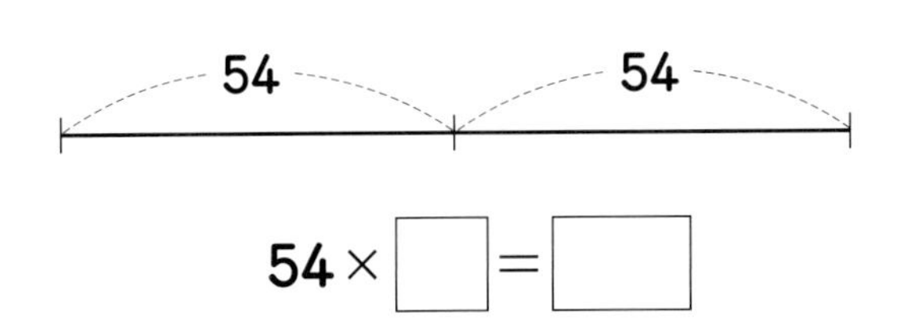

54× □ = □

4 계산해 보세요.

(1) 21×8

(2) 63×2

(3) 41×4

(4) 72×2

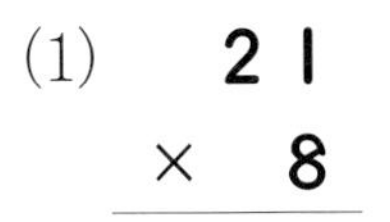

5 빈 곳에 알맞은 수를 써넣으세요.

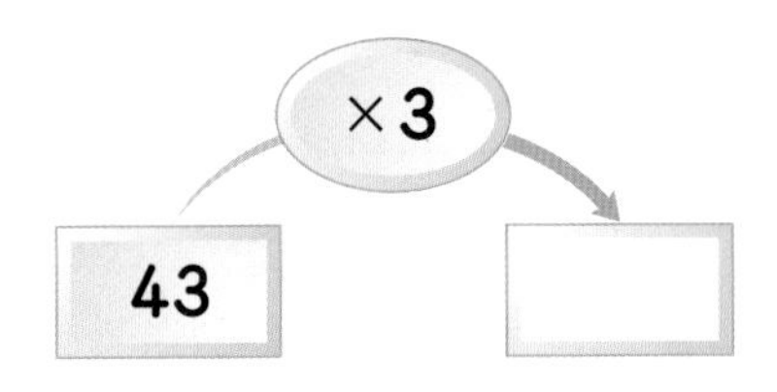

6 빈칸에 두 수의 곱을 써넣으세요.

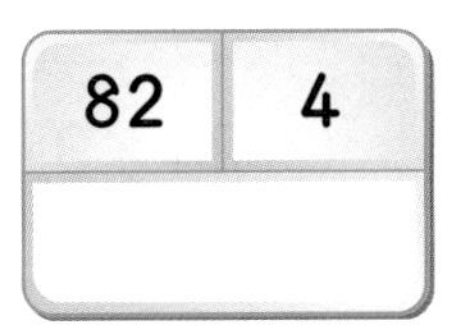

7 석기네 학교 3학년 전체 학생들이 버스 한 대에 41명씩 모두 5대에 나누어 타고 소풍을 갑니다. 석기네 학교 3학년 전체 학생은 모두 몇 명인가요?

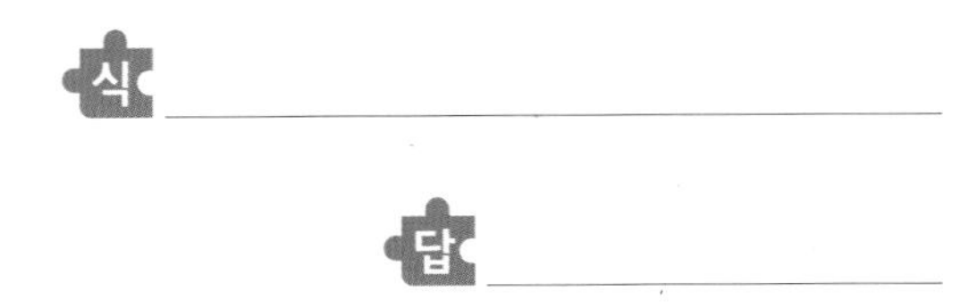

4. (몇십몇)×(몇)의 계산 (3)

교과서 개념을 이해하고 확인 문제를 통해 익혀요.

16×3 계산하기(일의 자리에서 올림이 있는 계산)

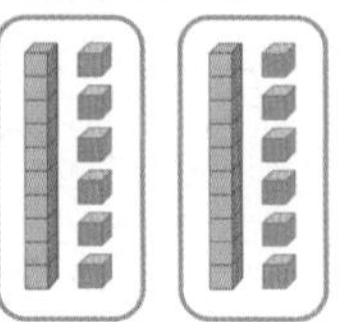

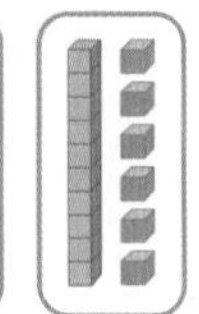

6×3=18

16×3=48

1×3+1=4

$$\begin{array}{r} 16 \\ \times \ \ 3 \\ \hline 18 \\ 30 \\ \hline 48 \end{array}$$

18 ← 6×3, 30 ← 10×3

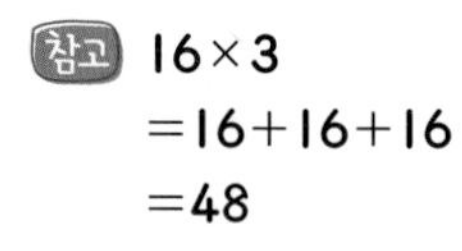

개념잡기

참고 16×3
=16+16+16
=48

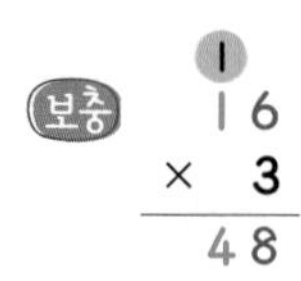

1은 일의 자리 계산인 6×3=18에서 십의 자리 숫자 1을 올림하여 작게 쓴 것이므로 실제로는 10을 나타냅니다.

---

1 개념확인

24×3을 여러 가지 방법으로 계산하려고 합니다. 수 모형을 보고 □ 안에 알맞은 수를 써넣으세요.

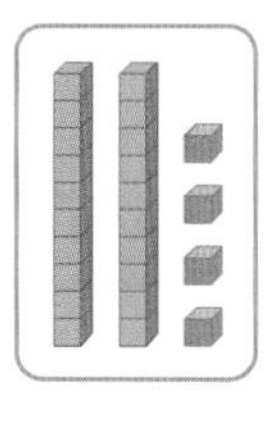

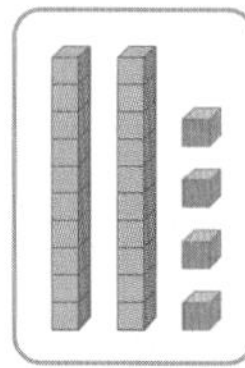

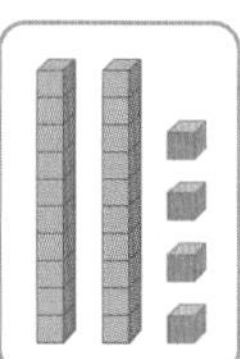

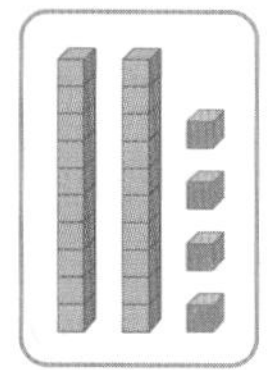

(1) 24×3=24+24+24=□

(2) 24×3 ─ 20×3=□, 4×3=□ → □

(3)

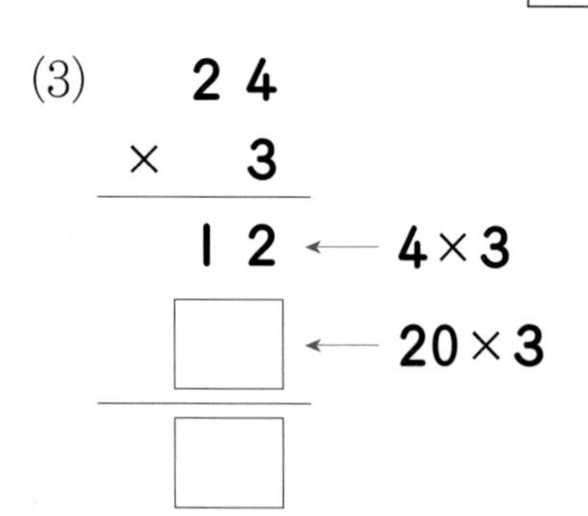

2 개념확인

수 모형을 보고 □ 안에 알맞은 수를 써넣으세요.

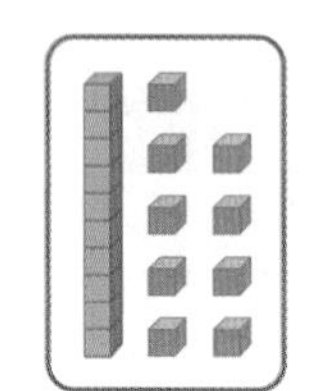

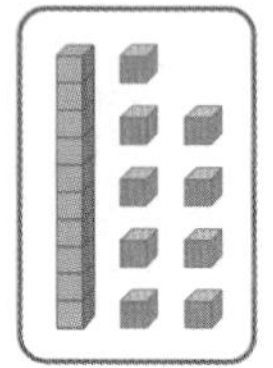

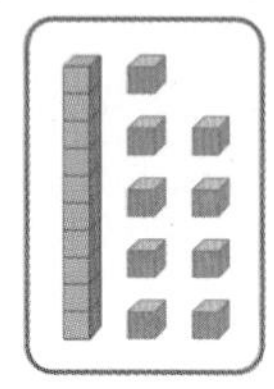

(1) 19+19+19=□

(2) 19×3=□

기본 문제를 통해 교과서 개념을 다져요.

1 곱셈을 어림하여 계산하려고 합니다. □ 안에 알맞은 수를 써넣으세요.

48×2

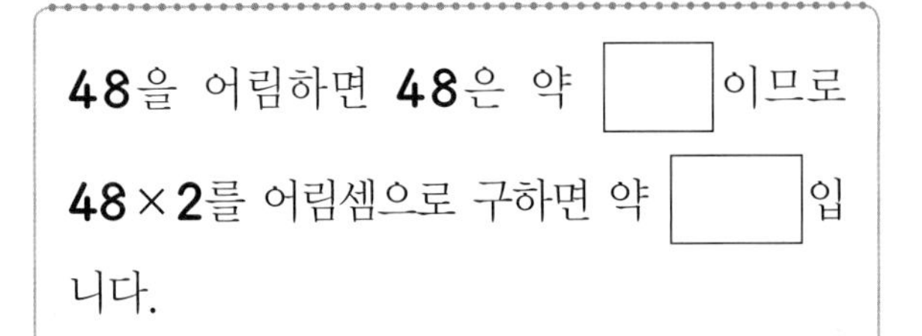

48을 어림하면 48은 약 □이므로 48×2를 어림셈으로 구하면 약 □입니다.

2 수 모형을 보고 □ 안에 알맞은 수를 써넣으세요.

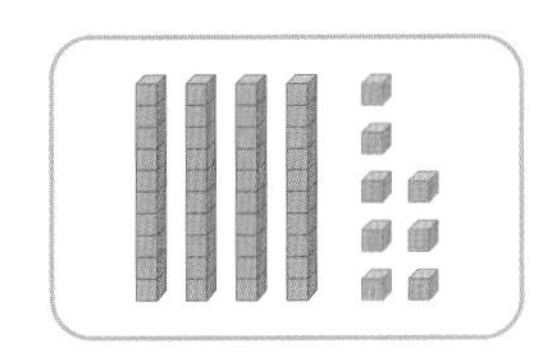 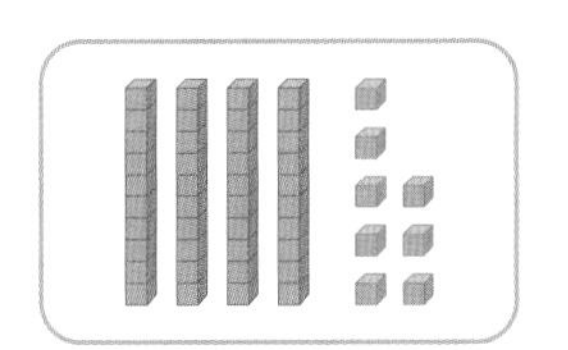

(1) 48×2=□+□=□

(2) 48×2 — 40×2=□, 8×2=□ → □

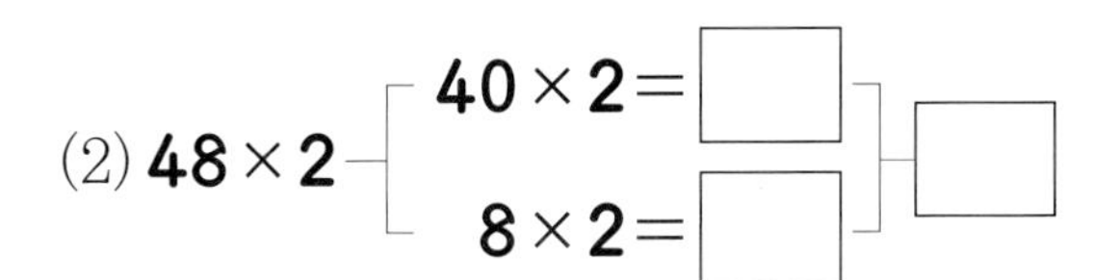

(3)

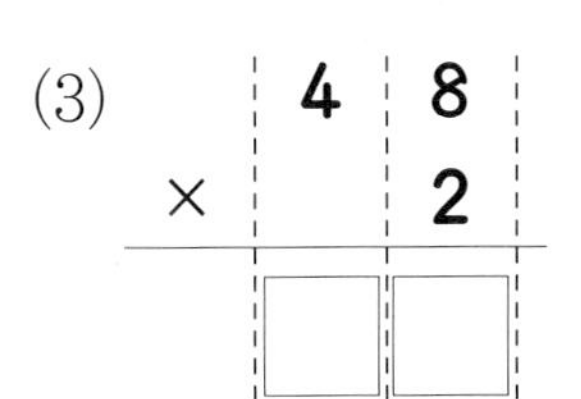

	4	8
×		2
	□	□

3 계산해 보세요.

(1)

	1	8
×		3

(2)

	2	5
×		3

(3) 38×2

(4) 16×5

4 빈 곳에 알맞은 수를 써넣으세요.

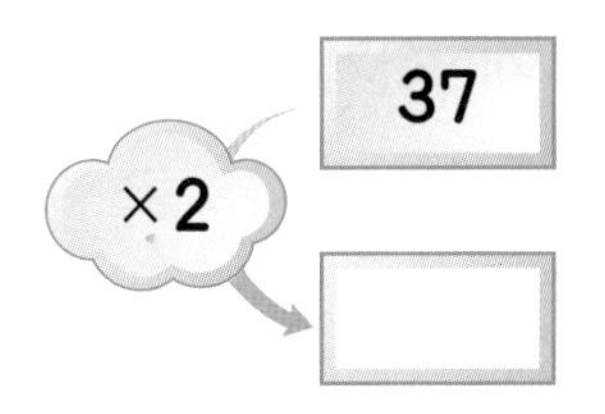

5 계산 결과를 비교하여 ○ 안에 >, =, <를 알맞게 써넣으세요.

29×3 ○ 37×2

6 □ 안에 알맞은 숫자를 써넣으세요.

	□	6
×		3
	7	8

중요

7 운동장에 학생이 14명씩 7줄로 서 있습니다. 운동장에 서 있는 학생은 모두 몇 명인가요?

5. (몇십몇)×(몇)의 계산 (4)

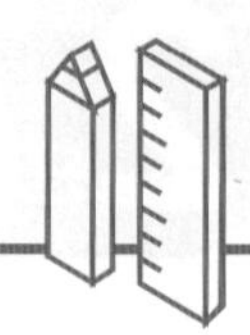

교과서 개념을 이해하고 확인 문제를 통해 익혀요.

56×2 계산하기(십의 자리와 일의 자리에서 올림이 있는 계산)

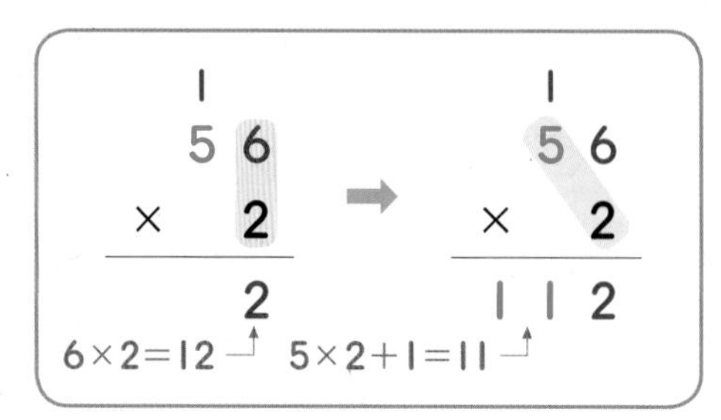

$$6\times2=12$$
$$56\times2=112$$
$$5\times2+1=11$$

$$\begin{array}{r} 56 \\ \times\ \ 2 \\ \hline 12 \\ 100 \\ \hline 112 \end{array}$$

12 ← 6×2
100 ← 50×2

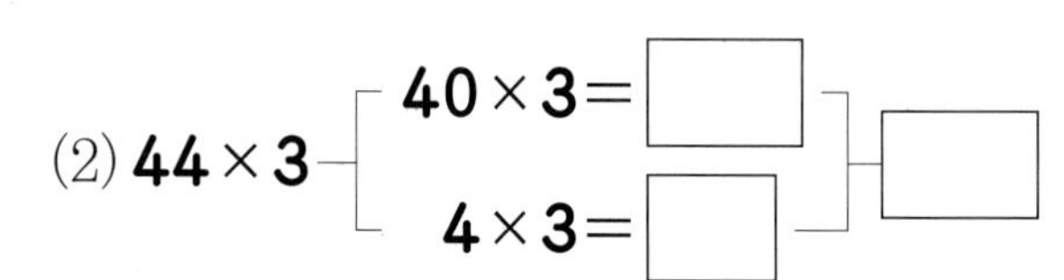

$$\begin{array}{r} {}^{1}\ \ \\ 56 \\ \times\ \ 2 \\ \hline 2 \end{array} \rightarrow \begin{array}{r} {}^{1}\ \ \\ 56 \\ \times\ \ 2 \\ \hline 112 \end{array}$$

6×2=12 5×2+1=11

개념잡기

참고 56×2
=56+56
=112

보충
$$\begin{array}{r} {}^{1}\ \ \\ 56 \\ \times\ \ 2 \\ \hline 112 \end{array}$$

1은 일의 자리 계산인 6×2=12에서 십의 자리 숫자 1을 올림하여 작게 쓴 것이므로 실제로는 10을 나타냅니다.

---

1 개념확인

44×3을 여러 가지 방법으로 계산하려고 합니다. 수 모형을 보고 □ 안에 알맞은 수를 써넣으세요.

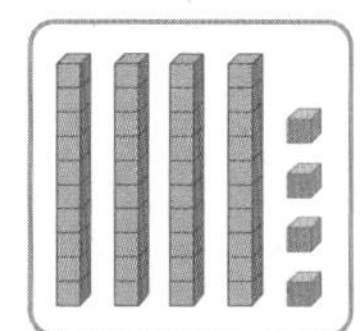 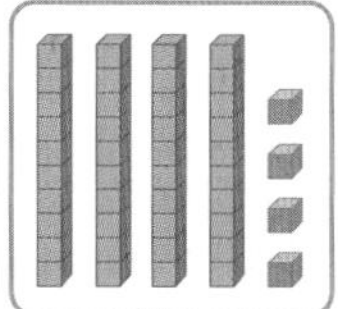 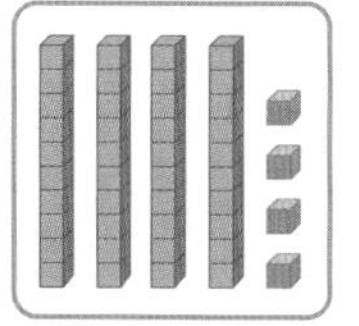

(1) 44×3=44+44+44=□

(2) 44×3 — 40×3=□, 4×3=□ → □

(3)
$$\begin{array}{r} 44 \\ \times\ \ 3 \\ \hline 12 \\ \square \\ \hline \square \end{array}$$

12 ← 4×3
□ ← 40×3

2 개념확인

수 모형을 보고 □ 안에 알맞은 수를 써넣으세요.

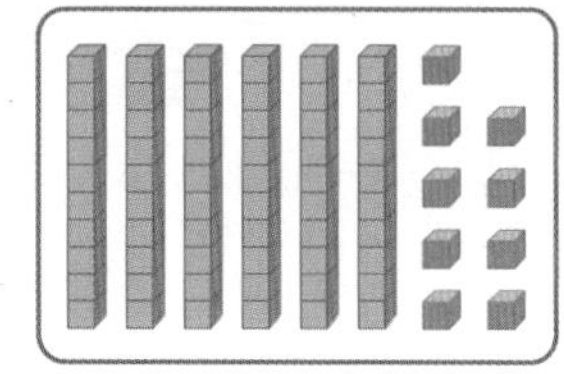 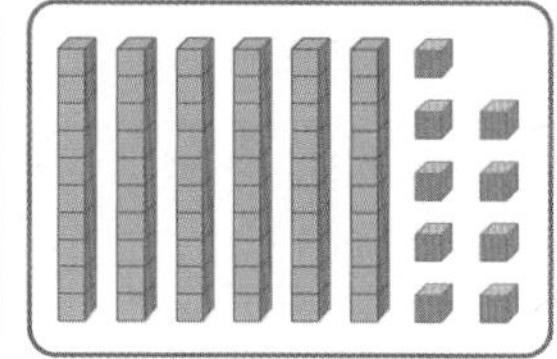

(1) 69+69=□

(2) 69×2=□

기본 문제를 통해 교과서 개념을 다져요.

단원 4

1 곱셈을 어림하여 계산하려고 합니다. □ 안에 알맞은 수를 써넣으세요.

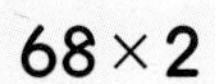

68을 어림하면 68은 약 □이므로 68×2를 어림셈으로 구하면 약 □입니다.

2 수 모형을 보고 □ 안에 알맞은 수를 써넣으세요.

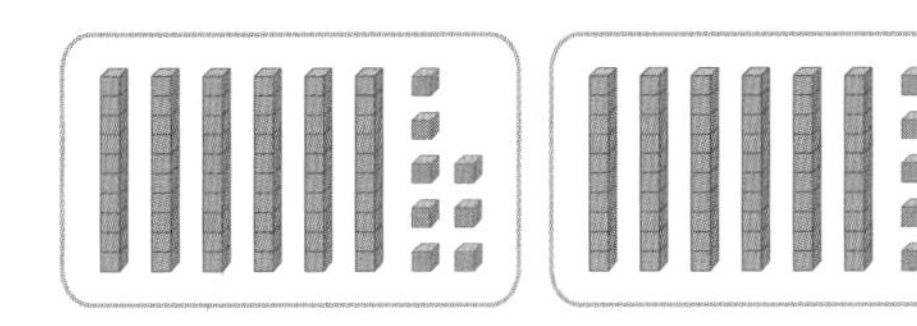

(1) 68×2=□+□=□

(2) 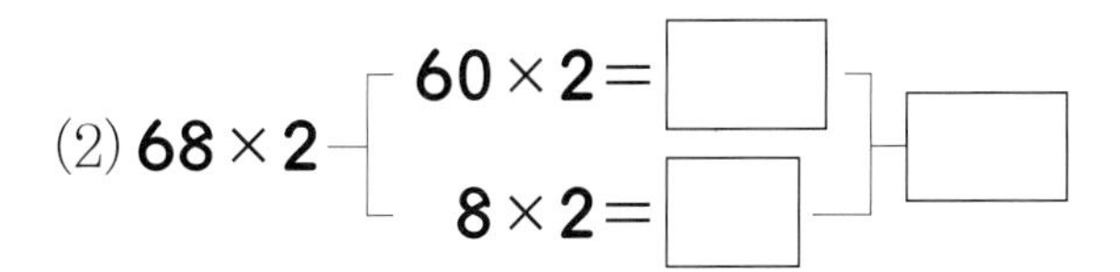

(3) 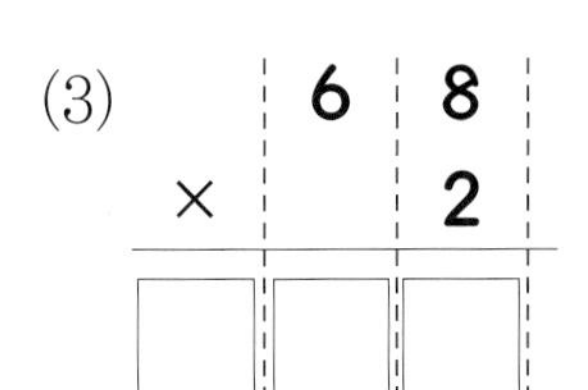

3 계산해 보세요.

(1) 58 × 3

(2) 79 × 5

(3) 88×3 (4) 76×5

4 빈 곳에 알맞은 수를 써넣으세요.

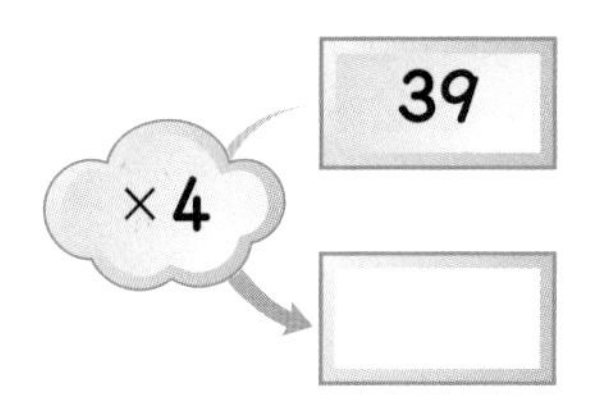

5 계산 결과를 비교하여 ○ 안에 >, =, <를 알맞게 써넣으세요.

49×6 ○ 34×8

6 □ 안에 알맞은 숫자를 써넣으세요.

□ 4
× 7
3 7 8

중요

7 체육관에 학생이 24명씩 8줄로 서 있습니다. 체육관에 서 있는 학생은 모두 몇 명인가요?

유형 3 (몇십몇)×(몇)의 계산 (2)

십의 자리에서 올림이 있는 (몇십몇)×(몇)

$$\begin{array}{r} 52 \\ \times \quad 3 \\ \hline \end{array} \Rightarrow \begin{array}{r} 52 \\ \times \quad 3 \\ \hline 156 \end{array}$$

2×3을 구하여 일의 자리에 쓰고, **5×3**을 구하여 십의 자리와 백의 자리에 각각 씁니다.

대표유형

3-1 계산해 보세요.

(1) $\begin{array}{r} 31 \\ \times \quad 7 \\ \hline \end{array}$ (2) $\begin{array}{r} 84 \\ \times \quad 2 \\ \hline \end{array}$

(3) 54×2 (4) 41×6

3-2 빈칸에 알맞은 수를 써넣으세요.

×3

53	
62	
81	

3-3 ㉠+㉡+㉢을 구해 보세요.

64×㉠ — 60×2=120, ㉡×2=8 — ㉢

(   )

3-4 빈 곳에 알맞은 수를 써넣으세요.

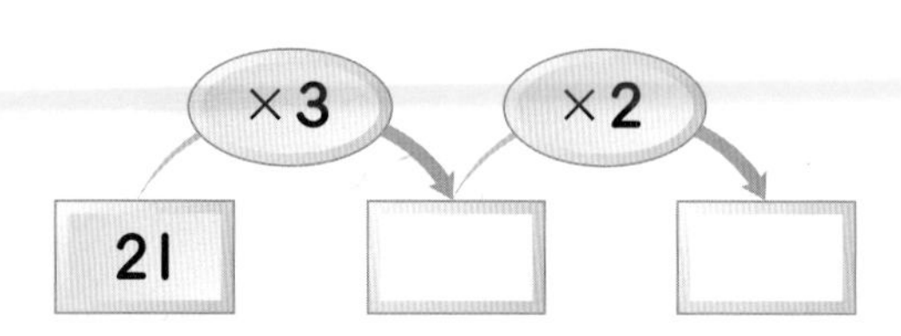

3-5 계산 결과가 가장 큰 것을 찾아 기호를 써 보세요.

㉠ 82×4 ㉡ 61×9 ㉢ 71×5

(   )

3-6 가와 나의 합을 구해 보세요.

가: 73×3 나: 32×4

(   )

잘 틀려요

3-7 계산이 바르지 않은 것은 어느 것인가요? (   )

① 42×3=126 ② 51×7=357
③ 83×2=166 ④ 62×4=258
⑤ 94×2=188

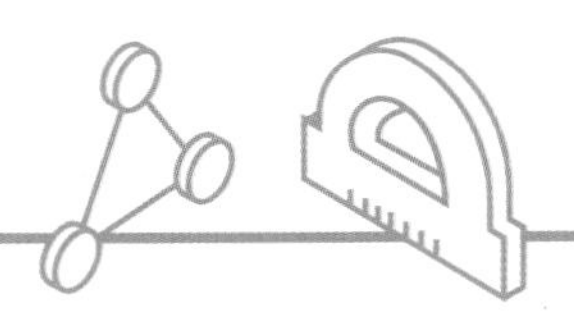

3-8 계산 결과가 나머지 셋과 다른 것을 찾아 기호를 써 보세요.

㉠ 72×4
㉡ $72+72+72+72$
㉢ $70+70+4+4$
㉣ 70×4와 2×4의 합

( )

3-9 □ 안에 알맞은 숫자를 써넣으세요.

$$\begin{array}{r} \square\,4 \\ \times \quad 2 \\ \hline 1\,2\,8 \end{array}$$

3-10 동민이는 윗몸일으키기를 매일 41번씩 했습니다. 동민이는 일주일 동안 윗몸일으키기를 모두 몇 번 했나요?

( )

3-11 공책이 한 상자에 42권씩 들어 있습니다. 4상자에 들어 있는 공책은 모두 몇 권인가요?

식

답

유형 4 (몇십몇)×(몇)의 계산 (3)

일의 자리에서 올림이 있는 (몇십몇)×(몇)

$$\begin{array}{r} 2\,9 \\ \times \quad 3 \\ \hline \end{array} \rightarrow \begin{array}{r} {}^{2} \\ 2\,9 \\ \times \quad 3 \\ \hline 8\,7 \end{array}$$

9×3을 구하여 일의 자리에 7을 쓰고, 2×3을 구한 후 올림한 2를 더하여 십의 자리에 씁니다.

4-1 계산해 보세요.

(1) $\begin{array}{r} 2\,8 \\ \times \quad 3 \\ \hline \end{array}$ (2) $\begin{array}{r} 3\,9 \\ \times \quad 2 \\ \hline \end{array}$

(3) 23×4 (4) 15×4

4-2 오른쪽 곱셈식에서 □ 안의 수 3이 실제로 나타내는 값은 얼마인가요?

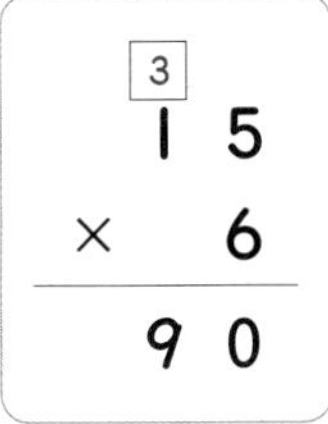

$$\begin{array}{r} {}^{\boxed{3}} \\ 1\,5 \\ \times \quad 6 \\ \hline 9\,0 \end{array}$$

( )

4-3 그림을 보고 □ 안에 알맞은 수를 써넣으세요.

(1)
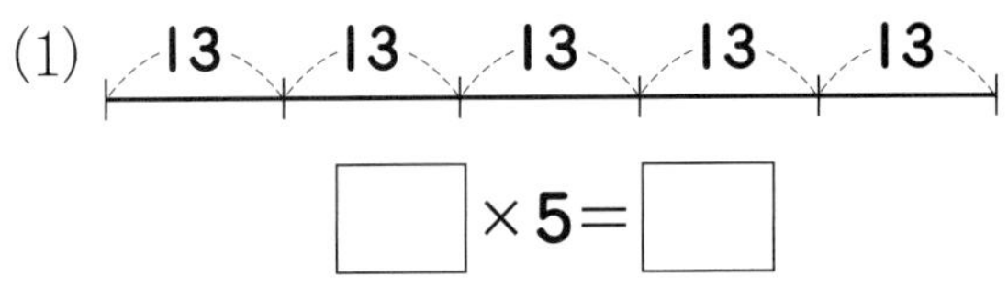

$\square \times 5 = \square$

(2)
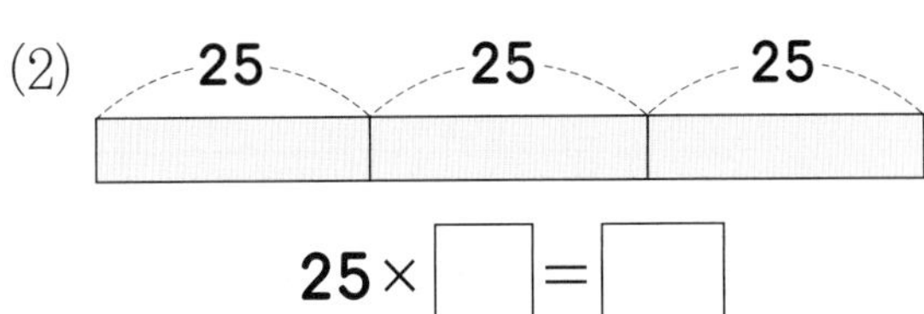

$25 \times \square = \square$

4-4 두 곱의 차를 구해 보세요.

18×2	24×3

( )

4-5 계산 결과가 가장 큰 것은 어느 것인가요? ( )

① 14×7 ② 39×2
③ 23×4 ④ 18×3
⑤ 28×3

잘 틀려요

4-6 계산에서 잘못된 곳을 찾아 바르게 계산해 보세요.

$$\begin{array}{r} 25 \\ \times\ \ 3 \\ \hline 615 \end{array} \Rightarrow \square$$

4-7 계산 결과가 가장 작은 것부터 차례대로 기호를 써 보세요.

㉠ 24×4 ㉡ 36×2
㉢ 17×5 ㉣ 45×2

( )

4-8 목걸이 한 개에는 구슬이 27개씩 꿰어져 있습니다. 목걸이 3개에 꿰어진 구슬은 모두 몇 개인가요?

식 ____________

답 ____________

자전거 가게에 두발자전거 17대와 세발자전거 24대가 있습니다. 자전거 바퀴는 모두 몇 개인지 물음에 답해 보세요. [4-9~4-11]

4-9 두발자전거 17대의 바퀴는 모두 몇 개인가요?

( )

4-10 세발자전거 24대의 바퀴는 모두 몇 개인가요?

( )

4-11 자전거 바퀴는 모두 몇 개인가요?

( )

4-12 1부터 9까지의 수 중 □ 안에 들어갈 수 있는 수를 모두 써 보세요.

$13\times6>16\times\square$

( )

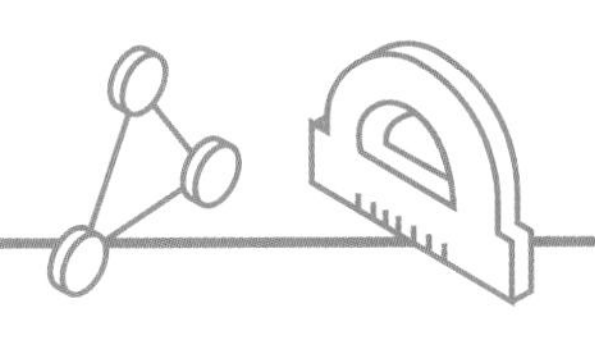

유형 5 **(몇십몇)×(몇)의 계산 (4)**

십의 자리와 일의 자리에서 올림이 있는 곱셈

$$\begin{array}{r} 64 \\ \times \quad 3 \\ \hline \end{array} \Rightarrow \begin{array}{r} 64 \\ \times \quad 3 \\ \hline 192 \end{array}$$

4×**3**을 구하여 일의 자리에 **2**를 쓰고, **6**×**3**을 구한 후 올림한 **1**을 더하여 십의 자리와 백의 자리에 씁니다.

5-1 계산해 보세요.

(1) $\begin{array}{r} 36 \\ \times \quad 7 \\ \hline \end{array}$ (2) $\begin{array}{r} 54 \\ \times \quad 8 \\ \hline \end{array}$

(3) **43**×**5** (4) **78**×**6**

시험에 잘 나와요

5-2 오른쪽 곱셈식에서 □ 안의 수 **4**가 실제로 나타내는 값은 얼마인가요?

$$\begin{array}{r} \boxed{4} \\ 46 \\ \times \quad 8 \\ \hline 368 \end{array}$$

(　　　　　　　)

5-3 빈칸에 알맞은 수를 써넣으세요.

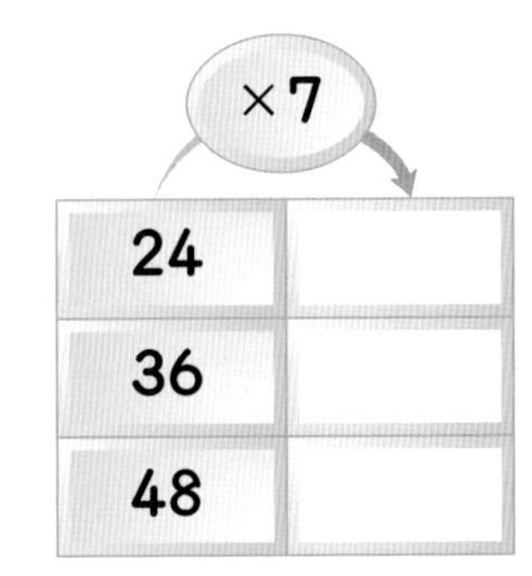

5-4 빈칸에 알맞은 수를 써넣으세요.

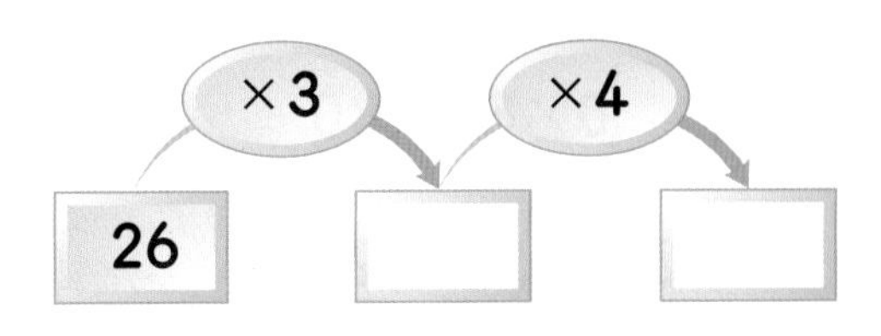

대표유형

5-5 계산이 잘못된 부분을 찾아 바르게 계산해 보세요.

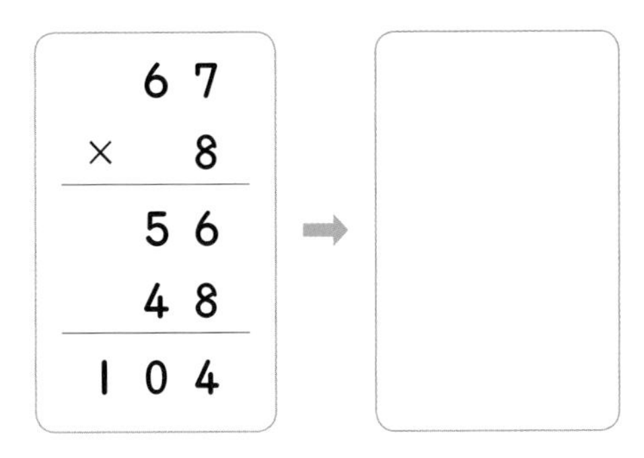

5-6 □ 안에 알맞은 숫자를 써넣으세요.

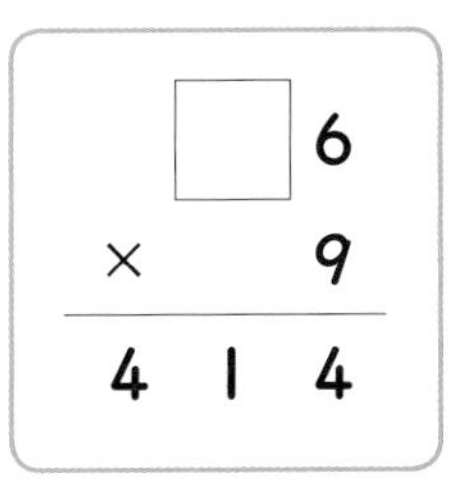

5-7 **23**개씩 포장된 배 **8**상자와 **35**개씩 포장된 사과 **6**상자가 있습니다. 배와 사과 중에서 어느 것이 몇 개 더 많나요?

(　　　　　　　), (　　　　　　　)

단원 4

4단계 실력 팍팍

유형 콕콕을 통해 다진 기본을 확인하고
좀 더 수준이 높은 문제를 풀며 실력을 높여요.

1 □ 안에 알맞은 수를 써넣으세요.

(1) □0 × 8 = 480

(2) 70 × □ = 420

2 곱셈식에서 □ 안의 수 2가 실제로 나타내는 값은 얼마인가요?

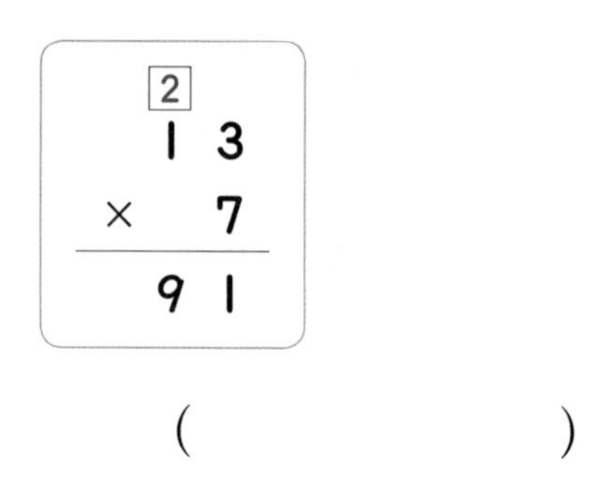

( )

3 직사각형의 가로가 세로의 3배일 때, 이 직사각형의 네 변의 길이의 합은 몇 cm인지 구해 보세요.

24 cm

( )

4 곧게 뻗은 도로의 한쪽에 처음부터 끝까지 깃발 7개를 16 m 간격으로 꽂았습니다. 도로의 길이는 몇 m인가요? (단, 깃대의 두께는 생각하지 않습니다.)

( )

5 □ 안에 알맞은 수를 써넣으세요.

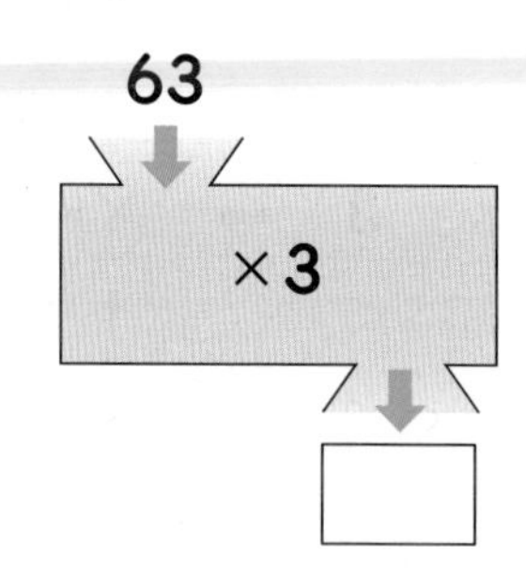

6 빈칸에 알맞은 수를 써넣으세요.

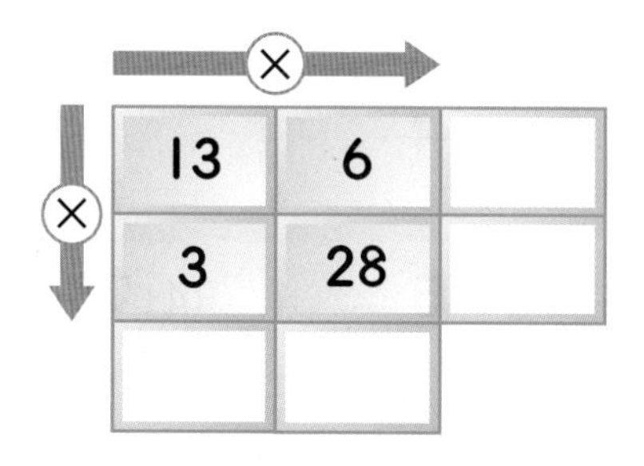

7 유승이는 하루에 윗몸일으키기를 82개씩 했습니다. 유승이가 일주일 동안 한 윗몸일으키기는 약 몇 개인지 어림셈으로 구해 보세요.

( )

8 어떤 수에 8을 곱해야 할 것을 잘못하여 어떤 수에 8을 더했더니 59가 되었습니다. 바르게 계산하면 얼마인가요?

( )

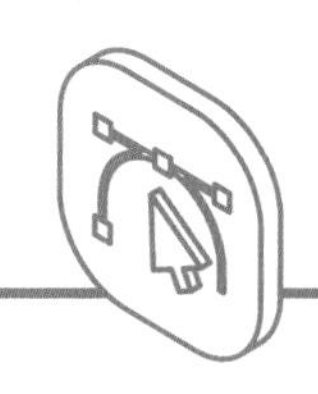

9 관계있는 것끼리 선으로 이어 보세요.

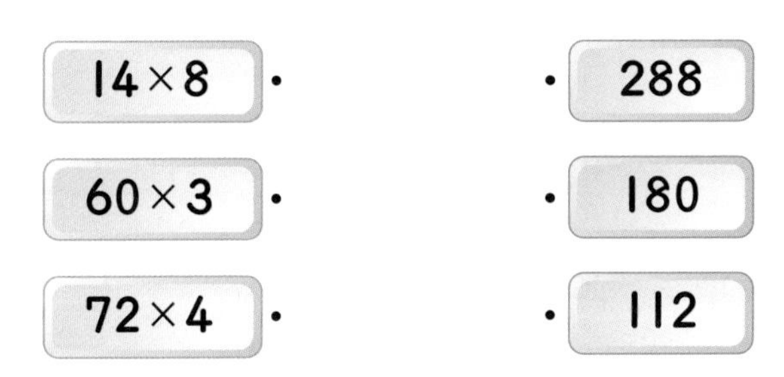

10 계산 결과를 비교하여 ○ 안에 >, =, <를 알맞게 써넣으세요.

71×4 ○ 59×5

11 계산에서 잘못된 곳을 찾아 바르게 계산해 보세요.

$$\begin{array}{r} 79 \\ \times \quad 5 \\ \hline 355 \end{array} \Rightarrow \square$$

12 상연이는 연못 둘레에 있는 **94** m 길이의 산책로를 **6**바퀴 걸었습니다. 상연이가 걸은 거리는 모두 몇 m인가요?

(　　　　　　)

13 계산 결과가 가장 큰 것부터 차례대로 기호를 써 보세요.

㉠ 80×7　　㉡ 67×8
㉢ 72×7　　㉣ 83×6

(　　　　　　)

14 세 장의 숫자 카드를 이용하여 곱이 가장 큰 (두 자리 수)×(한 자리 수)의 곱셈식을 만들어 보세요.

4　5　7

$\square \times \square = \square$

15 □ 안에 들어갈 수 있는 숫자 중에서 가장 큰 숫자를 구해 보세요.

$83 \times 5 > \square 5 \times 7$

(　　　　　　)

16 구슬을 효근이는 **34**개씩 **6**통 가지고 있고, 석기는 **56**개씩 **4**통 가지고 있습니다. 누가 구슬을 몇 개 더 많이 가지고 있나요?

(　　　　　　), (　　　　　　)

17 계산 결과가 가장 큰 것부터 차례대로 ◯ 안에 번호를 써넣으세요.

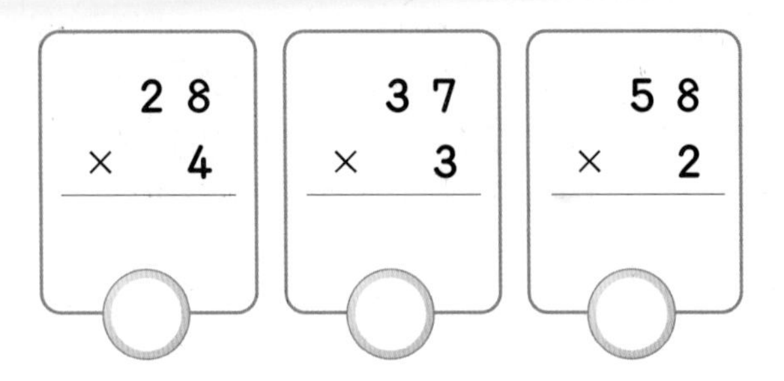

18 ㉮에 알맞은 수를 구해 보세요.

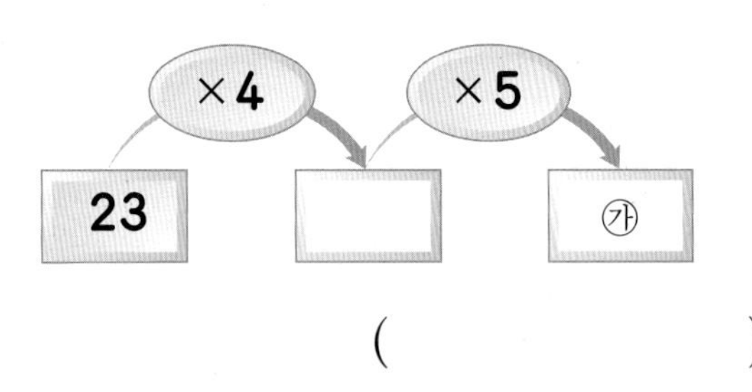

(　　　　　　)

19 가+나의 값을 구해 보세요.

가: 64×3　나: 83×4

(　　　　　　)

20 목장에 말이 **36**마리, 타조가 **28**마리 있습니다. 말과 타조의 다리는 모두 몇 개인가요?

(　　　　　　)

21 계산 결과가 같은 것끼리 선으로 이어 보세요.

54×3 •	• 41×8
23×6 •	• 18×9
82×4 •	• 46×3

22 □ 안에 알맞은 숫자를 써넣으세요.

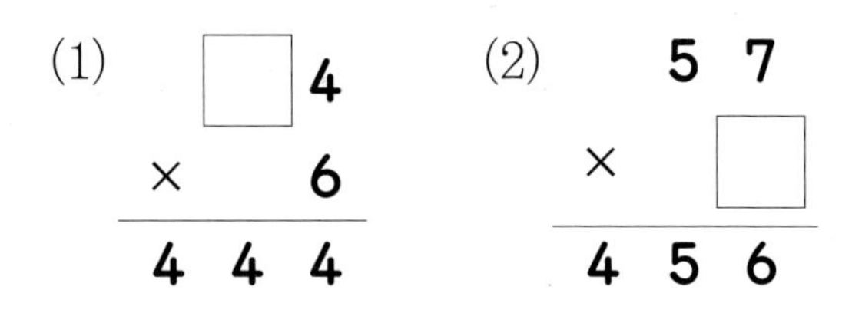

23 1부터 **9**까지의 수 중에서 □ 안에 들어갈 수 있는 수를 모두 찾아 합을 구해 보세요.

54×3 ⓖ 27×□

(　　　　　　)

24 감자를 한 봉지에 **24**개씩 담았더니 **6**봉지가 되고 **8**개가 남았습니다. 감자는 모두 몇 개인가요?

(　　　　　　)

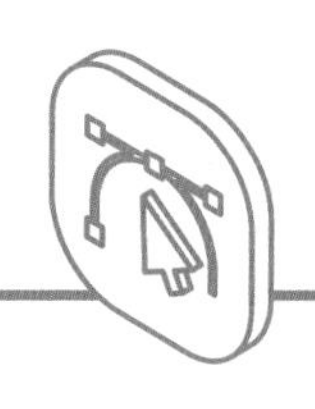

25 가영이는 수학 문제를 하루에 14문제씩 풀었습니다. 가영이가 일주일 동안 푼 수학 문제는 모두 몇 문제인가요?

( )

26 곱셈식에서 ㉠과 ㉡에 알맞은 숫자의 합을 구해 보세요.

	㉠	7
×		㉡
3	2	9

( )

27 두발자전거 76대와 세발자전거 57대가 있습니다. 자전거 바퀴는 모두 몇 개인가요?

( )

28 빈칸에 알맞은 수를 써넣으세요.

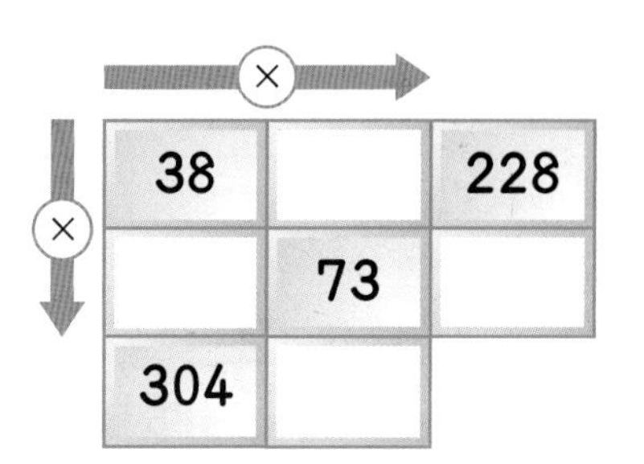

29 한 변이 8 cm인 정사각형 9개를 다음과 같이 겹치는 부분 없이 이어 붙였습니다. 이 도형의 굵은 선의 길이는 몇 cm인가요?

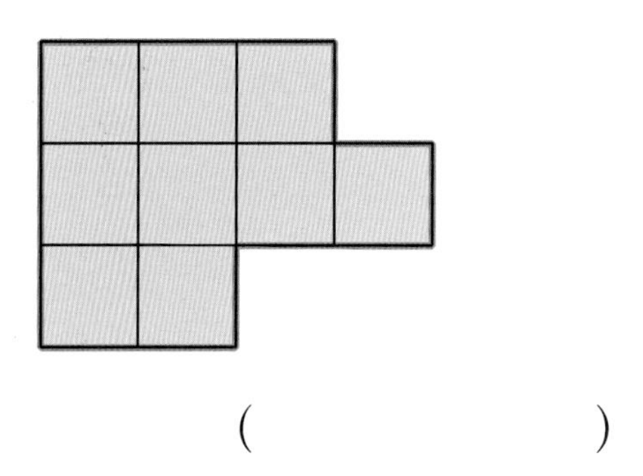

( )

30 어느 공장에서 1분 동안 장난감을 7개씩 만든다고 합니다. 이 공장에서 1시간 14분 동안 쉬지 않고 만들 수 있는 장난감은 모두 몇 개인가요?

( )

서술 유형 익히기

주어진 풀이 과정을 함께 해결하면서
서술형 문제의 해결 방법을 익혀요.

1 한 대에 12명씩 탈 수 있는 승합차가 있습니다. 이 승합차 6대에는 모두 몇 명이 탈 수 있는지 풀이 과정을 쓰고 답을 구해 보세요.

풀이) 한 대에 □명씩 □대에 탈 수 있으므로 □ × □ = □(명)입니다.
따라서 승합차 6대에는 모두 □명이 탈 수 있습니다.

답 □명

1-1 한 대에 32명씩 탈 수 있는 버스가 있습니다. 이 버스 4대에는 모두 몇 명이 탈 수 있는지 풀이 과정을 쓰고 답을 구해 보세요.

풀이)

답

2 1부터 9까지의 수 중에서 ▲ 안에 들어갈 수 있는 수는 모두 몇 개인지 풀이 과정을 쓰고 답을 구해 보세요.

$30 \times ▲ > 12 \times 8$

풀이) $12 \times 8 =$ □이므로
$30 \times ▲$는 □보다 커야 합니다.
$30 \times 3 =$ □, $30 \times 4 =$ □이므로
▲ 안에 들어갈 수 있는 수는 4, 5, □, □, □, □로 모두 □개입니다.

답 □개

2-1 1부터 9까지의 수 중에서 ▲ 안에 들어갈 수 있는 수는 모두 몇 개인지 풀이 과정을 쓰고 답을 구해 보세요.

$50 \times ▲ > 82 \times 4$

풀이)

답

단원 4

3 직사각형 모양의 밭이 있습니다. 이 밭의 가로와 세로를 길이가 **18** m인 끈으로 재었더니 가로는 끈의 길이의 **7**배, 세로는 끈의 길이의 **6**배였습니다. 이 밭의 둘레는 몇 m인지 풀이 과정을 쓰고 답을 구해 보세요.

풀이 밭의 가로는

18 × □ = □ (m)이고

세로는 18 × □ = □ (m)이므로

둘레는

□ + □ + □ + □

= □ (m)입니다.

답 □ m

4 4장의 숫자 카드 2, 4, 6, 8 중에서 **3**장을 뽑아 곱이 가장 큰 (두 자리 수)×(한 자리 수)를 만들려고 합니다. 풀이 과정을 쓰고 곱셈식을 만들어 보세요.

풀이 곱이 가장 큰 곱셈식을 만들기 위해서

(두 자리 수)의 십의 자리 숫자와 (한 자리 수)의 곱이 커야 합니다.

□□ × □ = □,

□□ × □ = □

에서 곱이 가장 큰 곱셈식은

□□ × □ = □입니다.

답 □ × □ = □

3-1 직사각형 모양의 꽃밭이 있습니다. 이 꽃밭의 가로와 세로를 길이가 **9** cm인 막대로 재었더니 가로는 막대 길이의 **37**배, 세로는 막대 길이의 **13**배였습니다. 이 꽃밭의 둘레는 몇 cm인지 풀이 과정을 쓰고 답을 구해 보세요.

풀이

답

4-1 4장의 숫자 카드 3, 5, 7, 9 중에서 **3**장을 뽑아 곱이 가장 큰 (두 자리 수)×(한 자리 수)를 만들려고 합니다. 풀이 과정을 쓰고 곱셈식을 만들어 보세요.

풀이

답

단원 평가

1 수 모형을 보고 □ 안에 알맞은 수를 써넣으세요.

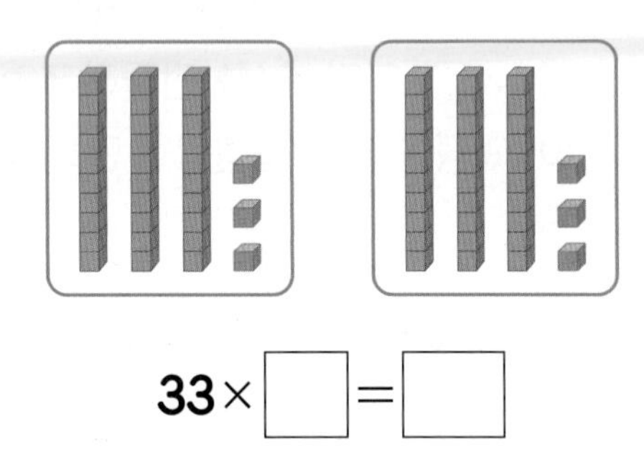

33×□=□

2 □ 안에 알맞은 수를 써넣으세요.

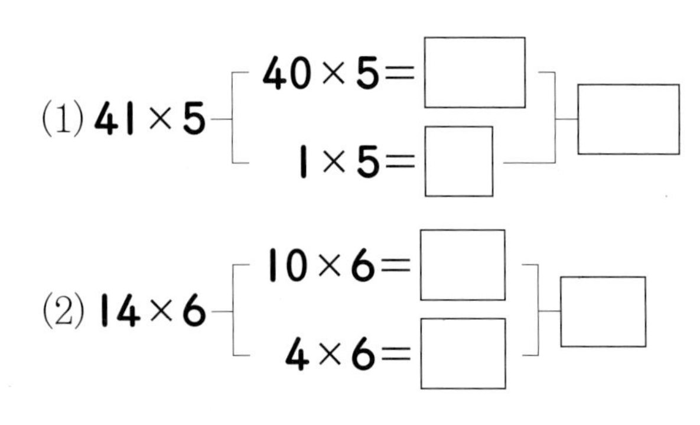

3 곱셈식에서 □ 안의 수 2가 실제로 나타내는 값은 얼마인가요?

$$\begin{array}{r} \boxed{2} \\ 14 \\ \times \quad 7 \\ \hline 98 \end{array}$$

(　　　　　　)

4 계산해 보세요.

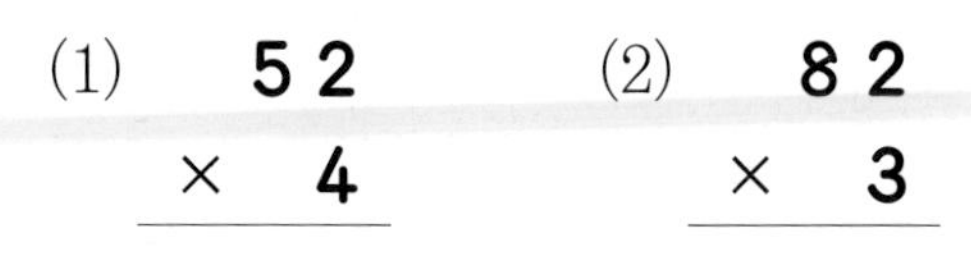

(1) $\begin{array}{r} 52 \\ \times \quad 4 \\ \hline \end{array}$　　(2) $\begin{array}{r} 82 \\ \times \quad 3 \\ \hline \end{array}$

(3) 27×3　　(4) 46×2

5 계산 결과가 같은 것끼리 선으로 이어 보세요.

6 계산 결과가 200보다 큰 것의 기호를 써 보세요.

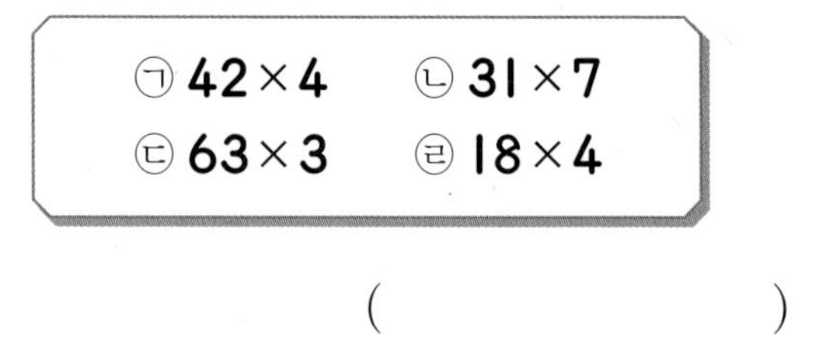

(　　　　　　)

7 계산 결과를 비교하여 ○ 안에 >, =, <를 알맞게 써넣으세요.

(1) 19×4 ○ 20×5

(2) 39×2 ○ 19×5

8 빈 곳에 알맞은 수를 써넣으세요.

(1)

×3

52

(2)

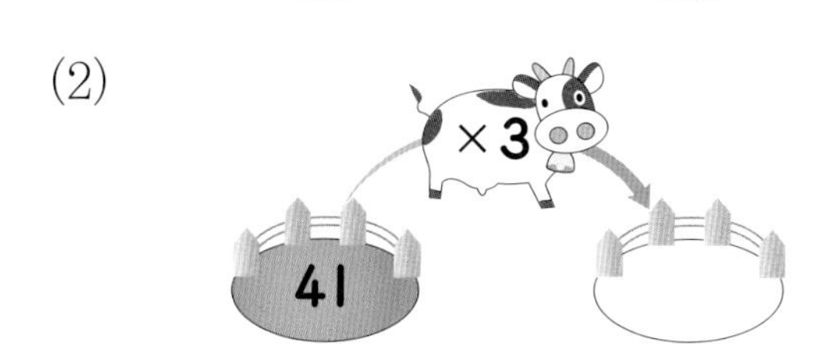

9 빈칸에 알맞은 수를 써넣으세요.

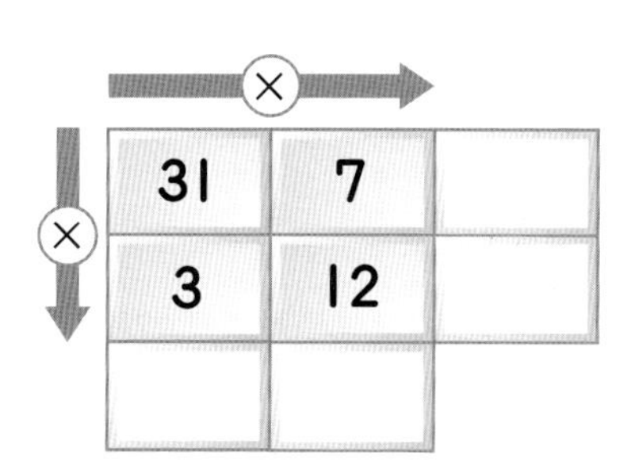

10 계산 결과가 나머지와 다른 하나는 어느 것인가요? (　　　　)

① 48×2　　② 24×4

③ 32×3　　④ 16×6

⑤ 53×2

11 빈 곳에 알맞은 수를 써넣으세요.

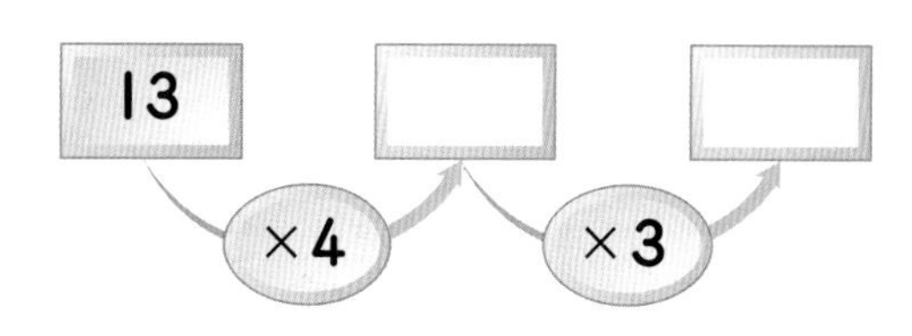

12 계산 결과가 가장 작은 것은 어느 것인가요? (　　　　)

① 20×5　　② 42×2

③ 33×3　　④ 15×6

⑤ 23×4

13 계산 결과가 가장 큰 것부터 차례대로 기호를 써 보세요.

㉠ 29×3　　㉡ 31×6

㉢ 42×4　　㉣ 24×3

(　　　　　　　　)

14 한 봉지에 21개씩 들어 있는 사탕이 8봉지 있습니다. 사탕은 모두 몇 개인가요?

(　　　　　　　　)

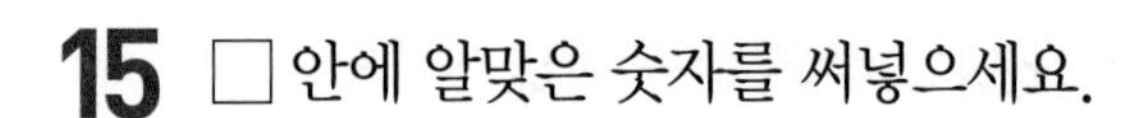

15 □ 안에 알맞은 숫자를 써넣으세요.

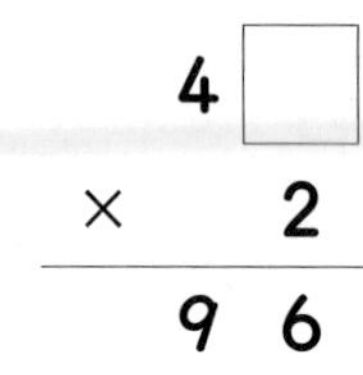

16 정사각형의 네 변의 길이의 합은 몇 cm인가요?

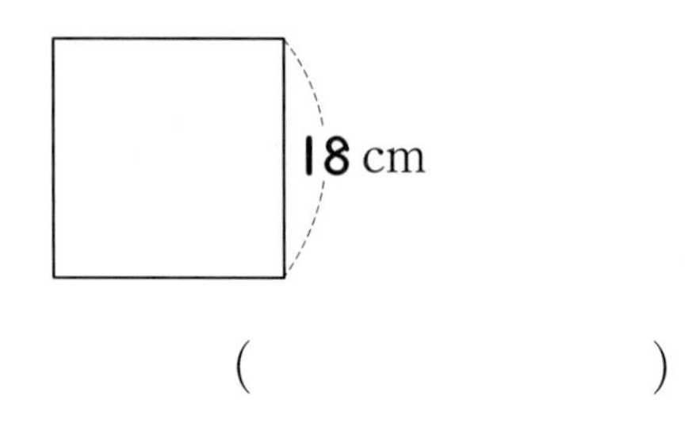

(　　　　　　　)

17 18×5보다 크고 12×8보다 작은 두 자리 수를 모두 써 보세요.

(　　　　　　　)

18 1부터 9까지의 수 중에서 □ 안에 들어갈 수 있는 수는 모두 몇 개인가요?

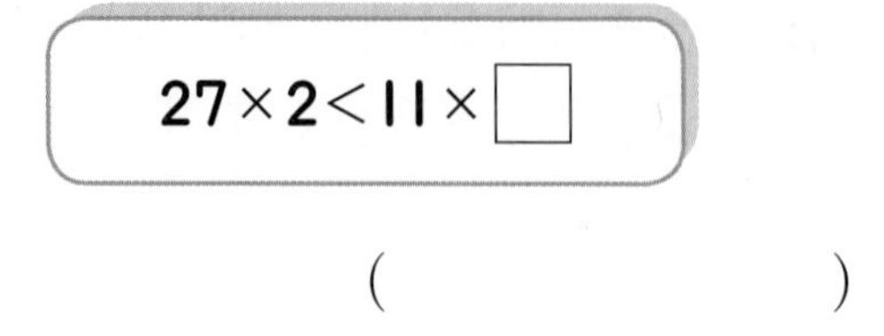

(　　　　　　　)

19 목장에 양이 46마리, 타조가 38마리 있습니다. 양과 타조의 다리는 모두 몇 개인가요?

(　　　　　　　)

20 바둑돌을 55개씩 3통에 담았습니다. 바둑돌은 모두 몇 개인가요?

(　　　　　　　)

21 올림픽에서 우리나라 마라톤 선수가 처음으로 금메달을 딴 것은 11회 베를린 올림픽이고, 그 다음은 25회 바르셀로나 올림픽입니다. 처음으로 금메달을 따고, 둘째로 금메달을 따기까지는 몇 년이 걸렸나요? (단, 올림픽은 4년마다 열립니다.)

(　　　　　　　)

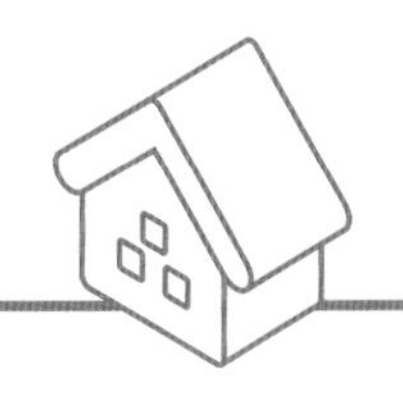

서술형

22 곱을 구하고 곱셈식을 나타낼 수 있는 문장을 만들어 보세요.

19×5

풀이

23 어느 게임에 14명씩 6모둠이 참가했습니다. 게임에 참가한 사람은 모두 몇 명인지 풀이 과정을 쓰고 답을 구해 보세요.

풀이

답

24 $54 \times 2 = 108$입니다. 왜 $54 \times 2 = 108$인지 서로 다른 2가지 방법으로 설명해 보세요.

설명

25 빵집에 단팥빵이 18개씩 4묶음 있고 크림빵이 30개씩 6묶음 있습니다. 어떤 빵이 몇 개 더 많은지 풀이 과정을 쓰고 답을 구해 보세요.

풀이

답

탐구 수학

가영이네 가족은 지난 일요일에 주말 농장에서 참외와 토마토를 땄습니다. 모두 몇 개를 땄는지 궁금하여 다음과 같이 상자에 담아보았습니다. 물음에 답해 보세요. [1~2]

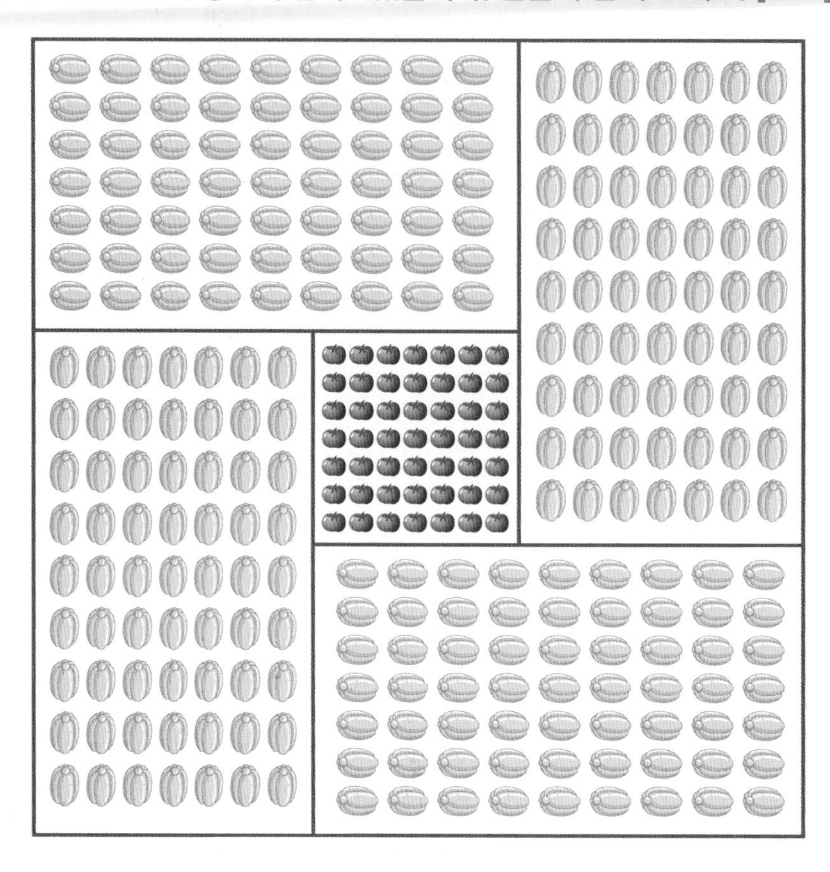

① 참외는 모두 몇 개인지 알아보려고 합니다. 2가지 방법으로 구해 보세요.

방법 1 한 상자에는 7개씩 □줄이 있고 모두 □상자이므로

한 상자에 $7 \times \square = \square$(개)이고

모두 $\square \times \square = \square$(개)입니다.

방법 2 한 상자에는 7개씩 □줄이 있고 모두 □상자이므로

7개씩 ($\square \times \square$)줄이 되어 $7 \times \square = \square$(개)입니다.

② 농장에서 딴 참외와 토마토는 모두 몇 개인가요?

(　　　　　　　　)

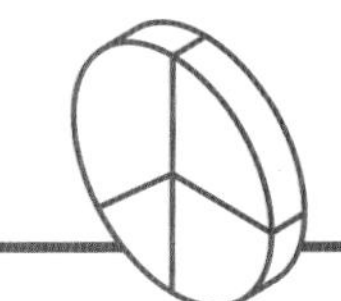

한꺼번에 세었나요?

신발 가게에 갔어요. 신발들이 마치 군인 아저씨들처럼 줄을 맞추어 놓여 있어서 신기했어요.

언니가 운동화를 고르는 동안 나는 신발이 모두 몇 켤레인지 세어 보았어요.

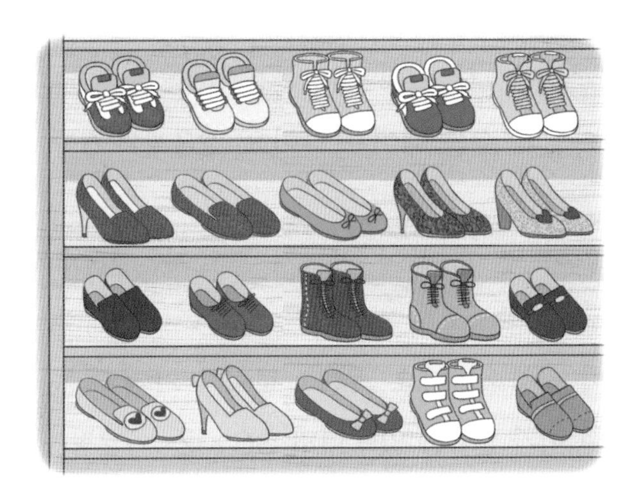

나는 아직 반도 못 세었는데 언니는 벌써 운동화를 포장해서 들고는 얼른 가자고 해요. "언니, 잠깐만! 나 한 줄만 더 셀게. 기다려 줄래?"

언니는 내 머리를 콩 쥐어박더니 "어휴, 요 맹꽁아. **5**켤레씩 **4**칸 있으니까 **5×4=20**!" 하는 게 아니겠어요?

나는 언니가 어떻게 신발을 쉽게 세었는지 궁금하기는 했지만 언니가 내 머리를 콩 쥐어박은 것이 너무 화가 나 엄마한테 다 일렀지요.

언니를 막 야단치실 줄 알았는데 엄마는 깔깔 웃으시면서 나를 꼭 안고 귓속말로 그러셨어요.

"우리 곱셈 공부 열심히 해서 언니 코를 납작하게 만들어 주자!"

갑자기 곱셈 공부는 왜 하자는 건지 모르겠지만 언니 코를 납작하게 만들어준다는 게 신이 나서 고개를 끄덕였어요.

엄마는 냉장고 문을 여시더니 달걀이 몇 개 있는지 세어 보라고 하셨어요.

"하나, 둘, 셋, …"

"그렇게 세지 말고 **2**개씩 **15**칸이 있으니까 **2×15**로 계산해 보렴"

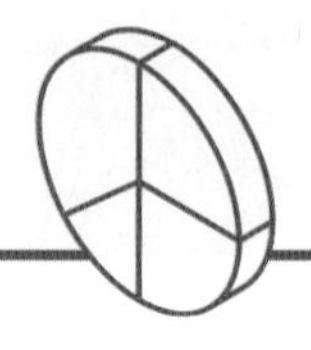

"2×15=30이에요. 정말 달걀이 30개라구요?"
"그럼 세어 보렴."
달걀을 하나, 둘, 셋, 넷 세고 있는데 언니가 또 놀려요.
"어휴, 저 맹꽁이, 엄마가 가르쳐 주시는 것도 못 믿니?"
그제야 선생님께서 설명해 주신 것이 생각났어요. 같은 수를 계속 더할 때 곱셈으로 계산하면 편리하다고 하신 말씀이요.
난 얼른 부엌 벽에 있는 타일의 수를 세어 보았어요. 23개씩 6줄, 그렇다면 23×6. 계산해 보니 138개예요.
"언니는 부엌 벽에 타일이 몇 개 붙어 있는지 모르지? 23개씩 6줄이니까 138개야, 138개!"
언니가 놀랐나 봐요. 눈이 커졌으니까요. 뭘 그 정도를 가지고 놀라면 안 되겠지요? 내 책상 속엔 36장씩 묶인 색종이가 2묶음 있으니까 36×2=72장!
연필은 12자루씩 3타나 남아 있으니까 12×3=36자루!
그날은 온종일 곱셈만 했어요. 곱셈으로 계산하다 보니 세어 보려고 생각조차 않았던 것까지 다 알게 되어서 걱정거리도 생기네요. 저 많은 색종이와 연필들을 언제 다 쓰죠? 내 마음을 알아차리셨는지 엄마가 친구들과 나누어 쓰라고 말씀하셨어요.
'아하, 그런 좋은 방법이 있구나!'

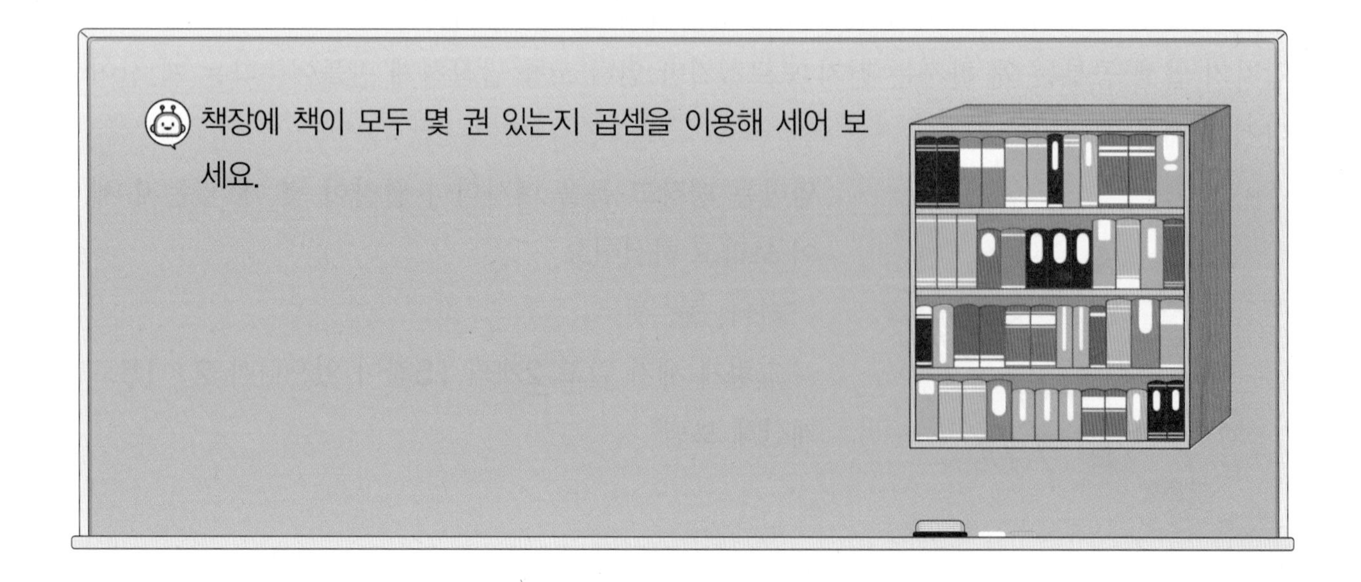

책장에 책이 모두 몇 권 있는지 곱셈을 이용해 세어 보세요.

단원 5

길이와 시간

이번에 배울 내용

1 1 cm보다 작은 단위
2 1 m보다 큰 단위
3 길이와 거리를 어림하고 재어 보기
4 1분보다 작은 단위
5 시간의 덧셈과 뺄셈 (1)
6 시간의 덧셈과 뺄셈 (2)

이전에 배운 내용

- 1 m 알아보기
- 길이의 합과 차 알아보기
- 몇 시 몇 분 알아보기

다음에 배울 내용

- 들이의 단위
- 들이의 합과 차
- 무게의 단위
- 무게의 합과 차

1. 1 cm보다 작은 단위

교과서 개념을 이해하고 확인 문제를 통해 익혀요.

1 mm 알아보기

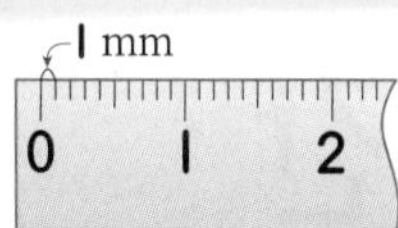

1 cm를 10칸으로 똑같이 나누었을 때 작은 눈금 한 칸의 길이를 1 mm라 쓰고 1 밀리미터라고 읽습니다.

1mm

1 cm=10 mm

3 cm보다 4 mm 더 긴 것을 3 cm 4 mm라 쓰고 3 센티미터 4 밀리미터라고 읽습니다. 3 cm 4 mm는 34 mm입니다.

3 cm 4 mm=34 mm

개념잡기

참고 cm ➡ 센티미터
mm ➡ 밀리미터

참고 1 cm를 10칸으로 똑같이 나눈 작은 눈금 한 칸의 길이를 1 mm라고 합니다.

보충 길이를 잴 때 몇 cm인지 나타낸 후 나머지 작은 눈금의 칸 수를 세어 mm까지 나타냅니다.

---

1 개념확인 지우개의 두께를 재어 보세요.

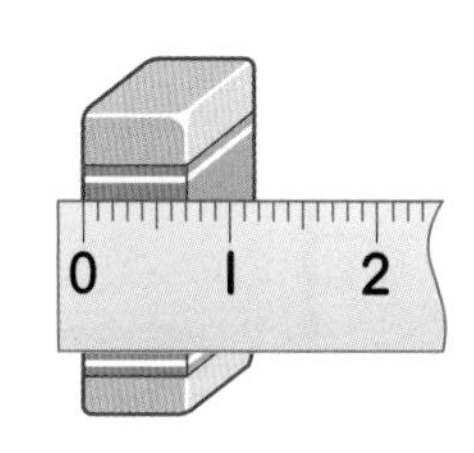

(1) 지우개의 두께는 작은 눈금 ☐칸과 같습니다.

(2) 지우개의 두께는 ☐ mm이고 ☐라고 읽습니다.

2 개념확인 연필의 길이를 cm와 mm를 사용하여 나타내 보세요.

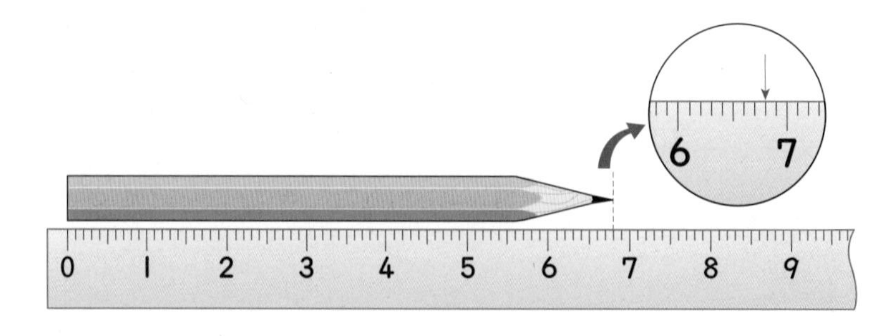

(1) 연필의 길이는 6 cm보다 ☐ mm 더 깁니다.

(2) 연필의 길이는 ☐ cm ☐ mm이고 ☐라고 읽습니다.

기본 문제를 통해 교과서 개념을 다져요.

1 1 mm를 써 보세요.

2 길이를 읽어 보세요.

(1) 5 mm ➡ (　　　　　　)

(2) 10 cm 3 mm
➡ (　　　　　　)

3 길이를 써 보세요.

(1) 9 밀리미터 ➡ (　　　　　　)

(2) 3 센티미터 7 밀리미터
➡ (　　　　　　)

4 알맞게 선으로 이어 보세요.

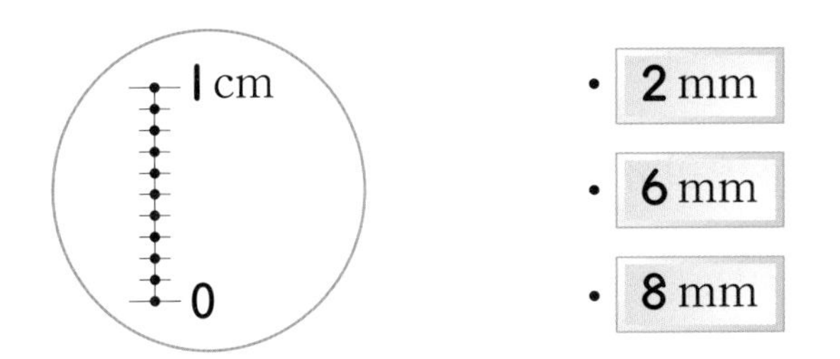

5 못의 길이를 재어 보세요.

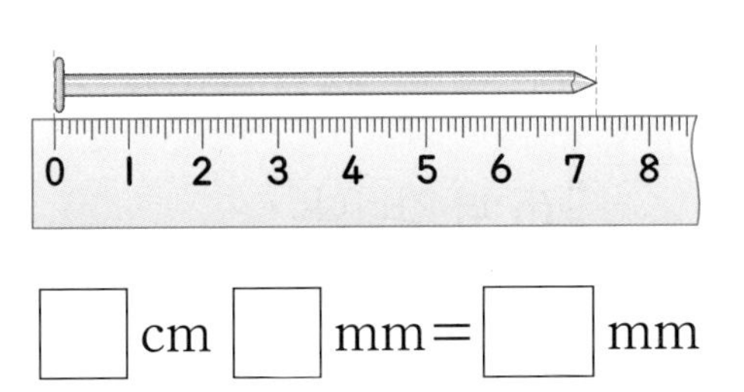

☐ cm ☐ mm = ☐ mm

6 자를 이용하여 4 cm 8 mm를 그려 보세요.

중요

7 ☐ 안에 알맞은 수를 써넣으세요.

(1) 8 cm = ☐ mm

(2) 10 cm 2 mm = ☐ mm

(3) 25 mm = ☐ cm ☐ mm

(4) 40 mm = ☐ cm

8 상연이가 가지고 있는 색 테이프의 길이를 재어 보니 119 mm였습니다. 상연이가 가지고 있는 색 테이프의 길이는 몇 cm 몇 mm인가요?

(　　　　　　)

9 한 뼘의 길이가 더 긴 사람은 누구인가요?

> 유승: 내 한 뼘의 길이는 14 cm 3 mm야.
> 한솔: 내 한 뼘의 길이는 145 mm야.

(　　　　　　)

2. 1 m보다 큰 단위

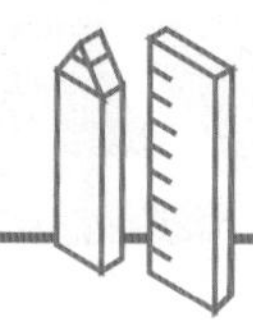

교과서 개념을 이해하고 확인 문제를 통해 익혀요.

1 km 알아보기

1000 m를 1 km라 쓰고 1 킬로미터라고 읽습니다.

1km

1000 m=1 km

5 km보다 700 m 더 긴 것을 5 km 700 m라 쓰고 5 킬로미터 700 미터라고 읽습니다. 5 km 700 m는 5700 m입니다.

5 km 700 m=5700 m

개념잡기

참고 km ➡ 킬로미터
m ➡ 미터

보충 ■ km ▲ m는 ■ km보다 ▲ m 더 깁니다.

---

1 개념확인

동물원 입구에서 기린 우리를 지나 곰 우리까지의 거리를 알아보세요.

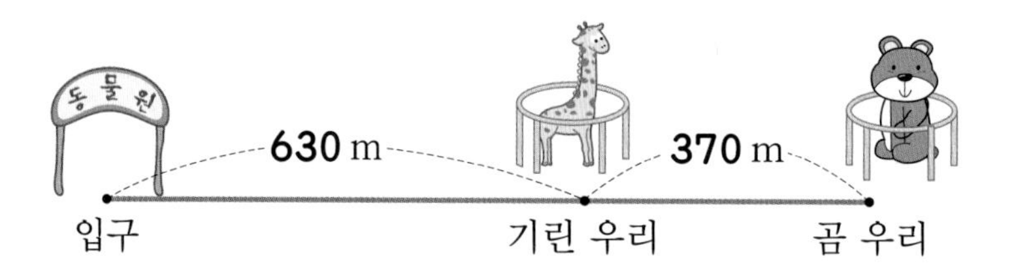

(1) 동물원 입구에서 기린 우리까지의 거리는 ☐ m입니다.

(2) 기린 우리에서 곰 우리까지의 거리는 ☐ m입니다.

(3) 동물원 입구에서 기린 우리를 지나 곰 우리까지의 거리는 ☐ m입니다.

(4) 동물원 입구에서 기린 우리를 지나 곰 우리까지의 거리는 ☐ km입니다.

2 개념확인

집에서 학교까지의 거리를 km와 m를 사용하여 나타내 보세요.

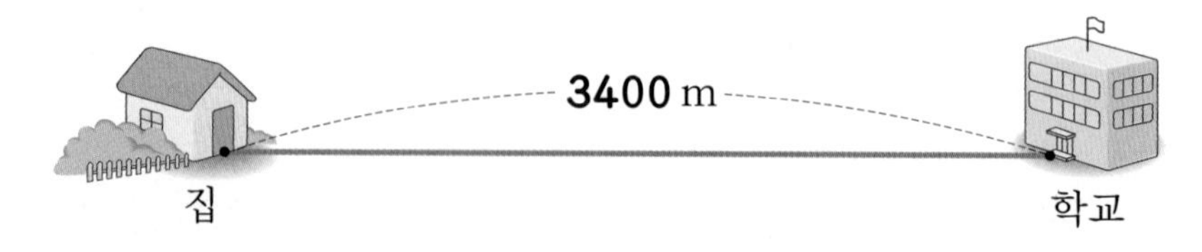

(1) 집에서 학교까지의 거리는 3 km보다 ☐ m 더 깁니다.

(2) 집에서 학교까지의 거리는 ☐ km ☐ m이고 ☐ 라고 읽습니다.

2단계 핵심 쏙쏙

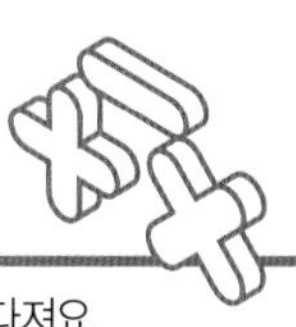

기본 문제를 통해 교과서 개념을 다져요.

1 1 km를 보기와 같이 바르게 쓰고 읽어 보세요.

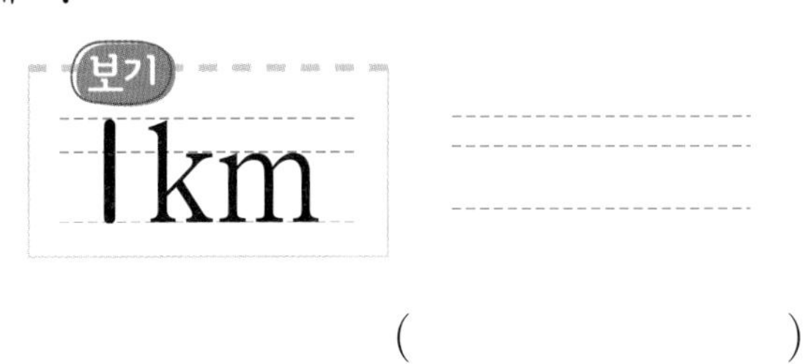

(　　　　　　)

2 길이를 읽어 보세요.

(1) 5 km ➡ (　　　　　　)

(2) 2 km 300 m
➡ (　　　　　　)

3 길이를 써 보세요.

(1) 3킬로미터 200미터
➡ (　　　　　　)

(2) 10킬로미터 920미터
➡ (　　　　　　)

4 □ 안에 알맞은 수를 써넣고 길이를 읽어 보세요.

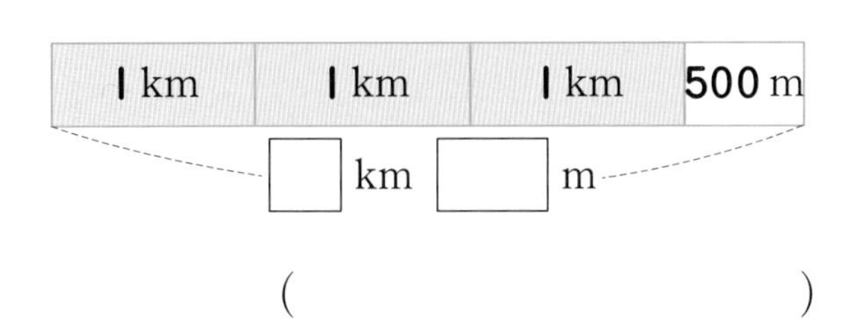

(　　　　　　)

5 길이를 써 보세요.

8 킬로미터 500 미터

➡

단원 5

6 □ 안에 알맞은 수를 써넣으세요.

12 km보다 140 m 더 먼 거리

➡ □ km □ m

중요

7 □ 안에 알맞은 수를 써넣으세요.

(1) 4 km 500 m = □ km + 500 m
= □ m + 500 m
= □ m

(2) 7300 m = □ m + 300 m
= □ km + 300 m
= □ km □ m

8 집에서 도서관까지의 거리는 2 km보다 200 m 더 멉니다. 집에서 도서관까지의 거리는 몇 m인가요?

(　　　　　　)

3. 길이와 거리를 어림하고 재어 보기

교과서 개념을 이해하고 확인 문제를 통해 익혀요.

알맞은 단위 선택하기

- 수학책의 두께: 약 6 mm
- 연필의 길이: 약 18 cm =약 180 mm
- 농구 선수의 키: 약 2 m =약 200 cm
- 산의 높이: 약 1 km =약 1000 m

거리를 어림하고 재어 보기

서울에서 수원까지의 거리를 약 30 km라 할 때 각 지점별 거리 어림하기

서울 수원 천안 대전 대구 부산

두 도시	어림한 거리	실제 거리	두 도시	어림한 거리	실제 거리
천안과 대전	약 70 km	68 km	대구와 부산	약 120 km	124 km
대전과 대구	약 130 km	132 km	서울과 부산	약 400 km	384 km

개념잡기

- 자 없이 길이나 거리를 어림하여 말할 때는 약 몇 mm, 약 몇 cm, 약 몇 m, 약 몇 km 등으로 표현합니다.
- 두 도시별 거리를 어림해 보고 실제 거리를 인터넷 지도에서 확인해 봅니다.

1 개념확인

□ 안에 알맞은 단위를 써넣으세요.

(1) 쌀, 콩, 단추와 같이 아주 작은 길이를 어림하여 나타낼 때는 □ 단위를 사용합니다.

(2) 지우개, 연필, 공책의 길이를 어림하여 나타낼 때는 □ 단위를 사용합니다.

(3) 버스, 수영장, 축구장의 길이를 어림하여 나타낼 때는 □ 단위를 사용합니다.

(4) 서울과 대전, 부산과 광주의 거리 등 먼 거리를 어림하여 나타낼 때는 □ 단위를 사용합니다.

2 개념확인

개념의 표를 보고 주어진 거리를 어림하여 나타내 보세요.

(1) 서울에서 대전까지의 거리: 약 □ km

(2) 대전에서 부산까지의 거리: 약 □ km

1 □ 안에 알맞은 단위를 써넣으세요.

(1) 필통의 길이: 약 160 □

(2) 교실 문의 높이: 약 2 □

(3) 아버지의 키: 약 173 □

(4) 서울역에서 남산타워까지의 거리: 약 2 □

2 관계있는 것끼리 선으로 이어 보세요.

운동화의 길이 •	• 약 5 m
동화책의 두께 •	• 약 24 cm
학교까지의 거리 •	• 약 8 mm
축구 골대의 길이 •	• 약 650 m

중요

3 길이가 1 km보다 긴 것을 모두 찾아 기호를 써 보세요.

㉠ 학교 운동장의 긴쪽의 길이
㉡ 한라산의 높이
㉢ 수학책 100권을 이어 붙인 길이
㉣ 마라톤 코스의 길이

( )

가영이네 마을의 지도를 나타낸 것입니다. 가영이네 집에서 학교까지의 거리가 약 200 m일 때 물음에 답해 보세요. [4~7]

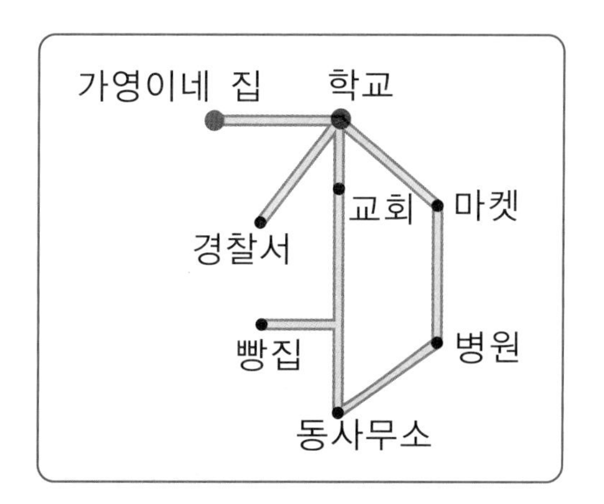

4 학교에서 가영이네 집까지의 거리와 같은 거리에 있는 곳의 이름을 모두 써 보세요.

( )

5 가영이네 집에서 교회까지의 거리는 약 몇 m인가요?

( )

6 가영이네 집에서 병원까지의 거리는 약 몇 m인가요?

( )

7 가영이가 집에서 출발하여 빵집에 들러 빵을 사오려면 적어도 약 몇 m를 걸어야 하나요?

( )

3단계 유형 콕콕

다양한 기본 유형 문제를 통해 실력을 탄탄히 다져요.

유형 1 | cm보다 작은 단위

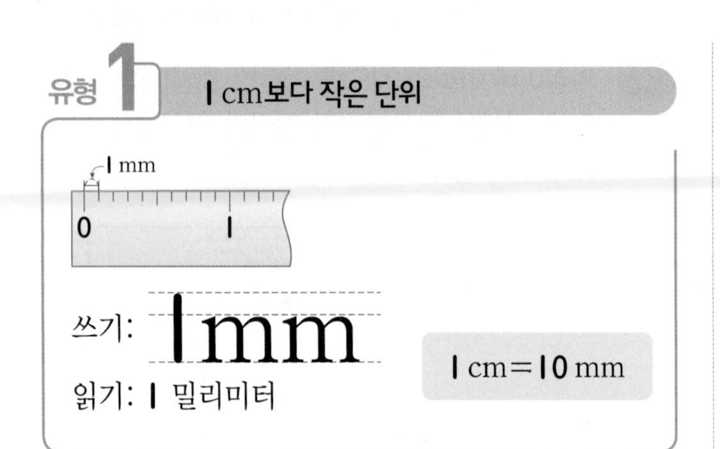

1-1 같은 길이끼리 선으로 이어 보세요.

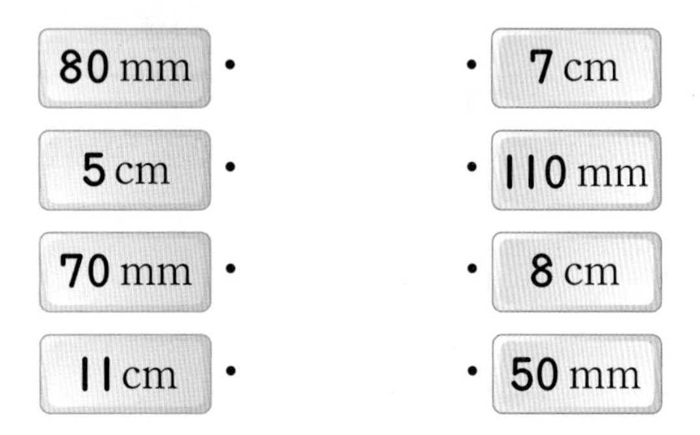

1-2 □ 안에 알맞은 수를 써넣으세요.

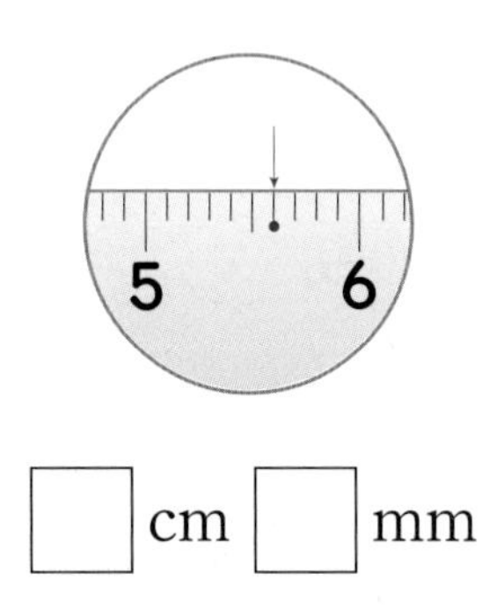

□ cm □ mm

1-3 □ 안에 알맞은 수를 써넣으세요.

(1) 13 cm 7 mm=□ mm

(2) 225 mm=□ cm □ mm

1-4 잘못 나타낸 것을 찾아 기호를 써 보세요.

㉠ 8 cm=80 mm
㉡ 9 cm 4 mm=904 mm
㉢ 520 mm=52 cm

(　　　　　)

1-5 ○ 안에 >, =, <를 알맞게 써넣으세요.

(1) 7 cm 2 mm ○ 74 mm

(2) 227 mm ○ 21 cm 9 mm

1-6 길이가 가장 긴 것은 어느 것인가요? (　　　)

① 72 mm　② 6 cm 9 mm
③ 9 cm 6 mm　④ 81 mm
⑤ 58 mm

시험에 잘 나와요

1-7 딱풀 한 개의 길이를 재어 보니 11 cm보다 2 mm 더 길었습니다. 딱풀 한 개의 길이는 몇 mm인가요?

(　　　　　)

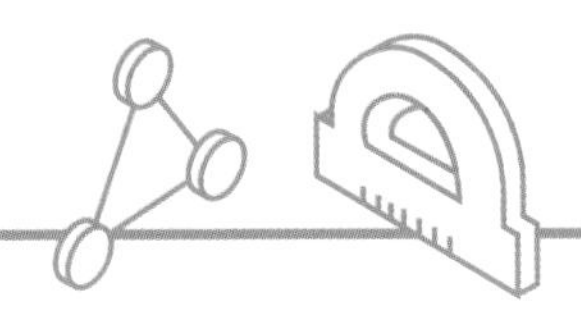

1-8 단위를 바르게 쓴 것을 찾아 기호를 써 보세요.

㉠ 숟가락의 길이는 200 mm입니다.
㉡ 백과사전의 두께는 3 mm입니다.
㉢ 빌딩의 높이는 80 mm입니다.

(　　　　　　)

잘 틀려요

1-9 어제는 비가 134 mm 내렸고, 오늘은 68 mm 내렸습니다. 어제와 오늘 내린 비는 모두 몇 cm 몇 mm인가요?

(　　　　　　)

1-10 석기의 손의 길이는 9 cm 8 mm이고, 동생의 손의 길이는 8 cm 3 mm입니다. 석기의 손의 길이는 동생의 손의 길이보다 몇 mm 더 기나요?

(　　　　　　)

1-11 가장 긴 것과 가장 짧은 것의 길이의 차는 몇 cm 몇 mm인가요?

㉠ 72 mm
㉡ 10 cm 9 mm
㉢ 8 cm 8 mm

(　　　　　　)

유형 2 1 m보다 큰 단위

쓰기: 1km
읽기: 1 킬로미터

1000 m=1 km

단원 5

2-1 □ 안에 알맞은 수나 말을 써넣으세요.

5 km보다 390 m 더 먼 거리를
□ km □ m라 쓰고
□ 라고 읽습니다.

대표유형

2-2 □ 안에 알맞은 수를 써넣으세요.

(1) 12 km 80 m= □ m

(2) 6030 m= □ km □ m

2-3 집에서 영화관까지의 거리는 2 km보다 350 m 더 멉니다. 집에서 영화관까지의 거리는 몇 m인가요?

(　　　　　　)

2-4 '3 km 400 m'를 넣어 문장을 만들어 보세요.

2-5 재석이네 집에서 버스 정거장까지의 거리는 1850 m입니다. 재석이네 집에서 버스 정거장까지의 거리는 1 km보다 몇 m 더 머나요?

(　　　　　)

시험에 잘 나와요

2-6 집에서 가장 멀리 떨어진 곳은 어디인가요?

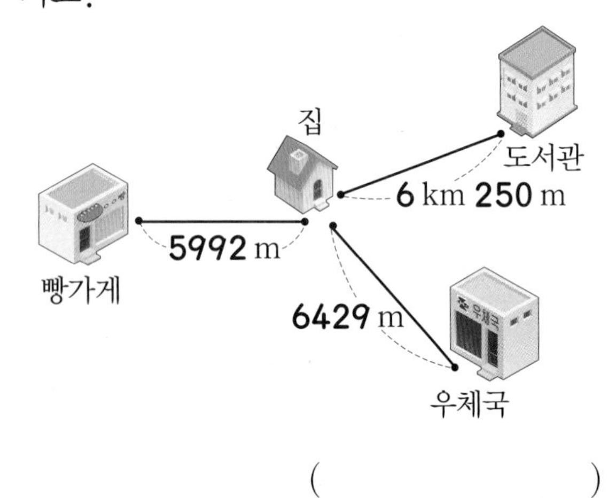

(　　　　　)

2-7 길이가 가장 긴 것을 찾아 기호를 써 보세요.

㉠ 9824 m	㉡ 9 km 99 m
㉢ 9802 m	㉣ 9 km 830 m

(　　　　　)

2-8 두 길이를 더하여 □ 안에 알맞은 수를 써 넣으세요.

4 km 350 m	8400 m
□ km □ m	

잘 틀려요

2-9 거리가 가장 먼 것을 찾아 기호를 써 보세요.

㉠ 3 km 820 m+4 km 377 m
㉡ 5902 m+2068 m
㉢ 1 km 29 m+6425 m

(　　　　　)

2-10 햇빛 마을에서 옥빛 마을까지는 8 km 300 m이고, 별빛 마을에서 은빛 마을까지는 3 km 450 m입니다. 어느 마을에서 어느 마을까지의 거리가 몇 km 몇 m 더 머나요?

(　　　　　)

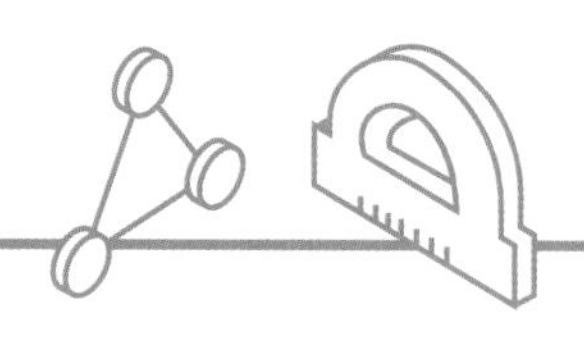

유형 3 길이와 거리를 어림하고 재어 보기

- 길이를 어림한 길이로 나타낼 때에는 약 몇 mm, 약 몇 cm 등으로 나타냅니다.
- 거리를 어림한 거리로 나타낼 때에는 약 몇 m, 약 몇 km 등으로 나타냅니다.
- 주어진 상황에 알맞은 단위를 선택하여 나타냅니다.

대표유형

3-1 알맞은 단위에 ○표 하세요.

(1) 단추의 길이는 약 **17** (mm, cm)입니다.

(2) 서울에서 수원까지의 거리는 약 **30** (m, km)입니다.

3-2 관계있는 것끼리 선으로 이어 보세요.

승용차의 길이 •	• 약 **240** cm
축구 골대의 높이 •	• 약 **36** mm
수학책의 길이 •	• 약 **4** m
지우개의 길이 •	• 약 **26** cm

3-3 가영이는 집에서 약 **1** km 떨어진 학교까지 가려면 약 몇 걸음을 걸어야 하는지 어림하였습니다. □ 안에 알맞은 수를 써넣으세요.

(1) **1** m를 가는 걸음 수: 약 □ 걸음

(2) 학교까지 가는 걸음 수: 약 □ 걸음

영수네 마을의 지도를 나타낸 것입니다. 영수네 집에서 마을회관까지의 거리가 약 **200** m일 때 물음에 답해 보세요. [3-4~3-7]

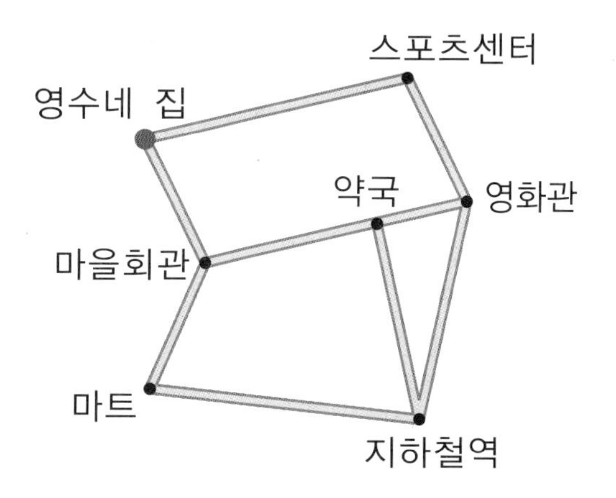

3-4 마을회관에서 마트까지의 거리는 약 몇 m인가요?

( )

3-5 마트에서 지하철역까지의 거리는 약 몇 m인가요?

( )

3-6 영수네 집에서 영화관까지의 거리는 약 몇 m인가요?

( )

3-7 영수는 집에서 출발하여 차례로 마을회관, 마트, 지하철역, 약국, 영화관, 스포츠센터를 지나 집으로 돌아왔습니다. 영수가 걸은 거리는 약 몇 m인가요?

( )

단원 5

4. 1분보다 작은 단위

교과서 개념을 이해하고 확인 문제를 통해 익혀요.

1초 알아보기

초바늘이 작은 눈금 한 칸을 가는 동안 걸리는 시간을 1초라고 합니다.

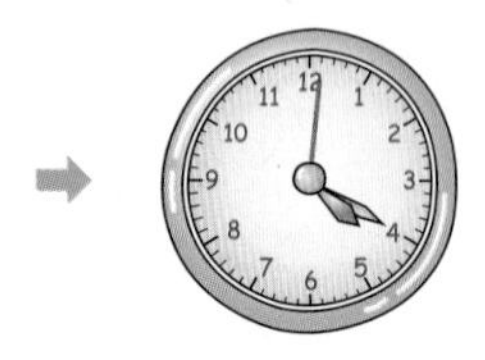

초바늘이 시계를 한 바퀴 도는 데 걸리는 시간은 60초입니다.

60초=1분

개념잡기

보충 시각을 읽을 때에는 시, 분, 초 단위의 차례로 읽습니다.

1 개념확인 □ 안에 알맞은 수를 써넣으세요.

(1) 초바늘이 시계의 작은 눈금 1칸을 지나는 시간은 □초, 2칸을 지나는 시간은 □초, 10칸을 지나는 시간은 □초입니다.

(2) 초바늘이 시계를 한 바퀴 도는 데 걸리는 시간은 □초입니다.

2 개념확인 영란, 하영, 은지가 9시에 100 m 달리기를 하였습니다. 각각 결승점에 도착한 시각이 다음과 같았을 때 영란, 하영, 은지의 100 m 달리기 기록을 알아보세요.

영란

하영

은지

(1) 영란: 초바늘이 작은 눈금 □칸을 지났으므로 100 m 달리기 기록은 □초입니다.

(2) 하영: 초바늘이 작은 눈금 □칸을 지났으므로 100 m 달리기 기록은 □초입니다.

(3) 은지: 초바늘이 작은 눈금 □칸을 지났으므로 100 m 달리기 기록은 □초입니다.

2단계 핵심 쏙쏙

기본 문제를 통해 교과서 개념을 다져요.

1 시계를 보고 몇 시 몇 분 몇 초인지 써 보세요.

(1) 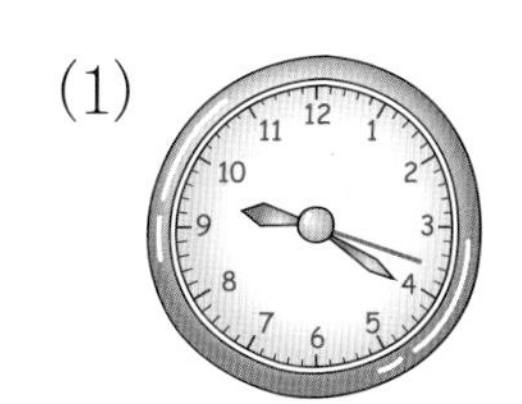

(　　　　　　　　)

(2) 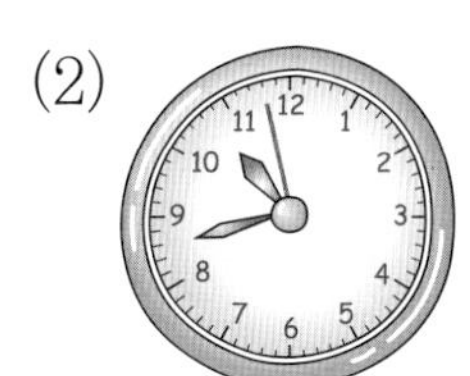

(　　　　　　　　)

2 디지털 시계를 보고 몇 시 몇 분 몇 초인지 써 보세요.

(1) 

(　　　　　　　　)

(2) 

(　　　　　　　　)

3 시계에 초바늘을 그려 넣으세요.

(1) 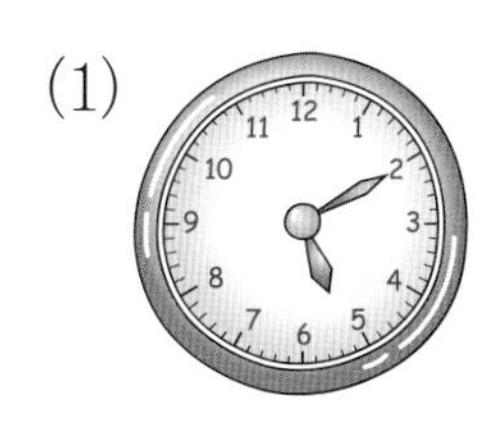

5시 10분 20초

(2) 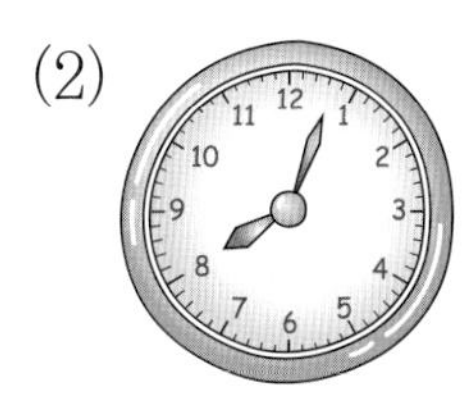

8시 3분 27초

4 '10초'를 넣어 문장을 만들어 보세요.

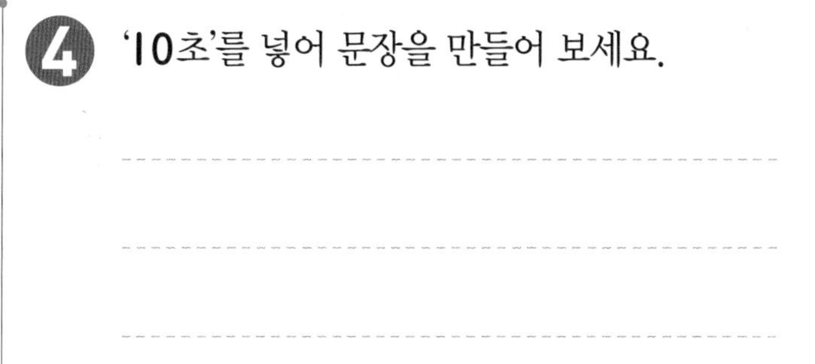

중요

5 □ 안에 알맞은 수를 써넣으세요.

(1) 1분 10초=□초+10초=□초

(2) 100초=60초+□초

=□분 □초

(3) 3분 30초=□초

(4) 320초=□분 □초

6 성준이가 100 m 달리기를 합니다. 10시 30분 42초에 출발하여 결승선에 도착하는 데 17초가 걸렸습니다. 성준이가 결승선에 도착한 시각은 몇 시 몇 분 몇 초인가요?

(　　　　　　　　)

단원 5

5. 시간의 덧셈과 뺄셈 (1)

교과서 개념을 이해하고 확인 문제를 통해 익혀요.

시간의 덧셈 알아보기(받아올림이 없는 계산)

① (시각)+(시간)=(시각)

	4시	10분	15초
+	1시간	15분	23초
	5시	25분	38초

② (시간)+(시간)=(시간)

	2시간	18분	27초
+	1시간	25분	25초
	3시간	43분	52초

시간의 뺄셈 알아보기(받아내림이 없는 계산)

① (시각)−(시각)=(시간)

	11시	35분	42초
−	9시	27분	15초
	2시간	8분	27초

② (시각)−(시간)=(시각)

	9시	36분	54초
−	1시간	12분	30초
	8시	24분	24초

개념잡기

시는 시끼리, 분은 분끼리, 초는 초끼리 더합니다.

- (끝난 시각)−(시작한 시각)=(걸린 시간)
- (끝난 시각)−(걸린 시간)=(시작한 시각)

---

1 개념확인

지혜는 9시 10분 25초에 수영을 시작하여 1시간 12분 15초 동안 수영을 하였습니다. 수영을 끝낸 시각을 알아보려고 합니다. □ 안에 알맞은 수를 써넣으세요.

(시작한 시각)		□시	□분	□초
(걸린 시간)	+	□시간	□분	□초
(끝낸 시각)		□시	□분	□초

2 개념확인

영화가 3시 12분 20초에 시작되었습니다. 영화가 끝난 후 시계를 보니 5시 35분 45초였습니다. 영화 상영 시간을 알아보려고 합니다. □ 안에 알맞은 수를 써넣으세요.

(영화 끝난 시각)		□시	□분	□초
(영화 시작 시각)	−	□시	□분	□초
(영화 상영 시간)		□시간	□분	□초

1 □ 안에 알맞은 수를 써넣으세요.

(1)

	4시	25분	32초
+	1시간	17분	16초
	□시	□분	□초

(2)

	1시간	21분	15초
+	2시간	27분	29초
	□시간	□분	□초

2 □ 안에 알맞은 수를 써넣으세요.

(1)

	7시	52분	35초
−	5시	27분	15초
	□시간	□분	□초

(2)

	7시	20분	45초
−	2시간	10분	25초
	□시	□분	□초

(3)

	3시간	37분	55초
−	2시간	25분	20초
	□시간	□분	□초

3 계산해 보세요.

(1)

	5시	15분	15초
+	2시간	27분	32초

(2)

	2시간	18분	27초
+	2시간	25분	28초

중요

4 계산해 보세요.

(1)

	9시	35분	45초
−	7시	27분	30초

(2)

	4시	48분	35초
−	2시간	35분	24초

(3)

	5시간	45분	20초
−	4시간	27분	15초

상연이는 5시 정각에 ①, ②, ③ 순서로 세 편의 동영상을 보았습니다. 물음에 답해 보세요. [5~6]

동영상	재생 시간
① 겨울왕국	24분 21초
② 슈렉	10분 16초
③ 라이온 킹	20분 12초

5 겨울왕국이 끝난 시각은 언제인가요?

( )

6 위의 세 편의 동영상을 보는 데 동영상과 동영상 사이에 2분씩 쉬었습니다. 동영상을 모두 보고 끝난 시각은 언제인가요?

( )

6. 시간의 덧셈과 뺄셈 (2)

교과서 개념을 이해하고 확인 문제를 통해 익혀요.

시간의 덧셈 알아보기(받아올림이 있는 계산)

① (시각)+(시간)=(시각)

	1 2시	20분
+		50분
	3시	10분

② (시간)+(시간)=(시간)

	1 3시간	20분
+	1시간	50분
	5시간	10분

시간의 뺄셈 알아보기(받아내림이 있는 계산)

① (시각)−(시각)=(시간)

	7 ~~8~~시	60 10분
−	6시	50분
	1시간	20분

② (시각)−(시간)=(시각)

	4 ~~5~~시	60 40분
−	1시간	50분
	3시	50분

개념잡기

보충 분끼리의 합이 60이거나 60보다 크면 60분을 1시간으로 받아올림합니다.

보충 1시간은 60분, 1분은 60초이므로 60을 받아내림합니다.

(시간)−(시간)=(시간)

	2 ~~3~~시간	60 20분
−	1시간	40분
	1시간	40분

---

1 개념확인

지혜는 할머니 댁에 가는 데 기차로 3시간 40분, 버스로 1시간 30분이 걸렸습니다. 기차와 버스를 타고 간 시간을 알아보세요.

(1) 기차와 버스를 타고 간 시간을 계산해 보세요.

3시간 40분+1시간 30분
=□시간 □분

	1 3시간	40분
+	1시간	30분
	□시간	□분

(2) 기차와 버스를 타고 간 시간은 모두 □시간 □분입니다.

2 개념확인

공연이 3시 50분에 시작되었습니다. 공연이 끝난 후 시계를 보니 5시 20분이었습니다. 공연 시간을 알아보세요.

5시 20분−3시 50분
=□시간 □분

	5시	20분
−	3시	50분
	□시간	□분

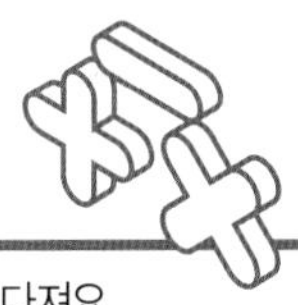

기본 문제를 통해 교과서 개념을 다져요.

1

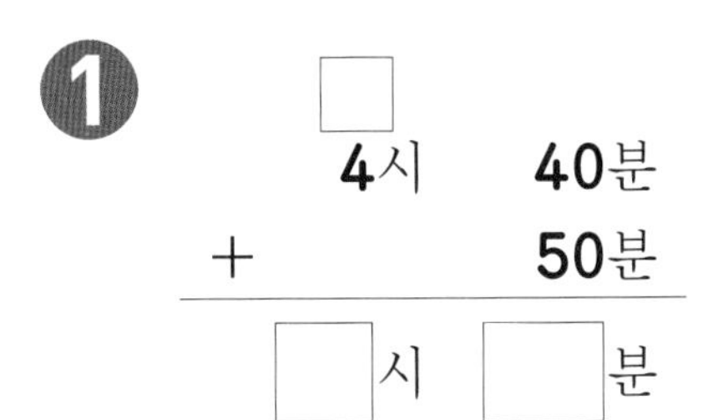

2

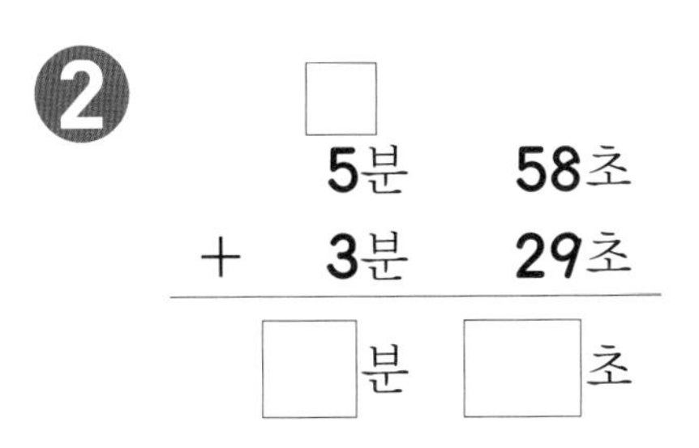

□ 안에 알맞은 수를 써넣으세요. [3~4]

3

	□	60
	4시	28분
−	1시	50분
	□시간	□분

4

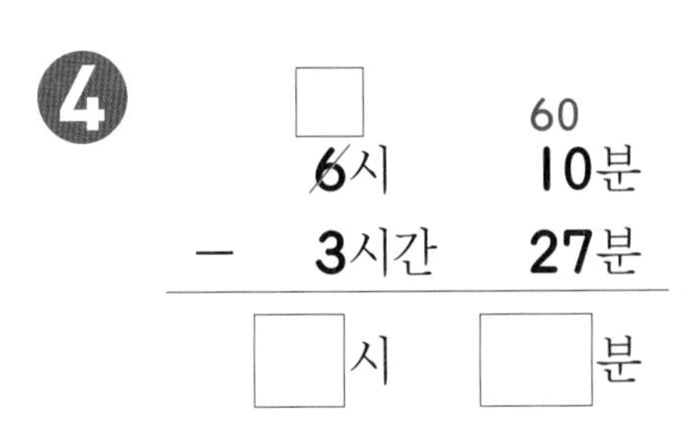

5 계산해 보세요.

(1)

	6시	27분	54초
+	2시간	49분	20초

(2)

	8시간	10분	18초
−	5시간	50분	39초

중요

6 혜민이는 운동을 90분 동안 하였습니다. 운동을 끝낸 후 시계를 보니 3시 12분이었습니다. 혜민이가 운동을 시작한 시각은 몇 시 몇 분인가요?

( )

7 서울 출발 시각이 7시 30분일 때 서울에서 다른 지역까지 이동하는 데 걸리는 시간을 알아보려고 합니다. 물음에 답해 보세요.

지역	대전	동대구	부산
도착 시각	8시 32분	9시 21분	10시 2분

(1) 서울에서 대전까지 이동하는 데 걸리는 시간은 몇 시간 몇 분인가요?

( )

(2) 서울에서 동대구까지 이동하는 데 걸리는 시간은 몇 시간 몇 분인가요?

( )

(3) 서울에서 부산까지 이동하는 데 걸리는 시간은 몇 시간 몇 분인가요?

( )

유형 4 1분보다 작은 단위

- 초바늘이 작은 눈금 한 칸을 가는 동안 걸리는 시간을 1초라고 합니다.
- 초바늘이 시계를 한 바퀴 도는 데 걸리는 시간은 60초입니다.

60초=1분

4-1 초바늘이 가리키는 숫자와 초를 알맞게 써넣으세요.

숫자	1	2		4		6
초			15		25	
숫자	7		9			
초		40		50	55	

4-2 시각을 읽어 보세요.

□시 □분 □초

시험에 잘 나와요

4-3 □ 안에 알맞은 수를 써넣으세요.

(1) 102초=60초+□초
=□분 □초

(2) 9분 27초=□초+27초
=□초

(3) 30분=□초

4-4 준하와 친구들의 오래달리기 경기 결과입니다. 경기 결과표에 알맞게 써넣으세요.

이름	기록(초)	기록(분, 초)
준하	375초	
형돈		6분 32초
홍철	329초	

4-5 □ 안에 알맞은 시간의 단위를 써넣으세요.

예 하루 동안 공부하는 시간: 3 시간

(1) 100 m를 달리는 시간: 21□

(2) 영화 한 편을 보는 시간: 115□

(3) 서울에서 부산까지 가는 시간: 4□

(4) 건널목을 건너는 시간: 20□

4-6 일상 생활에서 '초'가 사용되는 적절한 경우를 찾아 문장을 만들어 보세요.

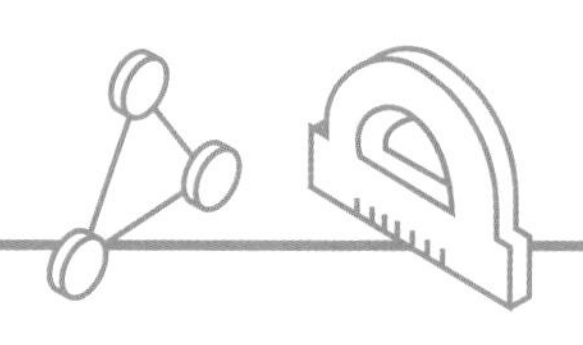

유형 5 **시간의 덧셈과 뺄셈 (1)**

받아올림, 받아내림이 없는 계산

시는 시끼리, 분은 분끼리, 초는 초끼리 계산합니다.

5-1 □ 안에 알맞은 수를 써넣으세요.

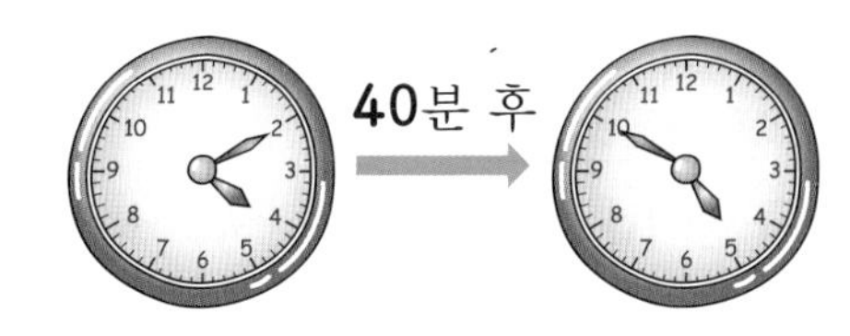

4시 10분+40분=□시 □분

5-2 계산해 보세요.

(1)

	2시	17분	30초
+	1시간	25분	15초

(2)

	1시간	30분	12초
+	2시간	15분	20초

(3) 2시 35분+15분

(4) 3시 18분+2시간 25분

대표유형

5-3 영수는 7시 15분에 아침 식사를 하기 시작하여 38분 동안 식사를 하였습니다. 영수가 아침 식사를 끝낸 시각은 언제인가요?

(　　　　　　　)

5-4 □ 안에 알맞은 수를 써넣으세요.

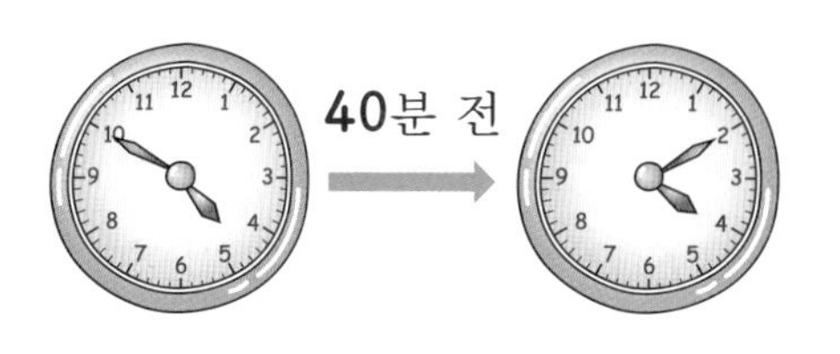

4시 50분−40분=□시 □분

5-5 계산해 보세요.

(1)

	4시	40분	32초
−	2시	25분	15초

(2)

	10시	30분	45초
−	2시간	15분	20초

(3) 32분 24초−15초

(4) 2시간 35분−1시간 10분

잘 틀려요

5-6 한솔이는 1시간 10분 15초 동안 수영을 하고 시계를 보니 10시 45분 30초였습니다. 한솔이가 수영을 시작한 시각은 언제인가요?

(　　　　　　　)

단원 5

유형 6 시간의 덧셈과 뺄셈 (2)

받아올림, 받아내림이 있는 계산

- 초 단위끼리의 합이 60초이거나 60초를 넘으면 1분으로 받아올림하고, 분 단위끼리의 합이 60분이거나 60분을 넘으면 1시간으로 받아올림합니다.
- 초 단위끼리 뺄 수 없을 때는 1분을 60초로 받아내림을 하고, 분 단위끼리 뺄 수 없을 때는 1시간을 60분으로 받아내림합니다.

6-1 □ 안에 알맞은 수를 써넣으세요.

(1)

	6시	35분
+		50분
	□시	□분

(2)

	15분	48초
+	12분	50초
	□분	□초

대표유형

6-2 계산해 보세요.

	1시간	32분	35초
+	2시간	50분	45초

6-3 가영이네 집에서 상연이네 집까지는 걸어서 47분이 걸립니다. 가영이가 3시 36분에 집에서 출발한다면 상연이네 집에 도착하는 시각은 언제인가요?

( )

6-4 지금 시각은 1시 45분 56초입니다. 지금 시각에서 2시간 38분 26초 후의 시각을 구해 보세요.

( )

시험에 잘 나와요

6-5 규형이네 아버지께서 단축 마라톤 경기에 참가하셨습니다. 출발 시각은 8시 20분 35초이고, 달린 시간은 1시간 58분 47초였습니다. 규형이네 아버지가 도착한 시각을 구해 보세요.

( )

상연이가 수업을 마친 후 집으로 돌아오니 3시 52분이었습니다. 1시간 40분 동안 휴식을 한 후 수학 공부를 1시간 45분 30초 동안 하였습니다. 물음에 답해 보세요. [6-6~6-7]

6-6 수학 공부를 시작한 시각을 구해 보세요.

( )

6-7 수학 공부를 끝낸 시각을 구해 보세요.

( )

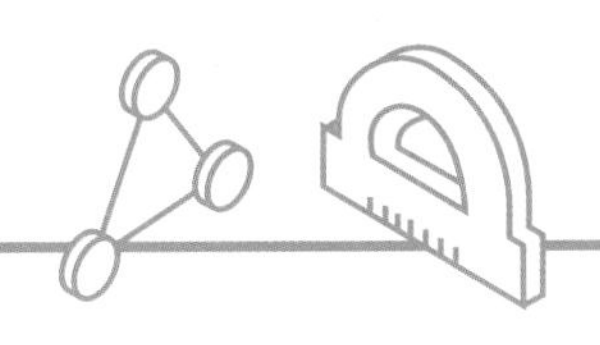

6-8 □ 안에 알맞은 수를 써넣으세요.

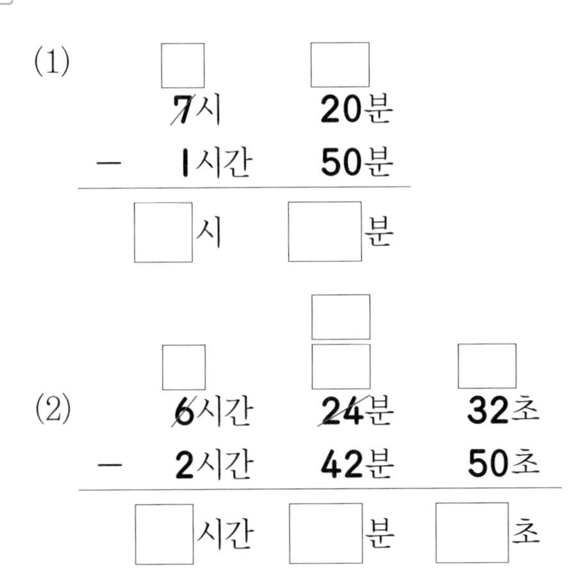

6-9 계산해 보세요.

(1)
5시 15분 35초
− 2시 10분 50초

(2)
8시 25분 50초
− 1시간 38분 20초

(3)
3시간 24분 30초
− 1시간 40분 50초

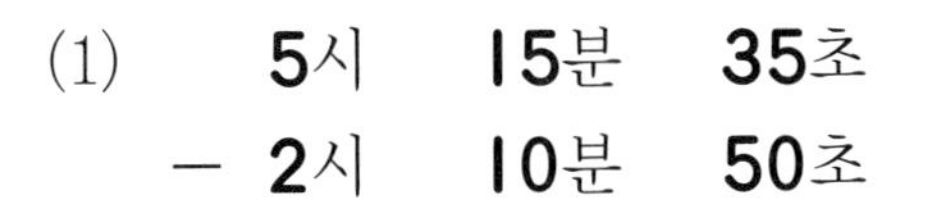

6-10 계산해 보세요.

(1) 6시 15분−50분

(2) 45분 25초−10분 45초

6-11 □ 안에 알맞은 수를 써넣으세요.

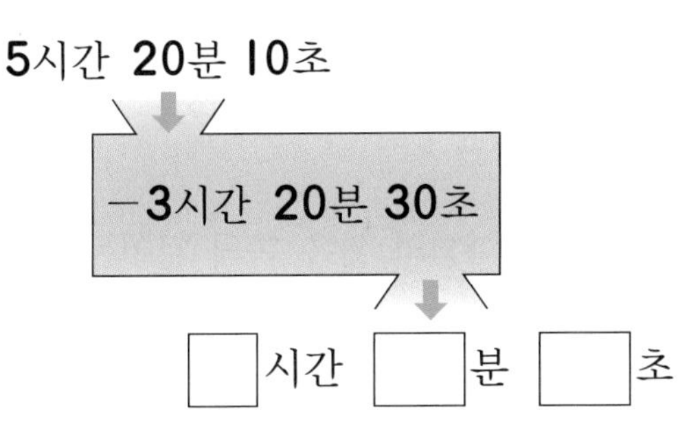

잘 틀려요

6-12 시계가 가리키는 시각에서 4시간 6분 38초 전의 시각을 구해 보세요.

(　　　　　　　　)

6-13 교내 합창 대회가 1시간 40분 동안 진행되어 12시 10분에 끝났습니다. 교내 합창 대회는 몇 시 몇 분에 시작되었나요?

(　　　　　　　　)

6-14 서울에서 7시 45분에 출발한 고속버스가 11시 5분에 광주에 도착했습니다. 서울에서 광주까지 가는 데 걸린 시간을 구해 보세요.

(　　　　　　　　)

유형 콕콕을 통해 다진 기본을 확인하고
좀 더 수준이 높은 문제를 풀며 실력을 높여요.

1 옳은 문장을 모두 찾아 기호를 써 보세요.

㉠ 지우개의 긴 쪽의 길이는 약 **3** mm입니다.
㉡ 수학책의 짧은 쪽의 길이는 약 **21** cm입니다.
㉢ **25** cm는 **250** mm입니다.
㉣ **320** mm는 **3** cm **20** mm입니다.

( )

2 삼각형의 세 변의 길이의 합은 몇 cm 몇 mm인가요?

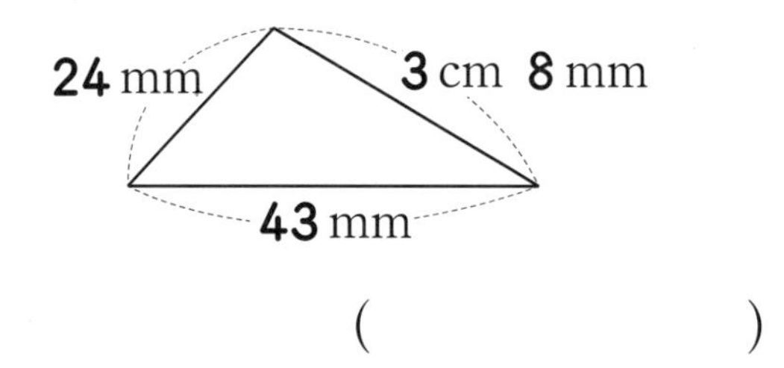

( )

3 □ 안에 알맞은 수를 써넣으세요.

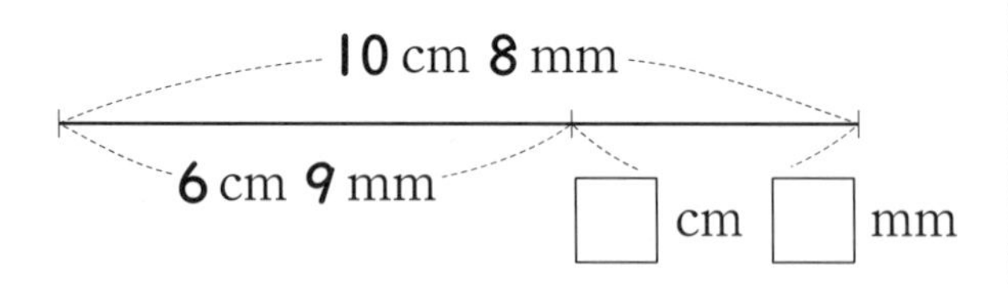

4 □ 안에 알맞은 수를 써넣으세요.

5 km보다 **420** m 더 짧은 거리
➡ □ km □ m

5 □ 안에 알맞은 수를 써넣으시오

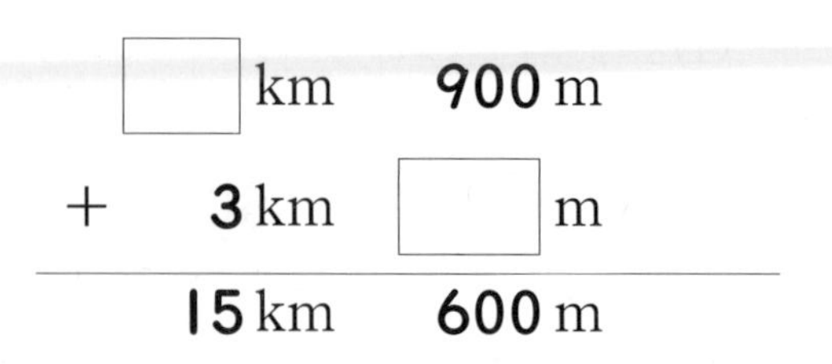

6 석기네 집에서 학교를 지나 공원까지의 거리는 몇 km 몇 m인지 구해 보세요.

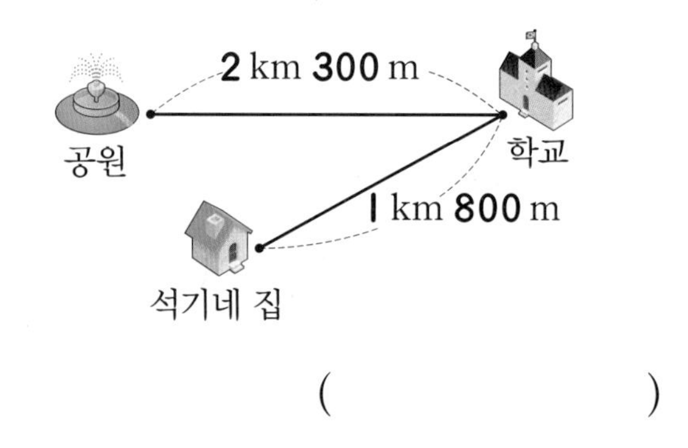

( )

7 석기는 지난 일요일에 **47** km **450** m 떨어져 있는 친척집에 갔습니다. **46** km **825** m는 버스를 타고 갔고, 나머지는 걸어서 갔습니다. 석기가 걸은 거리는 몇 m인가요?

( )

8 □ 안에 알맞은 단위를 써넣으세요.

(1) 교실 문의 높이는 약 2 □ 입니다.

(2) 연필의 길이는 약 160 □ 입니다.

(3) 한라산의 높이는 약 2 □ 입니다.

(4) 내 키는 약 128 □ 입니다.

어느 산의 등산로를 나타낸 지도입니다. 가매표소를 출발하여 나매표소에 도착하려고 합니다. 물음에 답해 보세요. [9~11]

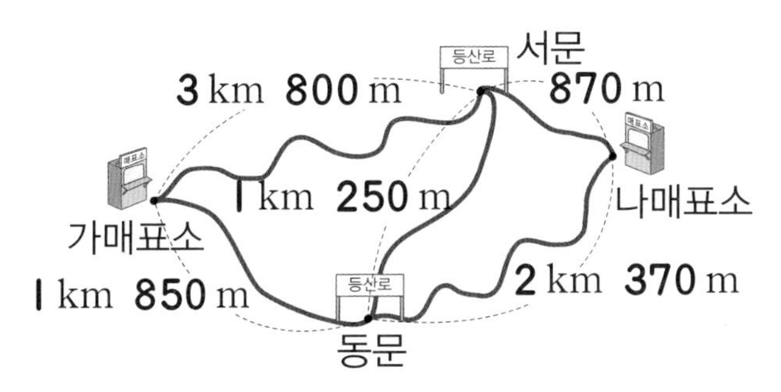

9 가매표소 — 서문 — 나매표소의 등산코스를 선택할 때 등산로의 길이를 구해 보세요.

( )

10 가매표소 — 동문 — 서문 — 나매표소의 등산 코스를 선택할 때 등산로의 길이를 구해 보세요.

( )

11 위 2가지 등산 코스 길이의 차를 구해 보세요.

( )

12 □ 안에 알맞은 수를 써넣으세요.

(1) 1분 40초= □ 초

(2) 350초= □ 분 □ 초

(3) 3시간 30분= □ 분

(4) 250분= □ 시간 □ 분

13 □ 안에 '시'나 '시간' 중에서 알맞은 말을 써넣으세요.

(1) 8시 30분에서 1 □ 40분 전은 6 □ 50분입니다.

(2) 하루는 24 □ 입니다. 그중 낮이 13 □ 이면 밤은 11 □ 입니다.

14 □ 안에 알맞은 수를 써넣으세요.

	□시간	12분	30초
+	3시간	58분	□초
	8시간	□분	18초

15 ㉠과 ㉡의 합을 구해 보세요.

㉠ 2시간 24분 38초
㉡ 3시간 48분 37초

( )

16 가영이는 여행을 가는 데 기차를 2시간 45분 동안 타고, 버스를 1시간 38분 동안 탔습니다. 가영이가 기차와 버스를 탄 시간은 모두 몇 시간 몇 분인가요?

(　　　　　　　)

17 영수는 일요일에 아버지와 함께 등산을 했습니다. 영수가 등산을 마친 시각은 언제인가요?

출발 시각	8시 30분 45초
걸린 시간	2시간 36분 25초

(　　　　　　　)

18 한솔이네 학교는 수업을 40분 동안 하고 10분씩 쉰다고 합니다. 1교시 수업을 9시 20분에 시작했다면, 3교시 수업을 시작하는 시각은 언제인가요?

(　　　　　　　)

19 □ 안에 알맞은 수를 써넣으세요.

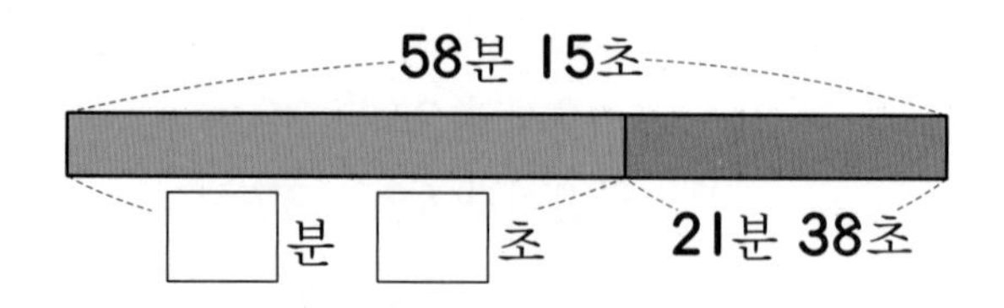

한초는 지난 토요일에 방 청소를 하고 이어서 음악 감상을 하였습니다. 물음에 답해 보세요. [20~21]

방 청소	음악 감상
24분 48초	36분 37초

20 방 청소를 시작한 시각이 오전 9시 45분이라면 방 청소를 끝낸 시간은 언제인가요?

(　　　　　　　)

21 음악 감상을 끝낸 시각은 언제인가요?

(　　　　　　　)

22 □ 안에 알맞은 수를 써넣으세요.

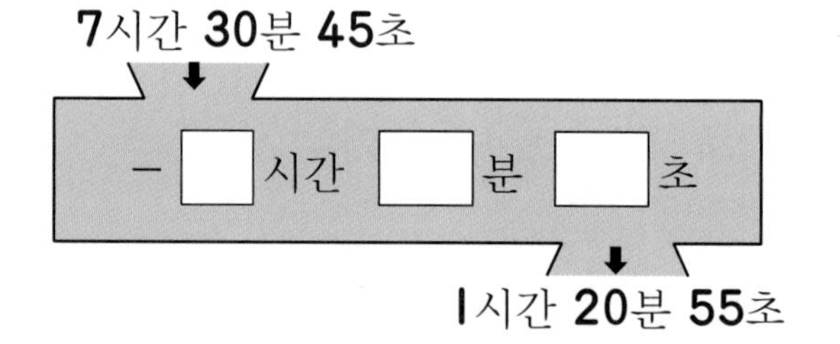

23 신영이는 1시간 15분 동안 수영을 하고 시계를 보니 11시 5분 30초였습니다. 신영이가 수영을 시작한 시각은 언제인가요?

(　　　　　　　)

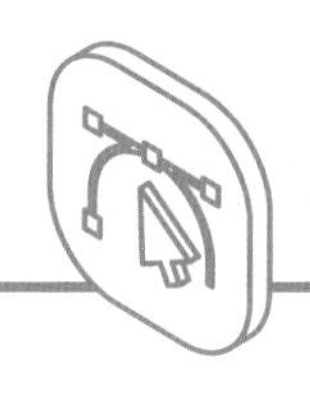

24 빈 곳에 알맞은 시각을 써넣으세요.

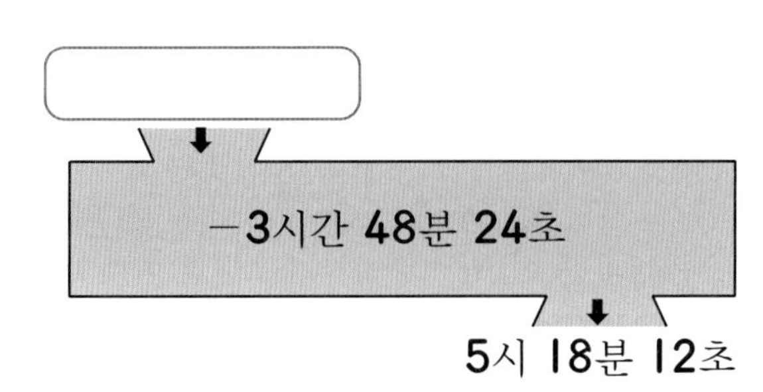

25 예슬이는 8시부터 11시까지 그림을 그리고 피아노 연습을 하였습니다. 그림을 그린 시간이 2시간 12분 24초라면 피아노 연습을 한 시간은 얼마인가요?

( )

26 1시간에 6초씩 늦어지는 고장난 시계를 오전 9시에 정확하게 맞추었습니다. 같은 날 오후 5시에 이 시계가 가리키는 시각은 언제인가요?

( )

27 석기는 매일 아침 6시 45분부터 7시 30분까지 아침 운동을 합니다. 석기가 일주일 동안 운동한 시간은 몇 시간 몇 분인가요?

( )

28 계산이 잘못된 이유를 쓰고 바르게 계산해 보세요.

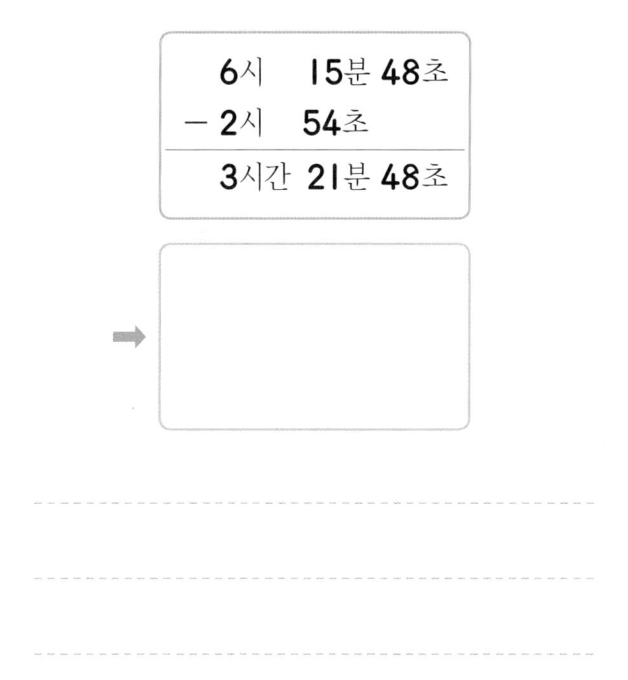

29 어느 날 해가 뜬 시각은 6시 32분 38초이고, 해가 진 시각은 18시 25분 26초였습니다. 이날 낮의 길이는 몇 시간 몇 분 몇 초인가요?

( )

30 상연이가 어제 본 영화는 10시 26분에 시작하여 12시 12분에 끝났습니다. 가영이는 오늘 상연이가 어제 본 영화와 같은 영화를 보려고 합니다. 영화가 8시 18분에 끝난다면 영화가 시작하는 시각은 몇 시 몇 분인가요?

( )

단원 5

서술 유형 익히기

주어진 풀이 과정을 함께 해결하면서
서술형 문제의 해결 방법을 익혀요.

1 길이가 10 cm 2 mm인 종이 테이프 5장을 2 mm씩 겹치도록 이어 붙였습니다. 이어 붙인 종이 테이프 전체 길이는 몇 cm 몇 mm인지 풀이 과정을 쓰고 답을 구해 보세요.

풀이 (종이 테이프 5장의 길이의 합)
=10 cm×☐+2 mm×☐
=☐ cm+☐ mm=☐ cm
5장을 이어 붙일 때 겹쳐지는 부분은
☐개이므로 줄어든 길이의 합은
2×☐=8 mm입니다.
따라서 이어 붙인 종이 테이프의 전체 길이는
☐ cm−☐ mm=☐ cm ☐ mm
입니다.

1-1 길이가 20 cm 5 mm인 종이 테이프 5장을 4 mm씩 겹치도록 이어 붙였습니다. 이어 붙인 종이 테이프의 전체 길이는 몇 cm 몇 mm인지 풀이 과정을 쓰고 답을 구해 보세요.

풀이

답

2 주어진 길이를 사용하여 문제를 만들고, 만든 문제의 풀이 과정을 쓰고 답을 구해 보세요.

22 cm 5 mm	27 cm

풀이 문제 아버지의 신발의 크기는
☐이고 내 신발의 크기는
☐입니다. 누구의 신발이 얼마나 더 크나요?

풀이

답

2-1 주어진 길이를 사용하여 문제를 만들고, 만든 문제의 풀이 과정을 쓰고 답을 구해 보세요.

137 cm 8 mm	175 cm 3 mm

풀이 문제

풀이

답

3 유라는 3일 동안 수학 공부를 모두 2시간 20분 동안 했고, 영어 공부를 모두 1시간 50분 동안 했습니다. 3일 동안 수학과 영어 공부를 모두 몇 시간 몇 분 동안 했는지 풀이 과정을 쓰고 답을 구해 보세요.

풀이 수학 공부를 2시간 ☐분 동안 했고, 영어 공부를 1시간 ☐분 동안 했으므로 공부한 시간은 모두

2시간 ☐분+1시간 ☐분

=☐시간 ☐분입니다.

답 ☐시간 ☐분

3-1 효근이는 4일 동안 농구를 모두 1시간 30분 동안 했고, 축구를 모두 2시간 50분 동안 했습니다. 4일 동안 농구와 축구를 모두 몇 시간 몇 분 동안 했는지 풀이 과정을 쓰고 답을 구해 보세요.

풀이

답

4 8시간 34분과 3시간 50분의 차는 4시간 44분입니다. 왜 그런지 2가지 방법으로 설명해 보세요.

설명 **방법 1** 먼저 1시간을 60분으로 받아내림하여 계산합니다.

8시간 34분−3시간 50분

=7시간 ☐분−3시간 50분

=4시간 ☐분

방법 2 3시간 50분을 4시간으로 생각하여 계산합니다.

8시간 34분−3시간 50분

=8시간 34분−☐시간+10분

=4시간 ☐분

4-1 6시간 10분과 4시간 40분의 차는 1시간 30분입니다. 왜 그런지 2가지 방법으로 설명해 보세요.

설명 **방법 1**

방법 2

단원 5

5단원 단원 평가

1 각 물건의 길이는 몇 cm 몇 mm인가요?

(1)

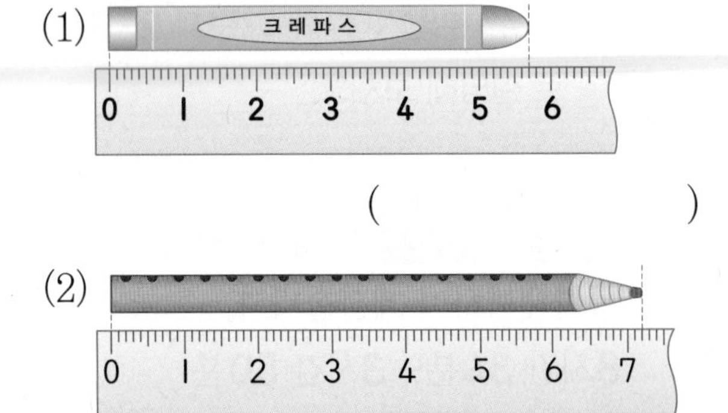

(　　　　　　　　)

(2)

(　　　　　　　　)

2 □ 안에 알맞은 수를 써넣으세요.

(1) 5 cm 6 mm=□mm

(2) 128 mm=□cm □mm

(3) 2150 m=□km □m

3 □ 안에 알맞은 수를 써넣으세요.

	7 cm	6 mm
+	2 cm	5 mm
	□cm	□mm

4 □ 안에 알맞은 수를 써넣으세요.

	12 cm	2 mm
−	5 cm	4 mm
	□cm	□mm

두 거리를 보고 물음에 답해 보세요. [5~6]

11 km 700 m　　6 km 900 m

5 두 거리의 합을 구해 보세요.

(　　　　　　　　)

6 두 거리의 차를 구해 보세요.

(　　　　　　　　)

7 □ 안에 알맞은 수를 써넣으세요.

	6 km	300 m
−	3 km	□m
	□km	800 m

8 가영이는 길이가 18 cm 3 mm인 철사 중에서 14 cm 7 mm를 잘라 사용하였습니다. 사용하고 남은 철사의 길이는 몇 cm 몇 mm인가요?

( )

그림을 보고 물음에 답해 보세요. [9~10]

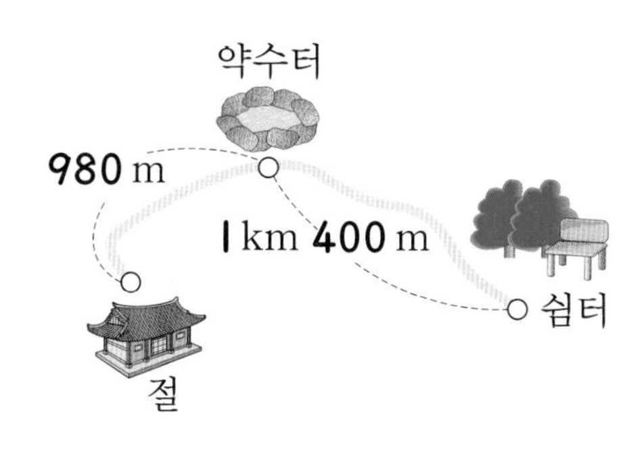

9 약수터에서 절까지는 약수터에서 쉼터까지의 거리보다 얼마나 더 가깝나요?

( )

10 절에서 약수터를 지나 쉼터까지의 거리는 몇 km 몇 m인가요?

( )

11 시각을 써 보세요.

□시 □분 □초

12 □ 안에 알맞은 수를 써넣으세요.

(1) 2분 40초=□초

(2) 185초=□분 □초

(3) 4분 40초=□초

(4) 500초=□분 □초

13 계산해 보세요.

(1)
$$\begin{array}{rrr} & 4\text{시} & 33\text{분} \\ + & 3\text{시간} & 18\text{분} \\ \hline \end{array}$$

(2)
$$\begin{array}{rrrr} & 4\text{시간} & 56\text{분} & 24\text{초} \\ + & 5\text{시간} & 9\text{분} & 32\text{초} \\ \hline \end{array}$$

14 계산해 보세요.

(1)
$$\begin{array}{rrr} & 8\text{시간} & 22\text{분} \\ - & 5\text{시간} & 30\text{분} \\ \hline \end{array}$$

(2)
$$\begin{array}{rrrr} & 7\text{시} & 35\text{분} & 46\text{초} \\ - & 3\text{시} & 42\text{분} & 52\text{초} \\ \hline \end{array}$$

단원 5

15 지금 시각에서 **1**시간 **40**분 후는 몇 시 몇 분인가요?

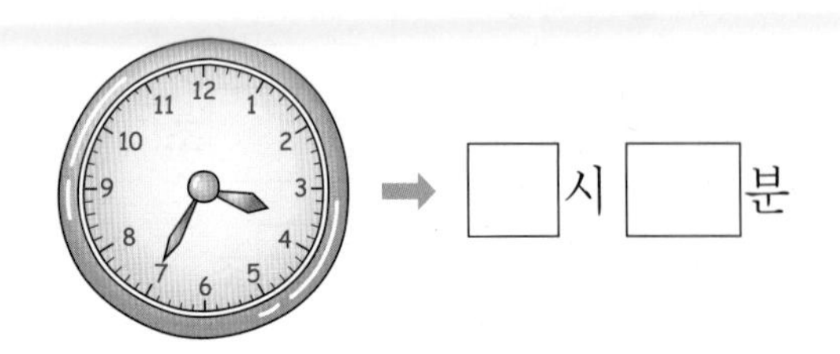

16 □ 안에 알맞은 수를 써넣으세요.

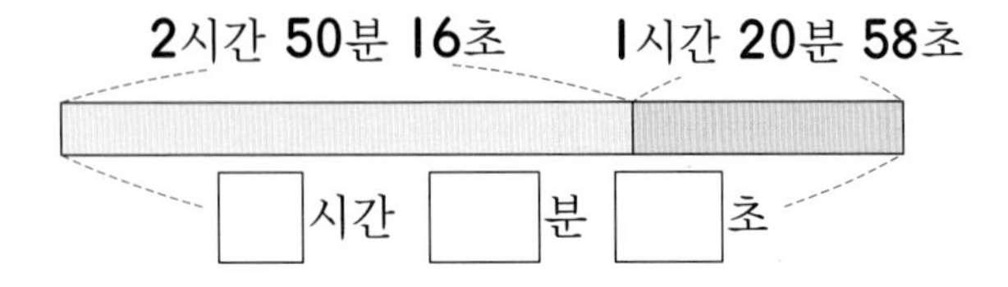

17 지금 시각은 오후 **1**시 **20**분입니다. 지금 시각에서 **2**시간 **25**분 전은 몇 시 몇 분인가요?

( )

18 □ 안에 알맞은 수를 써넣으세요.

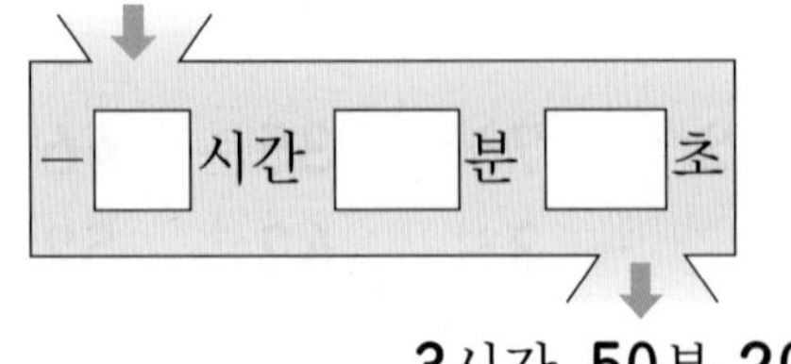

19 야구 경기가 **3**시 **20**분에 시작되어 **3**시간 **45**분 동안 했습니다. 야구 경기가 끝난 시각은 몇 시 몇 분인가요?

( )

20 윤호는 **8**시 **50**분 **30**초에 박물관을 향해 출발했습니다. 윤호가 **2**시간 **15**분 **45**초 만에 박물관에 도착했다면, 도착한 시각은 몇 시 몇 분 몇 초가 되나요?

( )

21 수학 숙제를 하는 데 효진이는 **2**시간 **7**분 **25**초, 다미는 **1**시간 **35**분 **40**초가 걸렸습니다. 효진이가 다미보다 숙제를 하는 데 얼마나 많은 시간이 걸렸나요?

( )

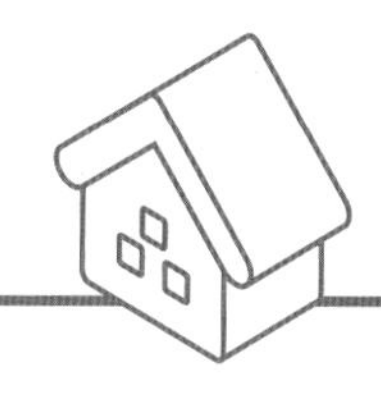

서술형

22 예진이네 집에서 할머니 댁까지는 9 km 580 m이고, 예진이네 집에서 삼촌 댁까지는 6 km 870 m입니다. 예진이네 집에서 할머니 댁과 삼촌 댁 중 어느 곳이 몇 km 몇 m 더 먼지 풀이 과정을 쓰고 답을 구해 보세요.

풀이

답

23 은지는 어제는 458 m를 달렸고 오늘은 어제보다 239 m를 더 달렸습니다. 은지가 어제와 오늘 달린 거리는 모두 몇 km 몇 m인지 풀이 과정을 쓰고 답을 구해 보세요.

풀이

답

24 시계의 초바늘이 숫자 5를 가리키면 몇 초를 나타내는 것인지 풀이 과정을 쓰고 답을 구해 보세요.

풀이

답

25 공부를 가장 오랫동안 한 사람은 누구인지 풀이 과정을 쓰고 답을 구해 보세요.

지혜: 2시에서 5시 20분까지
석기: 3시 50분에서 7시까지
한별: 4시 30분에서 9시까지

풀이

답

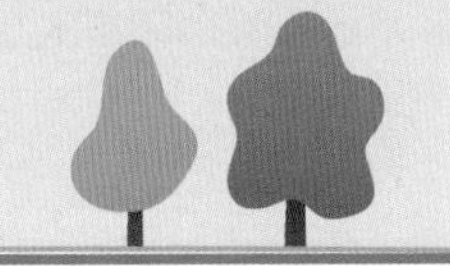

탐구 수학

① 우체부 아저씨가 우체국을 출발하여 모든 장소를 한 번씩 방문한 후 다시 우체국으로 돌아오려고 합니다. 지도를 보고 우체부 아저씨가 가장 짧은 거리를 이동하는 길을 찾아보세요.

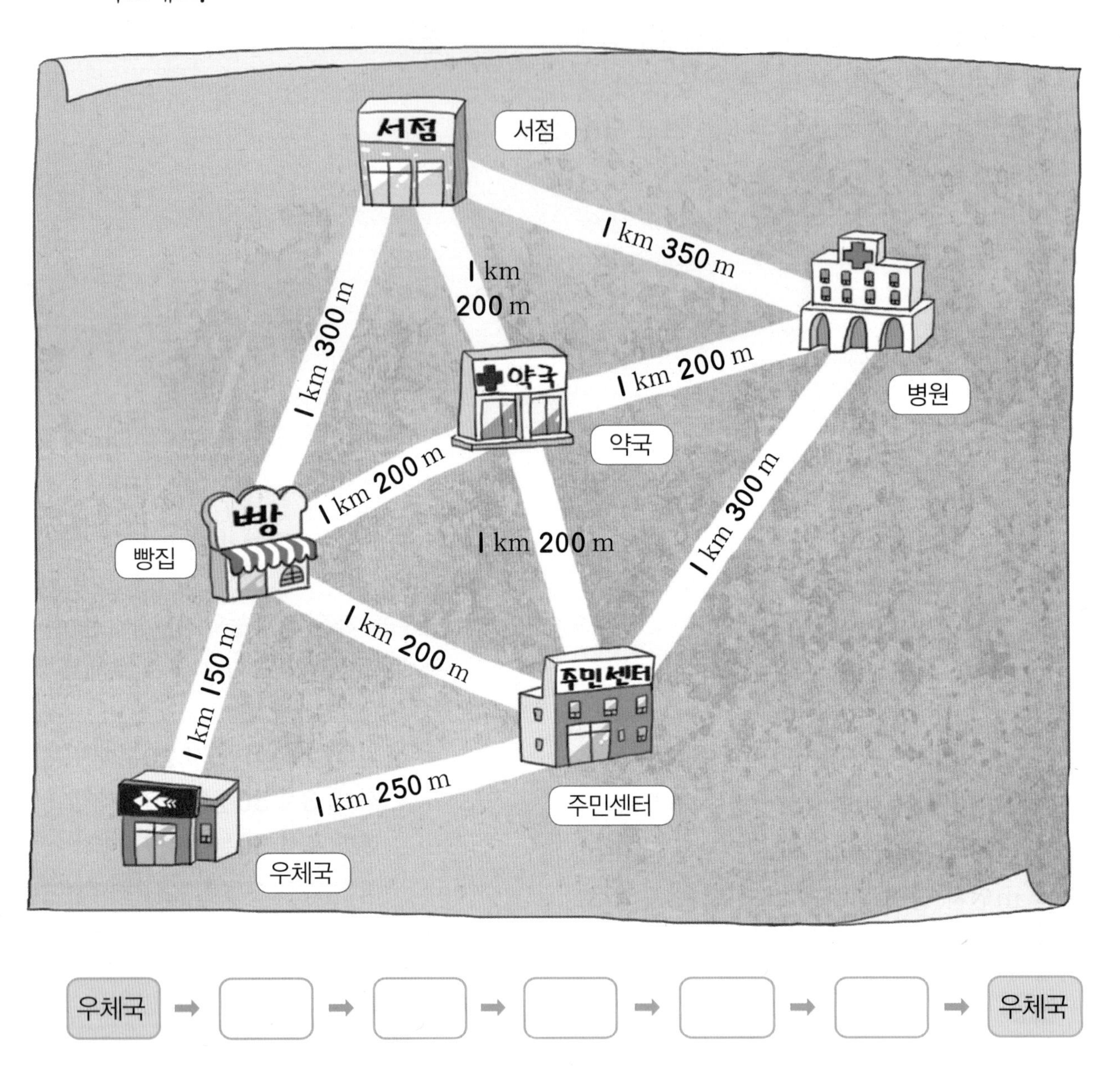

우체국 ➡ ☐ ➡ ☐ ➡ ☐ ➡ ☐ ➡ ☐ ➡ 우체국

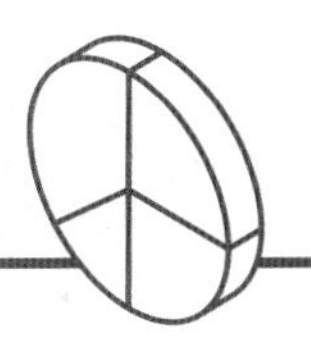

mm를 알아보아요.

시아 할머니는 씨앗 박사입니다. 씨앗에 관심이 많아서 눈에 보이는 모든 씨앗의 이름은 다 알고 계시지요.

그뿐만 아니라 그 씨앗이 자라면 어떤 풀이 되는지, 어떤 채소가 되는지, 어떤 과실나무가 되는지, 어떤 색 꽃을 피우는지도 다 알고 계시답니다. 덕분에 시아도 웬만한 풀 이름과 꽃, 그 씨앗의 모습까지 잘 알고 있어요. 어른이 되면 식물학 박사가 되겠다고 꿈을 말할 때마다 주변 사람들이 "너는 꼭 식물학 박사가 될 거야!"라고 응원해 준답니다. 그 누구보다도 시아를 응원해 주는 사람은 역시 엄마예요.

시아 엄마는 식물과 관련한 책이 새로 나올 때마다 사주시고, 가끔 인터넷을 뒤적이며 동영상도 찾아 놓으시고, 좋은 전시회가 있는지 검색해 보기도 하십니다.

마침 '생명을 품은 씨앗'이라는 특별 전시회가 환경부 국립생물자원관에서 열린다는 소식을 듣고 시아와 함께 전시장 나들이를 가기로 했어요.

"시아야, 네가 알고 있는 씨앗 중에서 가장 작은 씨앗은 길이가 얼마나 될까?"

"엄마, 내가 아는 것 중에는 채송화 씨앗이 제일 작은 것 같아요. 하나를 집어 들기도 힘이 들거든요."

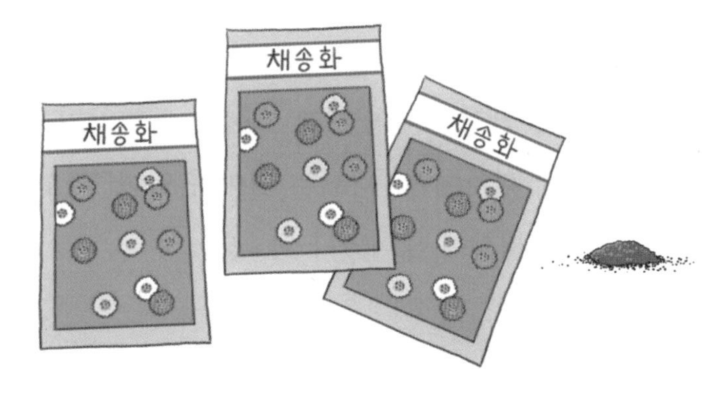

시아는 엄마를 따라나서며 도대체 어떤 씨앗이길래 전시회까지 한다는 것인지 무척 궁금했어요.

전시장을 둘러보던 시아는 입이 떡 벌어져서 다물어지지 않았어요. 엄마도 물론 마찬가지지요. 왜냐하면 세상에 태어나서 단 한 번도 본 적이 없는 어마어마하게 큰 씨앗을 보았거든요. '바다야자 씨앗'은 농구공 크기만 해요. 이 바다야자는 '코코 드 메르'라고 부르고 전 세계에서 딱 한 군데에서만 자라는 야자수라고 해요. 현재 4,000그루 정도 밖에 남아있지 않으며, 씨앗이 완전히 자라는 데 약 10년 이상 걸린다고 하니 정말 신기하죠?

씨앗이 정말 크니까 싹 트는 시간도 많이 걸리겠다고 생각했어요. 저 코코 드 메르를 할머

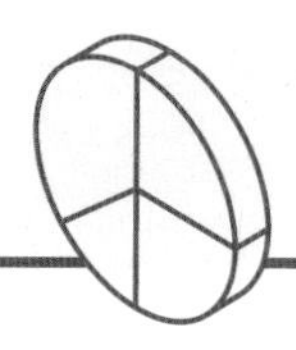

니께 구경시켜 드리고 싶은데 우리나라에서는 자라지 않는다니 섭섭해요. 줄자가 있다면 길이를 재어 보고 싶어요.

한 쪽에는 세상에서 가장 작은 씨앗, 난초과의 식물도 전시되었는데 눈으로 볼 수 없을 만큼 작아서 돋보기를 달아 놓았어요. 그러니까 그동안 시아가 알고 있던 채송화 씨앗은 큰 씨앗이었던 거예요. 눈에 보이고 손으로도 집을 수 있었으니 말이에요.

시아는 1 cm보다 더 짧은 길이를 알려면 무엇으로 재야할지 갑자기 궁금해졌어요. 채송화 씨앗이나 전시회장에서 본 난초의 씨앗에게 "너희는 길이가 없어!"라고 말할 수는 없잖아요. 1 cm보다 더 짧은 길이는 그래서 세상에 태어났나 봐요.

주어진 길이를 재어 보세요.

——————— 4 cm　　　——————— (　　)

——— (　　)　　　— (　　)

단원 6 분수와 소수

이번에 배울 내용

이전에 배운 내용

칠교판으로 모양을 만들기

다음에 배울 내용

- 진분수, 가분수 알아보기
- 대분수 알아보기
- 분수의 크기 비교하기

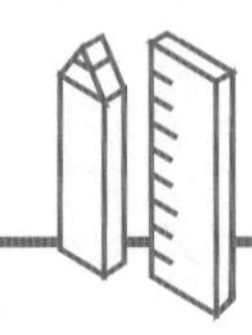

교과서 개념을 이해하고 확인 문제를 통해 익혀요.

구체물을 똑같이 나누기

사과 한 개를 둘로 똑같이 나누기

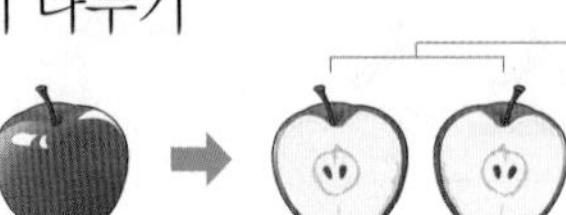

➡ 나누어진 **2**조각은 모양과 크기가 같습니다.

도형을 똑같이 나누기 — 똑같이 나누는 방법은 여러 가지입니다.

• 똑같이 둘로 나누기 | • 똑같이 셋으로 나누기

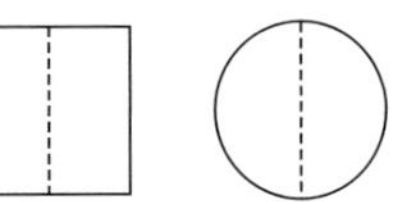

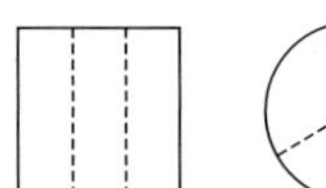
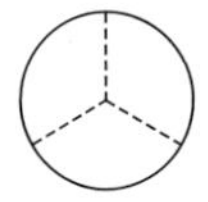
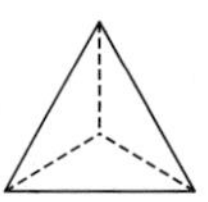

똑같이 나누어진 조각은 모두 모양과 크기가 같고, 서로 겹치면 완전히 겹쳐집니다.

똑같이 나누어진 도형 찾기

똑같이 나누어진 도형은 모양과 크기가 같으므로 뒤집거나 돌린 다음 서로 겹쳤을 때 완전히 겹쳐지는 도형을 찾습니다.

개념잡기

똑같이 나누어진 것은 나누어진 부분끼리 서로 포개었을 때 남거나 부족한 부분이 없이 완전히 겹쳐집니다.

---

1 개념확인 똑같이 둘로 나누어진 것에 ○표 하세요.

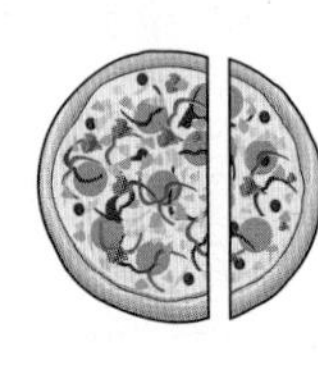

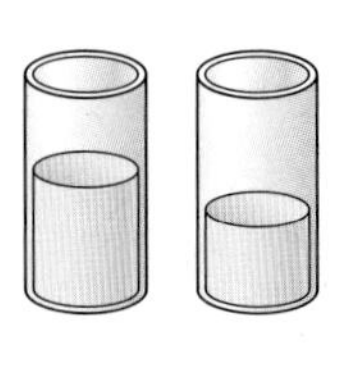

(　　)　(　　)　(　　)　(　　)

2 개념확인 똑같이 셋으로 나누어진 도형을 찾아 기호를 써 보세요.

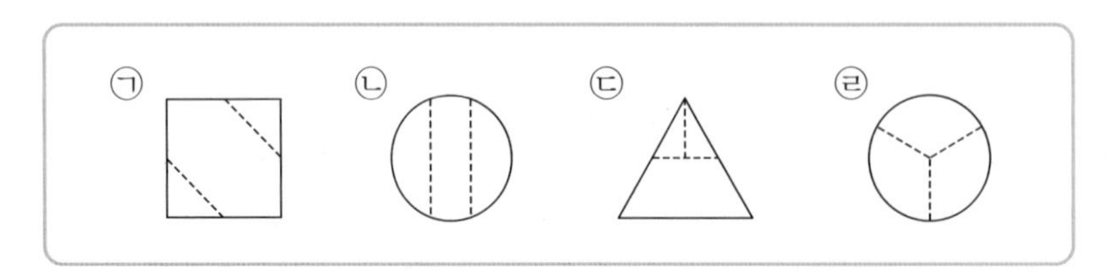

(　　　　　　)

기본 문제를 통해 교과서 개념을 다져요.

1 그림을 보고 물음에 답해 보세요.

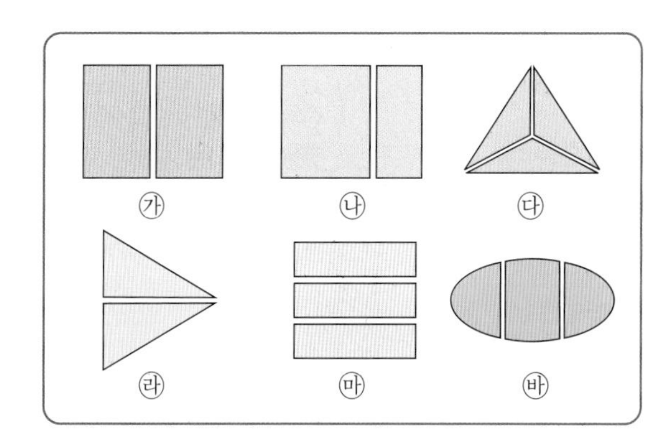

(1) 똑같이 나누어지지 않은 것을 모두 찾아 기호를 써 보세요.

( )

(2) 똑같이 나누어진 것을 모두 찾아 기호를 써 보세요.

( )

여러 나라의 국기가 있습니다. 국기를 보고 물음에 답해 보세요. [2~3]

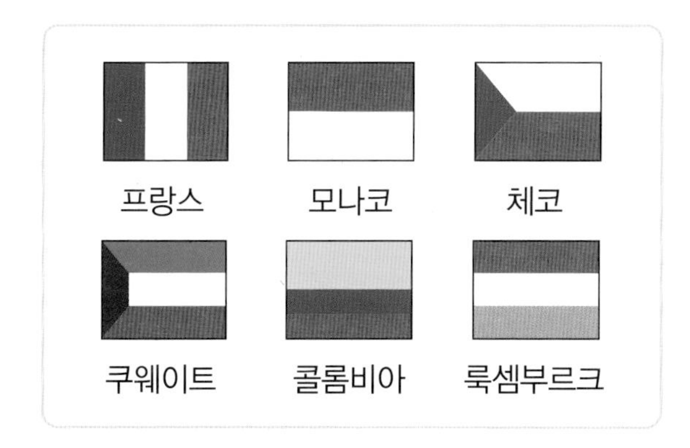

2 똑같이 둘로 나누어진 국기를 찾아 나라 이름을 써 보세요.

( )

3 똑같이 셋으로 나누어진 국기를 모두 찾아 나라 이름을 써 보세요.

( )

4 왼쪽 도형을 똑같이 둘로 나눈 것을 찾아 ○표 하세요.

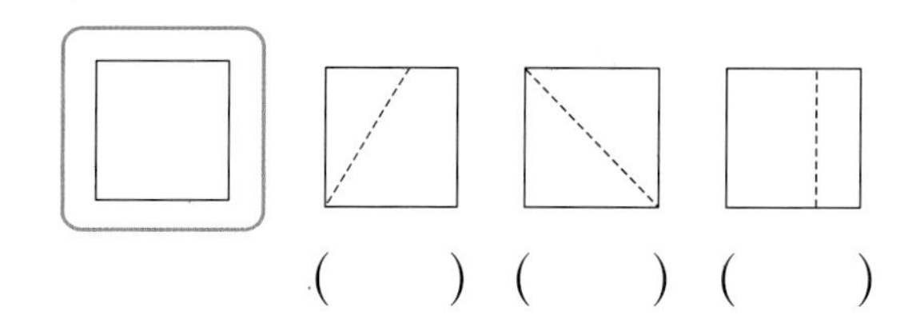

( ) ( ) ( )

5 도형은 똑같이 몇으로 나누어진 것인가요?

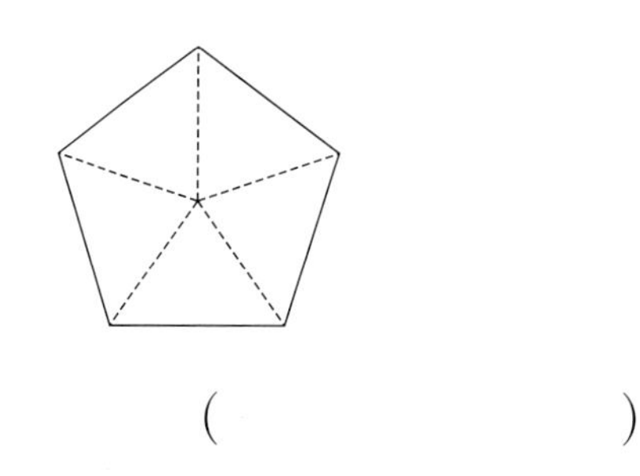

( )

6 똑같이 넷으로 나누어지지 않은 것은 어느 것인가요?

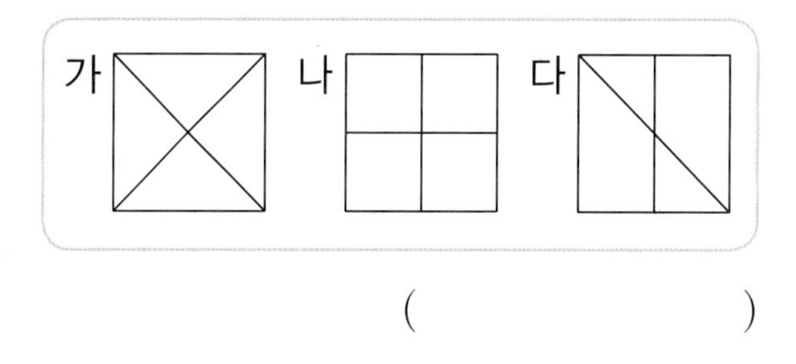

( )

중요

7 도형을 점을 이용하여 똑같이 넷으로 나누어 보세요.

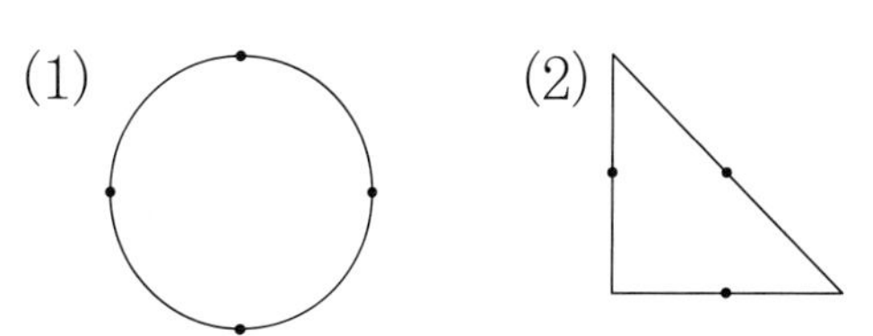

2. 분수 알아보기 (1)

교과서 개념을 이해하고 확인 문제를 통해 익혀요.

전체와 부분의 크기 비교하기

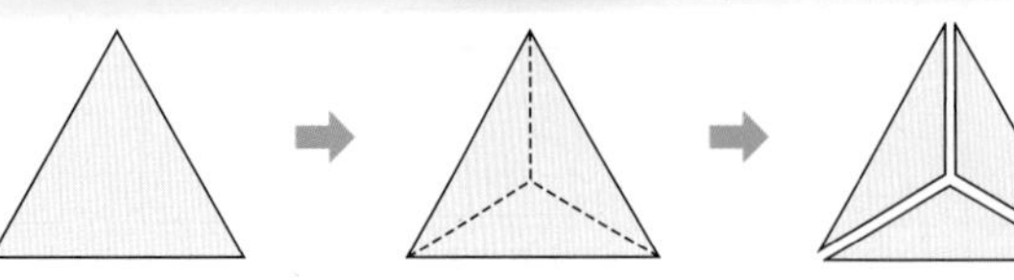

부분 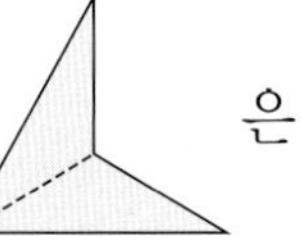 은 전체 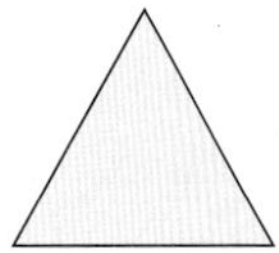 를 똑같이 **3**으로 나눈 것 중의 **2**입니다.

전체를 똑같이 **3**으로 나눈 것 중의 **2**를 $\frac{2}{3}$라 쓰고 **3**분의 **2**라고 읽습니다.
$\frac{2}{3}$와 같은 수를 분수라고 합니다.

$\frac{2}{3}$ ← 분자(2), 분모(3)

개념잡기

전체가 일정한 수로 똑같이 나누어졌을 때, 나눈 부분은 전체를 똑같이 몇으로 나눈 것 중의 몇이라고 표현합니다.

---

1 개념확인 □ 안에 알맞은 수를 써넣으세요.

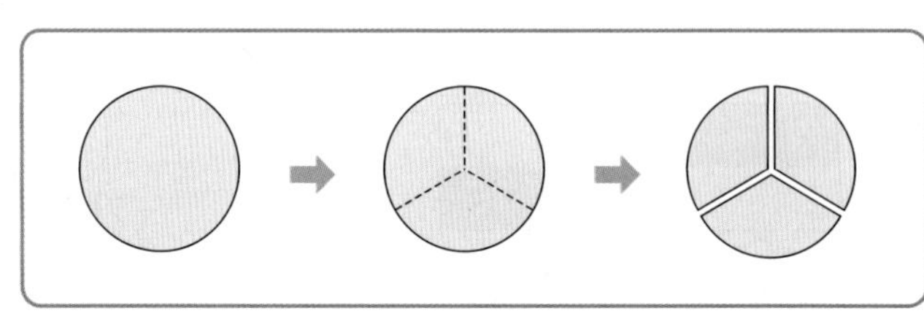

부분 은 전체 를 똑같이 □으로 나눈 것 중의 □입니다.

2 개념확인 □ 안에 알맞은 수를 써넣으세요.

색칠한 부분은 전체를 똑같이 **4**로 나눈 것 중의 □이므로 $\frac{\square}{4}$이라 쓰고 □분의 □이라고 읽습니다.

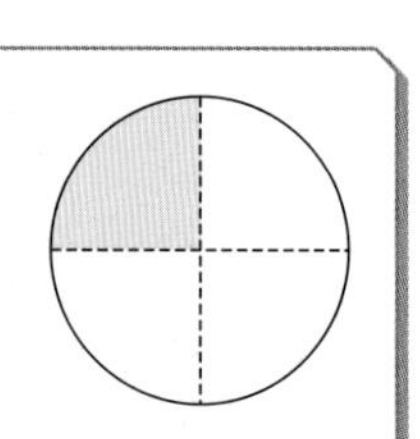

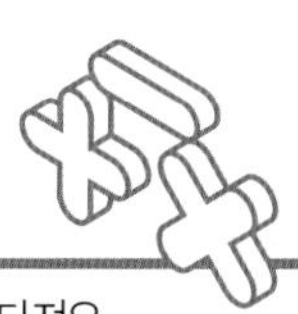

기본 문제를 통해 교과서 개념을 다져요.

1 □ 안에 알맞은 수를 써넣으세요.

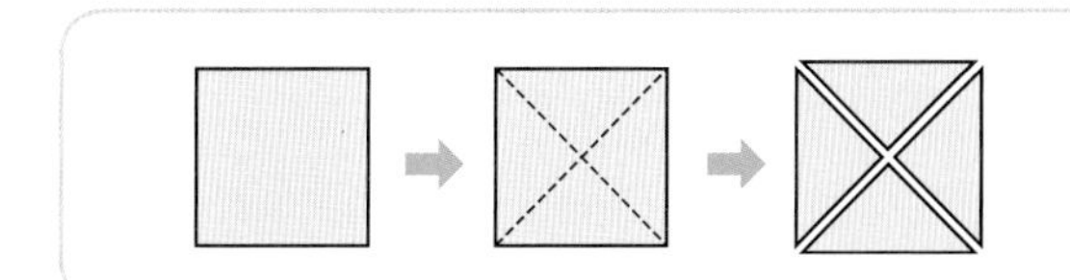

부분 은 전체 를 똑같이 □로 나눈 것 중의 □입니다.

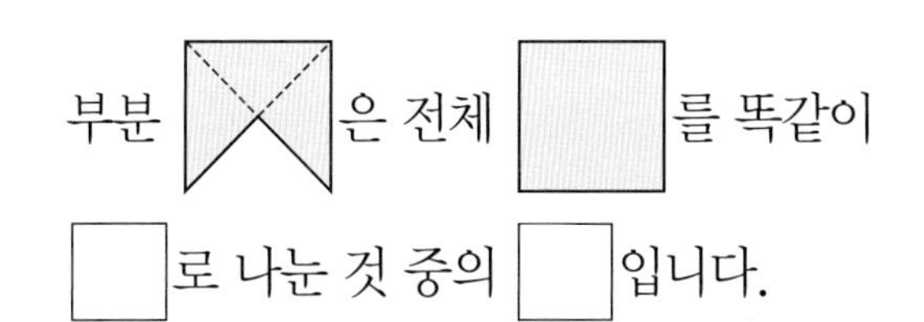

2 그림을 보고 알맞은 것에 ○표 하세요.

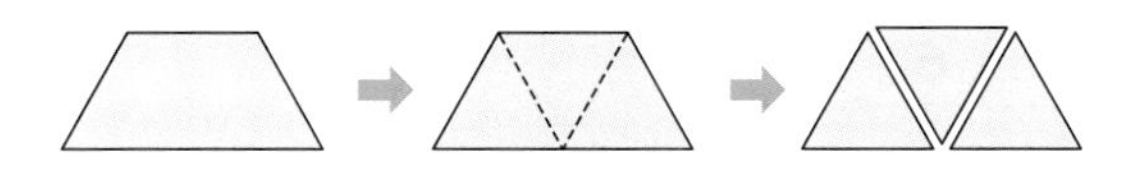

부분 은 전체 를 똑같이 **3**으로 나눈 것 중의 (**2**, **3**)이고, 전체보다 크기가 (큽니다, 작습니다).

중요

3 □ 안에 알맞은 수를 써넣으세요.

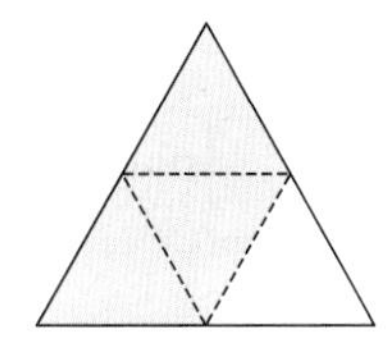

색칠한 부분은 전체를 똑같이 □로 나눈 것 중의 □입니다.

4 □ 안에 알맞게 써넣으세요.

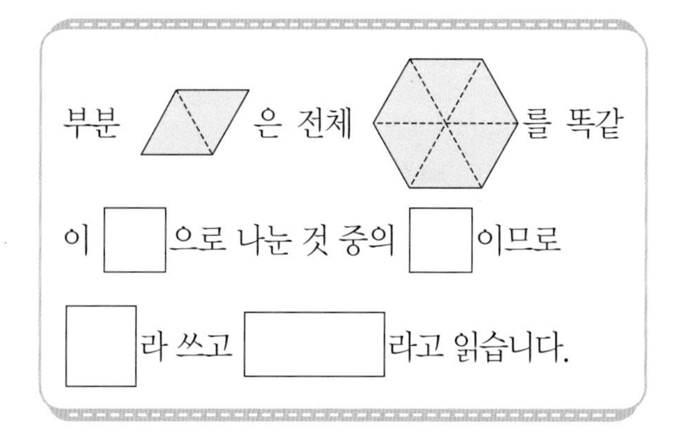

부분 은 전체 를 똑같이 □으로 나눈 것 중의 □이므로 □라 쓰고 □라고 읽습니다.

5 관계있는 것끼리 선으로 이어 보세요.

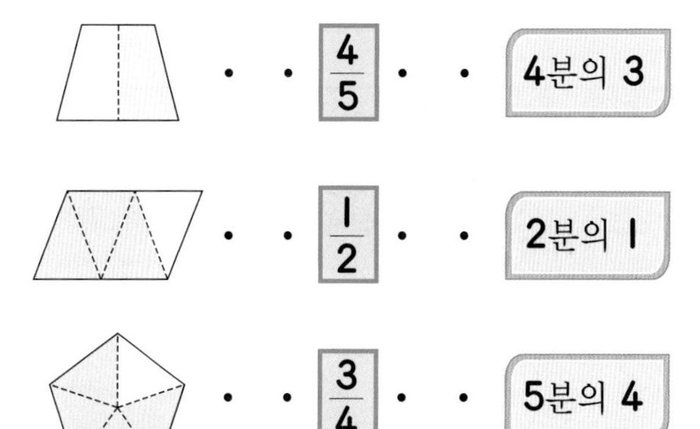

6 분수로 써 보세요.

(1) 8분의 5 ➡ (　　　　)

(2) 4분의 3 ➡ (　　　　)

단원 6

3. 분수 알아보기 (2)

교과서 개념을 이해하고 확인 문제를 통해 익혀요.

부분을 보고 전체 알아보기

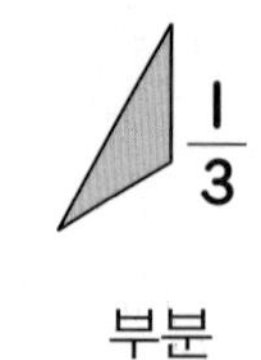
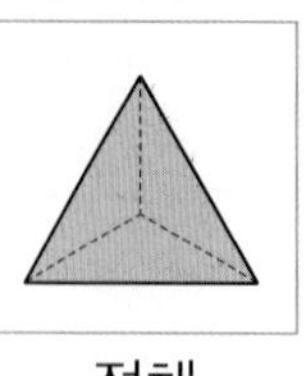

부분	전체	부분	전체
$\frac{1}{2}$		$\frac{1}{3}$	

색칠한 부분과 색칠하지 않은 부분을 분수로 나타내기

색칠한 부분	$\frac{1}{4}$	$\frac{3}{5}$	$\frac{4}{6}$
색칠하지 않은 부분	$\frac{3}{4}$	$\frac{2}{5}$	$\frac{2}{6}$

개념잡기

참고
분수로 나타낼 때
전체를 몇으로 나누었는지 알아보고
분모에 씁니다.

1 개념확인

부분을 보고 전체를 그려 보세요.

(1) 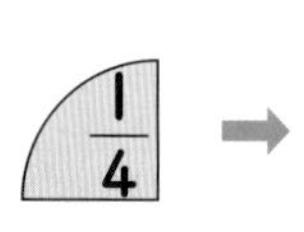 

$\frac{1}{4}$ →

(2) 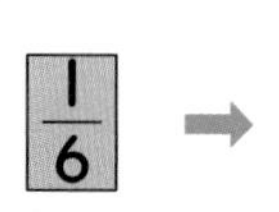 

$\frac{1}{6}$ →

2 개념확인

색칠한 부분과 색칠하지 않은 부분을 분수로 나타내려고 합니다. □ 안에 알맞게 써넣으세요.

(1) 전체를 똑같이 6으로 나눈 것 중 □만큼 색칠하고 □만큼은 색칠하지 않았습니다.

→ 색칠한 부분: $\frac{\square}{6}$, 색칠하지 않은 부분: $\frac{\square}{6}$

(2) 전체를 똑같이 9로 나눈 것 중 □만큼 색칠하고 □만큼은 색칠하지 않았습니다.

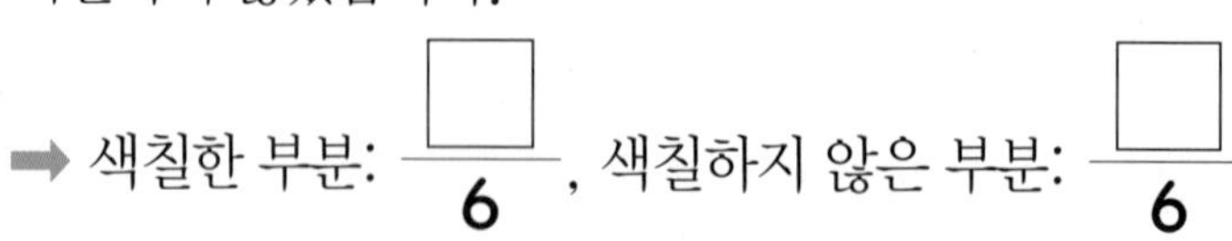

→ 색칠한 부분: $\frac{\square}{9}$, 색칠하지 않은 부분: $\frac{\square}{9}$

2단계 핵심 쏙쏙

기본 문제를 통해 교과서 개념을 다져요.

1 $\frac{3}{6}$ 만큼 색칠한 것은 어느 것인가요?

( )

①
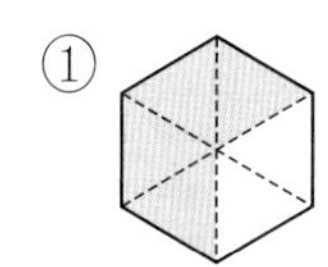
②
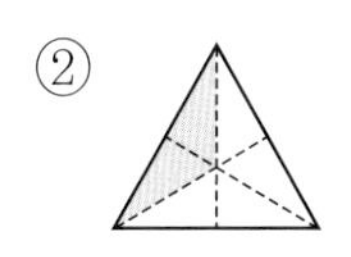
③
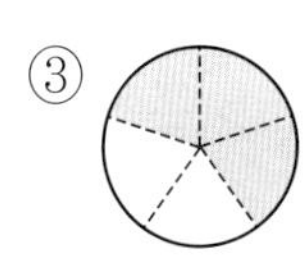
④
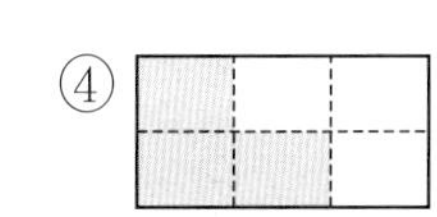
⑤
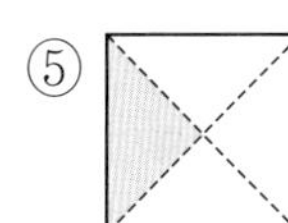

2 전체를 똑같이 **5**로 나눈 것 중의 **3**입니다. 부분과 전체를 알맞게 선으로 이어 보세요.

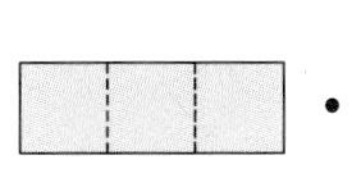 • • 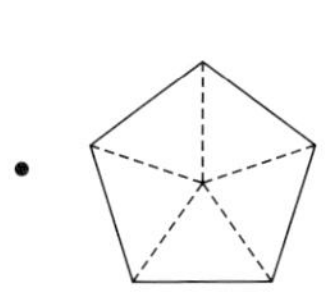

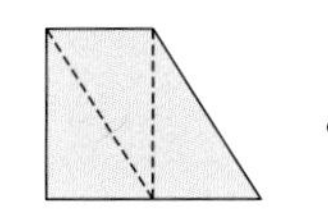 • • 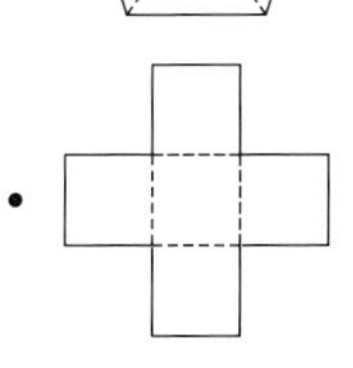

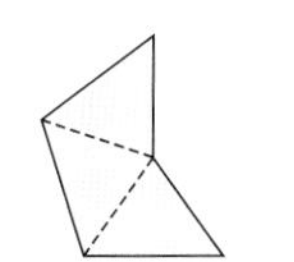 • • 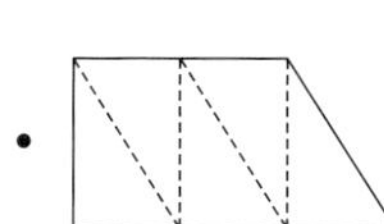

3 색칠한 부분이 나타내는 분수가 나머지 둘과 다른 것은 어느 것인가요?

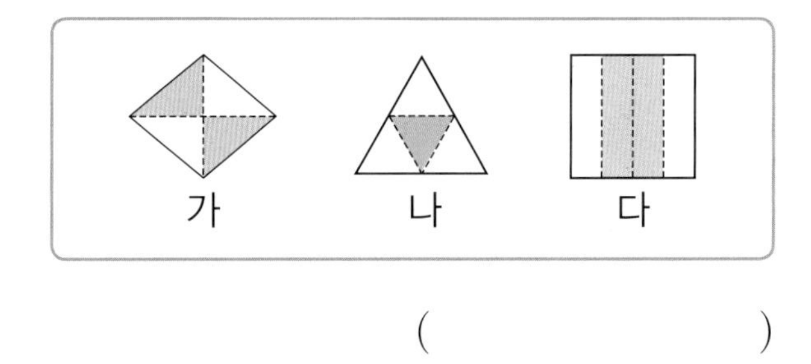

( )

중요

4 색칠한 부분은 전체의 얼마인지 분수로 쓰고, 읽어 보세요.

(1)
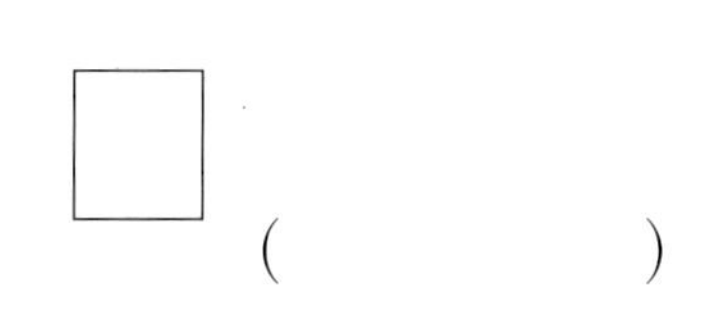
□ ( )

(2)
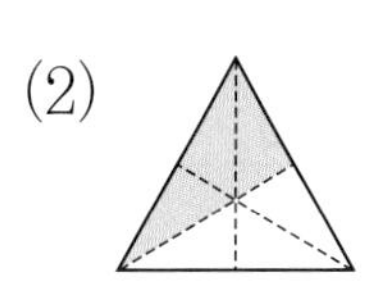
□ ( )

5 색칠한 부분과 색칠하지 않은 부분을 각각 분수로 써 보세요.

(1)
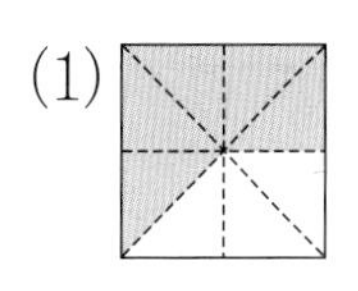
색칠한 부분: □

색칠하지 않은 부분: □

(2)
색칠한 부분: □

색칠하지 않은 부분: □

6 전체를 똑같이 **6**으로 나눈 것 중의 **5**를 색칠해 보세요.

(1)
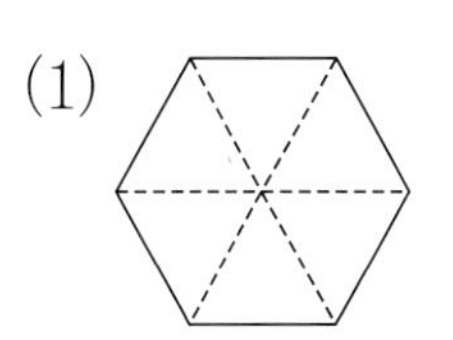
(2)
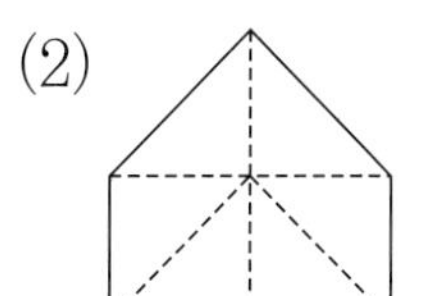

단원 6

4. 분모가 같은 분수의 크기 비교

교과서 개념을 이해하고 확인 문제를 통해 익혀요.

$\frac{3}{4}$과 $\frac{2}{4}$의 크기 비교

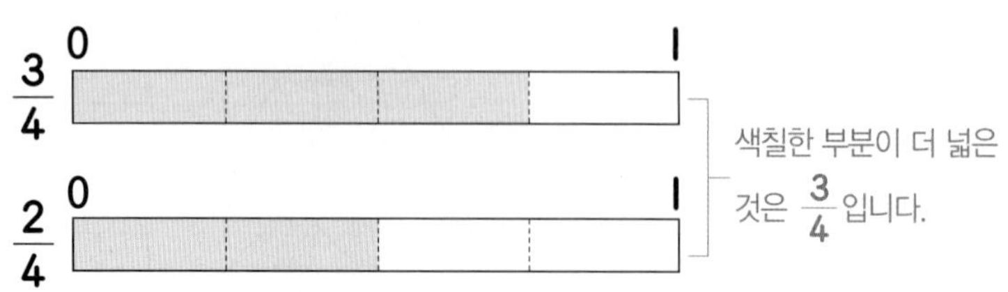

색칠한 부분이 더 넓은 것은 $\frac{3}{4}$입니다.

- $\frac{3}{4}$은 $\frac{1}{4}$이 3개이고, $\frac{2}{4}$는 $\frac{1}{4}$이 2개입니다.

➡ $\frac{3}{4}$은 $\frac{2}{4}$보다 큽니다.

- 분모가 같은 분수에서는 분자의 크기가 큰 분수가 더 큽니다.

$$\frac{3}{4} > \frac{2}{4}$$

개념잡기

참고 분모가 같은 분수의 크기 비교

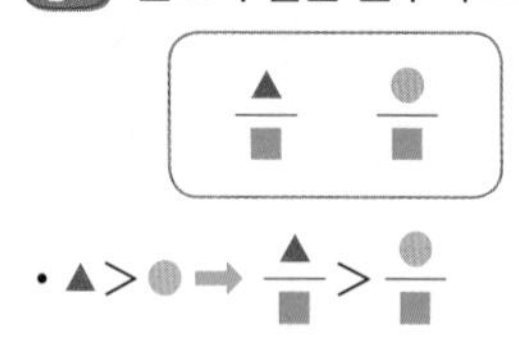

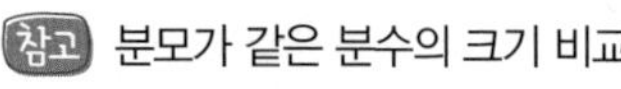

- ▲>● ➡ $\frac{▲}{■} > \frac{●}{■}$
- ▲=● ➡ $\frac{▲}{■} = \frac{●}{■}$
- ▲<● ➡ $\frac{▲}{■} < \frac{●}{■}$

---

1 개념확인 $\frac{5}{7}$와 $\frac{4}{7}$ 중에서 어느 분수가 더 큰지 알아보세요.

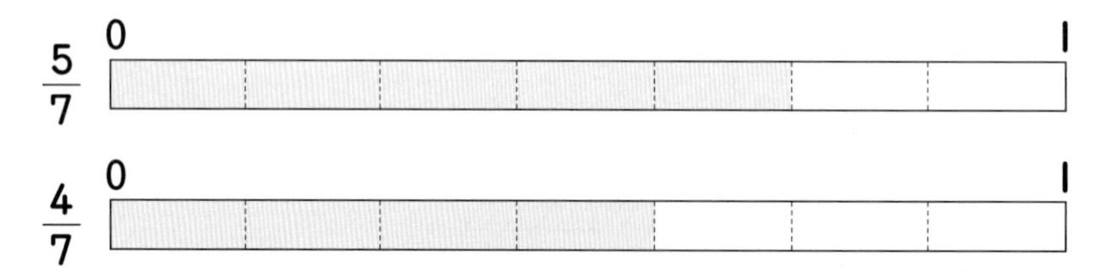

(1) $\frac{5}{7}$는 $\frac{1}{7}$이 □개이고, $\frac{4}{7}$는 $\frac{1}{7}$이 □개입니다.

(2) $\frac{5}{7}$와 $\frac{4}{7}$ 중에서 어느 것이 더 크나요? (　　　　)

2 개념확인 두 분수의 크기를 비교하여 ○ 안에 >, =, <를 알맞게 써넣으세요.

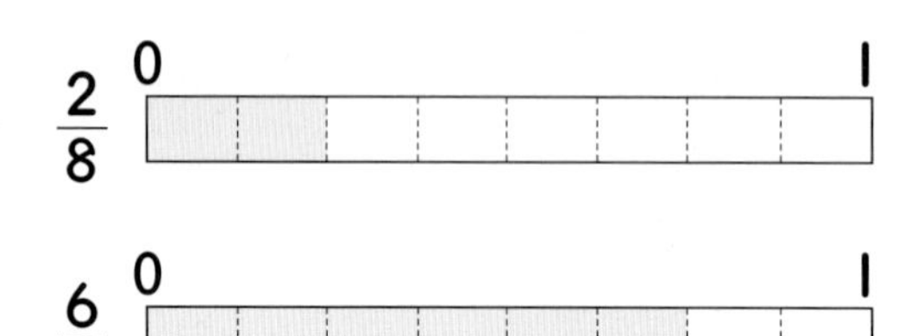

$\frac{2}{8}$ ○ $\frac{6}{8}$

2단계 핵심 쏙쏙

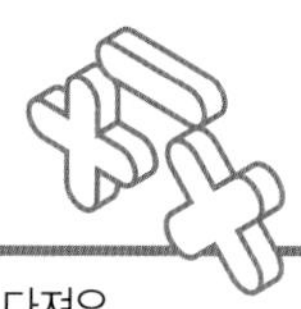

기본 문제를 통해 교과서 개념을 다져요.

1 $\frac{3}{7}$과 $\frac{4}{7}$의 크기를 비교하여 알맞은 말에 ○표 하세요.

$\frac{4}{7}$는 $\frac{3}{7}$보다 더 (큽니다 , 작습니다).

2 주어진 분수만큼 색칠하고 ○ 안에 >, =, <를 알맞게 써넣으세요.

(1)

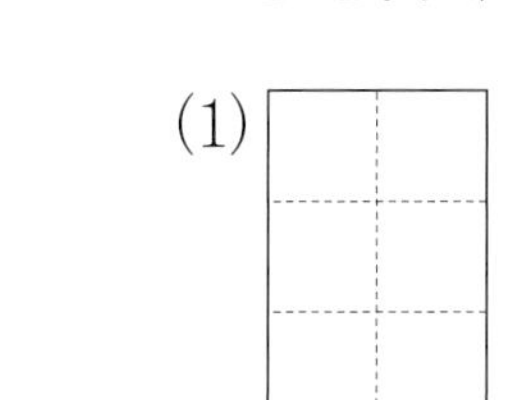

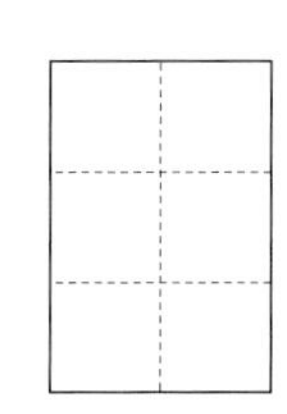

$\frac{3}{6}$ ○ $\frac{4}{6}$

(2)

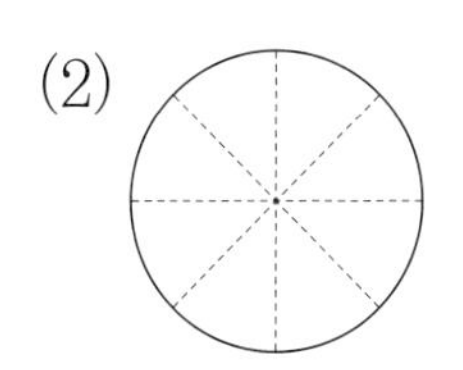

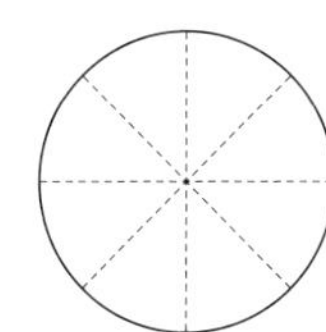

$\frac{5}{8}$ ○ $\frac{4}{8}$

중요

3 두 분수의 크기를 비교하여 ○ 안에 >, =, <를 알맞게 써넣으세요.

(1) $\frac{1}{6}$ ○ $\frac{5}{6}$

(2) $\frac{11}{13}$ ○ $\frac{9}{13}$

4 □ 안에 알맞은 분수를 써넣고 ○ 안에 >, =, <를 알맞게 써넣으세요.

0 ——————————— 1

□ ○ □

5 두 분수의 크기를 비교하여 ○ 안에 >, =, <를 알맞게 써넣으세요.

$\frac{1}{5}$이 2개인 수 ○ $\frac{1}{5}$이 3개인 수

6 가장 큰 분수를 찾아 써 보세요.

$\frac{5}{11}$, $\frac{2}{11}$, $\frac{8}{11}$

( )

7 상연이는 동화책의 $\frac{4}{5}$를, 지혜는 같은 동화책의 $\frac{3}{5}$을 읽었습니다. 누가 동화책을 더 많이 읽었나요?

( )

단원 6

5. 단위분수의 크기 비교

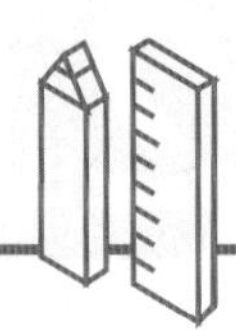

교과서 개념을 이해하고 확인 문제를 통해 익혀요.

$\frac{1}{3}$과 $\frac{1}{4}$의 크기 비교

$\frac{1}{3}$ 0 1

$\frac{1}{4}$ 0 1

- 색칠한 부분의 크기를 비교하면 $\frac{1}{3}$이 $\frac{1}{4}$보다 큽니다.
- 분수 중에서 $\frac{1}{2}$, $\frac{1}{3}$, $\frac{1}{4}$과 같이 분자가 1인 분수를 단위분수라고 합니다.
- 단위분수는 분모가 작을수록 더 큽니다.

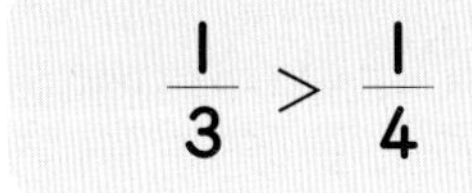

1 개념확인 $\frac{1}{5}$과 $\frac{1}{6}$ 중에서 어느 분수가 더 큰지 알아보세요.

(1) $\frac{1}{5}$과 $\frac{1}{6}$만큼 각각 색칠해 보세요.

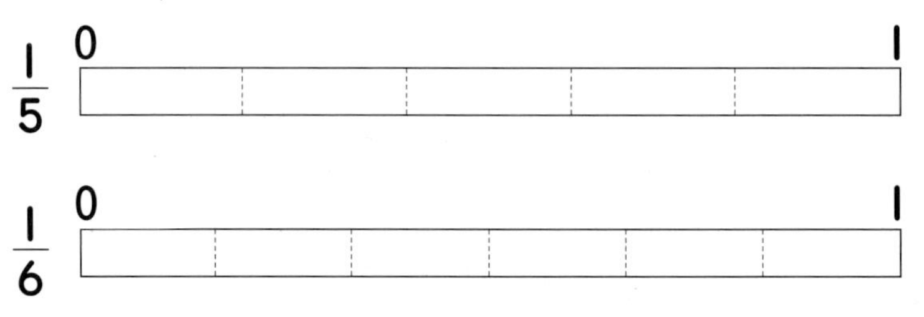

(2) $\frac{1}{5}$과 $\frac{1}{6}$ 중에서 어느 것이 더 크나요? (　　　　　)

2 개념확인 주어진 분수만큼 각각 색칠하고 ○ 안에 >, =, <를 알맞게 써넣으세요.

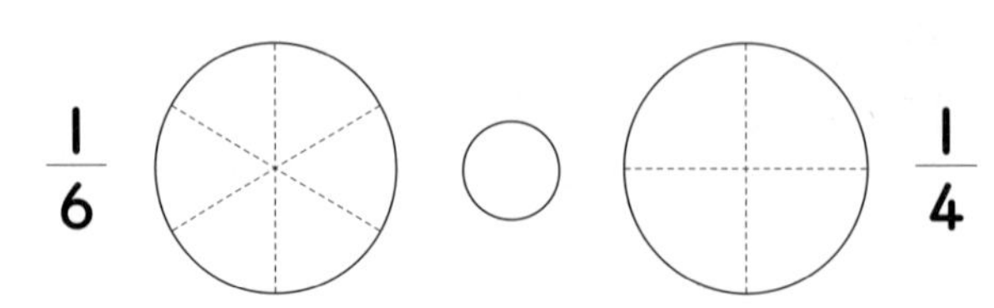

기본 문제를 통해 교과서 개념을 다져요.

1 그림을 보고 ○ 안에 >, =, <를 알맞게 써넣으세요.

(1)

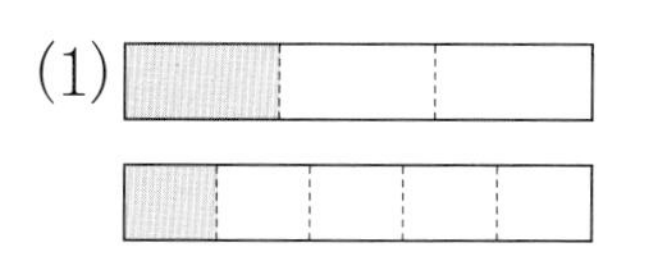

$\frac{1}{3}$ ○ $\frac{1}{5}$

(2)

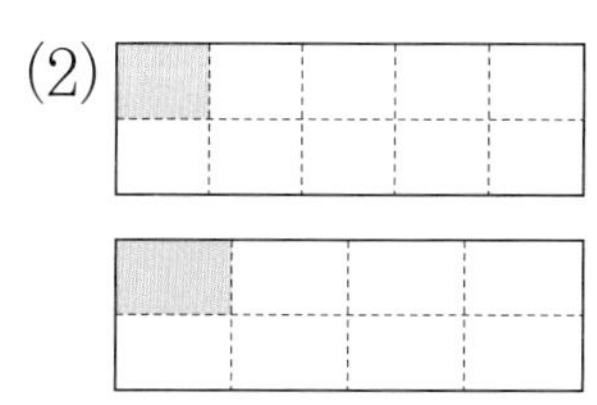

$\frac{1}{10}$ ○ $\frac{1}{8}$

2 주어진 분수만큼 각각 색칠하고 ○ 안에 >, =, <를 알맞게 써넣으세요.

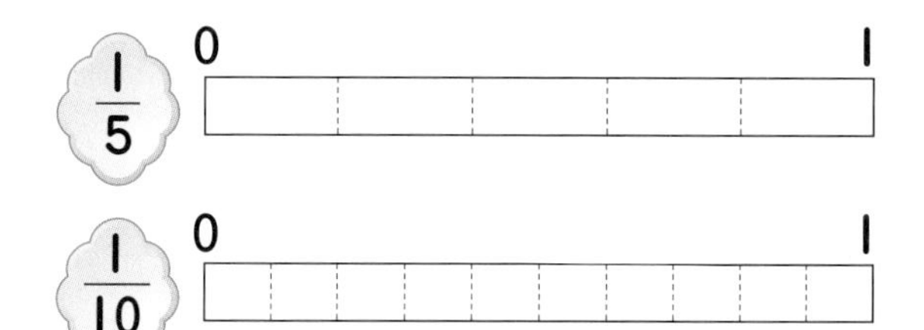

$\frac{1}{5}$ ○ $\frac{1}{10}$

3 □ 안에 알맞은 분수를 써넣고 ○ 안에 >, =, <를 알맞게 써넣으세요.

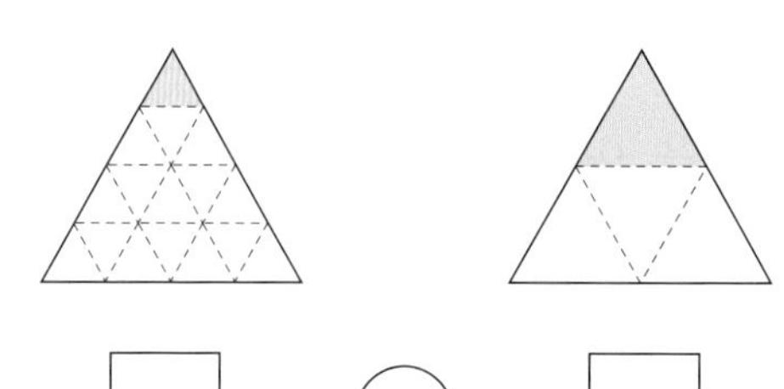

□ ○ □

4 두 분수의 크기를 비교하여 ○ 안에 >, =, <를 알맞게 써넣으세요.

(1) $\frac{1}{7}$ ○ $\frac{1}{4}$

(2) $\frac{1}{6}$ ○ $\frac{1}{8}$

5 □ 안에 알맞은 수를 써넣으세요.

$\frac{1}{9}$, $\frac{1}{11}$, $\frac{1}{5}$의 세 분수 중에서 가장 큰 분수는 □이고, 가장 작은 분수는 □입니다.

6 석기는 문제집의 $\frac{1}{10}$을 풀고, 효근이는 같은 문제집의 $\frac{1}{12}$을 풀었습니다. 누가 더 많이 풀었나요?

(　　　　　　)

유형 1 똑같이 나누기

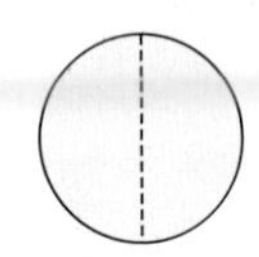 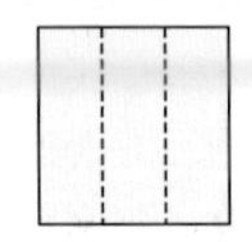 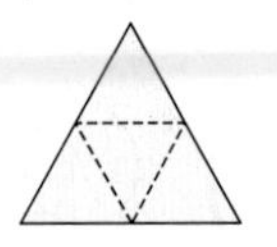

➡ 똑같이 나누어진 것은 모양과 크기가 같고, 서로 겹쳤을 때 완전히 겹쳐집니다.

1-1 똑같이 둘로 나누어진 것을 찾아 기호를 써 보세요.

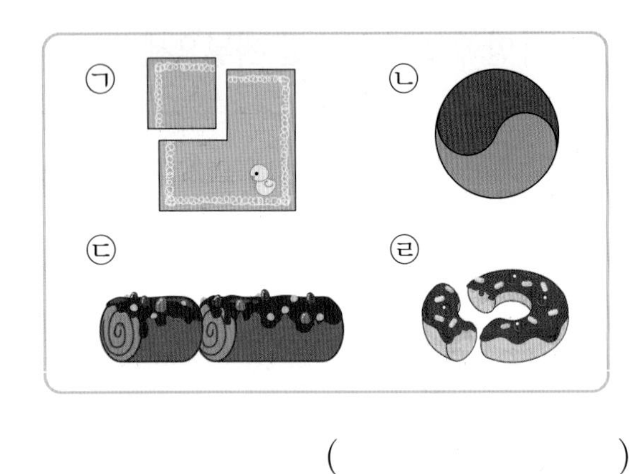

( )

색종이를 나눈 것입니다. 물음에 답해 보세요. [1-2~1-3]

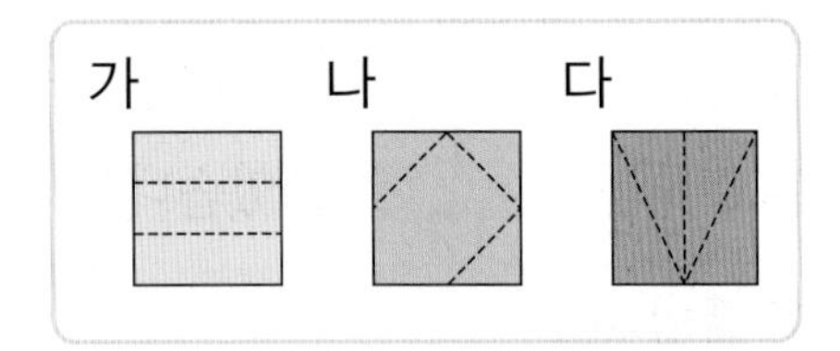

1-2 똑같이 셋으로 나누어진 도형을 찾아 기호를 써 보세요.

( )

1-3 똑같이 넷으로 나누어진 도형을 찾아 기호를 써 보세요.

( )

1-4 똑같이 나누어진 도형을 모두 찾아 기호를 써 보세요.

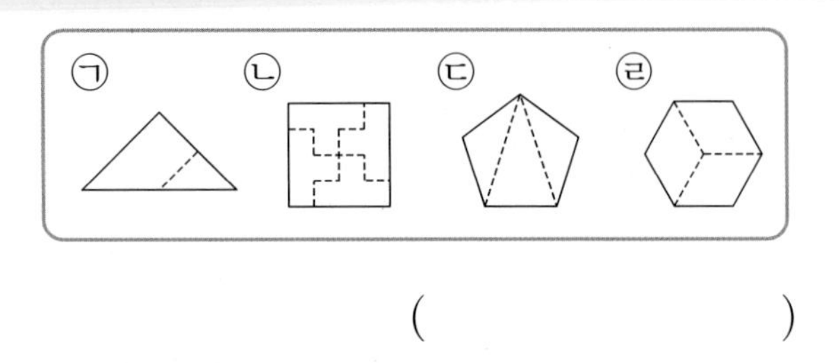

( )

잘 틀려요

1-5 도형을 똑같이 둘로 나눌 수 없는 선은 어느 것인가요? ( )

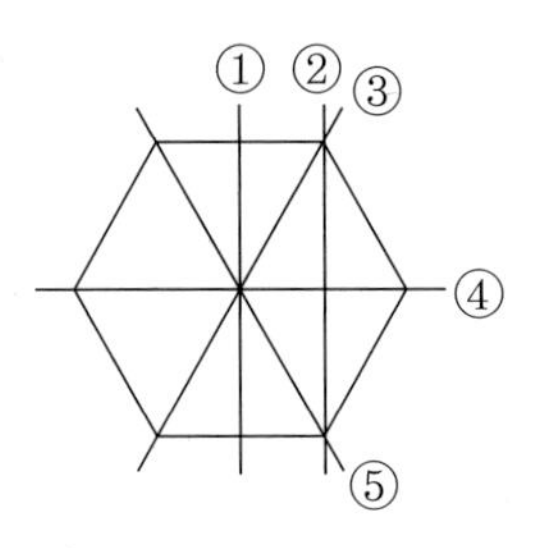

1-6 색종이를 두 번 접은 다음 접은 선을 따라 자르면 전체는 똑같이 몇 조각으로 나누어지나요?

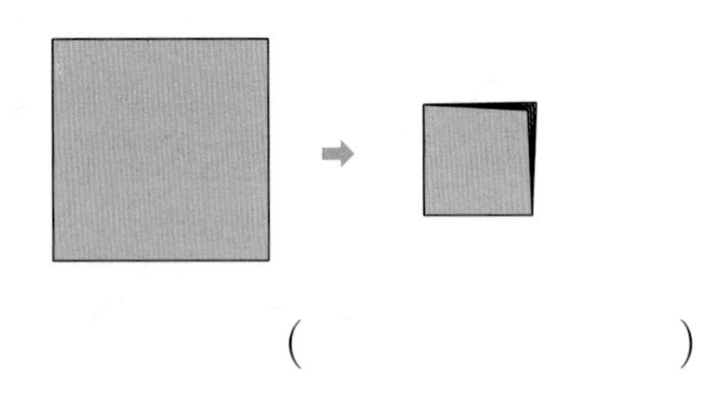

( )

1-7 점을 이용하여 전체를 똑같이 넷으로 나누어 보세요.

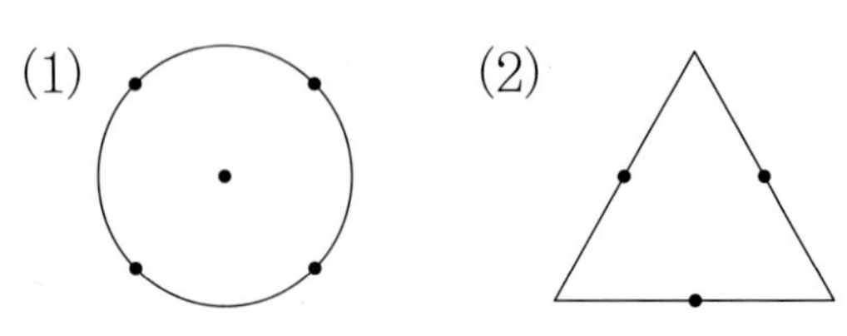

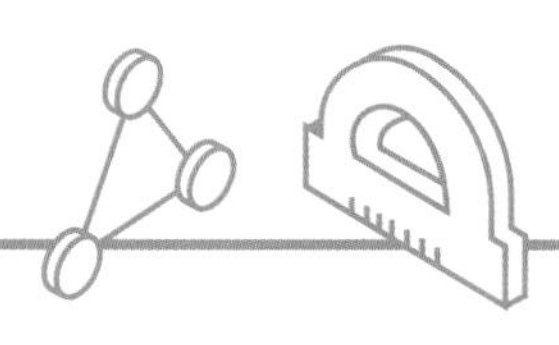

유형 2 전체와 부분의 크기 비교하기

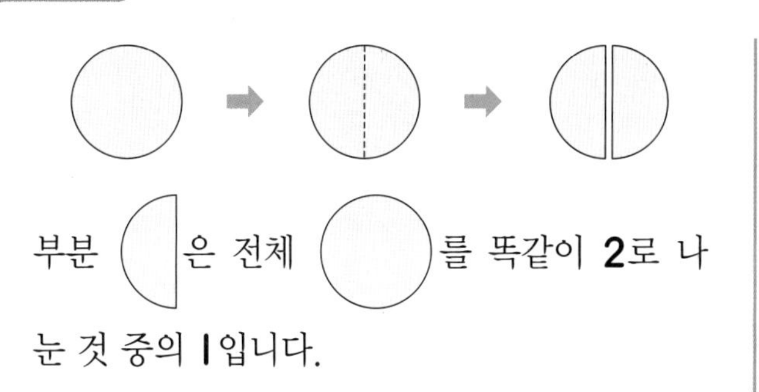

부분 (반원)은 전체 (원)를 똑같이 2로 나눈 것 중의 1입니다.

2-1 색칠한 부분이 전체를 똑같이 4로 나눈 것 중의 3인 것을 찾아 기호를 써 보세요.

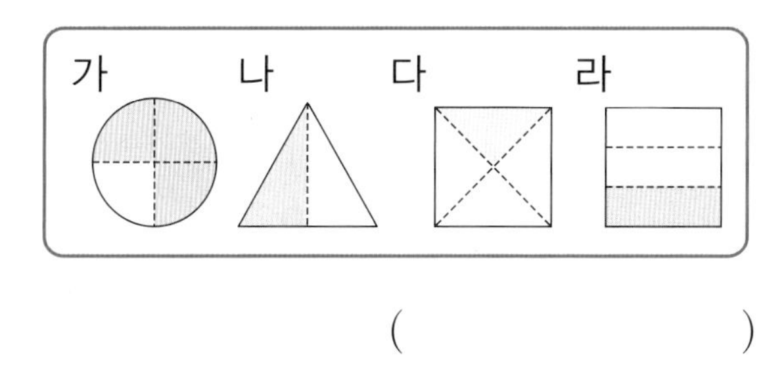

(　　　　　　)

시험에 잘 나와요

2-2 오른쪽 그림을 보고 □ 안에 알맞은 수를 써넣으세요.

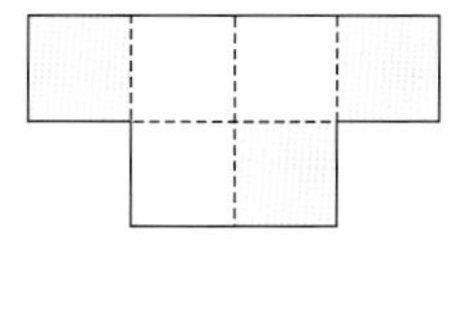

색칠한 부분은 전체를 똑같이 □으로 나눈 것 중의 □입니다.

2-3 전체를 똑같이 5로 나누고, 나눈 것 중의 2를 색칠해 보세요.

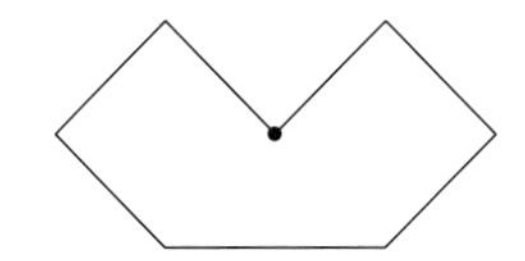

유형 3 분수 알아보기 (1)

- 전체를 똑같이 3으로 나눈 것 중의 1을 $\frac{1}{3}$이라 쓰고 3분의 1이라고 읽습니다.
- $\frac{1}{2}$, $\frac{1}{3}$, $\frac{3}{4}$과 같은 수를 분수라고 합니다.

대표유형

3-1 □ 안에 알맞게 써넣으세요.

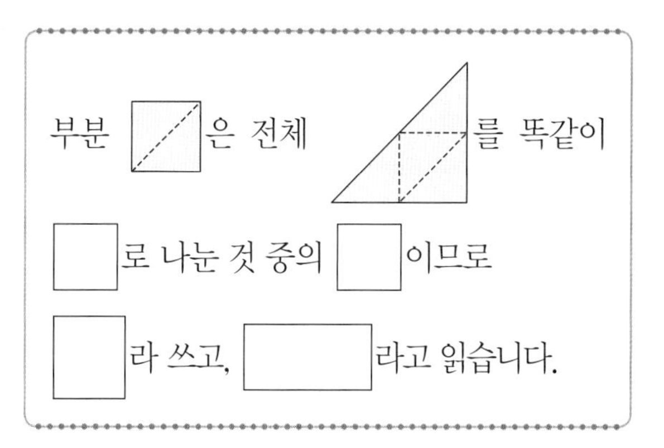

부분 □은 전체 △를 똑같이 □로 나눈 것 중의 □이므로 □라 쓰고, □라고 읽습니다.

3-2 분수를 바르게 읽은 것에 ○표 하세요.

$\frac{2}{4}$ — 2분의 4　　$\frac{5}{8}$ — 8분의 5

(　　)　　(　　)

3-3 색칠한 부분은 전체의 얼마인지 분수로 쓰고, 읽어 보세요.

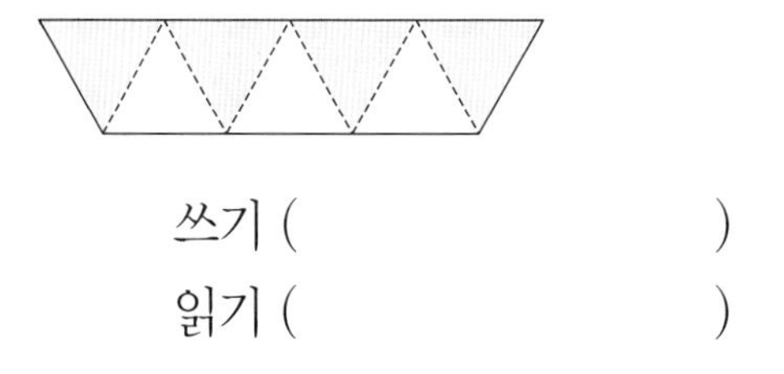

쓰기 (　　　　　　)

읽기 (　　　　　　)

단원 6

그림을 보고 □ 안에 알맞은 수를 써넣으세요. [3-4~3-5]

3-4

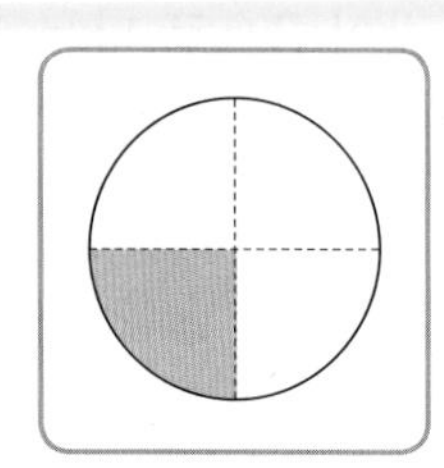

부분 ◔ 은 전체를 똑같이 □로 나눈 것 중의 □이므로 $\frac{\square}{\square}$입니다.

3-5

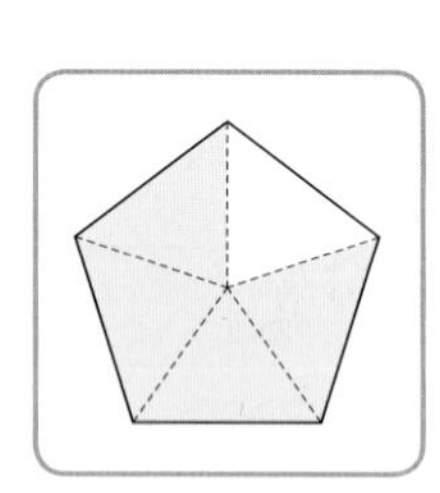

부분 ⬠ 은 전체를 똑같이 □로 나눈 것 중의 □이므로 $\frac{\square}{\square}$입니다.

대표유형

3-6 관계있는 것끼리 선으로 이어 보세요.

똑같이 7로 나눈 것 중의 5	• •	$\frac{4}{6}$
똑같이 6으로 나눈 것 중의 4	• •	$\frac{7}{10}$
똑같이 10으로 나눈 것 중의 7	• •	$\frac{5}{7}$

잘 틀려요

3-7 진수는 사과 한 개를 똑같이 6조각으로 나누어 그중에서 4조각을 먹었습니다. 진수가 먹은 사과는 전체의 몇 분의 몇인가요?

( )

3-8 분모가 6인 분수는 모두 몇 개인가요?

$\frac{6}{9}$ $\frac{2}{4}$ $\frac{1}{6}$ $\frac{6}{7}$ $\frac{5}{6}$

( )

유형 4 분수 알아보기 (2)

• 부분을 보고 전체 알아보기

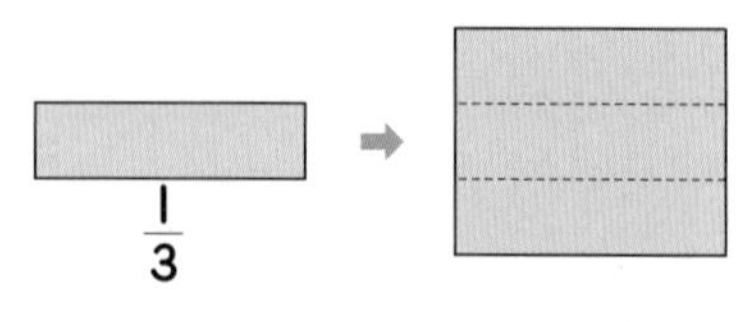

• 색칠한 부분과 색칠하지 않은 부분을 분수로 나타내기

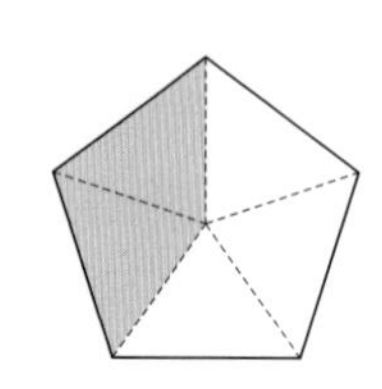

색칠한 부분: $\frac{2}{5}$

색칠하지 않은 부분: $\frac{3}{5}$

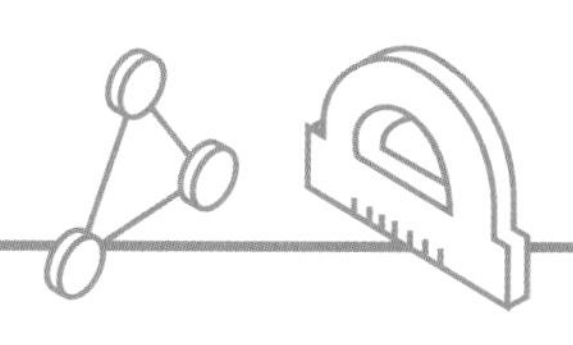

4-1 부분을 보고 전체를 그려 보세요.

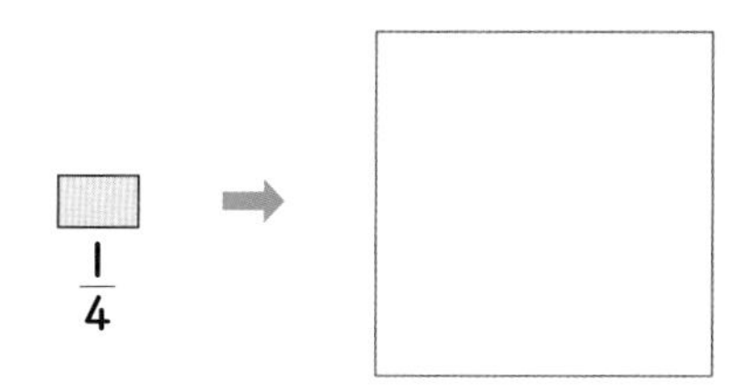

4-2 부분을 보고 전체를 그려 보세요.

(1)

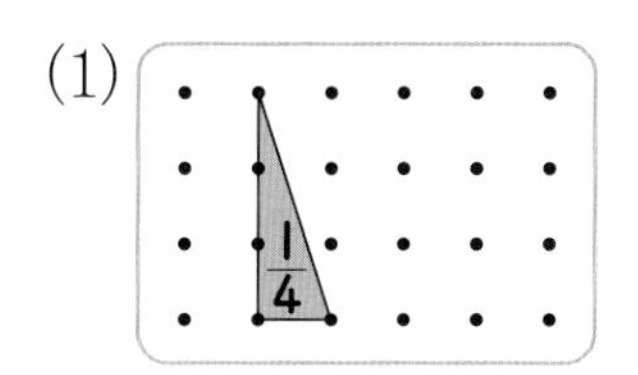

(2)

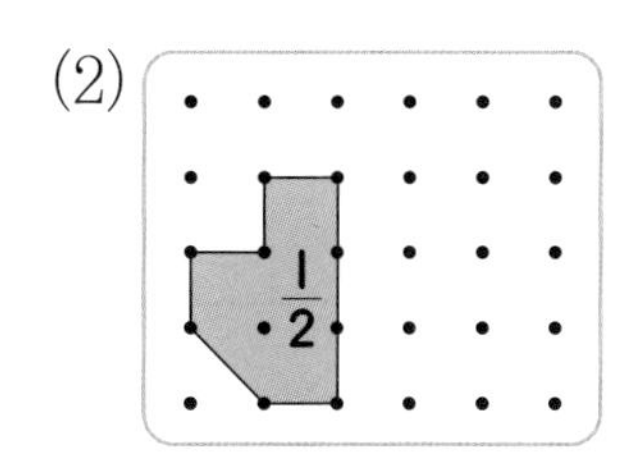

시험에 잘 나와요

4-3 색칠한 부분과 색칠하지 <u>않은</u> 부분을 분수로 나타내 보세요.

색칠한 부분		색칠하지 않은 부분

4-4 가영이는 피자 한 판을 똑같이 10조각으로 나누어 4조각을 먹었습니다. 남은 피자는 전체의 몇 분의 몇인가요?

( )

단원 6

4-5 색칠한 부분이 나타내는 분수가 <u>다른</u> 하나를 찾아 ○표 하세요.

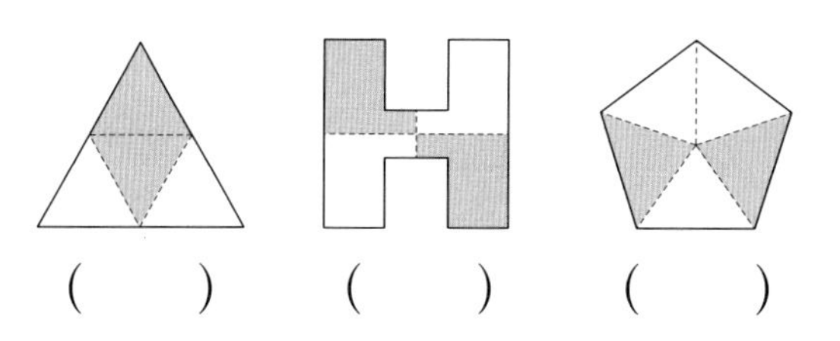

( ) ( ) ( )

4-6 오른쪽 도형은 전체를 똑같이 4로 나눈 것 중의 1입니다. 전체에 알맞은 도형을 모두 찾아 기호를 써 보세요.

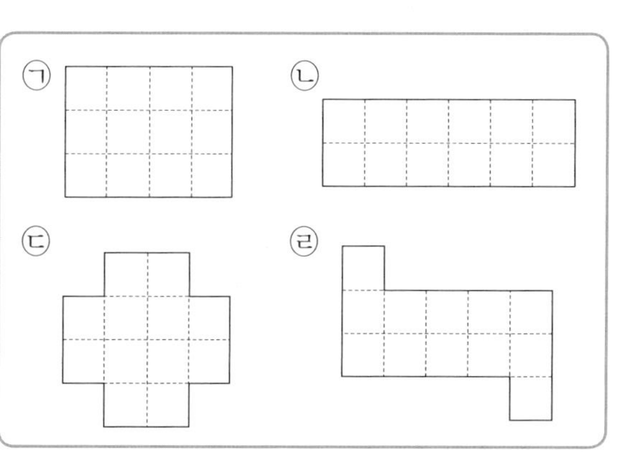

( )

3단계 유형 콕콕

유형 5 주어진 분수만큼 색칠하기

• $\frac{2}{3}$ 만큼 색칠하기

① 전체를 똑같이 3으로 나누었는지 확인합니다.

② 3칸 중에서 2칸을 색칠합니다.

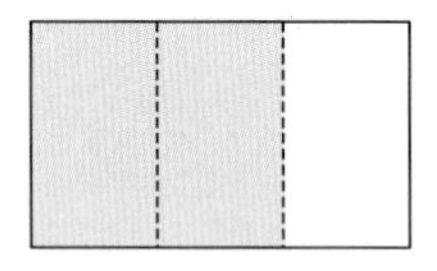

대표유형

5-1 주어진 분수만큼 색칠해 보세요.

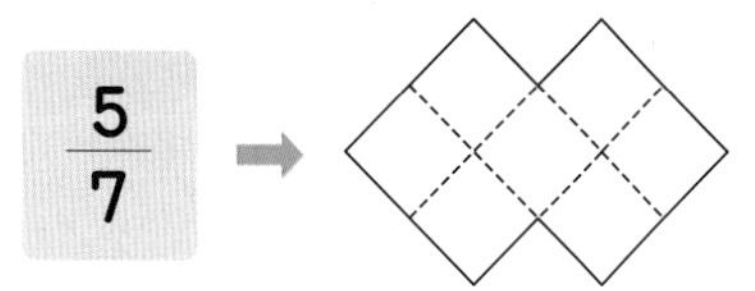

5-2 남은 부분을 분수로 나타내 보세요.

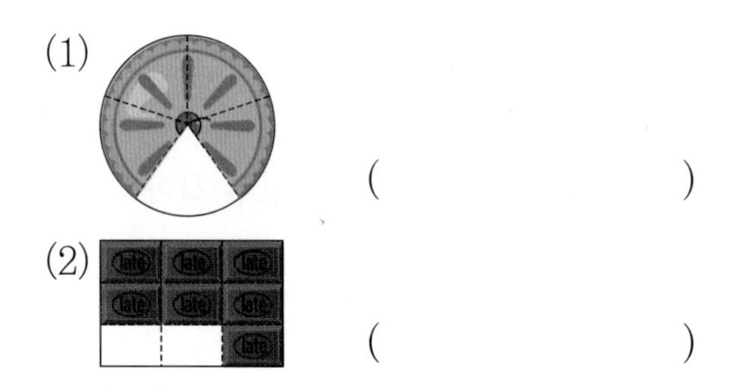

(1) (　　　　　)

(2) (　　　　　)

5-3 $\frac{5}{6}$ 만큼 색칠한 사람은 누구인가요?

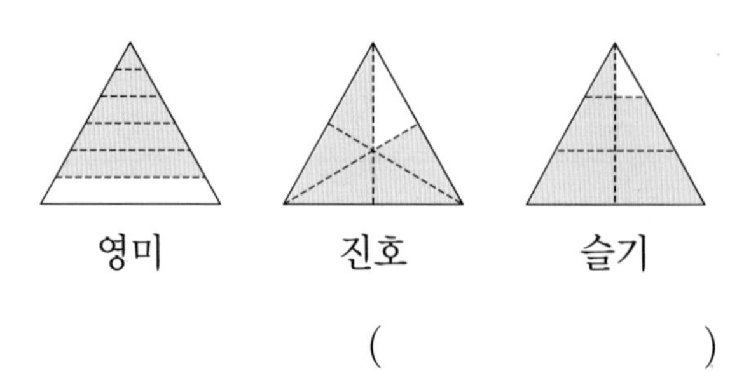

(　　　　　)

5-4 $\frac{5}{8}$ 만큼 색칠하려고 합니다. 몇 칸을 더 색칠해야 하나요?

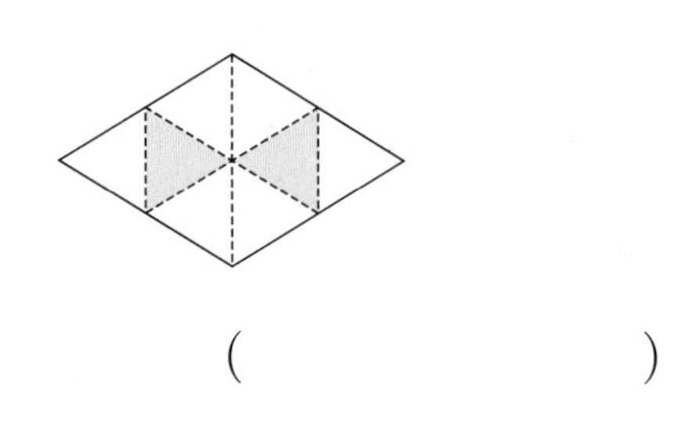

(　　　　　)

유승이네 밭의 $\frac{4}{9}$에는 감자를 심고, $\frac{3}{9}$에는 고구마를 심었습니다. 물음에 답해 보세요. [5-5~5-6]

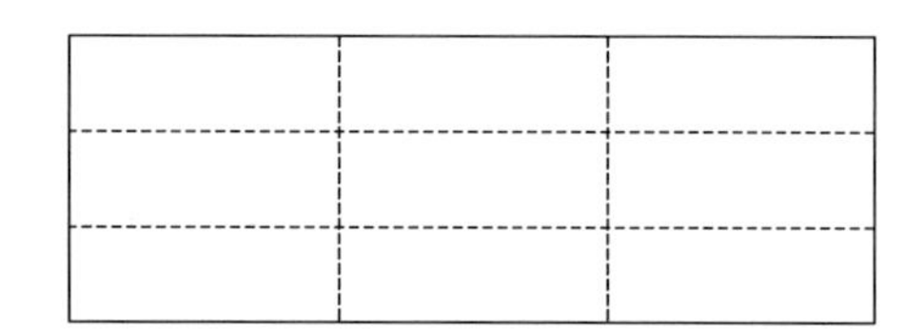

5-5 감자를 심은 부분을 빨간색으로 색칠해 보세요.

5-6 고구마를 심은 부분을 초록색으로 색칠해 보세요.

5-7 진태는 떡의 $\frac{3}{4}$을 먹었습니다. 진태가 먹은 떡의 양을 그림으로 나타내려고 합니다. 그림을 똑같이 4로 나누고 진태가 먹은 떡의 양만큼 색칠해 보세요.

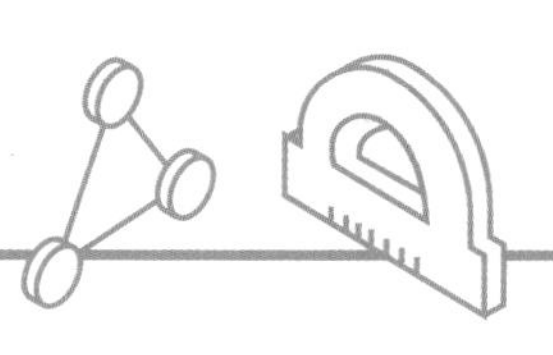

유형 6 몇 개인지 알기

$\frac{▲}{■}$는 $\frac{1}{■}$이 ▲개입니다.

그림을 보고 물음에 답해 보세요. [6-1～6-2]

6-1 $\frac{5}{6}$는 $\frac{1}{6}$이 몇 개인지 써 보세요.

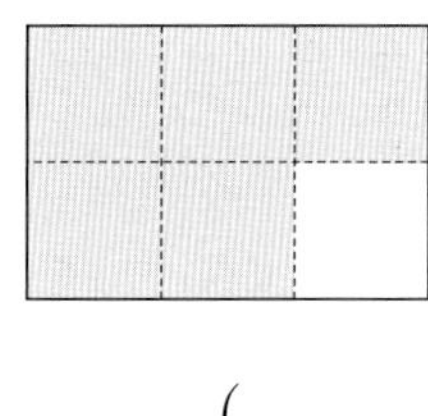

(　　　　　　)

6-2 $\frac{7}{8}$은 $\frac{1}{8}$이 몇 개인지 써 보세요.

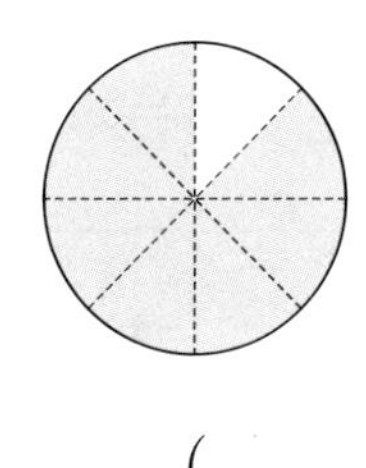

(　　　　　　)

시험에 잘 나와요

6-3 □ 안에 알맞은 수를 써넣으세요.

(1) $\frac{1}{6}$이 5개인 수는 $\frac{□}{□}$입니다.

(2) $\frac{11}{16}$은 $\frac{□}{□}$이 11개입니다.

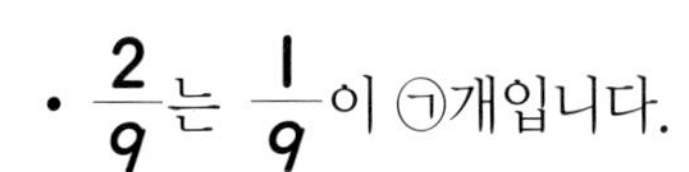

6-4 ㉠과 ㉡에 알맞은 수의 합을 구해 보세요.

- $\frac{2}{9}$는 $\frac{1}{9}$이 ㉠개입니다.
- $\frac{1}{11}$이 ㉡개인 수는 $\frac{6}{11}$입니다.

(　　　　　　)

단원 6

6-5 □ 안에 들어갈 수가 더 작은 것을 찾아 기호를 써 보세요.

㉠ $\frac{9}{24}$는 $\frac{1}{24}$이 □개입니다.

㉡ $\frac{□}{14}$는 $\frac{1}{14}$이 5개입니다.

(　　　　　　)

6-6 준영이는 케이크를 10개의 조각으로 똑같이 나누었습니다. 7명이 한 조각씩 먹었다면 먹은 케이크는 $\frac{1}{10}$이 몇 개인가요?

(　　　　　　)

유형 7 분모가 같은 분수의 크기 비교

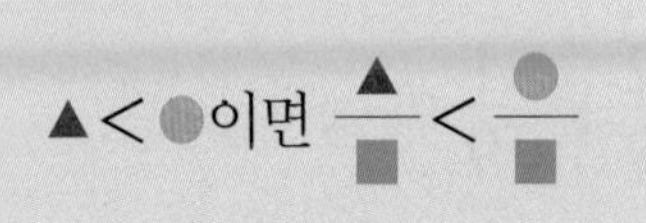

분모가 같은 분수끼리는 분자의 크기가 큰 분수가 더 큽니다.

대표유형

7-1 분수만큼 각각 색칠하고, ○ 안에 >, =, <를 알맞게 써넣으세요.

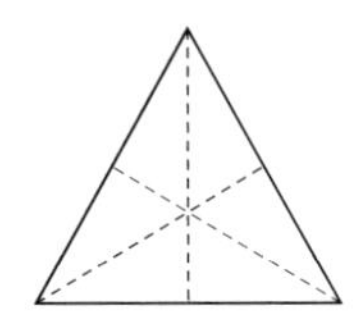 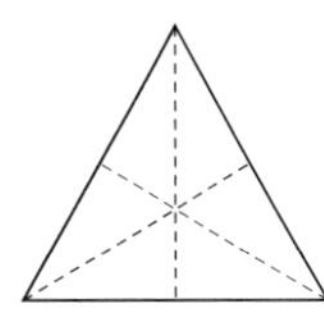

$\frac{5}{6}$ 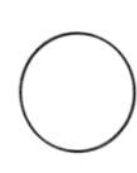 $\frac{1}{6}$

7-2 두 분수의 크기를 비교하여 ○ 안에 >, =, <를 알맞게 써넣으세요.

$\frac{13}{25}$ ○ $\frac{9}{25}$

시험에 잘 나와요

7-3 분수의 크기를 비교하여 가장 작은 분수에 ○표 하세요.

$\frac{4}{7}$ $\frac{6}{7}$ $\frac{2}{7}$

7-4 $\frac{15}{26}$보다 큰 분수를 모두 찾아 써 보세요.

$\frac{17}{26}$ $\frac{11}{26}$ $\frac{21}{26}$ $\frac{9}{26}$

( )

7-5 크기가 큰 분수부터 차례대로 써 보세요.

$\frac{15}{28}$, $\frac{13}{28}$, $\frac{9}{28}$, $\frac{17}{28}$, $\frac{25}{28}$

( )

잘 틀려요

7-6 1부터 9까지의 숫자 중에서 □ 안에 들어갈 수 있는 숫자는 모두 몇 개인가요?

$\frac{5}{9} > \frac{\square}{9}$

( )

7-7 색 테이프를 소희는 $\frac{6}{14}$ m, 신영이는 $\frac{7}{14}$ m 가지고 있습니다. 누가 가지고 있는 색 테이프의 길이가 더 긴가요?

( )

유형 8 단위분수의 크기 비교

■<▲이면 $\frac{1}{■}>\frac{1}{▲}$

분자가 1인 분수끼리는 분모의 크기가 작은 분수가 더 큽니다.

8-1 그림을 보고 ○ 안에 >, =, <를 알맞게 써넣으세요.

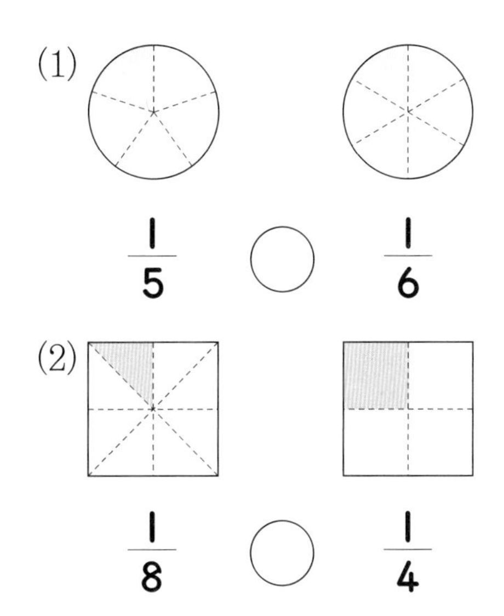

(1) $\frac{1}{5}$ ○ $\frac{1}{6}$

(2) $\frac{1}{8}$ ○ $\frac{1}{4}$

8-2 분수의 크기를 바르게 비교한 사람은 누구인가요?

소원: $\frac{1}{5}$보다 $\frac{1}{7}$이 더 커.

초희: $\frac{1}{13}$보다 $\frac{1}{8}$이 더 커.

성호: $\frac{1}{30}$보다 $\frac{1}{20}$이 더 작아.

(　　　　　　)

8-3 분수의 크기를 잘못 비교한 것은 어느 것인가요? (　　　)

① $\frac{1}{4}<\frac{1}{3}$　② $\frac{1}{19}>\frac{1}{20}$

③ $\frac{1}{15}<\frac{1}{16}$　④ $\frac{1}{25}<\frac{1}{20}$

⑤ $\frac{1}{50}>\frac{1}{100}$

8-4 분수의 크기를 비교하여 가장 작은 분수에 ○표 하세요.

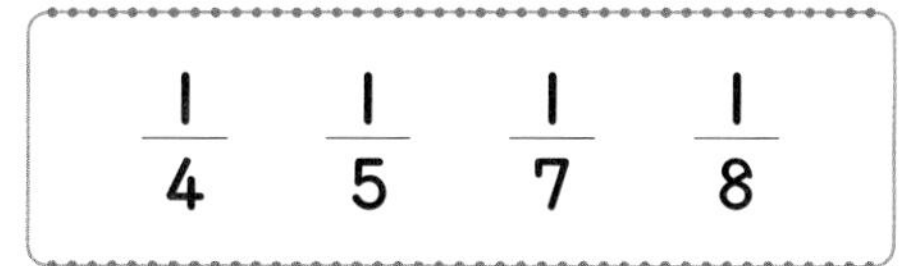

$\frac{1}{4}$　$\frac{1}{5}$　$\frac{1}{7}$　$\frac{1}{8}$

8-5 1부터 9까지의 숫자 중에서 □ 안에 들어갈 수 있는 숫자를 모두 써 보세요.

$\frac{1}{6}<\frac{1}{□}$

(　　　　　　)

8-6 수 카드 중에서 한 장을 사용하여 분자가 1인 분수를 만들려고 합니다. 가장 큰 분수를 만들어 보세요.

8　9　15　20

(　　　　　　)

단원 6

6. 소수 알아보기 (1)

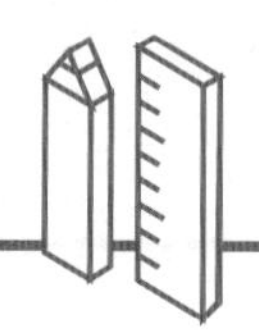

교과서 개념을 이해하고 확인 문제를 통해 익혀요.

소수 알아보기

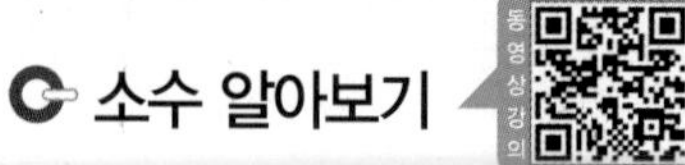

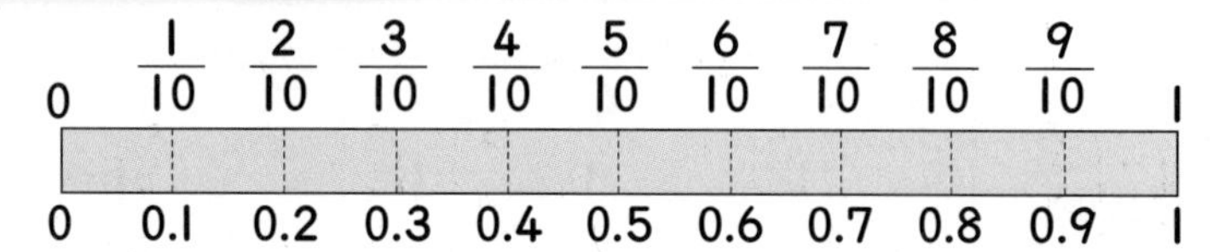

- $\frac{1}{10}$, $\frac{2}{10}$, $\frac{3}{10}$, …, $\frac{9}{10}$를 0.1, 0.2, 0.3, …, 0.9라 쓰고 영 점 일, 영 점 이, 영 점 삼, …, 영 점 구라고 읽습니다.
- 0.1, 0.2, 0.3과 같은 수를 소수라 하고, '.'을 소수점이라고 합니다.

소수로 나타내기

4 mm는 1 cm를 똑같이 10으로 나눈 것 중의 4입니다.

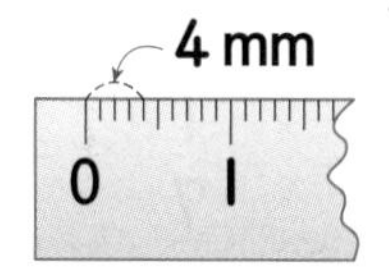

$4\text{ mm}=\frac{4}{10}\text{ cm}=0.4\text{ cm}$

개념잡기

보충 $\frac{■}{10}$는 $\frac{1}{10}$이 ■개이고
0.▲는 0.1이 ▲개입니다.

주의 소수점 아래의 수는 자릿값을 읽지 않고 숫자만 읽습니다.

참고 0.1이 10개이면 1입니다.

---

1 개념확인

전체의 길이가 1인 테이프를 똑같이 10개로 나누어 0.2를 알아보려고 합니다. 물음에 답해 보세요.

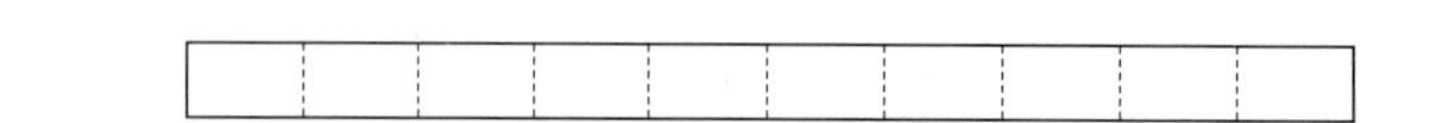

(1) 나눈 테이프 2개를 색칠해 보세요.

(2) 색칠한 부분의 크기를 분수로 나타내면 ☐, 소수로 나타내면 ☐입니다.

(3) 소수로 나타낸 것을 읽어 보세요.

(　　　　　　　)

2 개념확인

☐ 안에 알맞은 수를 써넣으세요.

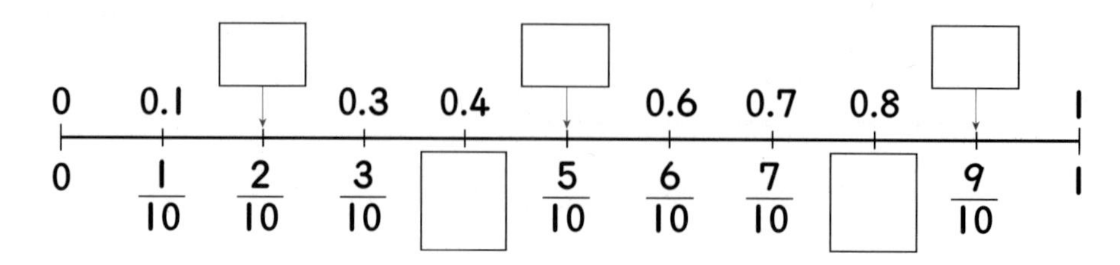

1 □ 안에 알맞은 수나 말을 써넣으세요.

$\frac{6}{10}$을 소수로 나타내면 □이고 □이라고 읽습니다.

2 그림을 보고 □ 안에 알맞은 소수를 써넣으세요.

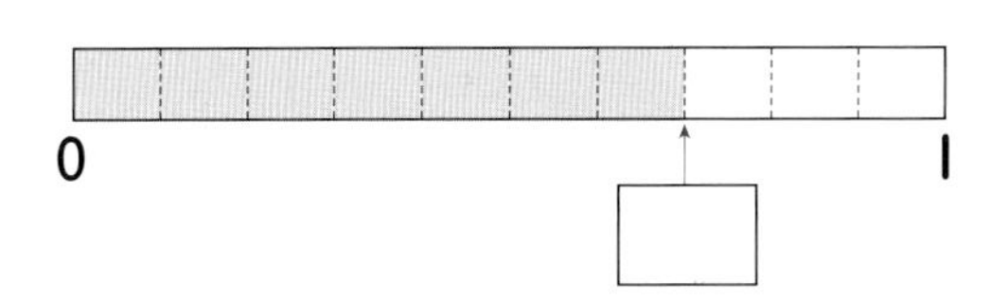

중요

3 관계있는 것끼리 선으로 이어 보세요.

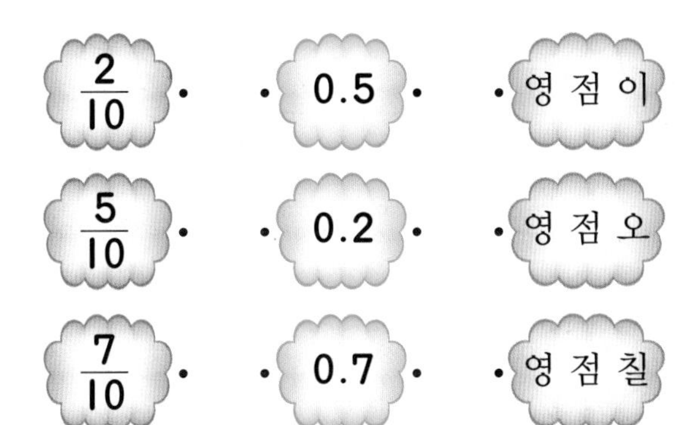

4 □ 안에 알맞은 수를 써넣으세요.

- $\frac{4}{10}$는 $\frac{1}{10}$이 □개입니다.
- 0.4는 0.1이 □개입니다.

5 □ 안에 알맞은 소수를 써넣으세요.

(1) 2 mm= □ cm

(2) 3 mm= □ cm

(3) 8 mm= □ cm

6 물음에 답해 보세요.

(1) 6 mm는 몇 cm인지 소수와 분수로 각각 나타내 보세요.

소수 (　　　　)
분수 (　　　　)

(2) 9 mm는 몇 cm인지 소수와 분수로 각각 나타내 보세요.

소수 (　　　　)
분수 (　　　　)

7 □ 안에 알맞은 소수 또는 분수를 써넣으세요.

(1) 0.1이 4개이면 □입니다.

(2) $\frac{9}{10}$= □

(3) 0.7= □

7. 소수 알아보기(2)

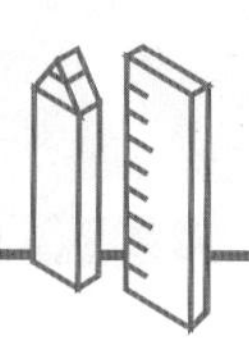

교과서 개념을 이해하고 확인 문제를 통해 익혀요.

자연수와 소수로 이루어진 소수 알아보기

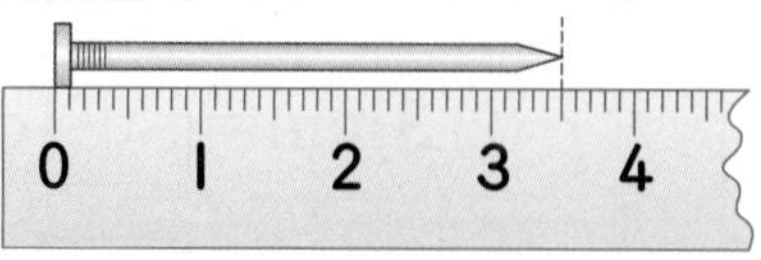

- 못의 길이는 **3** cm보다 **5** mm 더 깁니다.
- **3**과 **0.5**만큼을 **3.5**라 쓰고 삼 점 오라고 읽습니다.

자연수와 소수로 이루어진 소수를 나타내기

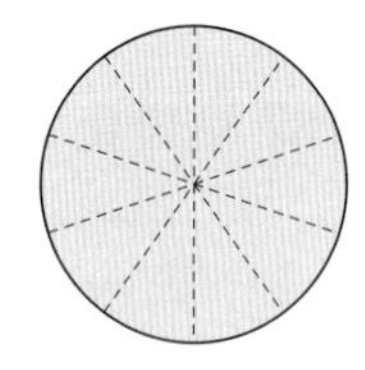 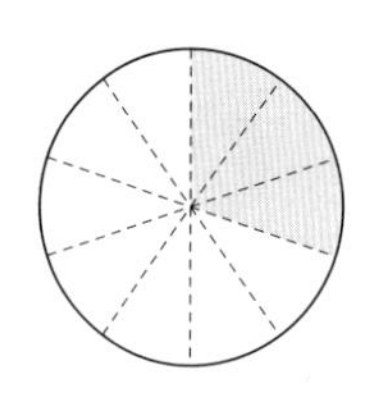

색칠한 부분은 **1**과 **0.3**만큼이므로 **1.3**이라고 나타냅니다.

개념잡기

보충 **3** cm+**5** mm
=**3** cm+**0.5** cm
=**3.5** cm

보충 ●.▲인 수
➡ **0.1**이 ●▲개인 수

주의 **8.3** ➡ 팔 점 삼
왼쪽에서부터 차례로 읽습니다. 이때 '.'은 '점'으로 읽습니다.

---

1 개념확인 연필의 길이를 소수로 나타내는 방법을 알아보려고 합니다. □ 안에 알맞은 수를 써넣으세요.

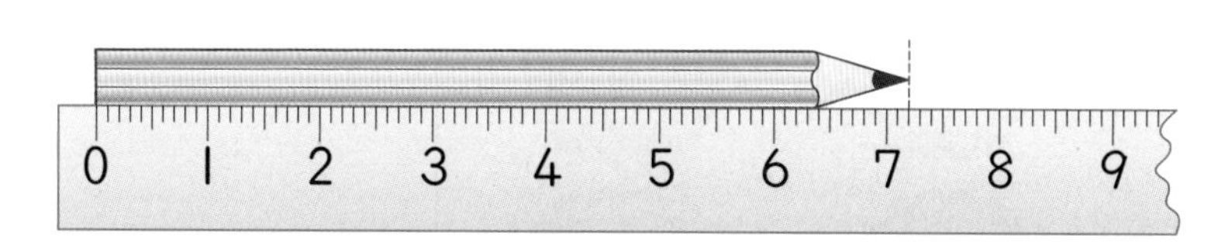

(1) 연필은 **7** cm보다 □ mm 더 깁니다.

(2) **7** cm보다 **2** mm 더 긴 길이는 소수로 □ cm입니다.

2 개념확인 **2**와 $\frac{8}{10}$을 소수로 어떻게 나타내는지 알아보려고 합니다. □ 안에 알맞은 수를 써넣으세요.

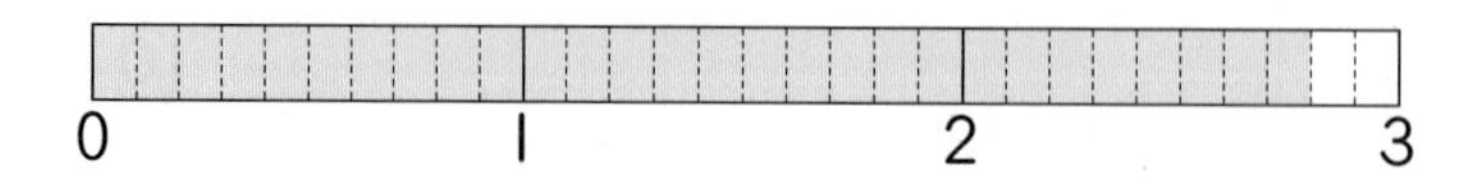

(1) $\frac{8}{10}$을 소수로 나타내면 □ 입니다.

(2) **2**와 $\frac{8}{10}$을 소수로 나타내면 □ 입니다.

기본 문제를 통해 교과서 개념을 다져요.

1 □ 안에 알맞은 소수를 써넣으세요.

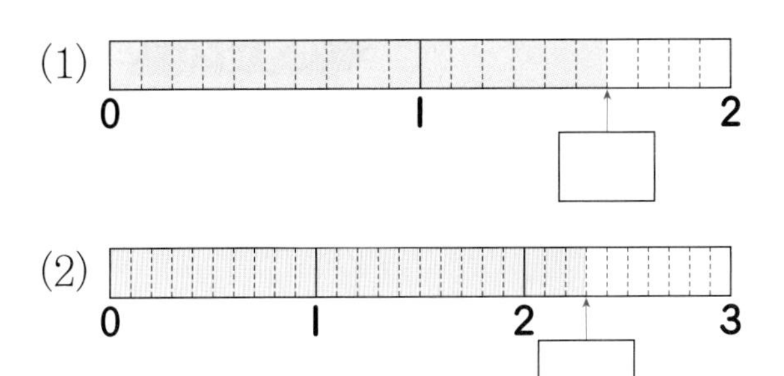

2 그림을 보고 □ 안에 알맞은 수나 말을 써넣으세요.

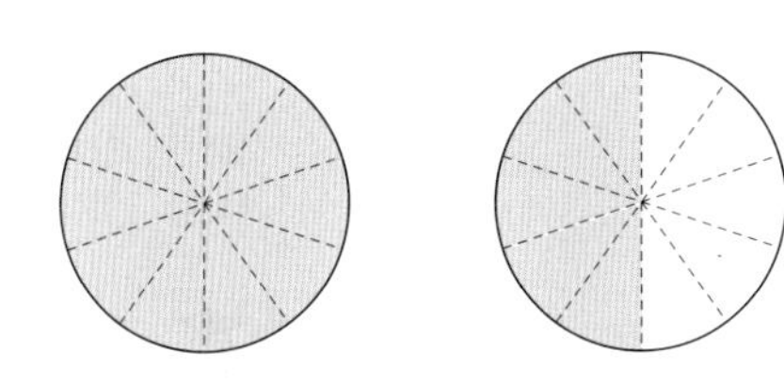

색칠한 부분은 1과 □ 만큼이므로 □ 라 나타내고 □ 라고 읽습니다.

3 □ 안에 알맞은 소수를 써넣으세요.

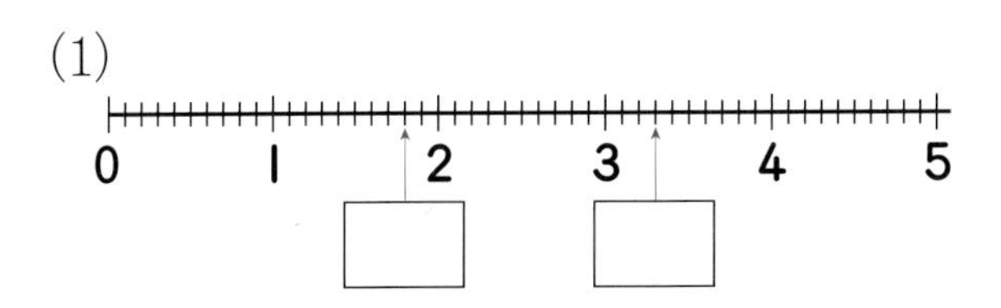

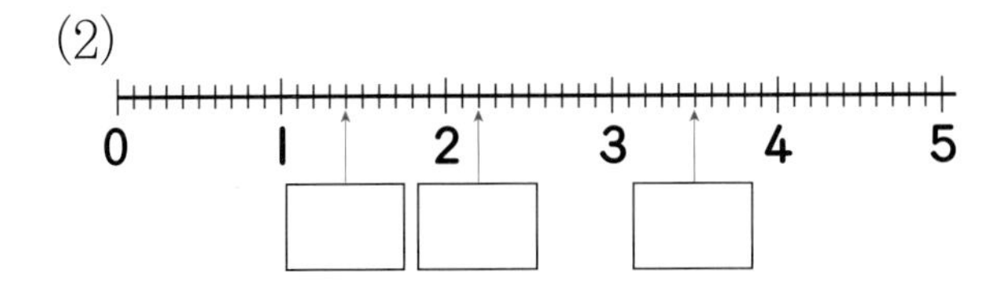

4 □ 안에 알맞은 수나 말을 써넣으세요.

(1) **0.1**이 **25**개이면 □ 이고 □ 라고 읽습니다.

(2) **4.9**는 **0.1**이 □ 개이고 □ 라고 읽습니다.

5 종이 테이프의 길이는 몇 cm인가요?

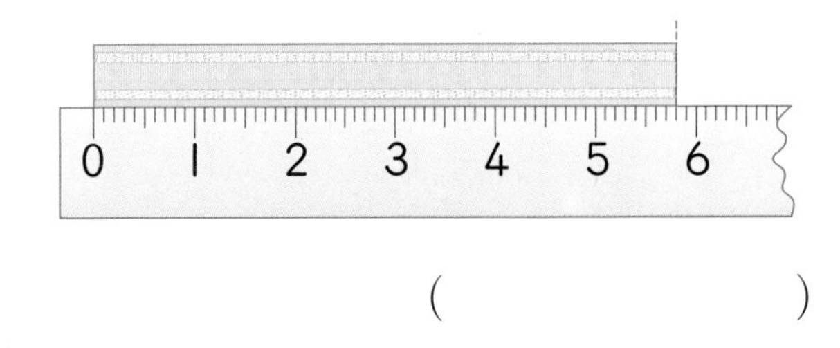

( )

중요

6 □ 안에 알맞은 소수를 써넣으세요.

(1) **5** cm **4** mm= □ cm

(2) **2** cm **6** mm= □ cm

(3) **3** cm **9** mm= □ cm

Tip 1 mm=0.1 cm입니다.

단원 6

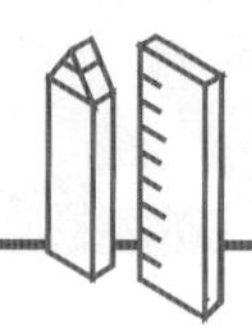

8. 소수의 크기 비교

교과서 개념을 이해하고 확인 문제를 통해 익혀요.

소수의 크기 비교

동영상 강의

예 0.3과 0.7의 크기 비교

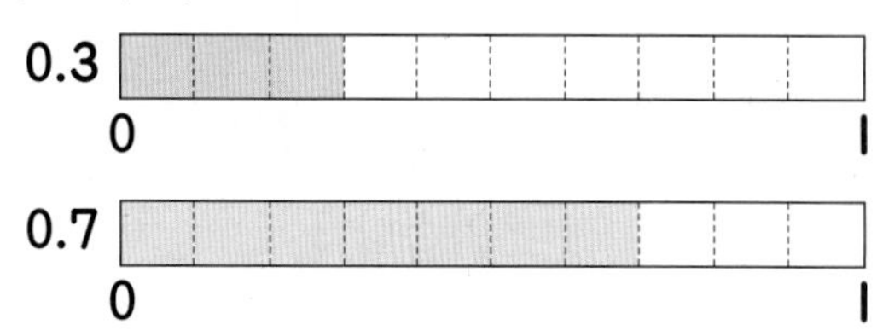

0.3: 0.1이 3개인 수
0.7: 0.1이 7개인 수
➡ $3<7$이므로 $0.3<0.7$입니다.

소수점 오른쪽 수가 클수록 더 큰 소수입니다.

자연수와 소수로 이루어진 소수의 크기 비교

예 2.3과 2.7의 크기 비교

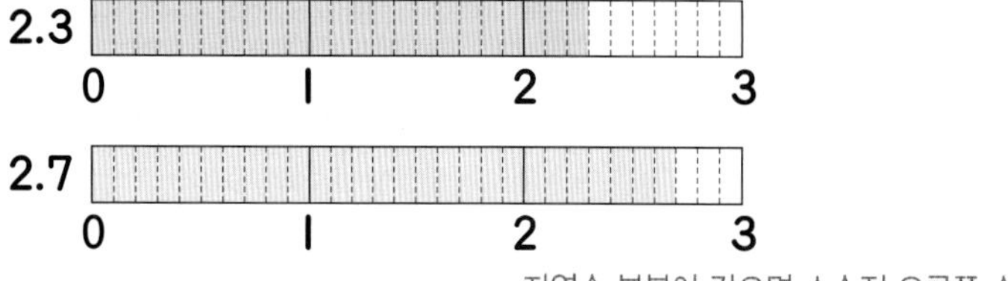

자연수 부분이 같으면 소수점 오른쪽 수가 클수록 더 큰 소수입니다.

2.3: 0.1이 23개인 수
2.7: 0.1이 27개인 수
➡ $23<27$이므로 $2.3<2.7$입니다.

개념잡기

참고 0에서 1 사이를 똑같이 10칸으로 나눈 것 중의 한 칸은 0.1을 나타냅니다.

보충 소수점 왼쪽의 수가 같으면 오른쪽의 수를 비교하여 두 소수의 크기를 비교합니다.

보충
- ■<▲이면 0.■<0.▲ 입니다.
- ■<▲이면 ★.■<★.▲입니다.
- ●<★이면 ●.■<★.▲입니다.

1 개념확인

0.6과 0.4 중에서 어떤 소수가 더 큰지 알아보려고 합니다. 0.6과 0.4만큼 각각 색칠해 보고, 0.6과 0.4 중에서 어떤 소수가 더 큰지 알아보세요.

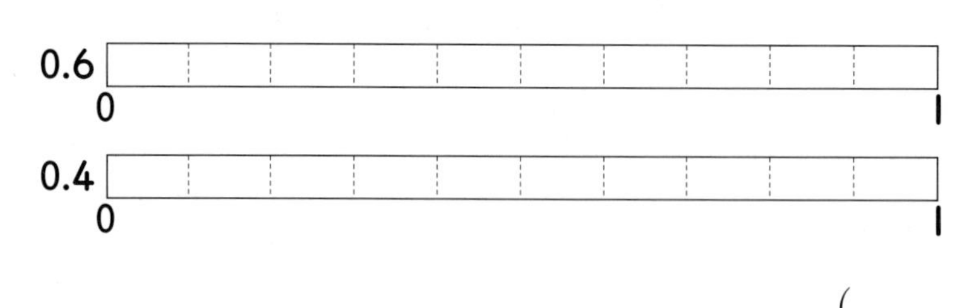

(　　　　　　　　)

2 개념확인

2.2와 2.8 중에서 어떤 소수가 더 큰지 알아보려고 합니다. 2.2와 2.8만큼 각각 색칠해 보고, 2.2와 2.8 중에서 어떤 소수가 더 큰지 알아보세요.

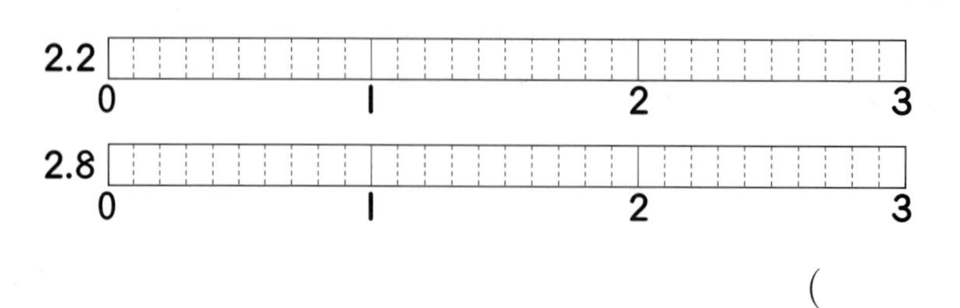

(　　　　　　　　)

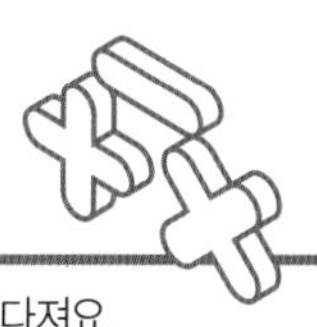

1 소수의 크기만큼 색칠하고 ○ 안에 >, =, <를 알맞게 써넣으세요.

(1)

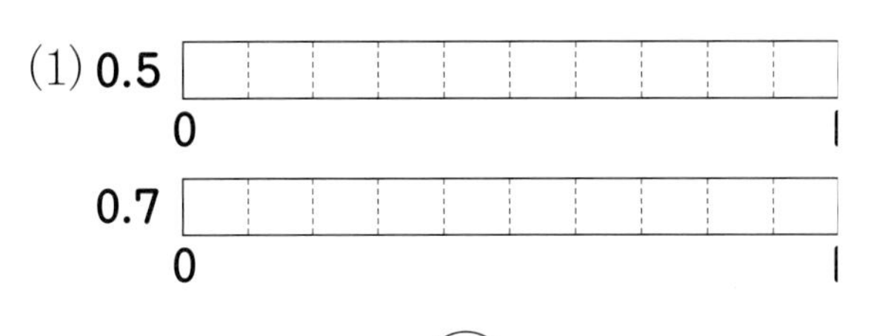

0.5 ○ 0.7

(2)

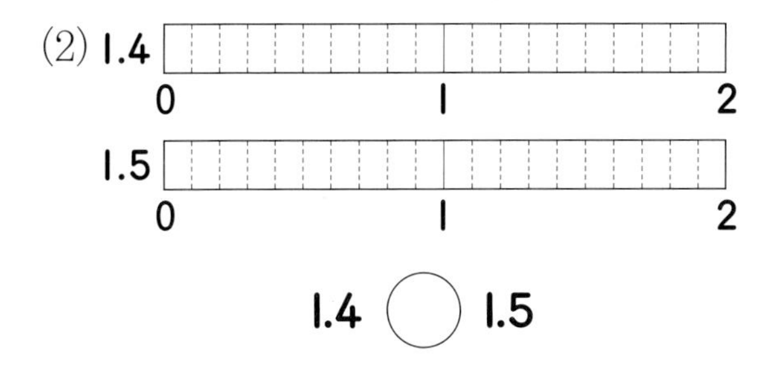

1.4 ○ 1.5

중요

2 수직선에 0.9와 0.4의 위치를 각각 나타내고 두 소수의 크기를 비교해 보세요.

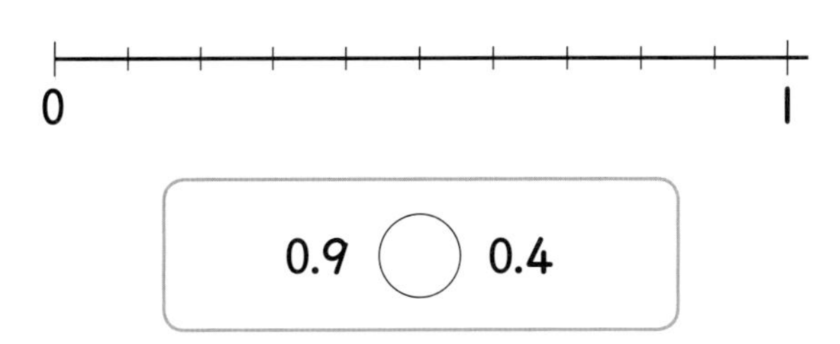

3 2.4와 2.9 중에서 어떤 소수가 더 큰지 알아보려고 합니다. 물음에 답해 보세요.

(1) 2.4는 0.1이 □개입니다.

(2) 2.9는 0.1이 □개입니다.

(3) 2.4와 2.9 중에서 □가 더 큽니다.

4 두 수의 크기를 비교하여 ○ 안에 >, =, <를 알맞게 써넣으세요.

(1) 0.8 ○ 0.1이 3개인 수

(2) 0.1이 2개인 수 ○ 0.6

5 □ 안에 알맞은 수를 써넣고 ○ 안에 >, =, <를 알맞게 써넣으세요.

3.7은 0.1이 □개인 수입니다.
4.4는 0.1이 □개인 수입니다.

➡ 3.7 ○ 4.4

6 두 수의 크기를 비교하여 ○ 안에 >, =, <를 알맞게 써넣으세요.

(1) 0.6 ○ 0.5

(2) 3 ○ 3.8

7 가장 큰 수부터 차례대로 써 보세요.

0.2 1.9 1

(   )

유형 9 소수 알아보기 (1)

- $\frac{1}{10}$, $\frac{2}{10}$, $\frac{3}{10}$, …, $\frac{9}{10}$를 0.1, 0.2, 0.3, …, 0.9라 쓰고 영 점 일, 영 점 이, 영 점 삼, …, 영 점 구라고 읽습니다.
- 0.1, 0.2, 0.3과 같은 수를 소수라 하고, '.'을 소수점이라고 합니다.

9-1 분수를 소수로 나타내 보세요.

(1) $\frac{3}{10}$ (2) $\frac{5}{10}$

9-2 색칠한 부분을 소수로 나타내 보세요.

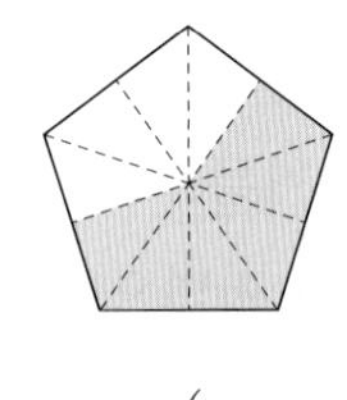

(　　　　　　)

9-3 ㉠, ㉡에 알맞은 소수를 써 보세요.

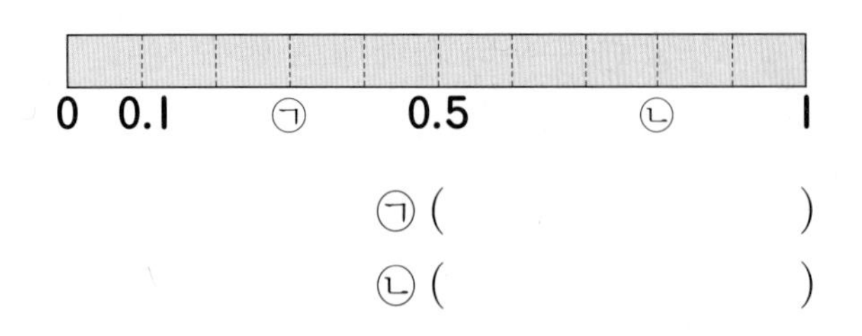

㉠ (　　　　　　)

㉡ (　　　　　　)

9-4 □ 안에 알맞은 수를 써넣으세요.

$\frac{7}{10}$은 $\frac{1}{10}$이 □개이고 0.7은 0.1이 □개입니다.

9-5 관계있는 것끼리 선으로 이어 보세요.

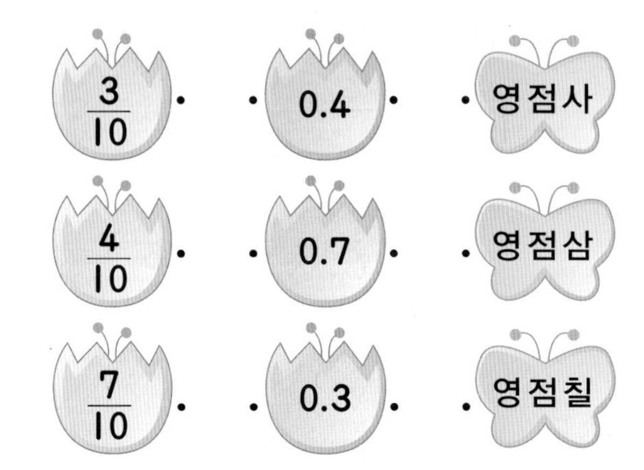

9-6 □ 안에 알맞은 수가 가장 큰 것을 찾아 기호를 써 보세요.

㉠ 0.4는 0.1이 □개입니다.
㉡ 0.□는 0.1이 9개입니다.
㉢ 0.1이 □개이면 0.7입니다.

(　　　　　　)

시험에 잘 나와요

9-7 선주는 $\frac{1}{10}$ m짜리 리본을 2개 가지고 있습니다. 선주가 가지고 있는 리본은 모두 몇 m인지 소수로 나타내 보세요.

(　　　　　　)

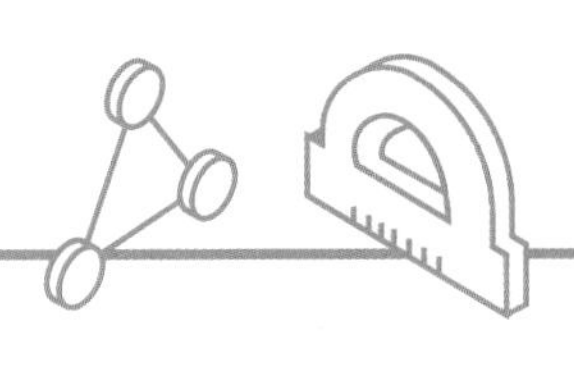

유형 10 소수 알아보기 (2)

자연수와 소수로 이루어진 소수 알아보기

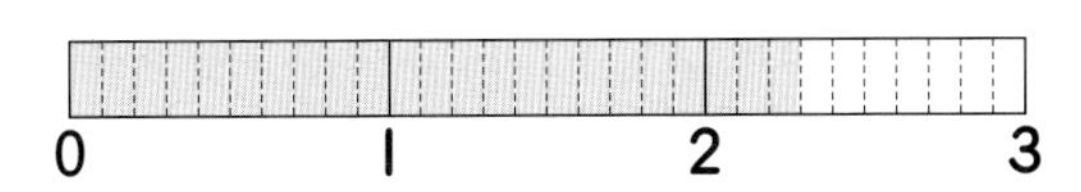

2와 0.3만큼을 2.3이라 쓰고 이 점 삼이라고 읽습니다.

10-1 □ 안에 알맞은 소수를 써넣으세요.

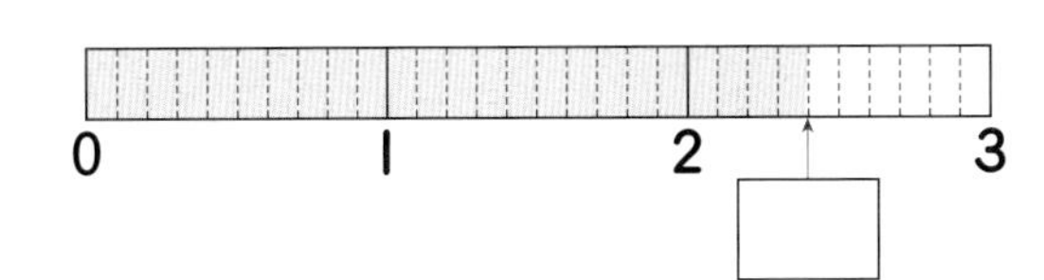

대표유형

10-2 □ 안에 알맞은 수나 말을 써넣으세요.

(1) 0.1이 37개이면 □이고 □이라고 읽습니다.

(2) 5.4는 0.1이 □개이고 □라고 읽습니다.

10-3 두 수를 수직선 위에 각각 표시해 보세요.

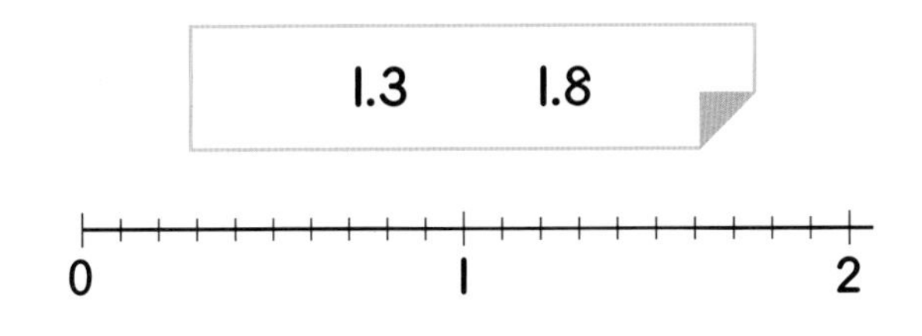

10-4 □ 안에 알맞은 소수를 써넣으세요.

(1) 3 cm 6 mm= □ cm

(2) 7 cm 8 mm= □ cm

10-5 지우개는 몇 cm인가요?

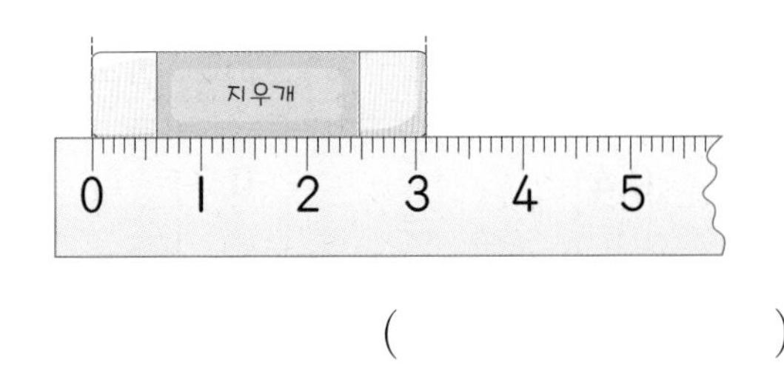

(　　　　　　)

잘 틀려요

10-6 길이를 잘못 나타낸 것은 어느 것인가요? (　　　)

① 3 cm 3 mm=33 mm

② 9 mm=0.9 cm

③ 6.8 cm=68 mm

④ 7.4 cm=7 cm 4 mm

⑤ 2 cm 7 mm=27 cm

10-7 상자 안에 0.1 m짜리 색 테이프가 88개 들어 있습니다. 상자 안에 들어 있는 색 테이프를 겹치지 않게 한 줄로 모두 이어 붙이면 몇 m가 되는지 소수로 나타내 보세요.

(　　　　　　)

단원 6

유형 11 소수의 크기 비교

소수점을 기준으로 왼쪽의 숫자가 다를 때에는 왼쪽의 숫자가 클수록 더 큰 소수이고 같을 때에는 오른쪽의 숫자가 클수록 더 큰 소수입니다.

0.2 (<) 1.3 | 3.8 (>) 3.5

대표유형

11-1 소수의 크기만큼 색칠하고 ○ 안에 >, =, <를 알맞게 써넣으세요.

0.4 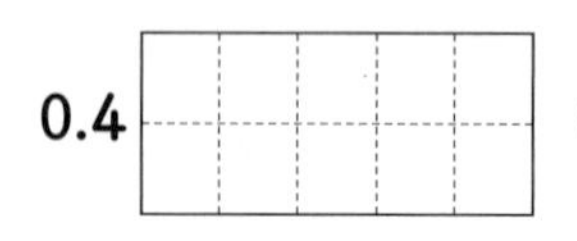 0.7

0.4 ○ 0.7

11-2 □ 안에 알맞은 수를 써넣고 5.2와 5.7 중에서 더 작은 수를 써 보세요.

5.2는 0.1이 □개이고 5.7은 0.1이 □개입니다.

(　　　　　)

11-3 3보다 큰 수를 모두 찾아 ○표 하세요.

1.4　3.1　2.7　4.4

11-4 가장 큰 수는 어느 것인가요? (　　　)

① 3.7
② 4.8
③ 0.1이 49개인 수
④ 7.4
⑤ 0.1이 60개인 수

11-5 가장 작은 수부터 차례대로 써 보세요.

2.7　$\frac{6}{10}$　$\frac{9}{10}$　0.8　3.1

(　　　　　)

11-6 어제는 눈이 0.6 cm, 오늘은 눈이 0.8 cm 내렸습니다. 눈이 더 많이 내린 날은 언제인가요?

(　　　　　)

시험에 잘 나와요

11-7 지훈이네 집에서 가장 먼 곳은 어느 곳인가요?

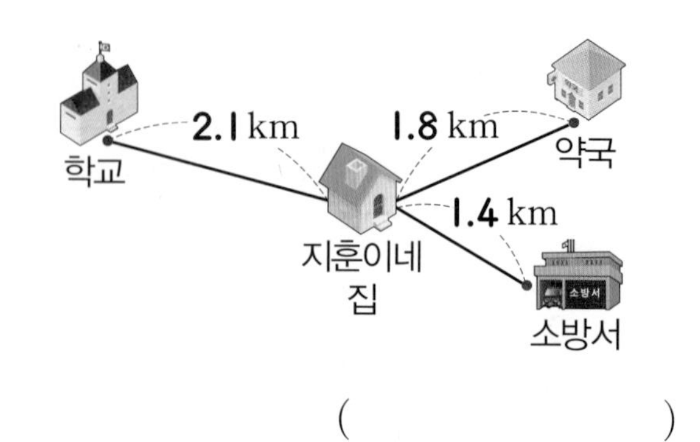

(　　　　　)

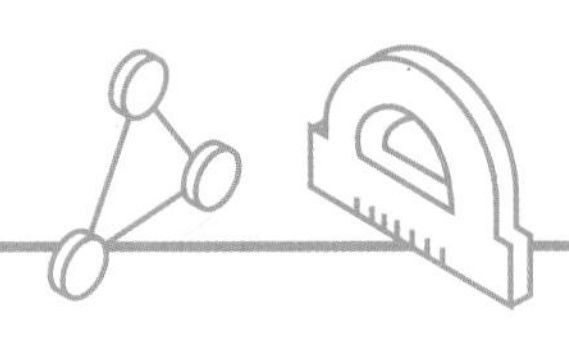

11-8 두 수의 크기를 비교하여 ○ 안에 >, =, <를 알맞게 써넣으세요.

(1) 0.3 ○ 0.7

(2) 3.2 ○ 4.1

11-9 가장 큰 수와 가장 작은 수를 찾아 기호를 써 보세요.

㉠ $\frac{1}{10}$이 57개인 수
㉡ 0.1이 49개인 수
㉢ 0.1이 53개인 수
㉣ $\frac{1}{10}$이 61개인 수

가장 큰 수 (　　) 가장 작은 수 (　　)

잘 틀려요

11-10 □ 안에 들어갈 수 있는 수를 모두 찾아 ○표 하세요.

(1) 0.4 < 0.□

(1, 2, 3, 4, 5, 6, 7, 8, 9)

(2) 7.□ < 7.4

(1, 2, 3, 4, 5, 6, 7, 8, 9)

(3) 5.2 < □.3

(1, 2, 3, 4, 5, 6, 7, 8, 9)

11-11 미술 시간에 사용한 철사의 길이입니다. 가장 많이 사용한 학생부터 차례대로 이름을 써 보세요.

상연: 25 cm　　가영: 8 cm
예슬: 3.4 m　　석기: 1 m 6 cm

(　　　　　　　　)

단원 6

11-12 1부터 9까지의 숫자 중에서 □ 안에 들어갈 수 있는 숫자는 모두 몇 개인가요?

7.3 < 7.□ < 7.8

(　　　　　　　　)

11-13 4장의 숫자 카드 중에서 두 장을 뽑아 가장 큰 소수 한 자리 수를 만들어 보세요.

4　7　9　0

(　　　　　　　　)

11-14 4장의 숫자 카드 중에서 두 장을 뽑아 가장 작은 소수 한 자리 수를 만들어 보세요.

5　8　3　0

(　　　　　　　　)

4단계 실력 팍팍

유형 콕콕을 통해 다진 기본을 확인하고
좀 더 수준이 높은 문제를 풀며 실력을 높여요.

1 $\frac{1}{3}$ 만큼 색칠한 것을 찾아 기호를 써 보세요.

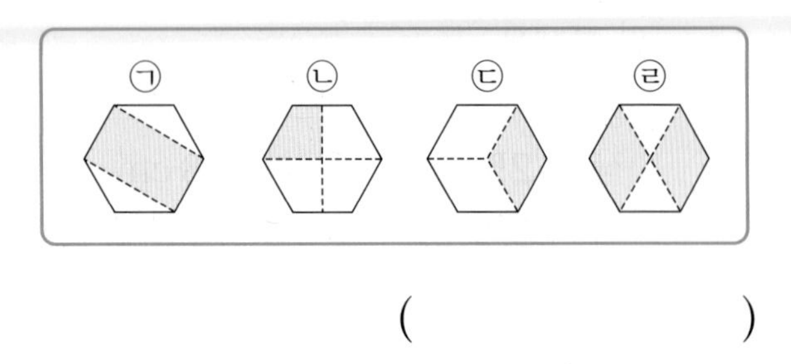

(　　　　　　)

2 도형을 똑같이 나누고, 주어진 분수만큼 색칠해 보세요.

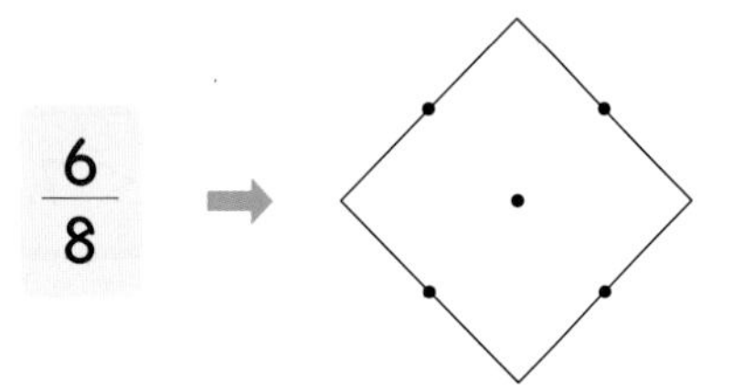

3 남은 부분을 분수로 바르게 나타낸 것에 ○표 하세요.

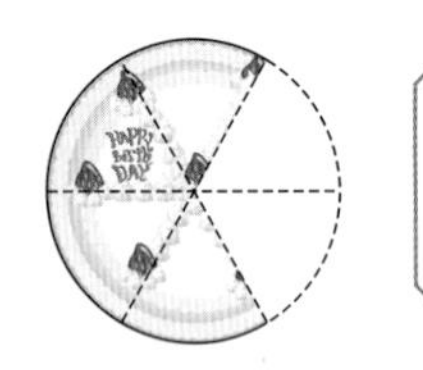

$\frac{1}{3}$　$\frac{3}{5}$　$\frac{4}{6}$

4 색칠한 부분은 전체의 얼마인지 분수로 나타내 보세요.

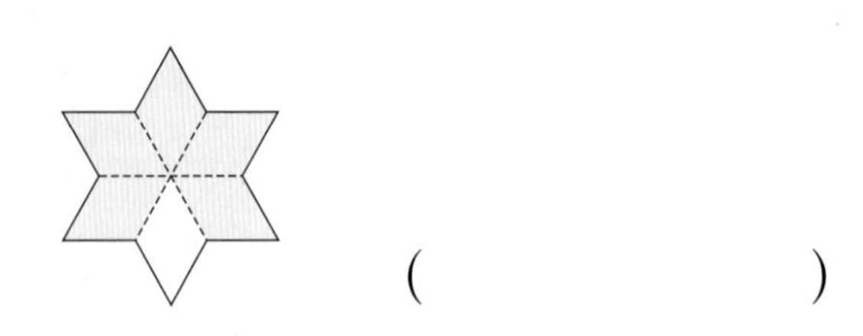

(　　　　　　)

5 색칠한 부분이 나타내는 분수가 다른 것을 찾아 ○표 하세요.

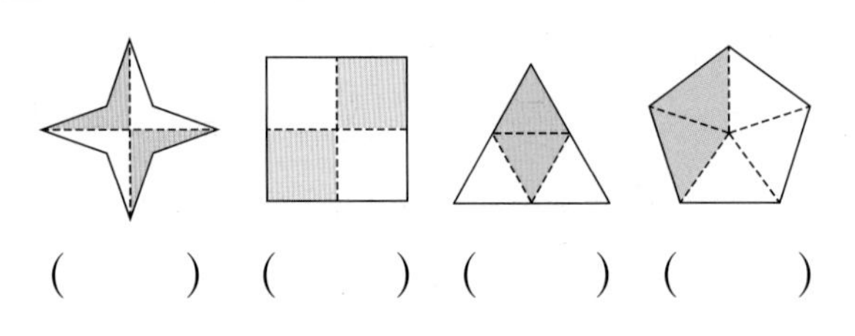

(　　) (　　) (　　) (　　)

6 보기가 나타내는 분수와 크기가 같은 것을 찾아 기호를 써 보세요.

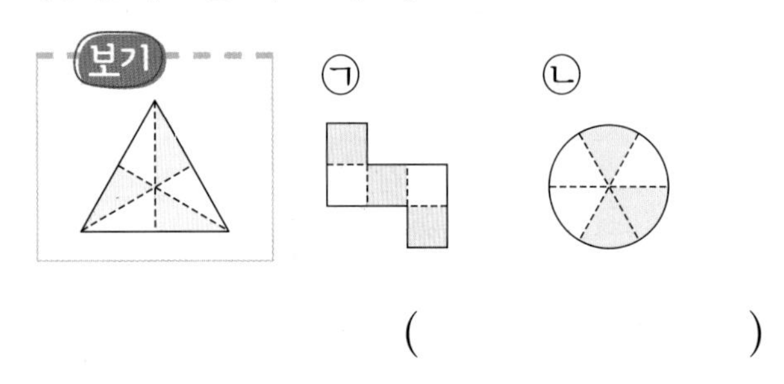

(　　　　　　)

7 $\frac{1}{10}$ 이 9개인 수만큼 색칠해 보세요.

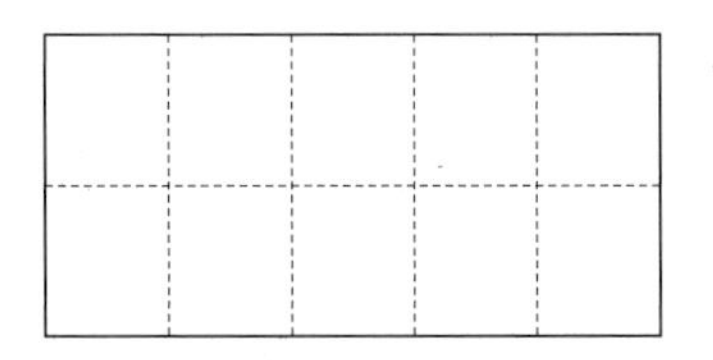

8 냉장고에 우유 한 병이 있습니다. 세경이는 우유의 $\frac{3}{8}$을 마셨고, 경민이는 우유의 $\frac{1}{8}$을 마셨습니다. 세경이가 마신 우유는 경민이가 마신 우유의 몇 배인가요?

(　　　　　　)

9 가장 큰 수부터 차례대로 기호를 써 보세요.

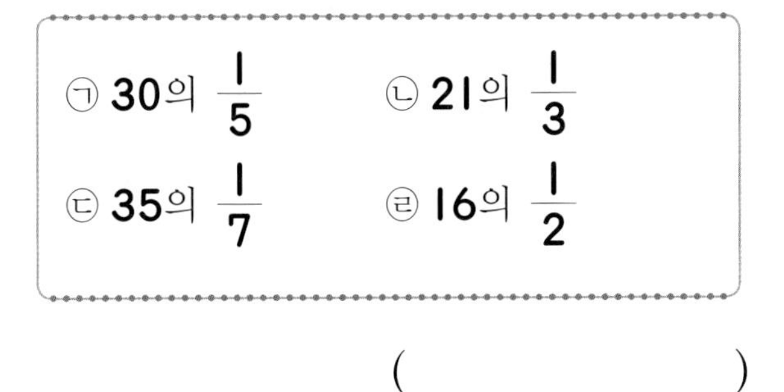

㉠ 30의 $\frac{1}{5}$ ㉡ 21의 $\frac{1}{3}$

㉢ 35의 $\frac{1}{7}$ ㉣ 16의 $\frac{1}{2}$

( )

10 ★에 알맞은 수를 구해 보세요.

48의 $\frac{1}{★}$은 8입니다.

( )

11 □ 안에 들어갈 수 있는 수 중에서 가장 작은 수를 구해 보세요.

$\frac{1}{12} > \frac{1}{\square}$

( )

12 석기는 피자 한 판의 $\frac{1}{12}$을 먹었고, 가영이는 석기가 먹은 양의 5배를 먹었습니다. 가영이가 먹은 피자는 전체의 얼마인가요?

( )

13 케이크를 상연이는 전체의 $\frac{1}{8}$을 먹었고, 예슬이는 전체의 $\frac{1}{5}$을 먹었습니다. 누가 케이크를 더 많이 먹었나요?

( )

14 세 번째로 큰 분수를 찾아 써 보세요.

$\frac{1}{8}$ $\frac{1}{11}$ $\frac{1}{10}$ $\frac{1}{12}$

( )

15 20 m의 $\frac{3}{4}$은 20 m의 $\frac{3}{5}$보다 몇 m 더 기나요?

( )

16 동화책을 영수는 $\frac{3}{6}$시간, 상연이는 $\frac{4}{6}$시간, 신영이는 $\frac{5}{6}$시간 동안 읽었습니다. 동화책을 가장 오래 읽은 사람은 누구이고 몇 분 동안 읽었나요?

( ), ( )

17 한솔이는 **36**개의 구슬이 있었는 데 동생에게 $\frac{4}{9}$를 주었습니다. 한솔이에게 남은 구슬은 몇 개인가요?

(　　　　　　)

18 가영이는 색연필 **12**자루를 가지고 있습니다. 이 중에서 $\frac{3}{4}$은 빨간색 색연필이고 나머지는 파란색 색연필입니다. 파란색 색연필은 몇 자루인가요?

(　　　　　　)

19 숫자 카드 3, 5, 7 중에서 두 장을 뽑아 소수 한 자리 수를 만들 때 셋째로 큰 수를 구해 보세요.

(　　　　　　)

20 주어진 조건에 맞는 소수 한 자리 수를 구해 보세요.

- **0.1**과 **0.8** 사이의 수입니다.
- $\frac{5}{10}$보다 큰 수입니다.
- **0.7**보다 작은 수입니다.

(　　　　　　)

21 **0.4**보다 작은 수를 모두 찾아 써 보세요.

0.2　$\frac{5}{10}$　3.1　$\frac{3}{10}$　0.8

(　　　　　　)

22 삼각형에서 가장 짧은 변의 길이는 몇 cm인지 소수로 나타내 보세요.

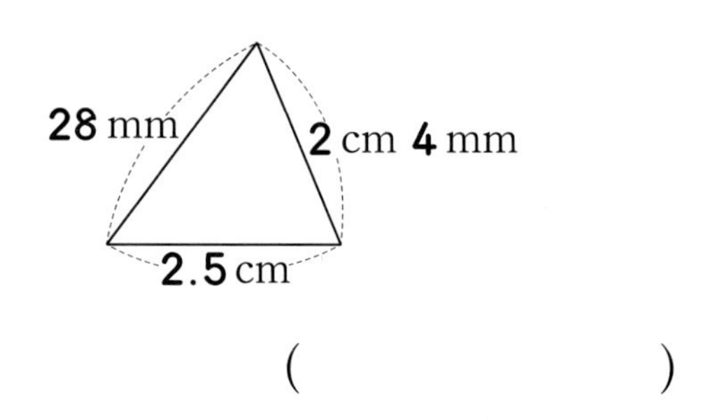

(　　　　　　)

23 가장 큰 수를 찾아 기호를 써 보세요.

㉠ **0.1**이 **82**개인 수	㉡ **8**
㉢ **7**과 **0.8**만큼의 수	㉣ **6.3**

(　　　　　　)

24 가영이는 빵 한 개를 똑같이 **10**조각으로 나누어 **8**조각을 먹었습니다. 남은 빵을 소수로 나타내 보세요.

(　　　　　　)

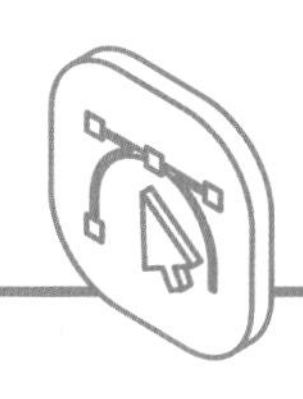

25 ㉠과 ㉡의 조건을 모두 만족하는 소수 한 자리 수는 몇 개인가요?

㉠ 0.1과 0.7 사이의 수입니다.
㉡ $\frac{4}{10}$ 보다 큰 수입니다.

(　　　　　)

26 옳은 설명을 찾아 기호를 써 보세요.

㉠ 0.1이 20개이면 2입니다.
㉡ 3.3은 0.3이 10개입니다.
㉢ 4.8은 0.1이 480개입니다.
㉣ 0.1이 10개이면 10입니다.

(　　　　　)

27 가장 큰 수와 가장 작은 수를 찾아 각각 기호를 써 보세요.

㉠ 1과 0.8만큼의 수
㉡ $\frac{1}{10}$이 36개인 수
㉢ 0.1이 29개인 수
㉣ 3.5

가장 큰 수 (　　　　　)
가장 작은 수 (　　　　　)

28 석기는 피자의 $\frac{3}{10}$을 먹었고, 예슬이는 같은 피자의 0.4만큼을 먹었습니다. 누가 피자를 얼마나 더 많이 먹었는지 분수로 나타내 보세요.

(　　　　　), (　　　　　)

29 1부터 9까지의 숫자 중에서 □ 안에 들어갈 수 있는 숫자는 모두 몇 개인가요?

$5.3 < 5.\square < 5.8$

(　　　　　)

30 영수, 한초, 신영이는 연필을 한 자루씩 가지고 있습니다. 영수는 8.5 cm의 연필, 한초는 8 cm보다 7 mm 긴 연필, 신영이는 9 cm보다 4 mm 짧은 연필을 가지고 있습니다. 누구의 연필이 가장 기나요?

(　　　　　)

31 한솔이와 지혜는 50 m 달리기를 했습니다. 한솔이의 기록은 8.7초이고 지혜의 기록은 9.3초입니다. 더 빨리 달린 사람은 누구인가요?

(　　　　　)

단원 6

서술 유형 익히기

주어진 풀이 과정을 함께 해결하면서
서술형 문제의 해결 방법을 익혀요.

1 가의 색칠한 부분이 나타내는 분수를 설명하고, 그 분수만큼 나에 색칠해 보세요.

가 나

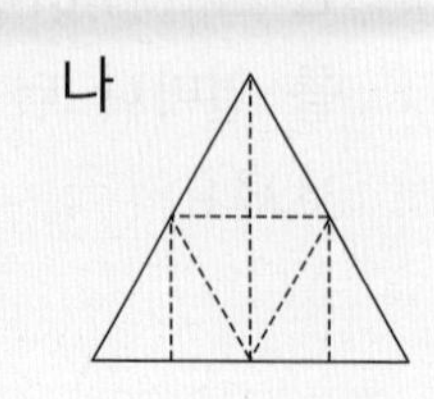

설명 가의 색칠한 부분은 전체를 똑같이 □로 나눈 것 중의 □이므로 분수로 나타내면 □입니다. 따라서 나에 □만큼 색칠합니다.

1-1 가의 색칠한 부분이 나타내는 분수를 설명하고, 그 분수만큼 나에 색칠해 보세요.

가

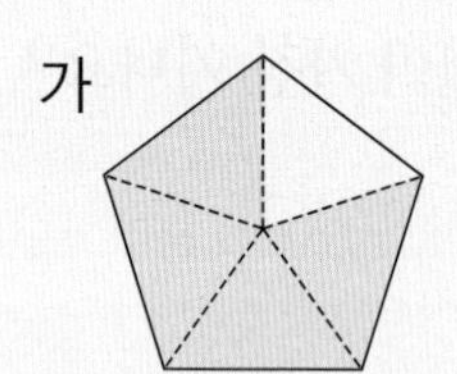

나

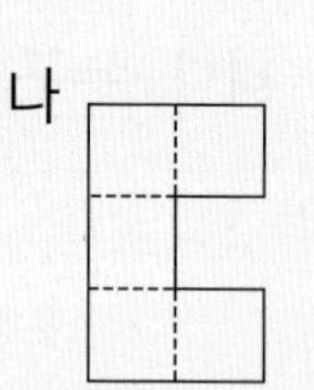

설명

2 피자 한 판을 지선이는 전체의 **0.3**만큼을, 선주는 전체의 $\frac{7}{10}$만큼을 먹었습니다. 누가 피자를 더 많이 먹었는지 풀이 과정을 쓰고 답을 구해 보세요.

풀이 0.3은 0.1이 □개인 수이고 $\frac{7}{10}$을 소수로 나타내면 □이므로 0.1이 □개인 수입니다.
따라서 0.3 ○ □이므로 □가 피자를 더 많이 먹었습니다.

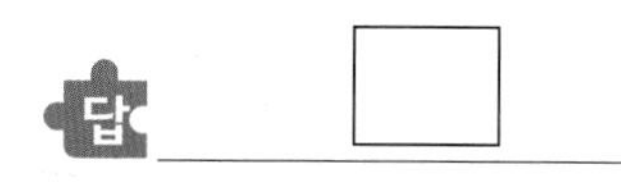

답 □

2-1 정민이가 초콜릿을 사러 나가려고 합니다. 집에서 $\frac{9}{10}$ km 떨어진 편의점과 집에서 **1.4** km 떨어진 대형 마트 중에서 어디로 가는 것이 더 가까운지 풀이 과정을 쓰고 답을 구해 보세요.

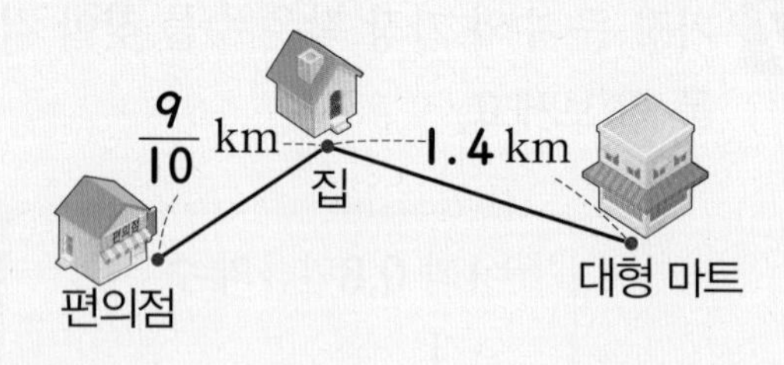

풀이

답

3 크기가 같은 빵을 형은 빵 1개의 $\frac{7}{8}$만큼을 먹고, 동생은 빵 1개의 $\frac{3}{4}$만큼을 먹었습니다. 남은 빵이 더 많은 사람은 누구인지 풀이 과정을 쓰고 답을 구해 보세요.

풀이 형이 먹고 남은 빵은 빵 1개의 $\frac{\square}{8}$만큼이고 동생이 먹고 남은 빵은 빵 1개의 $\frac{\square}{4}$만큼입니다.

따라서 $\frac{\square}{8} < \frac{\square}{4}$이므로 남은 빵이 더 많은 사람은 ☐입니다.

3-1 길이가 같은 철사를 상연이는 1 m의 $\frac{5}{6}$만큼을 사용하고 예슬이는 1 m의 $\frac{4}{5}$만큼을 사용했다면 남은 철사의 길이는 누구의 것이 더 긴지 풀이 과정을 쓰고 답을 구해 보세요.

풀이

답

4 세 장의 숫자 카드 3, 5, 8 중에서 두 장을 뽑아 셋째로 큰 소수 한 자리 수를 만들려고 합니다. 풀이 과정을 쓰고 답을 구해 보세요.

풀이 소수 한 자리 수를 ☐.☐라 할 때 가장 큰 수를 만들기 위해서는 ☐ 숫자부터 차례로 씁니다.

가장 큰 수는 ☐이고 둘째로 큰 수는 ☐, 셋째로 큰 수는 ☐입니다.

답 ☐

4-1 세 장의 숫자 카드 4, 7, 9 중에서 두 장을 뽑아 셋째로 작은 소수 한 자리 수를 만들려고 합니다. 풀이 과정을 쓰고 답을 구해 보세요.

풀이

답

단원 6

1 똑같이 셋으로 나누어진 것을 모두 찾아 기호를 써 보세요.

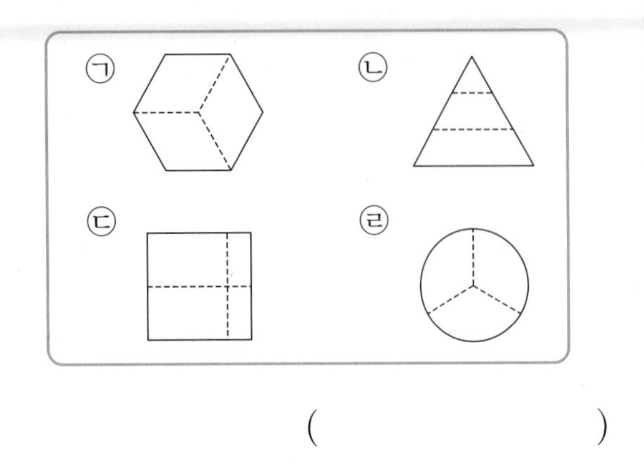

(　　　　　　)

2 □ 안에 알맞은 수를 써넣으세요.

(1) $\frac{2}{5}$는 $\frac{1}{5}$이 □개입니다.

(2) $\frac{9}{12}$는 $\frac{1}{12}$이 □개입니다.

3 □ 안에 알맞은 수를 써넣으세요.

(1) $\frac{4}{7}$는 □이 4개입니다.

(2) $\frac{7}{9}$은 □이 7개입니다.

4 분수를 소수로 나타내고 읽어 보세요.

(1) $\frac{7}{10}$ = □ ➡ ______

(2) $\frac{4}{10}$ = □ ➡ ______

5 색칠한 부분이 전체를 똑같이 8로 나눈 것 중의 5인 것을 찾아 기호를 써 보세요.

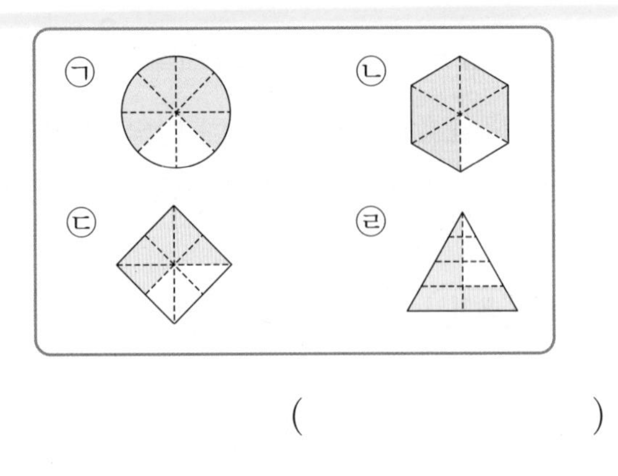

(　　　　　　)

6 전체를 똑같이 4로 나눈 것 중의 2를 색칠해 보세요.

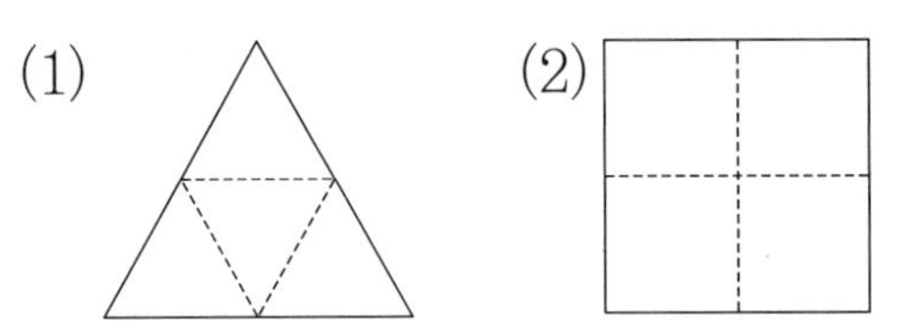

7 오른쪽 도형을 똑같이 둘로 나눈 것 중의 1을 모두 찾아 ○표 하세요.

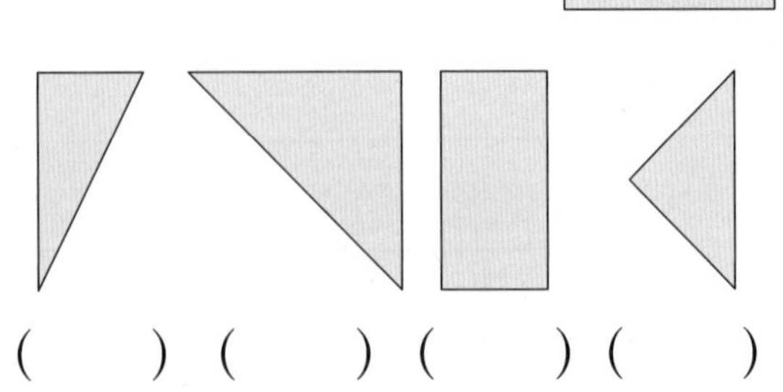

(　　) (　　) (　　) (　　)

8 주어진 점을 이용하여 도형을 똑같이 나누고, 주어진 분수만큼 색칠해 보세요.

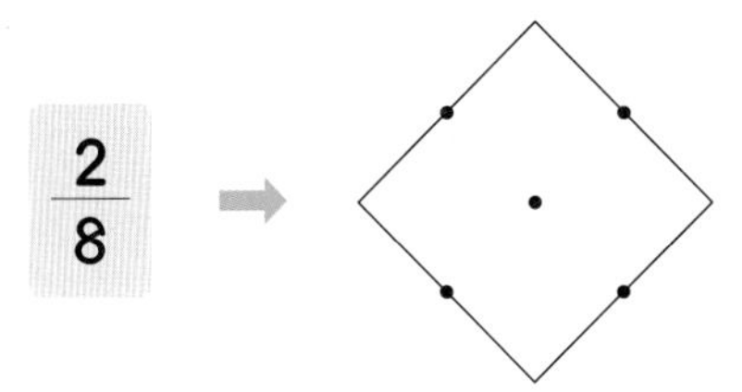

9 정사각형 모양의 색종이를 **2**번 접은 다음 접은 선을 따라 잘랐습니다. 잘린 조각 한 개는 전체의 몇 분의 몇인가요?

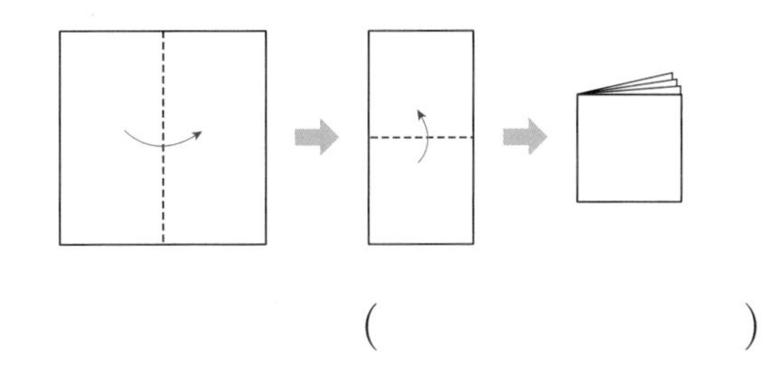

(　　　　　　)

10 $\frac{7}{13}$ 보다 큰 분수를 모두 찾아 써 보세요.

$\frac{11}{13}$　$\frac{4}{13}$　$\frac{3}{13}$　$\frac{8}{13}$　$\frac{1}{13}$

(　　　　　　)

11 두 분수의 크기를 비교하여 ○ 안에 >, =, <를 알맞게 써넣으세요.

(1) $\frac{1}{3}$ ○ $\frac{1}{7}$

(2) $\frac{1}{18}$ ○ $\frac{1}{15}$

12 크기가 가장 큰 분수를 찾아 써 보세요.

(1)

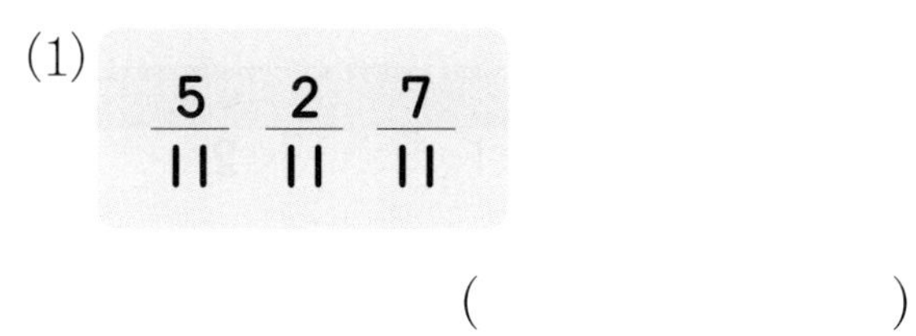

(　　　　　　)

(2)

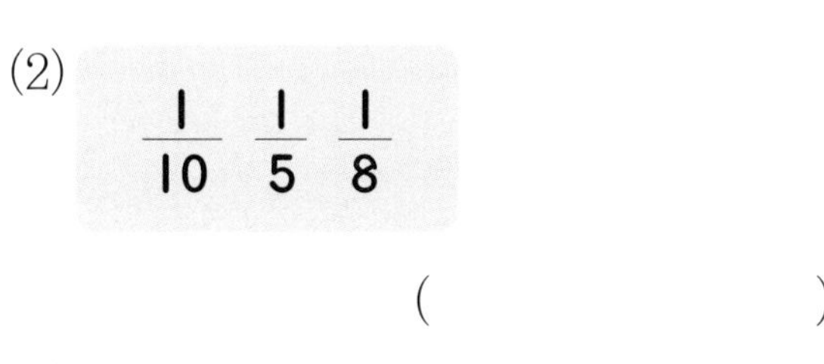

(　　　　　　)

13 크기가 가장 작은 분수부터 차례대로 써 보세요.

$\frac{1}{8}$　$\frac{1}{2}$　$\frac{1}{15}$　$\frac{1}{10}$　$\frac{1}{5}$

(　　　　　　)

14 가영이네 농장 전체의 $\frac{4}{9}$ 만큼에는 감자, $\frac{2}{9}$ 만큼에는 고구마를 심었습니다. 농장에 아무것도 심지 않은 부분을 분수로 써 보세요.

(　　　　　　)

단원 6

15 동훈이는 어머니께서 사 오신 떡의 $\frac{1}{7}$만큼을 먹었습니다. 남은 떡은 동훈이가 먹은 떡의 몇 배인가요?

( )

16 □ 안에 알맞은 소수를 써넣으세요.

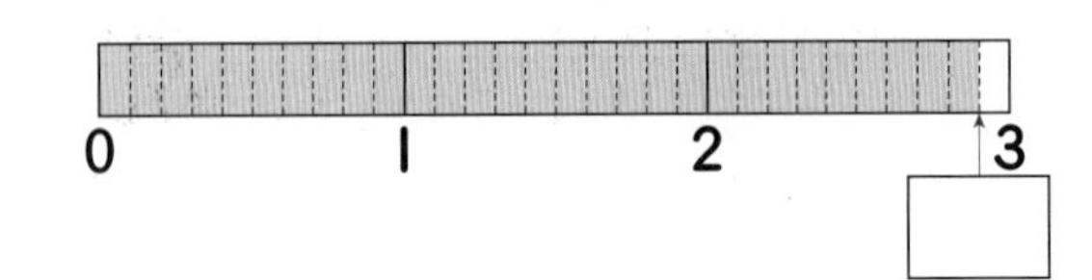

17 □ 안에 알맞은 수를 써넣으세요.

(1) 9 mm=□ cm

(2) 4 mm=□ cm

(3) 5 cm 1 mm=□ cm

(4) 7 cm 5 mm=□ cm

18 비가 오전에는 3 cm, 오후에는 6 mm 내렸습니다. 이 날 비는 모두 몇 cm 내렸나요?

( )

19 가장 큰 수를 찾아 기호를 써 보세요.

㉠ 영점 팔
㉡ 1과 0.4만큼인 수
㉢ 0.1이 21개인 수
㉣ 1.9

( )

20 주어진 조건을 모두 만족하는 수는 어느 것인가요? ( )

㉠ 0.2와 0.9 사이의 수입니다.
㉡ 0.6보다 작은 수입니다.

① 0.2 ② 0.4 ③ 0.6
④ 0.7 ⑤ 0.8

21 세 사람의 연필의 길이는 각각 다음과 같습니다. 연필이 가장 긴 사람은 누구인가요?

은지: 17.1 cm
하영: 17.8 cm
민선: 17.5 cm

( )

서술형

22 밭에 심은 채소를 나타낸 것입니다. 가장 넓은 밭에 심은 채소는 전체의 몇 분의 몇인지 풀이 과정을 쓰고 답을 구해 보세요.

가지	무		오이

풀이

답

23 예원이네 화단 전체의 $\frac{5}{10}$에는 상추를 심고 전체의 $\frac{2}{10}$에는 고추를 심었습니다. 상추와 고추 중에서 심은 부분의 넓이가 더 넓은 것은 어느 것인지 풀이 과정을 쓰고 답을 구해 보세요.

풀이

답

24 같은 음료수를 시우는 전체의 $\frac{1}{6}$만큼, 선철이는 전체의 $\frac{1}{4}$만큼, 상일이는 전체의 $\frac{1}{10}$만큼 마셨습니다. 음료수를 누가 가장 많이 마셨는지 풀이 과정을 쓰고 답을 구해 보세요.

풀이

답

25 수아네 집에서 지하철역까지의 거리는 **2.3** km이고 정호네 집에서 지하철역까지의 거리는 **3.9** km입니다. 누구네 집이 지하철역에 더 가까운지 풀이 과정을 쓰고 답을 구해 보세요.

풀이

답

단원 6

탐구 수학

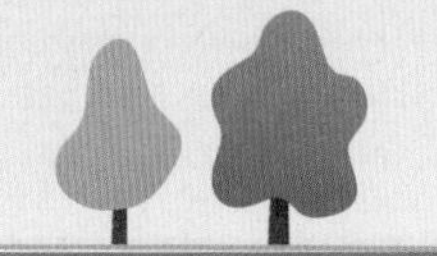

주희네 모둠 학생들의 등교할 때 걷는 거리를 조사하여 표를 만들었습니다. 학교에서 배운 분수와 소수를 이용하여 나타내었을 때 주희네 모둠 학생들 중에 학교에서 집이 가장 가까운 친구와 가장 먼 친구를 알아보시오. [1.3]

이름 거리
지혜 1.4km
수영 $\frac{3}{5}$km
재혁 1.2km
형식 $\frac{3}{4}$km
주희 $\frac{3}{8}$km

① 구하려고 하는 것은 무엇인가요?

② 해결할 방법을 설명해 보세요.

③ 학교에서 집이 가장 가까운 친구와 가장 먼 친구의 이름을 각각 써 보세요.

가장 가까운 친구 (　　　　　　　　)

가장 먼 친구 (　　　　　　　　)

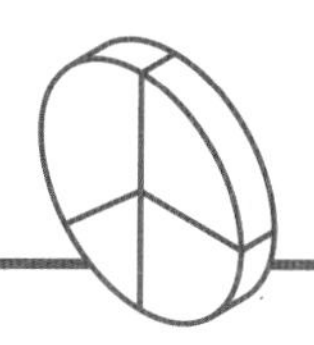

수학스럽게 말해요.

채소들이 잘 자라려면 비가 너무 많이 와도 안 되고, 너무 적게 와도 안 된다고 해요. 우리들은 더우면 냉장고에서 시원한 물을 꺼내 마시면 되지만 채소들은 하늘에서 내리는 비가 바로 시원한 물이니까요.
누구나 즐겨 먹는 채소들은 비가 오지 않으면 말라죽기 때문에 가격이 많이 올라갔다네요.
시장에 다녀 온 엄마는 친구에게 온 전화를 받으면서
"상추가 작년 이맘때보다 반이나 올랐어!"
라면서 이젠 고기 구워 먹을 때 상추나 깻잎은 먹지 말아야겠다고 하셨어요.
반이나 올랐다는 것이 뭐예요? 라고 물어보려는데 마침 막내 아기가 먹다 남긴 우유병이 보였어요. 딱 반만 먹었네요. 엄마는 한 병 가득 우유를 타 주었는데 아기는 반만 먹은 거예요. '저런 걸 반이라고 하지? 그럼 반이나 올랐다는 건 또 뭐지?'
아무래도 안 되겠어요. 엄마한테 물어야지. 난 정말 궁금한 건 못 참거든요. 더구나 삼겹살에 상추가 빠진다는 건 상상할 수 없는 일이잖아요. 엄마는 대답 대신 그림 한 장을 그려 주셨어요. 내 생각이 맞았어요.
그래서 또 조심스럽게 물었지요.

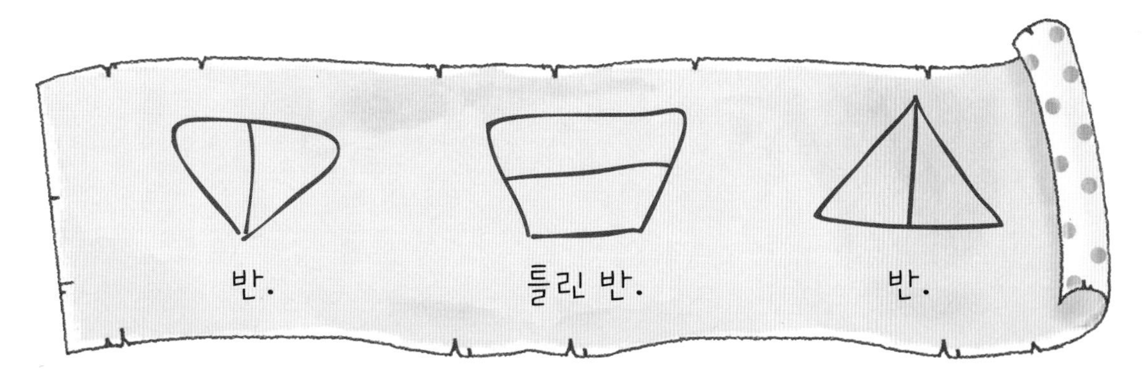

"반이면 더 작아졌으니까 좋은 거 아니에요? 상추값이 반이 되었으니까 더 싸진 거 아닌가요?"
"원래 돈보다 반이나 더 올랐다구!"
난 도무지 무슨 소린지 알 수가 없었어요. 식탁 위에 덩그러니 놓인 엄마의 그림을 아빠가 보셨지요.
아빠가 오시더니 더 자세히 알려 주시겠다며 엄마랑 똑같이 그림을 그리시며 설명해 주셨어요.

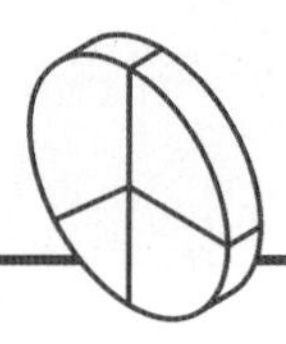

"반이라는 건 말이지. 전체를 똑같이 둘로 나누었다는 뜻이야. 전체를 둘로 똑같이 나누어서 그중 하나를 반이라고 하는 거란다."

아하, 그렇다면 수학 시간에 배운 $\frac{1}{2}$이 반인가 보네요! 맞아요, 그때 선생님께서도 똑같이 둘로 나누어야 $\frac{1}{2}$이라고 하셨어요!

"그럼 반이라는 게 $\frac{1}{2}$하고 똑같은 거예요?"

"그럼! 그러니까 채소값이 반이나 올랐다는 건 그 전에 받던 값의 $\frac{1}{2}$만큼이 올랐다는 거지."

"그럼 100원이었으면 100원의 $\frac{1}{2}$만큼이 50원이니까 150원이 되었다는 거예요?"

"우리 똘이 수학 실력이 대단한 걸!"

아빠는 껄껄 웃으시며 내 등을 두드려 주셨답니다.

이렇게 $\frac{1}{2}$이라고 하면 될 걸, 왜 반이라고 하는지 어른들은 정말 이상해요. 그렇죠?

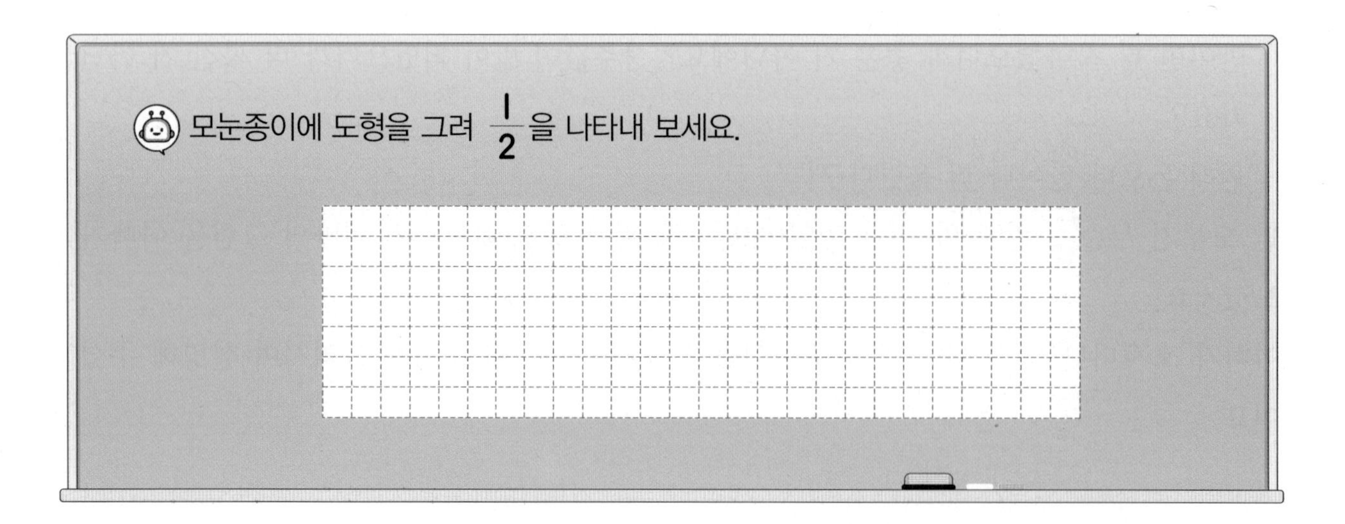

모눈종이에 도형을 그려 $\frac{1}{2}$을 나타내 보세요.

왕수학

왕수학

정답과 풀이

3-1

(주)에듀왕

왕수학

왕수학

기본편

정답과 풀이

초등

3-1

1단원 덧셈과 뺄셈

1단계 개념 탄탄 6쪽

1 7 / 9, 7 / 8, 9, 7
2 3, 50 / 50, 3 / 70, 9 / 779

2단계 핵심 쏙쏙 7쪽

1 (1) 100 (2) 800
(3) 100, 800, 900, 900
2 (1) 7, 8, 5 (2) 6, 8, 8
3 (1) 648 (2) 478
(3) 875 (4) 846
4 (1) 477 (2) 795
5
6 473+125=598, 598명

6 (어른 수)+(어린이 수)=473+125=598(명)

1단계 개념 탄탄 8쪽

1 1, 2 / 1, 4, 2 / 1, 7, 4, 2
2 (1) 8, 20 / 20, 8 / 15, 75, 575
(2) 8, 320 / 320 / 560, 15, 575

2단계 핵심 쏙쏙 9쪽

1 (1) 350 (2) 440
(3) 350, 440, 790, 790
2 (1) 5, 9, 5 (2) 8, 6, 8
3 (1) 476 (2) 636
(3) 987 (4) 939
4 (1) 694 (2) 868
5
6 358+415=773, 773개

1단계 개념 탄탄 10쪽

1 1, 1 / 1, 1, 4, 1 / 1, 1, 7, 4, 1
2 1, 2, 1, 5

2 백 모형 11개는 천 모형 1개와 백 모형 1개로, 십 모형 10개는 백 모형 1개로, 일 모형 15개는 십 모형 1개와 일 모형 5개로 바꿀 수 있습니다. 따라서 천 모형 1개, 백 모형 2개, 십 모형 1개, 일 모형 5개는 1215입니다.

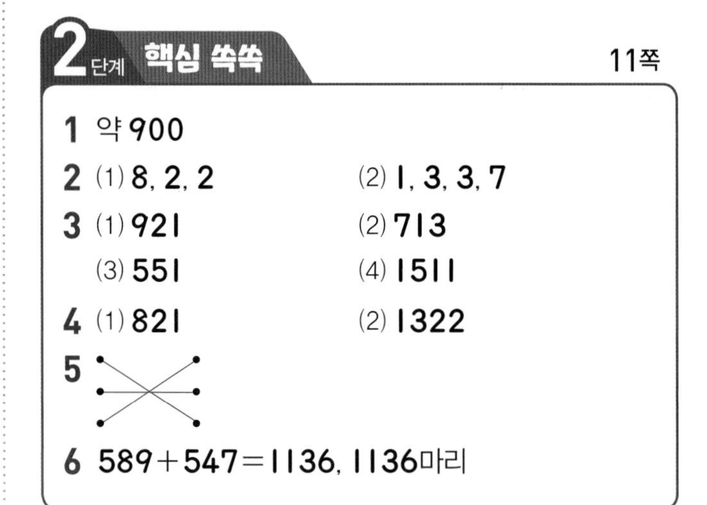

2단계 핵심 쏙쏙 11쪽

1 약 900
2 (1) 8, 2, 2 (2) 1, 3, 3, 7
3 (1) 921 (2) 713
(3) 551 (4) 1511
4 (1) 821 (2) 1322
5
6 589+547=1136, 1136마리

1 289를 어림하면 약 300이고 588을 어림하면 약 600입니다.
289+588을 어림셈으로 구하면
약 300+약 600=약 900입니다.

6 (얼룩소 수)+(염소 수)=589+547
=1136(마리)

3단계 유형 콕콕 12~15쪽

1-1 789 1-2 479
1-3 솔비
1-4 (1) 757 (2) 659
(3) 737 (4) 888
1-5 689 1-6 565
1-7 452+226=678, 678명

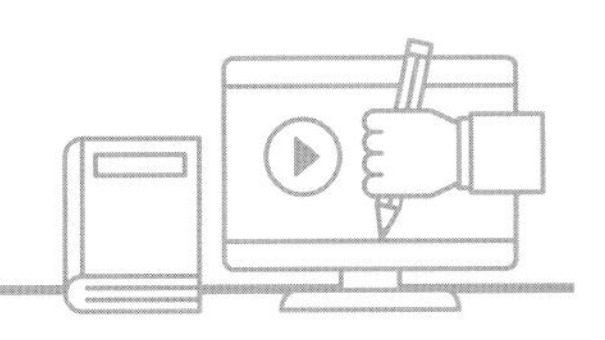

2-1 1, 7, 9, 8

2-2 (1) 693 (2) 877 (3) 574 (4) 737

2-3 659

2-4 1, 100

2-5 928

2-6 3, 4, 0

2-7 718상자

3-1 1, 1, 8, 6, 4

3-2 (1) 535 (2) 855 (3) 827 (4) 853

3-3 773

3-4 445, 466, 911

3-5 풀이 참조

3-6 9, 8, 6

3-7 681장

4-1 1, 1, 1, 7, 4, 3

4-2 (1) 1123 (2) 1043 (3) 1211 (4) 1245

4-3

598	956	1554
664	787	1451
1262	1743	

4-4 >

4-5 1045

4-6 1251

4-7 1003 m

1-3 솔비: 400보다 큰 수에 300보다 큰 수를 더하면 계산 결과는 700보다 큽니다.
윤아: 300보다 작은 수에 400보다 작은 수를 더하면 계산 결과는 700보다 작습니다.

1-6 가장 큰 수는 431이고 가장 작은 수는 134이므로 두 수의 합은 431+134=565입니다.

2-4 십의 자리 계산에서 4+9=13이므로 3은 십의 자리에 쓰고 1은 백의 자리로 받아올림합니다.
➡ ㉠에 들어갈 숫자는 1이고 실제로 나타내는 값은 100입니다.

2-5 가장 큰 수: 742, 가장 작은 수: 186
(가장 큰 수)+(가장 작은 수)=742+186=928

2-6

$$\begin{array}{r} 2\ ㉠\ 7 \\ +\ ㉡\ 4\ 3 \\ \hline 6\ 8\ ㉢ \end{array}$$

• 일의 자리 계산: 7+3=10 ➡ ㉢=0
• 십의 자리 계산: 1+㉠+4=8 ➡ ㉠=3
• 백의 자리 계산: 2+㉡=6 ➡ ㉡=4

2-7 477+241=718(상자)

3-3 287+486=773

3-4 ㉠=276+169=445,
㉡=169+297=466,
㉢=445+466=911

3-5

$$\begin{array}{r} 3\ 8\ 6 \\ +\ 5\ 2\ 8 \\ \hline 9\ 1\ 4 \end{array}$$

예 십의 자리를 계산할 때 일의 자리에서 받아올림 한 수를 더하고, 백의 자리를 계산할 때 십의 자리에서 받아올림 한 수를 더해야 하는데 받아올림 한 수를 더하지 않아서 틀렸습니다.

3-6

$$\begin{array}{r} 3\ 5\ ㉠ \\ +\ 2\ ㉡\ 7 \\ \hline ㉢\ 4\ 6 \end{array}$$

㉠+7=16 ➡ ㉠=16−7=9
1+5+㉡=14 ➡ ㉡=8
1+3+2=㉢ ➡ ㉢=6

3-7 284+397=681(장)

4-3 • 598+956=1554
• 664+787=1451
• 598+664=1262
• 956+787=1743

4-4 538+795=1333, 869+357=1226
➡ 1333>1226

4-5 • 100이 6개, 10이 4개, 1이 9개인 수 ➡ 649
• 649보다 396만큼 더 큰 수
➡ 649+396=1045

4-6 가장 큰 수: 873, 가장 작은 수: 378
➡ 두 수의 합은 873+378=1251입니다.

4-7 (효근이가 걸어야 하는 거리)
=(학교에서 도서관까지 거리)
+(도서관에서 집까지 거리)
=217+786=1003 (m)

1 단원 덧셈과 뺄셈

1단계 개념 탄탄 16쪽

1 3 / 2, 3 / 2, 2, 3
2 40, 3 / 40, 3 / 400, 40, 2 / 442

2단계 핵심 쏙쏙 17쪽

1 (1) 500 (2) 100
(3) 500, 100, 400 / 400
2 (1) 3, 4, 5 (2) 2, 6, 5
3 (1) 525 (2) 832
(3) 362 (4) 532
4 (1) 344 (2) 314
5 (풀이 생략)
6 123명

1 어림할 때는 가장 가까운 몇백으로 어림합니다.

6 438－315＝123(명)

1단계 개념 탄탄 18쪽

1 (1) 3, 10, 8 / 3, 10, 2, 8 / 3, 10, 5, 2, 8
(2) 6 / 5, 10, 7, 6 / 5, 10, 2, 7, 6
2 5, 10, 8 / 10, 8 / 10, 5, 8 / 500, 20, 7 / 527

2단계 핵심 쏙쏙 19쪽

1 (1) 500 (2) 400
(3) 500, 400, 100, 100
2 (1) 3, 4, 6 (2) 4, 8, 2
3 (1) 326 (2) 396
(3) 415 (4) 274
4 325
5 (풀이 생략)
6 333
7 182명

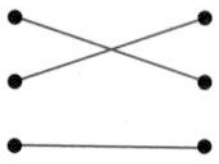

1 어림할 때는 가장 가까운 몇백으로 어림합니다.

5 • 847－263＝584
• 518－192＝326
• 726－354＝372

6 가장 큰 수는 740이고 가장 작은 수는 407이므로 740－407＝333입니다.

7 336－154＝182(명)

1단계 개념 탄탄 20쪽

1 4, 10, 8 / 7, 14, 10, 6, 8 / 7, 14, 10, 1, 6, 8
2 6, 8 / 60, 6, 8 / 60, 6, 8 / 100, 60, 8 /
300, 50, 8 / 358

2단계 핵심 쏙쏙 21쪽

1 (1) 400 (2) 200
(3) 400, 200, 200, 200
2 (1) 2, 6, 4 (2) 3, 6, 9
3 (1) 126 (2) 377
(3) 398 (4) 378
4 288
5 (풀이 생략)
6 429, 356, 73
7 265명

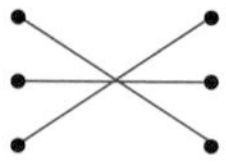

1 어림할 때는 가장 가까운 몇백으로 어림합니다.

6 백의 자리 숫자를 비교하여 차가 가장 작은 두 수를 먼저 알아봅니다.

7 543－278＝265(명)

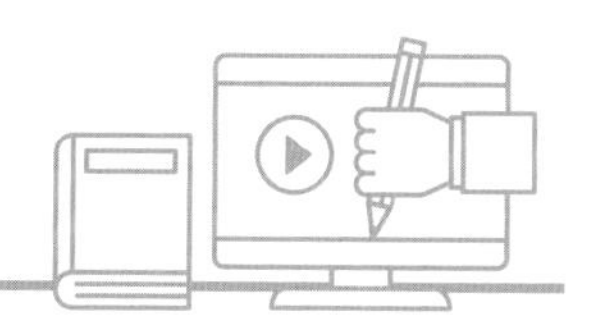

3단계 유형 콕콕 22~25쪽

5-1	5, 4, 5		
5-2	(1) 441	(2) 342	
	(3) 541	(4) 733	
5-3	(1) 418	(2) 433	
5-4	>	5-5	311
5-6	697, 485	5-7	124줄
6-1	3, 2, 5		
6-2	(1) 546	(2) 257	
	(3) 157	(4) 492	
6-3	(1) 315	(2) 252	
6-4	728, 276	6-5	$\begin{array}{r} 639 \\ -273 \\ \hline 366 \end{array}$
6-6	9, 8	6-7	가영, 65개
7-1	예 약 100명	7-2	2, 6, 6
7-3	(1) 494	(2) 235	
	(3) 259	(4) 379	
7-4	(1) 79	(2) 158	
7-5	128	7-6	516
7-7	138쪽	7-8	병원, 128 m
7-9	189	7-10	185 m
7-11	160		
7-12	(1) 595개	(2) 398개	
7-13	444, 188		

5-3 (2) 567−□=134에서 □=567−134, □=433입니다.

5-4 688−346=342>474−233=241

5-5 100이 5개, 10이 8개, 1이 3개인 수 ➡ 583
583보다 272만큼 더 작은 수
➡ 583−272=311

5-6 일의 자리의 수끼리의 차가 2인 경우는 697과 485이고 697−485=212입니다.

5-7 367−243=124(줄)

6-3 (2) 836−□=584에서 □=836−584
□=252입니다.

6-4

987
−259
㉠728 ➡ −452 ➡ ㉡276

㉠=987−259, ㉠=728
㉡=728−452, ㉡=276

6-5 백의 자리에서 십의 자리로 받아내림 한 것을 빠트리고 계산했습니다.

6-6

$$\begin{array}{r} ㉠\ 5\ 4 \\ -\ 5\ ㉡\ 2 \\ \hline 3\ 7\ 2 \end{array}$$

10+5−㉡=7 ➡ ㉡=8
㉠−1−5=3 ➡ ㉠=9

7-1 예 901은 900에 가깝고 772는 800에 가깝습니다. 어제 방문한 사람은 오늘 방문한 사람보다 약 900−약 800=약 100(명) 더 많습니다.

7-5 704−576=128 (m)

7-6 가장 큰 수: 814, 가장 작은 수: 298
차: 814−298=516

7-7 위인전은 동화책보다 434−296=138(쪽) 더 많습니다.

7-8 (도영이네 집에서 병원까지의 거리)
−(도영이네 집에서 약국까지의 거리)
=626−498=128 (m)

7-9 사각형 안에 있는 수는 547, 736이므로 두 수의 차는 736−547=189입니다.

7-10 (집~학교)=568−418=150 (m)
(학교~경찰서)=335−150=185 (m)

7-11 □ 안의 수 16은 일의 자리로 받아내림 하고 남은 수 60과 백의 자리에서 받아내림 한 100을 합한 수이므로 160을 나타냅니다.

7-12 (1) 427+168=595(개)
(2) 595−197=398(개)

7-13 • 841−397=444
• 444−256=188

4단계 실력 팍팍 26~29쪽

1 1187　　2 847
3 풀이 참조　　4 635, 866, 1501
5 326
6 (1) 3, 1, 2　　(2) 2, 9, 5
(3) 9, 7, 8　　(4) 7, 8, 1, 4
7 0, 1, 2, 3, 4, 5　　8 546
9 615명　　10 <
11 ㉢　　12 1705
13 (→ ㊀, ↓ ㊀)

982	648	㉠334
705	㉢424	㉣281
㉡277	224	

14 많은, 적은, 많습니다에 ○표
15 169　　16 643, 358
17 538　　18 16
19 (1) 7, 6, 9　　(2) 7, 4, 3
20 823, 257, 429(또는 429, 257, 823), 995
21 0, 1, 2, 3, 4　　22 199
23 풀이 참조　　24 314

1 • ㉠=600+80+9=689
• ㉡=300+140+58=498
➡ ㉠+㉡=689+498=1187

2 가장 큰 수는 543이고 가장 작은 수는 304입니다.
➡ 두 수의 합은 543+304=847입니다.

3 방법 1 예 345+423
=(300+400)+(40+20)+(5+3)
=700+60+8=768
방법 2 예 345+423
=(300+400)+(45+23)
=700+68=768

4 • 248+387=635
• 387+479=866
• 635+866=1501

5 찢어진 세 자리 수를 □라고 하면 167+□=493, □=493−167이므로 □=326입니다.

6 (1)
$$\begin{array}{r} \boxed{3}\ 8\ 6 \\ +\ 4\ \boxed{1}\ \boxed{2} \\ \hline 7\ 9\ 8 \end{array}$$
(2)
$$\begin{array}{r} 2\ 2\ \boxed{9} \\ +\ 3\ \boxed{5}\ 6 \\ \hline 5\ 8\ 5 \end{array}$$
(3)
$$\begin{array}{r} 5\ 2\ \boxed{9} \\ +\ 2\ \boxed{7}\ 7 \\ \hline \boxed{8}\ 0\ 6 \end{array}$$
(4)
$$\begin{array}{r} 3\ 9\ \boxed{7} \\ +\ \boxed{8}\ 4\ 5 \\ \hline \boxed{1}\ 2\ \boxed{4}\ 2 \end{array}$$

7 39□+838<1234에서
39□<1234−838
39□<396
➡ □ 안에 들어갈 수 있는 숫자는 0, 1, 2, 3, 4, 5입니다.

8 □+123=669, □=669−123
□=546

9 남학생 수: 246+123=369(명)
여학생 수와 남학생 수의 합은
246+369=615(명)입니다.

10 • 837+498=1335
• 977+388=1365

11 백의 자리 수끼리의 합은 1200으로 모두 같습니다.
몇십몇의 수끼리의 합을 알아보면 다음과 같습니다.
㉠ 9+89=98　　㉡ 24+93=117
㉢ 77+55=132　　㉣ 19+68=87
따라서 ㉢의 합이 가장 큽니다.

12 • 가장 큰 세 자리 수: 853
• 두 번째로 큰 세 자리 수: 852
• 두 수의 합: 853+852=1705

13 ㉠=982−648=334
㉡=982−705=277
㉢=648−224=424
㉣=705−424=281

14 900보다 큰 수에서 700보다 작은 수를 빼면 계산 결과는 200보다 큽니다.

16

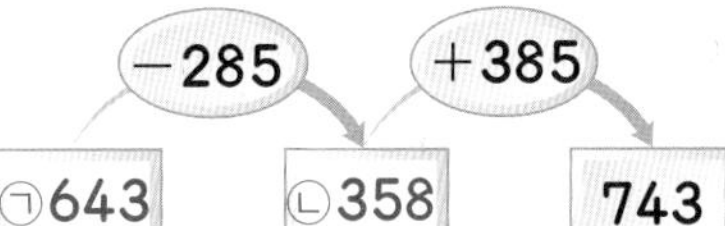

- ㉡$+385=743$
- ㉡$=743-385=358$
- ㉠$-285=358$
- ㉠$=358+285=643$

17
- 가장 큰 수: 742
- 가장 작은 수: 204
- 두 수의 차: $742-204=538$

18
- 일의 자리의 계산: $10+$㉡$-5=7$, ㉡$=2$
- 십의 자리의 계산: $10+2-$㉢$=$㉢, ㉢$=6$
- 백의 자리의 계산: ㉠$-1-2=5$, ㉠$=8$

➡ ㉠+㉡+㉢$=8+2+6=16$

19 (1)

	7	4	5
−	3	6	6
	3	7	9

(2)

	9	7	2
−	5	7	4
	3	9	8

20 계산 결과를 크게 하려면 더하는 수는 큰 수, 빼는 수는 작은 수로 계산해야 합니다.
$823-257+429=566+429=995$
또는 $429-257+823=995$

21 62□$-298=327$이라고 하면
62□$=327+298=625$이므로
□ 안에는 5보다 작은 숫자가 들어갈 수 있습니다.

22
- (세 자리 수 ㉠㉡㉢)$+567=935$
- (세 자리 수 ㉠㉡㉢)$=935-567=368$

➡ 두 수의 차는 $567-368=199$입니다.

23 예 $723-569=154$입니다.
차가 164가 되기 위해서는 723을 733으로 바꾸거나 569를 559로 바꾸어야 합니다. 또는 두 수의 차인 164를 154로 바꿀 수 있습니다.

24
- (어떤 수)$+237=788$
- (어떤 수)$=788-237=551$

따라서 바르게 계산하면 $551-237=314$입니다.

서술 유형 익히기

30~31쪽

1. 788, 788, 1576, 1576, 1576
1-1 풀이 참조, 1158번
2. 835, 297, 835, 297, 1132, 1132
2-1 풀이 참조, 474
3. 763, 367, 763, 367, 1130, 1130
3-1 풀이 참조, 594
4. 357, 135, 246, 409, 135, 409, 544, 544
4-1 풀이 참조, 648

1-1 (신영이가 한 줄넘기 횟수)
=(어제 한 줄넘기 횟수)+(오늘 한 줄넘기 횟수)
$=579+579=1158$(번)
따라서 신영이는 줄넘기를 모두 1158번 했습니다.

2-1 백의 자리 숫자끼리 크기를 비교하면 백의 자리 숫자가 가장 큰 수는 603이고, 백의 자리 숫자가 가장 작은 수는 129입니다. 따라서 두 수의 차는 $603-129=474$입니다.

3-1 수의 크기를 비교하면 $8>4>2$이므로 만들 수 있는 가장 큰 수는 842이고 가장 작은 수는 248입니다. 따라서 두 수의 차는 $842-248=594$입니다.

4-1 ㉮$-397=538$에서
㉮$=538+397=935$이고, $724-$㉯$=437$에서
㉯$=724-437=287$입니다.
따라서 ㉮와 ㉯의 차는 $935-287=648$입니다.

단원 평가 32~35쪽

1 (1) 1, 3, 2, 1 (2) 5, 7, 8
2 (1) 865 (2) 477
(3) 881 (4) 556
3 586, 1433
4 155, 342
5 1111, 339
6 (풀이 그림)
7 풀이 참조
8 286
9 382
10 (위쪽부터) 1401, 1015, 199, 187
11 266, 803
12 ㉠
13 ⑤
14 889, 138
15 풀이 참조
16 920권
17 369걸음
18 36명
19 8
20 2, 5
21 430명
22 풀이 참조, 문구점, 308 m
23 풀이 참조, 1210
24 풀이 참조
25 풀이 참조, 1154명

5 • 합: $725+386=1111$
• 차: $725-386=339$

7 방법 1 예 $384+475$
$=(380+4)+(470+5)$
$=(380+470)+(4+5)$
$=850+9=859$
방법 2 예 $384+475$
$=(300+84)+(400+75)$
$=(300+400)+(84+75)$
$=700+159=859$

9 백의 자리에서 십의 자리로 받아내림 한 것을 빠트리고 계산했습니다.

10 • $636+765=1401$
• $437+578=1015$
• $636-437=199$
• $765-578=187$

11 • $403-137=266$
• $266+537=803$

12 ㉠: 1250, ㉡: 1232, ㉢: 1211

13 ① 486, ② 498, ③ 468, ④ 476, ⑤ 465

14 두 수의 합의 일의 자리의 숫자가 7이므로 두 수는 889와 138입니다.

15 방법 1 예 $753-328$
$=(700-300)+(53-28)$
$=400+25$
$=425$
방법 2 예 $753-328$
$=(700-300)+(40-20)$
$+(10+3-8)$
$=400+20+5$
$=425$

16 $398+522=920$(권)

17 $628-259=369$(걸음)

18 수의 크기를 비교하면 $223>217>198>187$이므로 학생 수가 가장 많은 학년은 1학년이고, 학생 수가 가장 적은 학년은 3학년입니다.
➡ $223-187=36$(명)

19
```
   1 1
   6 5 3
 + 5 ㉠ 7
 -------
 1 2 4 0
```
$1+5+㉠=14$ ➡ $㉠=8$

20
```
  4 11 10
  5  2  ㉠
- 2  ㉡  7
---------
  2  6  5
```
$10+㉠-7=5$ ➡ $㉠=2$
$2-1+10-㉡=6$ ➡ $㉡=5$

21 $504-246=258$(명)
$258+172=430$(명)

서술형

22 803>495이므로 미나네 집에서 문구점까지의 거리가 803−495=308 (m) 더 멉니다.

23 가장 큰 수: 964, 가장 작은 수: 246
따라서 두 수의 합은 964+246=1210입니다.

24 방법 1 384를 400보다 16만큼 더 작은 수로 생각합니다.
$612-384=612-(400-16)$
$=(612-400)+16$
$=212+16=228$

방법 2 612와 384에 각각 16을 더한 후 서로 뺍니다.
$612-384=(612+16)-(384+16)$
$=628-400=228$

25 (오늘 박물관에 입장한 사람 수)
=478+198=676(명)
(어제와 오늘 박물관에 입장한 사람 수)
=478+676=1154(명)

탐구 수학 36쪽

1 풀이 참조
2 풀이 참조

1 예 ① 도윤이네 집 → 수목원 → 동물원 → 솔별타워: 286+488+238=1012 (m)
② 도윤이네 집 → 솔별산 천문대 → 놀이동산 → 솔별타워: 396+339+365=1100 (m)
③ 도윤이네 집 → 솔별산 천문대 → 솔별타워: 396+545=941 (m)
④ 도윤이네 집 → 솔별산 천문대 → 동물원 → 솔별타워: 396+264+238=898 (m)

2 도윤이네 집 → 솔별산 천문대 → 동물원 → 솔별타워: 396+264+238=898 (m)

생활 속의 수학 37~38쪽

665, 690, 1101

- 256+409=600
  50
  + 15
  665
- 193+497=500
  180
  + 10
  690
- 706+395=1000
  90
  + 11
  1101

2단원 평면도형

1단계 개념 탄탄 40쪽

1 선분, ㄱㄴ, ㄴㄱ
2 반직선, 반직선 ㄱㄴ, 반직선 ㄹㄷ

2단계 핵심 쏙쏙 41쪽

1 (△)
(○)
2 ( )( )( )(○)( )
3 (1) 반직선 (2) 직선
4 (1) 반직선 ㅁㅂ
(2) 직선 ㅅㅇ 또는 직선 ㅇㅅ
5 ㉯, ㉱
6 풀이 참조
7 풀이 참조
8 3개

1 휘거나 구부러짐이 없는 선이 곧은 선입니다.

2 양쪽으로 끝없이 늘인 곧은 선을 찾아 ○표 합니다.

3 (1) 한 점에서 시작하여 한쪽으로 끝없이 늘인 곧은 선을 반직선이라고 합니다.

4 (1) 어떤 점에서 시작하느냐에 따라 반직선의 이름이 달라집니다.

5 두 점을 곧게 이은 선을 선분이라고 합니다.

6 ㄷ ㄹ

7 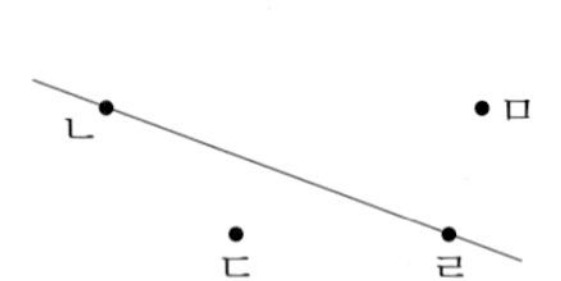

1단계 개념 탄탄 42쪽

1 다
2 풀이 참조
3 ( )( )(○)( )(○)

1 가: 선 하나가 곡선이므로 각이 아닙니다.
나: 한 점에서 만나지 않으므로 각이 아닙니다.
라: 하나의 곡선으로 이루어졌으므로 각이 아닙니다.

2 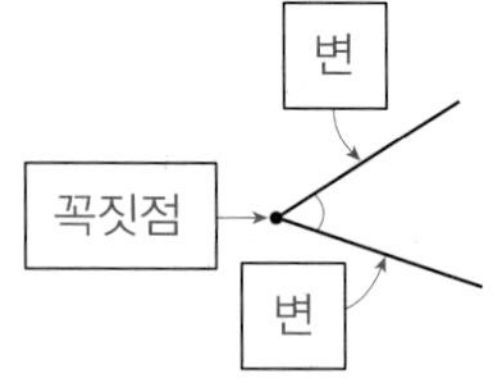

• 각: 한 점에서 그은 두 반직선으로 이루어진 도형
• 꼭짓점: 반직선이 시작되는 점
• 변: 각을 이루고 있는 두 반직선

3 삼각자의 직각인 부분을 대었을 때 꼭 맞게 겹쳐지는 각이 직각입니다.

2단계 핵심 쏙쏙 43쪽

1 나, 다
2 각 ㄹㅁㅂ 또는 각 ㅂㅁㄹ / 점 ㅁ / 변 ㅁㄹ, 변 ㅁㅂ
3 (1) 3개 (2) 4개
4 ㉢
5 풀이 참조
6 풀이 참조
7 풀이 참조, 2개

5 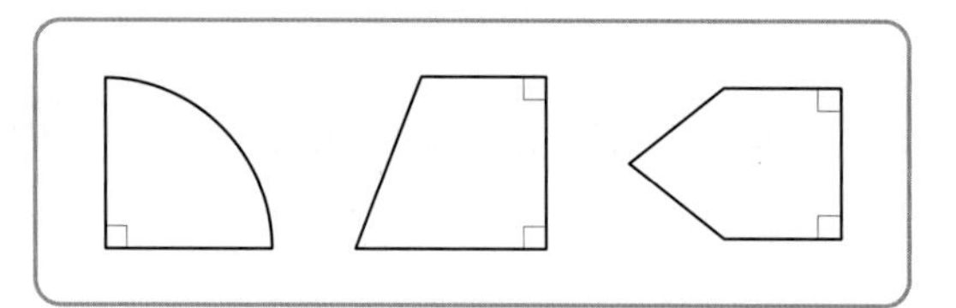

6 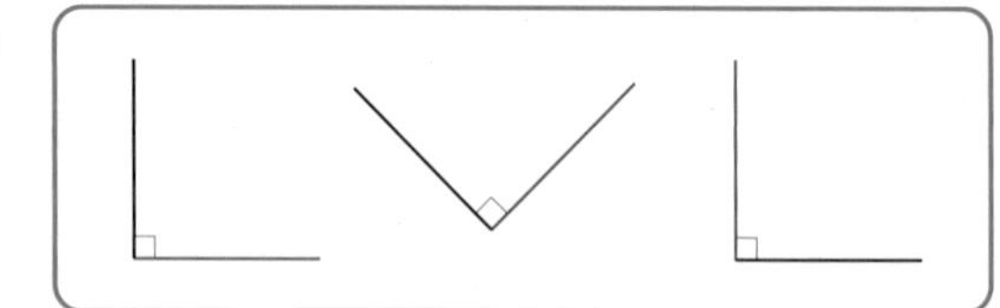

∟, ⅃, 〈, 〉, ∟, ⅃ 등 여러 가지 방법이 있습니다.

7 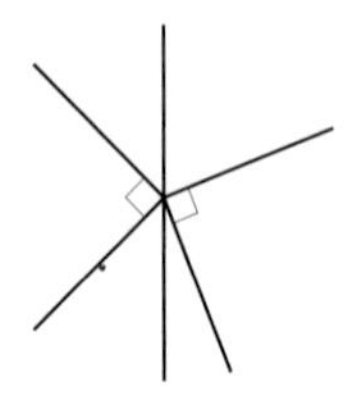

1단계 개념 탄탄 44쪽

1 (　)(○)(　)(　)　2 풀이 참조
3 (1) 나, 마　(2) 직각삼각형

2
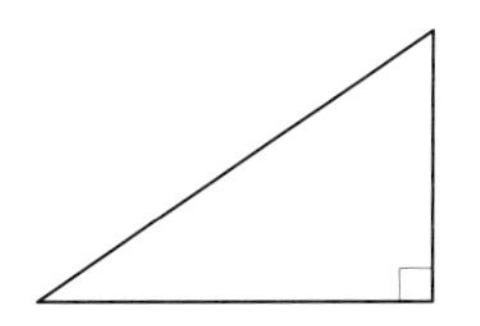

3 (1) 삼각자의 직각 부분을 대어 보면 세 각 중 한 각이 직각인 삼각형은 나, 마입니다.

2단계 핵심 쏙쏙 45쪽

1 직각삼각형　2 가, 다
3 2개　4 3, 3, 1
5 ③　6 풀이 참조
7 3개

3
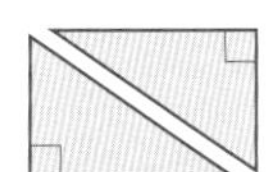
➡ 2개의 직각삼각형

4 직각삼각형은 각, 변, 꼭짓점이 각각 3개씩 있고, 직각은 1개 있습니다.

6 예
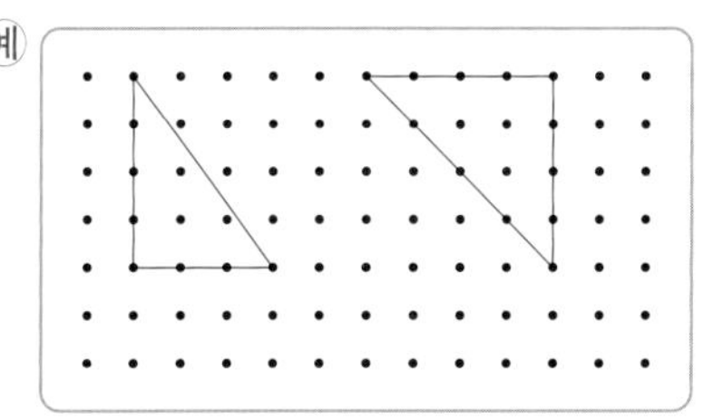
크기가 다르고, 한 각이 직각인 삼각형을 그립니다.

7 • 1개짜리 직각삼각형: 2개
• 2개짜리 직각삼각형: 1개
➡ 직각삼각형은 모두 $2+1=3$(개)입니다.

1단계 개념 탄탄 46쪽

1 (　)(　)(○)(　)　2 풀이 참조
3 (1) 가, 다　(2) 직사각형

2
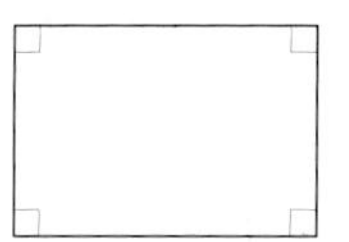
직사각형은 네 각이 모두 직각입니다.

2단계 핵심 쏙쏙 47쪽

1 직사각형　2 가, 다
3 4, 직각　4 4개
5 ③　6 풀이 참조
7 5개

4
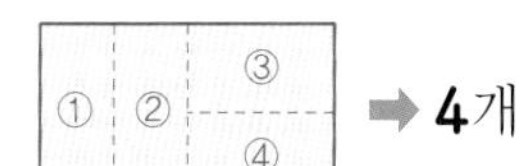

➡ 4개

5 네 각이 모두 직각이 되도록 꼭짓점의 위치를 잘 생각하여 고릅니다.

6 예
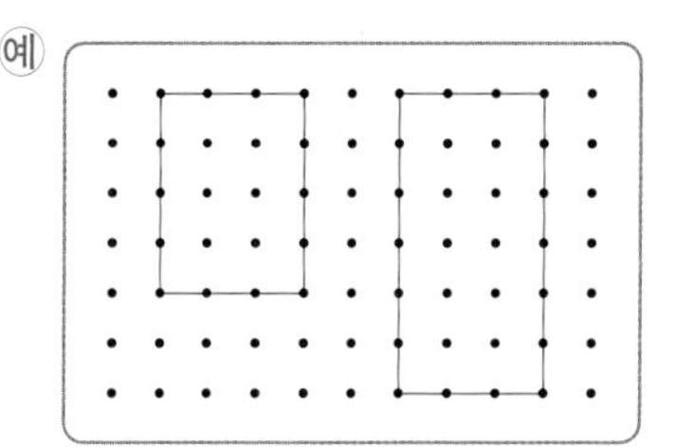
네 각이 모두 직각인 사각형을 그립니다.

7 • 1개짜리 직사각형: 3개
• 2개짜리 직사각형: 1개
• 3개짜리 직사각형: 1개
➡ 직사각형은 모두 $3+1+1=5$(개)입니다.

1단계 개념 탄탄 48쪽

1 (1) 가, 나, 라　(2) 나, 라
(3) 나, 라　(4) 정사각형
2 (　)(　)(　)(○)

1 (2) 가는 네 각이 모두 직각이지만 네 변의 길이가 모두 같지는 않습니다.

2단계 핵심 쏙쏙 49쪽

1 직각, 변, 정사각형
2 ④
3 정사각형
4 ㉢
5 풀이 참조
6 풀이 참조
7 5개

3 네 각이 모두 직각이고 네 변의 길이가 모두 같은 사각형이므로 정사각형이 됩니다.

4 ㉢ 정사각형은 네 각이 모두 직각이므로 직사각형이라고 할 수 있습니다.

5 ㉑ 정사각형은 네 변의 길이가 모두 같은데 주어진 도형은 네 변의 길이가 모두 같지 않으므로 정사각형이 아닙니다.

6 ㉑

7 • 1개짜리 정사각형: 4개
• 4개짜리 정사각형: 1개
➡ 정사각형은 모두 4+1=5(개)입니다.

3단계 유형 콕콕 50~55쪽

1-1 ( )
(○)
( )
1-2 ㉢
1-3 6개
1-4 ㉑ 선분은 두 점을 곧게 이은 선인데 주어진 그림은 곧은 선이 아니므로 선분이 아닙니다.
1-5 ③, ⑤
1-6 6개
1-7 8개
2-1 ②, ④
2-2 5개
2-3 각 ㄹㄴㅁ 또는 각 ㅁㄴㄹ
2-4 ⑤
2-5 풀이 참조, 1개
2-6 풀이 참조
2-7 7개
3-1 직각삼각형
3-2 같은 점: ㉑ 한 각이 직각입니다.
3-3 6개
3-4 ②
3-5 풀이 참조
3-6 풀이 참조
3-7 5개
4-1 가, 다
4-2 4, 8
4-3 풀이 참조
4-4 ④
4-5 ㉑ 직사각형은 네 각이 모두 직각인 사각형인데 네 각 중에서 두 각만 직각이므로 직사각형이 아닙니다.
4-6 풀이 참조,
같은 점: 네 각이 모두 직각입니다.
다른 점: 변의 길이가 서로 다릅니다.
4-7 28 cm
4-8 ㉡
4-9 4
4-10 6개
5-1 2개
5-2 직사각형: 나, 라, 마, 바
정사각형: 라, 바
5-3 ⑤
5-4 7개
5-5 10
5-6 풀이 참조
5-7 ㉑ 네 변의 길이는 모두 같지만 네 각이 모두 직각이 아니므로 정사각형이 아닙니다.
5-8 ㉮ 정사각형, ㉯ 직사각형
5-9 4 cm

1-2 ㉠ 곧은 선이 아닙니다.
㉡ 선분 ㄱㄴ입니다.
㉢ 점 ㄱ에서 시작하여 점 ㄴ을 지나는 반직선입니다.
㉣ 직선 ㄱㄴ입니다.

1-3

1-5 ① 한 점을 지나는 직선은 수없이 많습니다.
② 두 점을 지나는 직선은 1개뿐입니다.
④ 반직선 ㄱㄴ을 반직선 ㄴㄱ이라고 할 수 없습니다.

1-6 선분 ㄱㄷ, 선분 ㄷㄹ, 선분 ㄹㄴ, 선분 ㄱㄹ, 선분 ㄷㄴ, 선분 ㄱㄴ으로 모두 6개입니다.

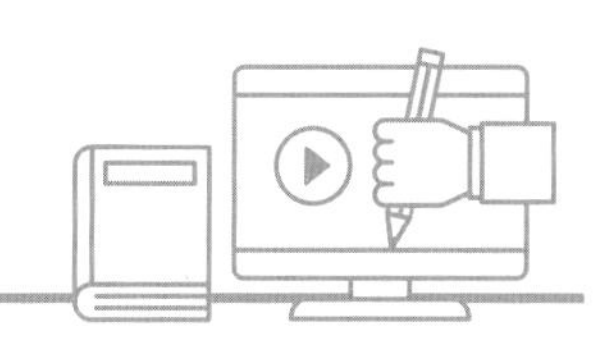

1-7 두 점을 곧게 이은 선은 모두 **8**개입니다.

2-5 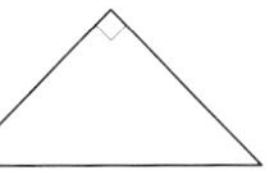

2-6 ㉲ 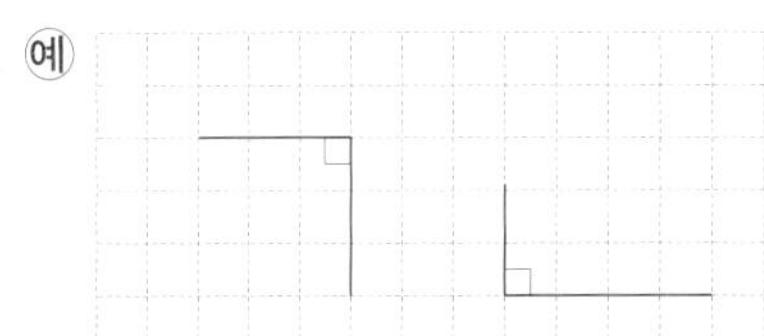

2-7 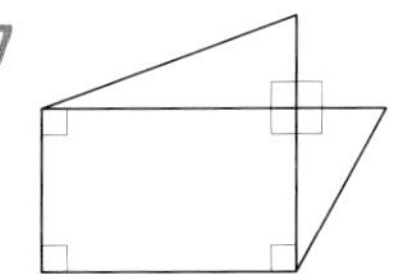

직각인 부분을 세어 보면 모두 **7**개입니다.

3-3 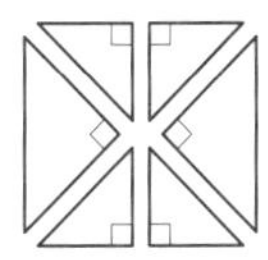

직각삼각형은 모두 **6**개 생깁니다.

3-4 모눈종이의 점선을 따라 각을 그리면 직각이 되므로 점 ㄷ 또는 점 ㄴ에서 점선을 따라 그렸을 때 만나는 점이 점 ㄱ이 되도록 옮겨야 합니다.

3-6 한 각이 직각인 삼각형이 **2**개 만들어지도록 선을 긋습니다.

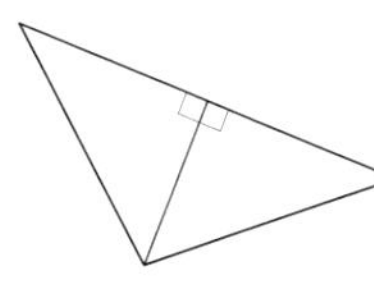

3-7 **1**개짜리 직각삼각형: **4**개, **4**개짜리 직각삼각형: **1**개
➡ 직각삼각형은 모두 **4**+**1**=**5**(개)입니다.

4-3 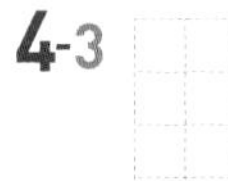 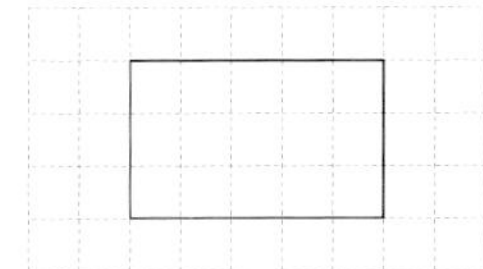

4-4 ④ 직사각형은 마주 보는 두 변의 길이가 같습니다.

4-6 ㉲ 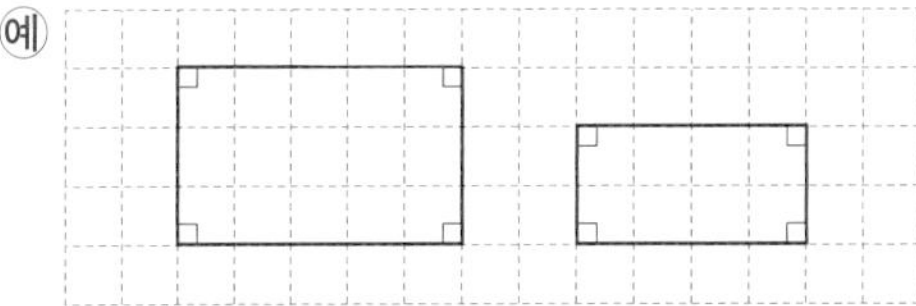

4-7 **5**+**9**+**5**+**9**=**28**(cm)

4-8 직사각형은 마주 보는 두 변의 길이가 같으므로 길이가 같은 변이 **2**쌍 있어야 합니다.
➡ 직사각형이 될 수 없는 것은 ㉡입니다.

4-9 직사각형의 마주 보는 두 변의 길이는 서로 같으므로
6+□+**6**+□=**20**입니다.
□+□+**12**=**20**, □+□=**8** ➡ □=**4**

4-10 **1**개짜리 직사각형: **3**개
2개짜리 직사각형: **2**개
3개짜리 직사각형: **1**개
➡ 직사각형은 모두 **3**+**2**+**1**=**6**(개)입니다.

5-2 네 각이 모두 직각인 사각형은 나, 라, 마, 바이고, 네 각이 모두 직각이고 네 변의 길이가 모두 같은 사각형은 라, 바입니다.

5-4 **1**개짜리 정사각형: **4**개, **2**개짜리 정사각형: **1**개,
3개짜리 정사각형: **1**개, **4**개짜리 정사각형: **1**개
➡ 정사각형은 모두 **4**+**1**+**1**+**1**=**7**(개)입니다.

5-5 정사각형은 네 변의 길이가 모두 같으므로
10+**10**+**10**+**10**=**40**에서
(한 변의 길이)=**10** cm입니다.

5-6 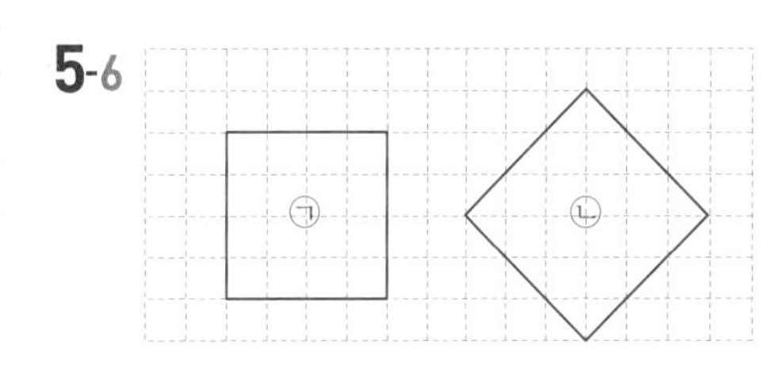

5-8 ㉮: 네 변의 길이가 모두 같고 네 각이 직각이므로 정사각형입니다.
㉯: 네 각이 모두 직각이므로 직사각형입니다.

5-9 (남은 철사의 길이)
=(직사각형의 네 변의 길이의 합)
−(정사각형의 네 변의 길이의 합)
=(**12**+**8**+**12**+**8**)−(**9**+**9**+**9**+**9**)=**4** (cm)

4단계 실력 팍팍 56~59쪽

1 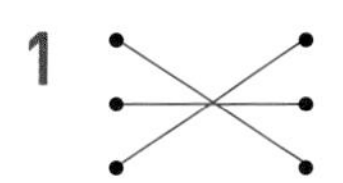

2 6개

3 5개

4 ㉲ 각은 두 개의 반직선이 한 점에서 만나야 합니다.

5 ②, ④

6 6개

7 8개 8 ②, ④
9 8개 10 직각삼각형
11 ②, ③, ⑤, ⑥, ⑦ 12 7개
13 예 주어진 도형은 네 각이 모두 직각이지만 네 변의 길이가 모두 같지 않으므로 정사각형이 아닙니다.
14 예 각, 변, 꼭짓점이 4개씩 있고 마주 보는 두 변의 길이가 같으며 네 각이 모두 직각입니다. 따라서 정사각형은 직사각형이라고 할 수 있습니다.
15 풀이 참조 16 ㉠, ㉡
17 13개 18 9개
19 20개 20 12 cm
21 42 cm 22 84 cm
23 24개 24 160 cm
25 48 cm 26 8 cm
27 36 cm 28 60 cm

2 한 점을 시작점으로 하여 그릴 수 있는 반직선은 2개씩이므로 모두 6개입니다.

3

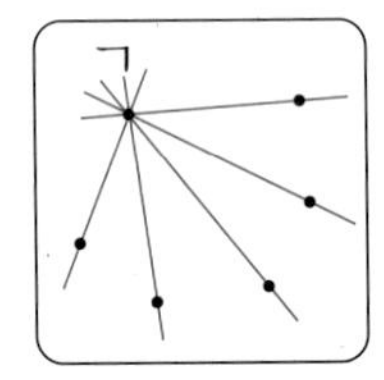

5 두 직선이 만나는 곳이 없는 도형을 찾습니다.

6 각 1개로 이루어진 각: 3개
각 2개로 이루어진 각: 2개
각 3개로 이루어진 각: 1개
➡ 3+2+1=6(개)

7 가장 작은 각 2개를 합하면 직각이 됩니다.

12 • 1개짜리 삼각형: 4개
• 2개짜리 삼각형: 2개
• 4개짜리 삼각형: 1개
➡ 4+2+1=7(개)

15

16 ㉢ 모든 정사각형은 직사각형입니다.
㉣ 네 각이 모두 직각이면 직사각형입니다.

17 삼각형 1개짜리: 6개, 삼각형 2개짜리: 4개, 삼각형 3개짜리: 2개, 삼각형 6개짜리: 1개
➡ 6+4+2+1=13(개)

18

①	②
③	④

• 1개짜리 직사각형: ①, ②, ③, ④
• 2개짜리 직사각형: ①+②, ③+④, ①+③, ②+④
• 4개짜리 직사각형: ①+②+③+④
➡ 4+4+1=9(개)

19 1개짜리: 12개, 4개짜리: 6개, 9개짜리: 2개
➡ 12+6+2=20(개)

20 정사각형은 네 변의 길이가 같아야 하므로 한 변의 길이를 12 cm까지 만들 수 있습니다.

21 5+8+8+5+8+8=42 (cm)

22 직사각형의 가로는 36 cm, 세로는 6 cm이므로 굵은 선의 길이는 36+6+36+6=84 (cm)입니다.

23 가로로는 6개씩, 세로로는 4개씩 붙일 수 있으므로 6×4=24(개)까지 붙일 수 있습니다.

24 정사각형 한 변의 길이는 8×5=40 (cm)이므로 네 변의 길이의 합은 40+40+40+40=160 (cm)입니다.

25 큰 정사각형 한 변의 길이는 9+3=12 (cm)이므로 네 변의 길이의 합은 12+12+12+12=48 (cm)입니다.

26 (직사각형의 네 변의 길이의 합)
=6+10+6+10=32 (cm)
정사각형의 한 변의 길이를 □cm라고 하면
□×4=32이므로 8×4=32에서 □=8입니다.

27

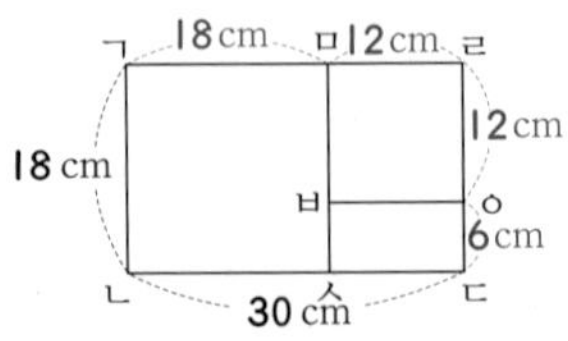

사각형 ㅂㅅㄷㅇ의 네 변의 길의 합은 12+6+12+6=36 (cm)입니다.

28 삼각형의 두 변의 길이의 합이 $12+12=24$ (cm)이므로 다른 한 변의 길이는 $39-24=15$ (cm)입니다.
따라서 정사각형 한 변의 길이가 15 cm이고 네 변의 길이의 합은 $15+15+15+15=60$ (cm)입니다.

서술 유형 익히기 60~61쪽

❶ 정사각형 / 직각 / 변
1-1 풀이 참조

❷ 6, 6, 12 / 6 / 12, 6, 12, 6 / 36 / 36
2-1 풀이 참조, 64 cm

❸ 8, 16, 8, 16, 48 / 10, 10, 10, 10, 40 / 48, 40, 8 / 8
3-1 풀이 참조, 4 cm

❹ 8 / 8, 2 / 8, 8, 2, 18 / 18
4-1 풀이 참조, 6개

1-1 도형은 직각삼각형이 아닙니다.
한 각이 직각인 삼각형이 직각삼각형인데 주어진 삼각형은 직각인 각이 없기 때문에 직각삼각형이 아닙니다.

2-1 직사각형의 긴 변은 $8+8+8=24$ (cm)이고, 짧은 변은 8 cm이므로 직사각형의 네 변의 길이의 합은 $24+8+24+8=64$ (cm)입니다.

3-1 정사각형 네 변의 길이의 합은
$15+15+15+15=60$ (cm)이므로 사용한 철사의 길이는 60 cm입니다. 또한 직사각형을 만드는 데 사용한 철사의 길이는
$21+7+21+7=56$ (cm)입니다.
따라서 남은 철사의 길이는 $60-56=4$ (cm)입니다.

4-1 직각삼각형 1개짜리가 3개, 3개짜리가 2개, 6개짜리가 1개이므로 크고 작은 직각삼각형은
$3+2+1=6$(개)입니다.

단원 평가 62~65쪽

1 ④	2 무수히 많이, 1
3 풀이 참조	4 다
5 (1) 1개	(2) 0개
6 ④	7 풀이 참조
8 10개	9 5개
10 나, 다, 마	11 마
12 직사각형	13 20 cm
14 7개	15 3시, 9시
16 24	17 정사각형
18 8개	19 42 cm
20 8	21 정사각형 ㉯, 4 cm
22 풀이 참조	23 풀이 참조, 8 cm
24 풀이 참조, 15 cm	25 풀이 참조, 24개

3 (1) (2)

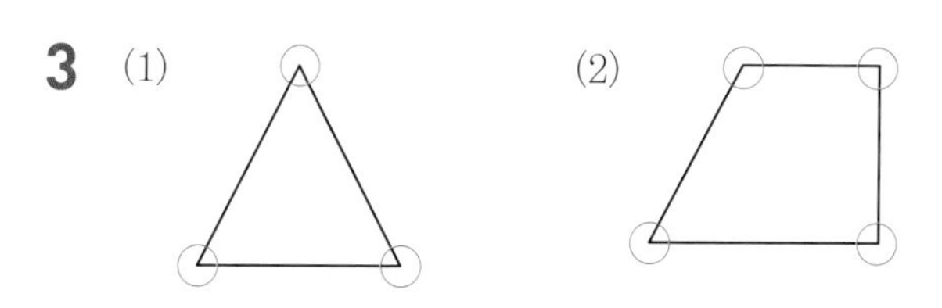

4 가: 3개, 나: 없음(0개), 다: 6개, 라: 4개

7 예

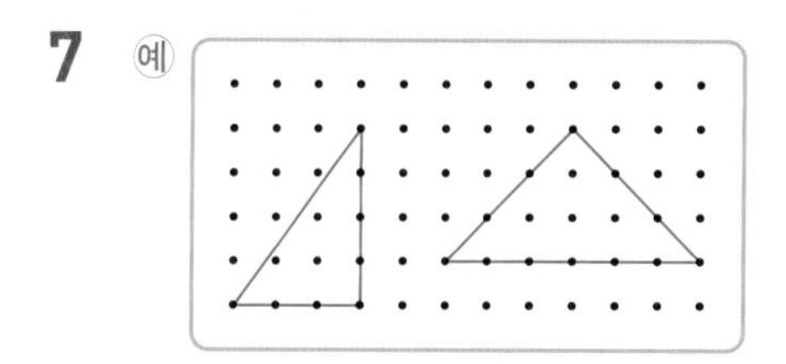

한 각이 직각인 삼각형이 되도록 세 점을 이어서 직각삼각형을 그립니다.

8 1개짜리: 4개, 2개짜리: 3개, 3개짜리: 2개, 4개짜리: 1개
➡ $4+3+2+1=10$(개)

12 상자를 위, 앞, 옆에서 본 모양은 모두 직사각형입니다.

13 직사각형은 마주 보는 두 변의 길이가 같으므로 $6+4+6+4=20$ (cm)입니다.

14 1개짜리 직각삼각형: 5개, 2개짜리 직각삼각형: 1개,
5개짜리 직각삼각형: 1개
➡ 5+1+1=7(개)

15 시계에 시각을 직접 그려 보고 두 바늘이 이루는 작은 쪽의 각이 직각인지 알아봅니다.

16 정사각형의 한 변이 8 cm이고 한 변이 8 cm인 정사각형 3개를 이어 붙였으므로 □ 안에 알맞은 수는 8+8+8=24입니다.

18
- 1개짜리 사각형: 4개
- 2개짜리 사각형: 3개
- 3개짜리 사각형: 1개

4+3+1=8(개)

20 정사각형의 네 변의 길이는 모두 같습니다.
□+□+□+□=32 ➡ □=8

21
- (직사각형 ㉮)=12+6+12+6=36 (cm)
- (정사각형 ㉯)=10+10+10+10=40 (cm)

➡ 정사각형 ㉯가 40−36=4 (cm) 더 깁니다.

서술형

22 도형은 각이 아닙니다.
직선과 곡선이 만나서 이루어진 도형이므로 각이 아닙니다.

23 직사각형은 마주 보는 두 변의 길이가 같으므로 짧은 변의 길이를 □ cm라 하면
10+□+10+□=36, □+□+20=36,
□+□=16, □=8입니다.
따라서 직사각형의 짧은 변은 8 cm입니다.

24 정사각형 한 변을 □ cm라고 하면
24+6+24+6=□+□+□+□에서
24+6=□+□, 30=□+□이므로
30=15+15입니다.
따라서 정사각형의 한 변은 15 cm입니다.

25 긴 변은 3×□=18에서 □=6이므로 6개,
짧은 변은 3×□=12에서 □=4이므로 4개로 나눌 수 있습니다.
따라서 만들 수 있는 정사각형은 모두
6×4=24(개)입니다.

탐구 수학 66쪽

1 풀이 참조, 10, 1
2 풀이 참조, 4, 5

1

①	⑥	⑩
②		
③	⑦	
④	⑧	
⑤	⑨	

2

①	②	⑤
③		
④		

생활 속의 수학 67~68쪽

- 선분: •————•

3단원 나눗셈

1단계 개념 탄탄 70쪽

1 (1) 3, 3, 3 (2) 3, 나눗셈식, 몫
2 8, 2, 4

2 예

빵 8개를 2곳으로 똑같이 나누면 한 곳에 4개입니다.

2단계 핵심 쏙쏙 71쪽

1 (1) 5 (2) 5
(3) 몫
2 (1) 5, 3 (2) 5, 3
(3) 3, 5
3 (1) $12 \div 4 = 3$ (2) $21 \div 3 = 7$
4 (1) 풀이 참조 (2) 10, 2, 5
5 (1) 풀이 참조 (2) 4자루

4 (1) 예

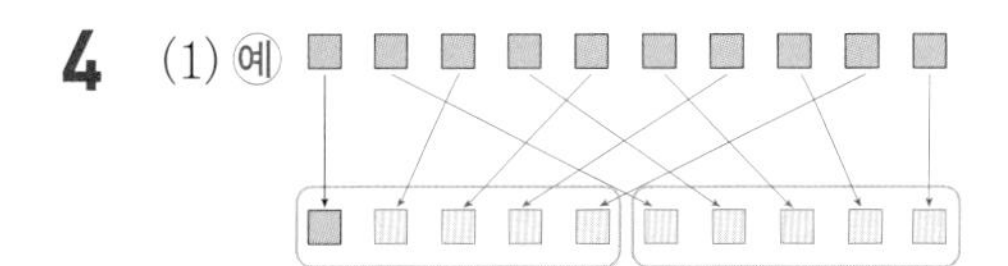

5 (1) 12자루를 3곳으로 똑같이 나누면 한 곳에는 4자루씩 됩니다.
예

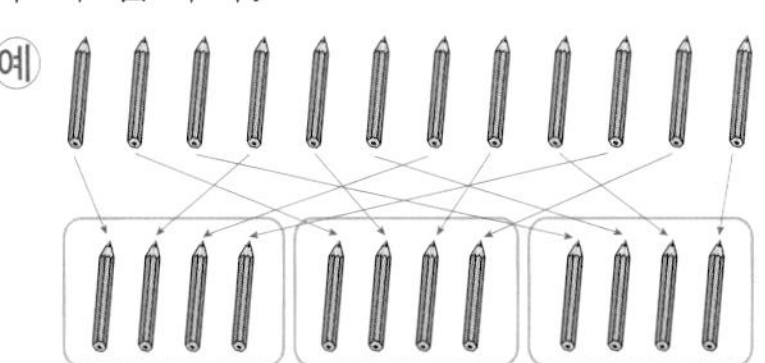

1단계 개념 탄탄 72쪽

1 4, 4, 4, 4, 4, 5 / 0, 5 / $20 \div 4 = 5$
2 (1) 풀이 참조 (2) 12, 3, 4

2 (1)

2단계 핵심 쏙쏙 73쪽

1 (1) 2 (2) 4, 4
(3) 2 (4) 몫
2 (1) 3, 6 (2) 3, 6
(3) 몫
3 (1) $18 \div 2 = 9$ (2) $35 \div 7 = 5$
4 (1) 풀이 참조 (2) 6, 6, 6, 6
(3) 24, 6, 4
5 (1) 풀이 참조 (2) 8개
6 2, 4

4 (1) 예

5 (1) 예
(2) $16 \div 2 = 8$(개)

1단계 개념 탄탄 74쪽

1 (1) 15, 5, 3 (2) 24, 4, 6
2 (1) 7, 3 (2) 2, 8

1 (2) 6개씩 4줄이므로 곱셈식 $6 \times 4 = 24$로 나타낼 수 있습니다. 24개를 4곳으로 똑같이 나누면 한 곳에 6개씩이므로 $24 \div 4 = 6$으로 나타낼 수 있습니다. 24개는 6개씩 4묶음이므로 $24 \div 6 = 4$로 나타낼 수 있습니다.

2단계 핵심 쏙쏙 75쪽

1 (1) 3, 24 (2) 24, 3, 24, 8
2 (1) 30, 5, 6, 5 (2) 28, 4, 7, 4
3 (1) 9, 27 / 3, 9, 27 (2) 6, 8, 48 / 6, 48
4 ㉡
5 (1) 5, 35, 35, 5 (2) 35, 7, 5
6 예 바둑판에 바둑돌 48개를 한 줄에 6개씩 놓았더니 8줄이 되었습니다.

1 (1) 가지가 8개씩 3줄 있습니다. ➡ $8 \times 3 = 24$

(2) 가지를 8개씩 묶으면 3묶음입니다.

➡ $24 \div 8 = 3$

가지를 3곳으로 똑같이 나누면 한 곳에 8개씩입니다. ➡ $24 \div 3 = 8$

4 $4 \times 9 = 36$ < $36 \div 4 = 9$, $36 \div 9 = 4$

3단계 유형 콕콕 76~79쪽

1-1 쓰기: $21 \div 7 = 3$
읽기: 21 나누기 7은 3과 같습니다.

1-2 $35 \div 5 = 7$에 ○표

1-3 3, 6 **1-4** $42 \div 7 = 6$

1-5 $20 \div 5 = 4$, 4개 **1-6** $24 \div 6 = 4$, 4명

1-7 $63 \div 9 = 7$, 7쪽

2-1 2, 2, 2, 2, 2 / 2, 5, 0 / 2, 5

2-2 [뺄셈식] $24 - 8 - 8 - 8 = 0$
[나눗셈식] $24 \div 8 = 3$

2-3 (1) 7, 7, 7, 7, 7 (2) 24, 3, 8

2-4 풀이 참조, 5명 **2-5** 12, 4, 3

2-6 ④ **2-7** $12 \div 4 = 3$

2-8 $40 \div 5 = 8$, 8개 **2-9** $45 \div 9 = 5$, 5팀

2-10 (1) 풀이 참조
(2) 예 호떡 6개를 한 접시에 3개씩 담으면 2접시에 담을 수 있습니다.

3-1 풀이 참조 (1) 3, 21 (2) 3, 21, 3, 3, 7

3-2 $3 \times 2 = 6$ / $6 \div 3 = 2$ 또는 $6 \div 2 = 3$

3-3 예 40, 8, 5 / 40, 5, 8

3-4 예 7, 9, 63 / 9, 7, 63

3-5 3, 18, 18, 6, 18, 6, 3

3-6 [곱셈식] $8 \times 9 = 72$, $9 \times 8 = 72$
[나눗셈식] $72 \div 8 = 9$, $72 \div 9 = 8$

3-7 (1) [곱셈식] $3 \times 7 = 21$
[나눗셈식] $21 \div 3 = 7$, $21 \div 7 = 3$
(2) [곱셈식] $4 \times 6 = 24$
[나눗셈식] $24 \div 4 = 6$, $24 \div 6 = 4$

3-8 (1) 예 상자에 딸기가 한 줄에 8개씩 6줄이 들어 있으므로 딸기는 모두 48개입니다.
(2) 예 상자에 들어 있는 딸기 48개를 한 줄에 8개씩 놓으면 6줄이 됩니다.

3-9 $28 \div 4 = 7$, $28 \div 7 = 4$

1-2 35를 5로 나누면 7이므로 $35 \div 5 = 7$입니다.

1-3 사탕 18개를 3봉지에 똑같이 나누면 한 곳에 6개씩입니다. ➡ $18 \div 3 = 6$(개)

1-5 귤 20개를 5곳에 똑같이 나누면 한 곳에 4개씩입니다.
➡ $20 \div 5 = 4$(개)

1-6 24를 6으로 나누면 4입니다. ➡ $24 \div 6 = 4$(명)

2-3 (1) 35에서 7씩 5번 빼면 0입니다.

2-4 예

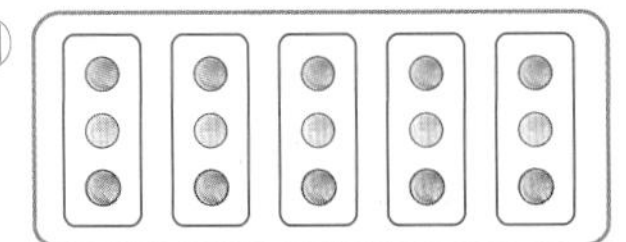

구슬을 3개씩 묶으면 5묶음이 되므로 5명에게 나누어 줄 수 있습니다.

2-5 빵 12개를 4개씩 묶으면 3묶음입니다.
➡ $12 \div 4 = 3$(접시)

2-9 45를 9씩 묶으면 5묶음입니다.
➡ $45 \div 9 = 5$(팀)

2-10 (1) 예

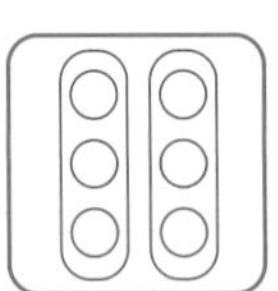

3-1 예

그림은 7개씩 3줄이므로 곱셈식 $7 \times 3 = 21$로 나타낼 수 있습니다.

3-2 달팽이를 3마리씩 2묶음으로 묶었습니다.

3-5 3개씩 6묶음이므로 $3\times6=18$입니다.

➡ $3\times6=18$ < $18\div3=6$, $18\div6=3$

3-8 (2) 나눗셈의 몫이 결과가 되도록 문장을 만듭니다.

3-9 곱셈식 $4\times7=28$을 나눗셈식으로 나타내면 $28\div4=7$, $28\div7=4$입니다.

1단계 개념 탄탄 80쪽

1 (1) 4, 4 (2) 7, 7
2 (1) 9, 9 (2) 6, 6

1 (1) 구슬이 4개씩 9칸에 담겨 있으므로 $4\times9=36$입니다.
➡ $36\div9=4$
(2) 사탕이 2개씩 7칸에 담겨 있으므로 $2\times7=14$입니다.
➡ $14\div2=7$

2단계 핵심 쏙쏙 81쪽

1 (1) 7, 21, 21, 7 (2) 4, 16, 16, 4
2 (1) 8, 8 (2) 5, 5
(3) 3, 3
3 (1) 4 (2) 9
4 (1) 3 (2) 6
(3) 7 (4) 8
5 (1) 6 (2) 6
(3) 2 (4) 8
6 8
7 7, 7, 7명

1단계 개념 탄탄 82쪽

1 (1) 8, 8 (2) 8개
(3) $4\times8=32$, $8\times4=32$, 8개
2 (1) 예 3, 7, 3, 7, 7, 3 (2) 예 5, 9, 5, 9, 9, 5

2단계 핵심 쏙쏙 83쪽

1 12
2 4, 4
3 6, 18, 6
4 (1) 8, 8 (2) 8, 8
5 (1) 9 (2) 7
(3) 7 (4) 9
6 (선 잇기)
7 (위쪽부터) 6, 2, 9, 3
8 7, 7, 7대

1 20 ➡ 16 ➡ □에서 4씩 작아지는 규칙이므로 □ 안에 알맞은 수는 $16-4=12$입니다.

3 귤이 6개씩 3묶음 있으므로 $6\times3=18$, 나눗셈식으로 나타내면 $18\div3=6$입니다.

6 • $18\div6=3$ • $32\div4=8$
• $48\div6=8$ • $42\div6=7$
• $56\div8=7$ • $27\div9=3$

7 • $54\div9=6$ • $6\div3=2$
• $54\div6=9$ • $9\div3=3$

3단계 유형 콕콕 84~87쪽

4-1 4, 4, 4
4-2 (1) 5, 5 (2) 3, 3
(3) 8, 8
4-3 (1) 2 (2) 4
(3) 3 (4) 9
4-4 (1) 5 (2) 4
(3) 7 (4) 8
4-5 ③
4-6 2, 3, 5, 7
4-7 ㉢
4-8 (선 잇기)
4-9 6
4-10 ⑤

4-11 (위쪽부터) 32, 7, 6

5-1 (1) 7, 7 (2) 7, 8, 8

5-2

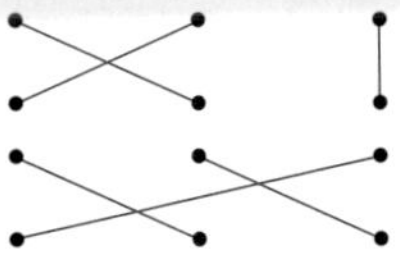

5-3 (1) < (2) =

5-4 ㉡, ㉠, ㉢

5-5 28÷4=7, 7장

5-6 63÷7=9, 9개

5-7 8봉지

6-1 (1) 6 (2) 35

6-2

6-3 (위쪽부터) 9, 2, 3

6-4 예 15, 5, 3
예 18, 6, 3

6-5 20÷□=5, 4

6-6 21÷□=7, 3개

6-7 35÷□=7, 5

6-8 24÷□=6, 4

6-9 □÷9=6, 54개

6-10 28÷□=4, 7송이

4-4 (1) 5단 곱셈구구를 이용합니다.
(2) 9단 곱셈구구를 이용합니다.
(3) 8던 곱셈구구를 이용합니다.
(4) 6단 곱셈구구를 이용합니다.

4-6 16÷8=2, 24÷8=3, 40÷8=5,
56÷8=7

4-7 ㉠ 6, ㉡ 5, ㉢ 9

4-9 30>25>5이므로 가장 큰 수는 30이고 가장 작은 수는 5입니다. 30÷5=6 ➡ 5×6=30
따라서 30을 5로 나눈 몫은 6입니다.

4-10 ① 15÷3=5 ② 32÷4=8 ③ 36÷6=6
④ 56÷7=8 ⑤ 18÷2=9

4-11

÷	9	12	28	㉢ 32
	3	2	㉡ 7	4
몫	3	㉠ 6	4	8

• 12÷2=㉠ ➡ 2×6=12 ➡ ㉠=6
• 28÷㉡=4 ➡ 4×㉡=28, 4×7=28
➡ ㉡=7
• ㉢÷4=8 ➡ 4×8=㉢, 4×8=32
➡ ㉢=32

5-4 ㉠=7, ㉡=9, ㉢=6

5-7 6×8=48이므로 48÷6=8(봉지)입니다.

6-1 (1) 42÷□=7에서 □×7=42, 6×7=42이므로 □=6입니다.
(2) □÷7=5에서 7×5=□, 7×5=35이므로 □=35입니다.

6-2 • □÷5=7에서 5×7=35이므로 □=35입니다.
• 32÷□=8에서 □×8=32이므로 □=4입니다.
• □÷6=3에서 6×3=18이므로 □=18입니다.

6-3 18÷□=2에서 □×2=18이므로 □=9입니다.

6-4 예 □÷5=3, □=15
□÷3=5, □=15
18÷□=2, □=9
18÷□=3, □=6

6-5 20÷□=5에서 □×5=20이므로 □=4입니다.

6-6 21÷□=7에서 □×7=21이므로 □=3입니다.
따라서 한 명에게 3개씩 주면 됩니다.

6-8 24÷□=6에서 □×6=24이므로 □=4입니다.

6-9 □÷9=6에서 □=9×6=54이므로 □=54입니다.
따라서 빈 병은 모두 54개입니다.

6-10 28÷□=4에서 □×4=28이므로 □=7입니다.
따라서 7송이씩 꽂으면 됩니다.

4단계 실력 팍팍 88~91쪽

1 (1) 예 $8, 4, 32$ / $4, 8, 32$
(2) 예 $27, 9, 3$ / $27, 3, 9$

2 ㉡ **3** 5

4 $5 \times 6 = 30$ / $30 \div 5 = 6$, $30 \div 6 = 5$

5 (1) 24 (2) 4
(3) 8

6 $9, 9, 9$명 **7**

8 $8, 2$

9 풀이 참조

10 5 **11** 7

12 (1) $<$ (2) $>$

13 ㉢, ㉠, ㉡, ㉣ **14** $5, 54$

15 $56 \div 8 = 7$, 7 cm

16 ③ **17** ㉣

18 예 석기는 구슬 54개를 가지고 있습니다. 이 구슬을 6개의 주머니에 똑같이 나누어 넣을 때, 한 주머니에 들어가는 구슬 수는 몇 개인가요? / 9개

19 8

20 (1) [곱셈식] $4 \times 3 = 12$
[나눗셈식] $12 \div 4 = 3$, $12 \div 3 = 4$
(2) [곱셈식] $6 \times 4 = 24$
[나눗셈식] $24 \div 4 = 6$, $24 \div 6 = 4$

21 ㉠

22 (1) $\square \div 9 = 6$, 54 (2) $25 \div \square = 5$, 5
(3) $\square \div 6 = 3$, 18

23 $3, 12$ **24** 81개

2 $35 \div 7 = 5$ ➡ 35는 7씩 5번입니다.

3 40에서 같은 수를 5번 빼면 0이 되는 수이므로 ◎는 8이고 $40 \div 8 = 5$입니다.

5 (1) $\square \div 6 = 4$에서 $6 \times 4 = \square$이므로 $\square = 24$입니다.
(2) $36 \div \square = 9$에서 $\square \times 9 = 36$이므로 $\square = 4$입니다.
(3) $72 \div 9 = \square$에서 $9 \times \square = 72$이므로 $\square = 8$입니다.

7 • $\square \div 6 = 8$에서 $6 \times 8 = \square$이므로 $\square = 48$입니다.
• $49 \div \square = 7$에서 $\square \times 7 = 49$이므로 $\square = 7$입니다.
• $\square \div 5 = 6$에서 $5 \times 6 = \square$이므로 $\square = 30$입니다.

8 • $9 \times \boxed{8} = 72$ ➡ $72 \div 9 = \boxed{8}$
• $4 \times \boxed{2} = 8$ ➡ $8 \div 4 = \boxed{2}$

9

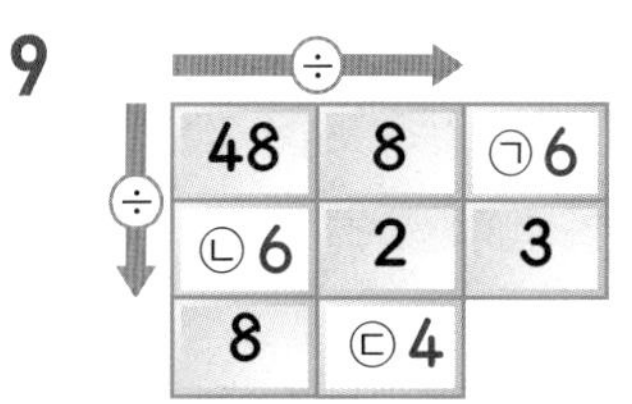

• $48 \div 8 = 6$ ➡ ㉠$=6$
• $48 \div$ ㉡ $= 8$ ➡ ㉡ $\times 8 = 48$, ㉡$=6$
• $8 \div 2 = 4$ ➡ ㉢$=4$

10 $9 \times 4 = 36$ ➡ $36 \div 9 = 4$
$20 \div \square = 4$에서 $4 \times \square = 20$, $4 \times 5 = 20$이므로 $\square = 5$입니다.

11 $42 > 24 > 6$이므로 가장 큰 수는 42이고, 가장 작은 수는 6입니다.
따라서 42를 6으로 나눈 몫은 7입니다.

13 ㉠ $42 \div 7 = 6$, ㉡ $16 \div 4 = 4$
㉢ $45 \div 5 = 9$, ㉣ $27 \div 9 = 3$

14 $48 \div 8 = 6$
$30 \div \square = 6$에서 $\square \times 6 = 30$이므로 $\square = 5$입니다.
$\square \div 9 = 6$에서 $9 \times 6 = 54$이므로 $\square = 54$입니다.

16 ① $18 \div 3 = \boxed{6}$ ② $40 \div 8 = \boxed{5}$ ③ $45 \div 5 = \boxed{9}$
④ $54 \div \square = 9$에서 $\square \times 9 = 54$이므로 $\square = 6$입니다.
⑤ $56 \div \square = 8$에서 $\square \times 8 = 56$이므로 $\square = 7$입니다.

17 $24 \div 4 = \square$에서 $4 \times \square = 24$가 되는 식을 찾으면 $4 \times 6 = 24$이므로 필요한 곱셈식은 ㉣입니다.

18 $54 \div 6 = \square$, $54 = 6 \times \square$ ➡ $\square = 9$

21 ㉠ $35 - \underbrace{5 - 5 - 5 - 5 - 5 - 5 - 5}_{7번} = 0$
➡ $35 \div 5 = 7$이므로 몫은 7입니다.
㉡ $54 - \underbrace{9 - 9 - 9 - 9 - 9 - 9}_{6번} = 0$
$54 \div 9 = 6$이므로 몫은 6입니다.

23 □÷△=4에서
△=1이면 □=4입니다. ➡ 1+4=5 (×)
△=2이면 □=8입니다. ➡ 2+8=10 (×)
△=3이면 □=12입니다. ➡ 3+12=15 (◯)

24 토끼 한 마리가 하루에 먹는 당근의 수
➡ 6÷2=3(개)
토끼 9마리가 하루에 먹는 당근의 수
➡ 3×9=27(개)
토끼 9마리가 3일 동안 먹는 당근의 수
➡ 27+27+27=81(개)

서술 유형 익히기 92~93쪽

❶ 8, 3, 8, 3, 3, 3
1-1 풀이 참조, 5장
❷ 4, 2, 4, 2
2-1 풀이 참조
❸ 8, 3, 8, 3, 8, 3, 24, 24, 24
3-1 풀이 참조, 42장
❹ 4, 7, 7, 4
4-1 풀이 참조

1-1 45를 9로 나누면 5입니다.
따라서 45÷9=5이므로 한 학생이 색종이를 5장씩 가질 수 있습니다.

2-1 방법 1 15개를 5곳으로 똑같이 나누면 한 곳에 3개씩입니다.
예 ○○○○○○○○○○○○○○○ → (○○○)(○○○)(○○○)(○○○)(○○○)
방법 2 15를 5개씩 묶으면 3묶음입니다.
예 (○○○○○)(○○○○○)(○○○○○)

3-1 처음 색종이의 수를 □장이라고 하면 □÷7=6입니다. □÷7=6에서 7×6=42이므로 □=42이고, 처음 색종이는 모두 42장 있었습니다.

4-1 예 곱셈구구에서 45가 되는 수를 찾으면 5와 9입니다. 따라서 귤을 한 봉지에 5개씩 넣으면 9봉지에 넣을 수 있고, 9개씩 넣으면 5봉지에 넣을 수 있습니다.

단원 평가 94~97쪽

1 (1) 36, 9, 4 (2) 36, 9 (3) 9, 4
2 (1) 2, 6, 2 (2) 9, 7, 9
3 3×9=27, 9×3=27
4 (1) 5, 8, 40 (2) 7, 7, 28
5 9×8=72
6 (1) 2 (2) 5 (3) 6 (4) 8
7 ㉠, ㉡, ㉥
8 9, 5, 3, 8
9 (위에서부터) 3, 7
10 (선 잇기)
11 9개
12 8 cm
13 (1) > (2) <
14 ㉠, ㉢, ㉡
15 8, 4
16 63÷9=7, 7쪽
17 8×5=40, 40÷8=5, 5명
18 16, 4
19 4×7=28, 28÷4=7, 7마리
20 9봉지
21 4명
22 풀이 참조
23 풀이 참조, 2자루
24 풀이 참조
25 풀이 참조, 5개

5 9단 곱셈구구에서 곱이 72인 경우를 찾습니다.
72÷9=8 ➡ 9×8=72

9 • 27÷9=3
• 56÷□=8에서 □×8=56이므로 □=7입니다.

10 • 40÷□=8 ➡ 40=[5]×8
• □÷9=7 ➡ 9×7=63이므로 □=63입니다.
• 72÷□=9 ➡ 72=[8]×9

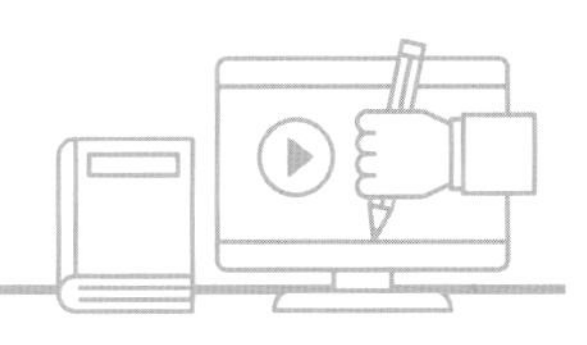

11 구슬의 수: $28+35=63$(개)
한 주머니에 넣은 구슬의 수: $63\div7=9$(개)

12 정사각형은 길이가 같은 **4**개의 변이 있으므로 (정사각형의 한 변)$=32\div4=8$ (cm)입니다.

13 (1) $40\div5=8$, $28\div4=7$ ➡ $8>7$
(2) $63\div9=7$, $18\div2=9$ ➡ $7<9$

14 ㉠ $20\div4=5$ ㉡ $24\div8=3$ ㉢ $36\div9=4$
➡ ㉠>㉢>㉡

15 $64\div8=8$ ➡ $8\times8=64$
$8\div2=4$ ➡ $2\times4=8$

16 **63**을 **9**로 나누면 **7**입니다. 따라서 하루에 **7**쪽씩 읽었습니다.

17 **40**을 **8**로 나누면 **5**입니다. 따라서 승용차 **1**대에 **5**명씩 타면 됩니다.

18
- 작은 수가 **1**일 때: $19\div1=19$(×)
- 작은 수가 **2**일 때: $18\div2=9$(×)
- 작은 수가 **4**일 때: $16\div4=4$(○)
- 작은 수가 **5**일 때: $15\div5=3$(×)

19 양의 다리는 **4**개입니다. **28**을 **4**씩 묶으면 **7**묶음입니다. 따라서 양은 모두 **7**마리 있습니다.

20
- (먹고 남은 만두 수)$=65-11=54$(개)
- (만두를 담는 봉지 수)$=54\div6=9$(봉지)

21 (탁구공 수)$=6\times6=36$(개)
(탁구공을 나누어 줄 수 있는 사람 수)
$=36\div9=4$(명)

서술형

22 예 장미 **24**송이를 **6**개의 꽃병에 똑같이 나누어 꽂으면 꽃병 한 개에 **4**송이씩 꽂을 수 있습니다.

23 연필 **18**자루를 친구 **9**명에게 똑같이 나누어 주면 $18\div9=2$이므로 한 명에게 **2**자루씩 나누어 줄 수 있습니다.

24 예 사탕 **21**개를 한 학생에게 **7**개씩 나누어 주면 몇 명에게 줄 수 있나요?
풀이 $21\div7=3$이므로 **3**명에게 나누어 줄 수 있습니다.
답 **3**명

25 귤과 사과를 합하면 $32+8=40$(개)입니다.
이것을 **8**명에게 똑같이 나누어 주면 한 명이 갖게 되는 과일은 $40\div8=5$(개)입니다.

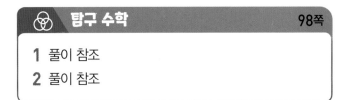

탐구 수학 98쪽

1 풀이 참조
2 풀이 참조

1

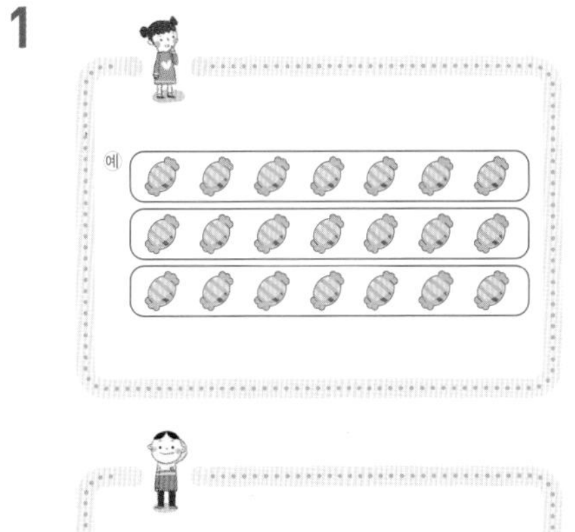

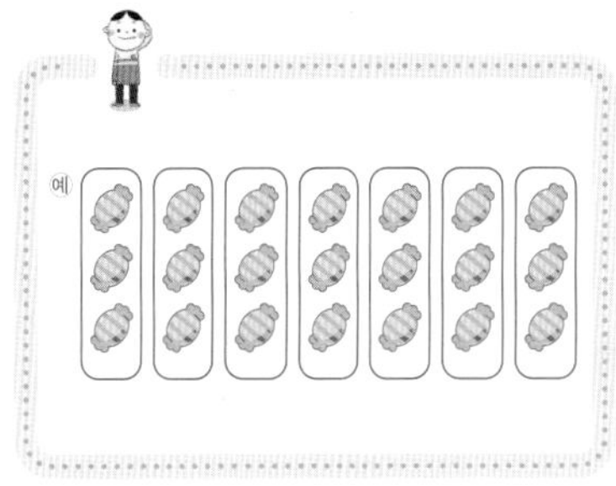

2 현아가 구한 몫은 한 명이 갖는 사탕의 수를 나타냅니다.
동규가 구한 몫은 사탕을 **3**개씩 가지는 사람 수를 나타냅니다.

생활 속의 수학 99~100쪽

9, 7, 40, 40, 5, 40, 8

1단계 개념 탄탄 102쪽

1 (1) 80 (2) 2, 8 (3) 80 (4) 80
2 (1) 9 (2) 42

1 (2) 십 모형의 수를 세어 보면 2개씩 4묶음이므로 8개입니다.
(4) 20씩 4묶음은 $20\times4=80$으로 쓸 수 있습니다.

2×4에서 2는 20을 나타내는 수이고, 4는 4묶음을 나타내는 수입니다.

2단계 핵심 쏙쏙 103쪽

1 40, 2
2 (1) 40, 3 (2) 10, 3
(3) 10, 4 (4) 20, 5
3 (1) 80 (2) 200
(3) 240 (4) 150
4 80
5 ③
6 $10\times2=20$, 20개
7 $30\times7=210$, 210개

3 (1) $40\times2=80$ (2) $40\times5=200$
(3) $60\times4=240$ (4) $50\times3=150$

6 $10+10=10\times2=20$(개)

1단계 개념 탄탄 104쪽

1 (1) 96 (2) 90, 6, 96 (3) 90, 96
2 (1) 69 (2) 69

2 일 모형은 $3\times3=9$(개)이고 십 모형은 $2\times3=6$(개)입니다.

2단계 핵심 쏙쏙 105쪽

1 13, 13, 26
2 63, 6, 3
3 (1) 60, 8, 68 (2) 80, 4, 84
4 (1) 77 (2) 99
(3) 88 (4) 64
5 (1) 82 (2) 39
6 $21\times2=42$, 42장

2 일 모형의 수를 곱셈식으로 나타내면 $1\times3=3$이고, 십 모형의 수를 곱셈식으로 나타내면 $2\times3=6$입니다.

5 (1) $41\times2=82$
(2) $13\times3=39$

3단계 유형 콕콕 106~109쪽

1-1 (1) 90 (2) 120
(3) 240 (4) 250
1-2
1-3 (1) 60, 300 (2) 80, 560
1-4 (1) < (2) <
1-5 2, 1, 3
1-6 (1) 6 (2) 7
1-7 $30\times5=150$, 150쪽
1-8

30	8	240
7	40	280
210	320	

1-9 20, 40, 60, 80 / 80, 160, 240, 320
1-10 60개
1-11 270개
1-12 1, 2, 3, 4
1-13 240문제
1-14 270개
2-1 2, 48
2-2 36
2-3 (1) 40, 2, 42 (2) 3, 90, 3, 6, 96

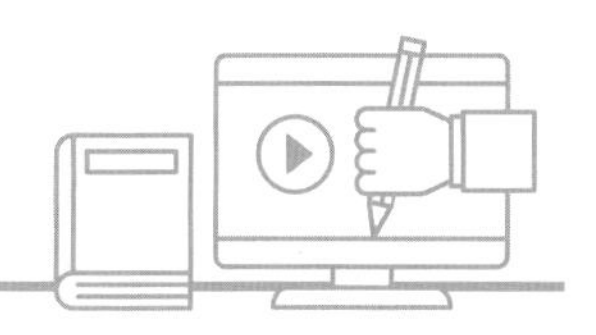

2-4 (1) 88 (2) 93
(3) 82 (4) 48

2-5

2-6

32	3	96
2	22	44
64	66	

2-7 >

2-8

2-9 ㉣, ㉢, ㉠, ㉡

2-10 $12\times4=48$, 48자루

2-11 96명 2-12 7개

2-13 107살

1-5 $80\times3=240$, $60\times6=360$, $90\times2=180$
➡ $360>240>180$

1-6 (1) $4\times6=24$이므로 $40\times6=240$입니다.
(2) $8\times7=56$이므로 $80\times7=560$입니다.

1-8 • $30\times8=240$ • $7\times40=280$
• $30\times7=210$ • $8\times40=320$

1-10 예슬이의 구슬 수: $10\times2=20$(개)
영수의 구슬 수: $20\times3=60$(개)

1-11 $30\times9=270$(개)

1-12 $40\times1=40$, $40\times2=80$, $40\times3=120$, $40\times4=160$, $40\times5=200$이므로
□ 안에 들어갈 수 있는 수는 1, 2, 3, 4입니다.

1-13 4월은 30일까지 있으므로
신영이가 푼 문제는 $30\times8=240$(문제)입니다.

1-14 한 판의 달걀 수: $6\times5=30$(개)
산 달걀 수: $30\times9=270$(개)

2-4 (1) $44\times2=88$ (2) $31\times3=93$
(3) $41\times2=82$ (4) $12\times4=48$

2-5 • $22\times4=88$
• $23\times3=69$
• $34\times2=68$

2-6 • $32\times3=96$ • $2\times22=44$
• $32\times2=64$ • $3\times22=66$

2-7 $31\times2=62$, $24\times2=48$
➡ $62>48$

2-9 ㉠ $21\times3=63$ ㉡ $42\times1=42$
㉢ $33\times2=66$ ㉣ $21\times4=84$

2-10 $12\times4=48$(자루)

2-11 $32\times3=96$(명)

2-12 판 감자의 수: $11\times9=99$(개)
남은 감자의 수: $106-99=7$(개)

2-13 상연: 10살
유나: $10+3=13$(살)
어머니: $10\times4=40$(살)
아버지: $13\times3=39$, $39+5=44$(살)
➡ $10+13+40+44=107$(살)

1단계 개념 탄탄 110쪽

1 (1) 126 (2) 120, 6, 126 (3) 120, 126
2 (1) 186 (2) 186

2 일 모형은 $2\times3=6$(개)이고 십 모형은 $6\times3=18$(개)입니다.

2단계 핵심 쏙쏙 111쪽

1 30, 120
2 (1) 32, 32, 32, 32, 128
(2) 120, 8, 128 (3) 128
3 2, 108
4 (1) 168 (2) 126
(3) 164 (4) 144
5 129 6 328
7 $41\times5=205$, 205명

1 32는 30에 가장 가까우므로 어림셈으로 구하면 약 $30\times4=$약 120입니다.

4 (3)
$$\begin{array}{r} 41 \\ \times\ \ 4 \\ \hline 164 \end{array}$$
(4)
$$\begin{array}{r} 72 \\ \times\ \ 2 \\ \hline 144 \end{array}$$

5
$$\begin{array}{r} 43 \\ \times\ \ 3 \\ \hline 129 \end{array}$$

6 $82\times4=328$

1단계 개념 탄탄 112쪽

1 (1) 72 (2) 60, 12, 72 (3) 60, 72
2 (1) 57 (2) 57

2 일 모형은 $9\times3=27$(개)이고 십 모형은 $1\times3=3$(개)입니다.
일 모형 27개는 십 모형 2개와 일 모형 7개로 바꿀 수 있습니다.

2단계 핵심 쏙쏙 113쪽

1 50, 100
2 (1) 48, 48, 96 (2) 80, 16, 96
(3) 96
3 (1) 54 (2) 75
(3) 76 (4) 80
4 74
5 >
6 2
7 $14\times7=98$, 98명

1 48은 50에 가장 가까우므로 어림셈으로 구하면 약 $50\times2=$약 100입니다.

3 (3)
$$\begin{array}{r} {}^{1}\ \ \\ 38 \\ \times\ \ 2 \\ \hline 76 \end{array}$$
(4)
$$\begin{array}{r} {}^{3}\ \ \\ 16 \\ \times\ \ 5 \\ \hline 80 \end{array}$$

4
$$\begin{array}{r} {}^{1}\ \ \\ 37 \\ \times\ \ 2 \\ \hline 74 \end{array}$$

6 일의 자리 계산에서 $6\times3=18$이므로 십의 자리 계산은 $\square\times3+1=7$입니다. $\square\times3=6$이므로 $\square$ 안에 알맞은 수는 2입니다.

7 (운동장에 서 있는 전체 학생 수)
=(한 줄에 서 있는 학생 수)×(줄 수)
$=14\times7=98$(명)

1단계 개념 탄탄 114쪽

1 (1) 132 (2) 120, 12, 132 (3) 120, 132
2 (1) 138 (2) 138

2 일 모형은 $9\times2=18$(개)이고 십 모형은 $6\times2=12$(개)입니다.
일 모형 18개는 십 모형 1개와 일 모형 8개로 바꿀 수 있습니다.

2단계 핵심 쏙쏙 115쪽

1 70, 140
2 (1) 68, 68, 136 (2) 120, 16, 136
(3) 136
3 (1) 174 (2) 395
(3) 264 (4) 380
4 156
5 >
6 5
7 $24\times8=192$, 192명

1 68은 70에 가장 가까우므로 어림셈으로 구하면 약 $70\times2=$약 140입니다.

3 (3)
$$\begin{array}{r} {}^{2}\ \ \\ 88 \\ \times\ \ 3 \\ \hline 264 \end{array}$$
(4)
$$\begin{array}{r} {}^{3}\ \ \\ 76 \\ \times\ \ 5 \\ \hline 380 \end{array}$$

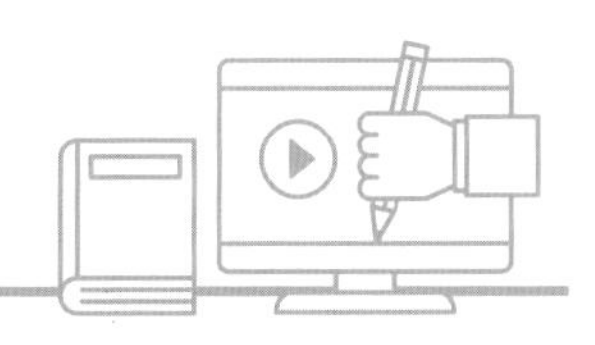

6 일의 자리 계산에서 $4\times7=28$이므로 십의 자리로 올림한 수는 2입니다. 십의 자리 계산에서 $\square\times7+2=37$입니다. $\square\times7=35$, $\square=5$입니다.

7 (체육관에 서 있는 전체 학생 수)
=(한 줄에 서 있는 학생 수)×(줄 수)
$=24\times8=192$(명)

3단계 유형 콕콕 116~119쪽

3-1 (1) 217 (2) 168 (3) 108 (4) 246

3-2 ×3

53	159
62	186
81	243

3-3 134

3-4 63, 126

3-5 ㉡

3-6 347

3-7 ④

3-8 ㉢

3-9 6

3-10 287번

3-11 $42\times4=168$, 168권

4-1 (1) 84 (2) 78 (3) 92 (4) 60

4-2 30

2-3 (1) 13, 65 (2) 3, 75

4-4 36

4-5 ①

4-6
$$\begin{array}{r} ^{1} \\ 25 \\ \times\ \ 3 \\ \hline 75 \end{array}$$

4-7 ㉡, ㉢, ㉣, ㉠

4-8 $27\times3=81$, 81개

4-9 34개

4-10 72개

4-11 106개

4-12 1, 2, 3, 4

5-1 (1) 252 (2) 432 (3) 215 (4) 468

5-2 40

5-3 ×7

24	168
36	252
48	336

5-4 78, 312

5-5
$$\begin{array}{r} 67 \\ \times\ \ 8 \\ \hline 56 \\ 480 \\ \hline 536 \end{array}$$

5-6 4

5-7 사과, 26개

3-3 $64\times$㉠ ─ $60\times$㉠$=120$, $4\times$㉠$=8$ ─ 128에서
㉠=2, ㉡=4, ㉢=128이므로
㉠+㉡+㉢$=2+4+128=134$입니다.

3-4
$$\begin{array}{r} 21 \\ \times\ \ 3 \\ \hline 63 \end{array} \rightarrow \begin{array}{r} 63 \\ \times\ \ 2 \\ \hline 126 \end{array}$$

3-6 가: $73\times3=219$
나: $32\times4=128$
➡ $219+128=347$

3-7 ④ $62\times4=248$

3-9 $\square\times2=12$에서 $12\div2=\square$, $\square=6$입니다.

3-10 일주일은 7일입니다.
동민이는 일주일 동안 윗몸일으키기를
$41\times7=287$(번) 했습니다.

4-2 □ 안의 수 3은 일의 자리 계산 $5\times6=30$에서 0을 일의 자리에 쓰고 30을 십의 자리로 올림하여 작게 쓴 것이므로 실제로 나타내는 값은 30입니다.

4-4 $18\times2=36$ $24\times3=72$
➡ $72-36=36$

4-5 ① $14\times7=98$ ② $39\times2=78$
③ $23\times4=92$ ④ $18\times3=54$
⑤ $28\times3=84$

4-6 일의 자리의 곱 $5\times3=15$에서 십의 자리 숫자 1을 올림하여 십의 자리의 곱과 더합니다.

4-7 ㉠ $24 \times 4 = 96$ ㉡ $36 \times 2 = 72$
㉢ $17 \times 5 = 85$ ㉣ $45 \times 2 = 90$

4-11 $34 + 72 = 106$(개)

4-12 $13 \times 6 = 78$이므로 $16 \times \square < 78$인 수를 모두 찾으면 $\square = 1, 2, 3, 4$입니다.

5-1 (3) $\begin{array}{r} {\scriptstyle 1} \\ 43 \\ \times \ \ 5 \\ \hline 215 \end{array}$ (4) $\begin{array}{r} {\scriptstyle 4} \\ 78 \\ \times \ \ 6 \\ \hline 468 \end{array}$

5-2 □ 안의 수 4는 일의 자리 계산 $6 \times 8 = 48$에서 8을 일의 자리에 쓰고 40을 십의 자리로 올림하여 작게 쓴 것이므로 실제로 나타내는 값은 40입니다.

5-3 $24 \times 7 = 168$, $36 \times 7 = 252$, $48 \times 7 = 336$

5-4 $26 \times 3 = 78$, $78 \times 4 = 312$

5-5 6×8에서 6은 십의 자리 숫자이므로 실제로 60×8입니다. 따라서 48 대신 480을 쓰거나 48을 백의 자리부터 써야 합니다.

5-6 $6 \times 9 = 54$에서 십의 자리로 올림한 수는 5입니다.
$\square \times 9 + 5 = 41$에서 $\square \times 9 = 36$, $\square = 4$입니다.

5-7 배: $23 \times 8 = 184$(개)
사과: $35 \times 6 = 210$(개)
➡ 사과가 $210 - 184 = 26$(개) 더 많습니다.

4단계 실력 팍팍 120~123쪽

1 (1) 6 (2) 6
2 20
3 192 cm
4 96 m
5 189
6

13	6	78
3	28	84
39	168	

7 ㉠ 약 560개
8 408
9 (선 잇기)

10 <
11 $\begin{array}{r} {\scriptstyle 4} \\ 79 \\ \times \ \ 5 \\ \hline 395 \end{array}$
12 564 m
13 ㉠, ㉡, ㉢, ㉣
14 54, 7, 378
15 5
16 석기, 20개
17 2, 3, 1
18 460
19 524
20 200개
21
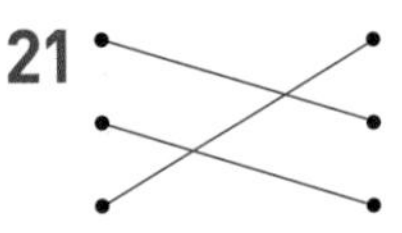
22 (1) 7 (2) 8
23 15
24 152개
25 98문제
26 11
27 323개
28
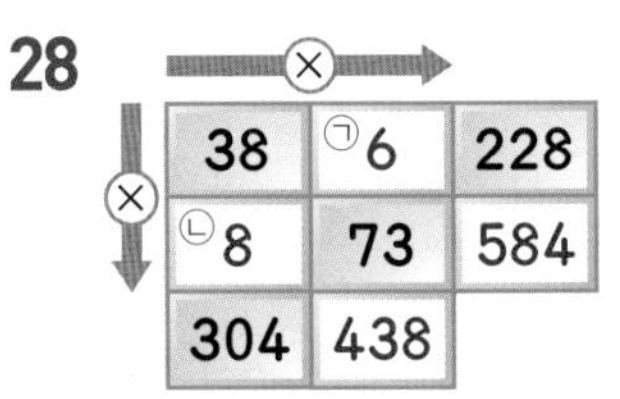

29 112 cm
30 518개

1 (1) $\square \times 8 = 48$ ➡ $\square = 6$
(2) $7 \times \square = 42$ ➡ $\square = 6$

2 일의 자리 계산 $3 \times 7 = 21$에서 20을 십의 자리로 올림한 것이므로 2는 실제로 20을 나타냅니다.

3 가로: $24 \times 3 = 72$ (cm)
네 변의 길이의 합: $72 + 24 + 72 + 24 = 192$ (cm)

4 깃발 7개를 꽂을 때 깃발 사이의 간격은 6군데입니다.
(도로의 길이) $= 16 \times 6 = 96$ (m)

6 • $13 \times 6 = 78$ • $3 \times 28 = 84$
• $13 \times 3 = 39$ • $6 \times 28 = 168$

7 ㉠ 82는 약 80으로 어림할 수 있으므로
약 $80 \times 7 =$ 약 560(개)로 어림할 수 있습니다.

8 어떤 수를 □라 하면
$\square + 8 = 59$, $\square = 59 - 8 = 51$입니다.
➡ $51 \times 8 = 408$

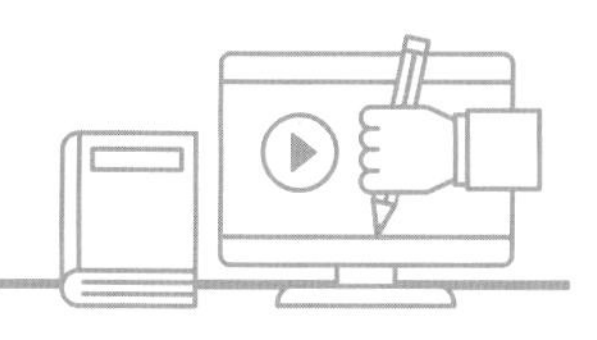

9 • $14 \times 8 = 112$
• $60 \times 3 = 180$
• $72 \times 4 = 288$

10 $71 \times 4 = 284$, $59 \times 5 = 295$

11 $9 \times 5 = 45$에서 40을 올림하여 $70 \times 5 = 350$에 더하는 것을 빠뜨렸습니다.
바르게 계산하면 $79 \times 5 = 395$입니다.

12 $94 \times 6 = 564$ (m)

13 ㉠ $80 \times 7 = 560$ ㉡ $67 \times 8 = 536$
㉢ $72 \times 7 = 504$ ㉣ $83 \times 6 = 498$

14 곱이 가장 큰 곱셈식을 만들기 위해서는 주어진 숫자 카드 중에서 (두 자리 수)의 십의 자리 숫자와 (한 자리 수)의 곱이 크게 되도록 합니다. $74 \times 5 = 370$, $54 \times 7 = 378$이므로 가장 큰 곱은 378입니다.

15 $83 \times 5 = 415$이므로 $\square 5 \times 7$은 415보다 작아야 합니다.
$\square = 6$일 때 $65 \times 7 = 455$
$\square = 5$일 때 $55 \times 7 = 385$
이므로 $\square$ 안에 들어갈 수 중에서 가장 큰 숫자는 5입니다.

16 효근: $34 \times 6 = 204$(개)
석기: $56 \times 4 = 224$(개)
➡ 석기가 $224 - 204 = 20$(개) 더 많이 가지고 있습니다.

18 $23 \times 4 = 92$, $92 \times 5 = 460$

19 가: $64 \times 3 = 192$ 나: $83 \times 4 = 332$
➡ 가+나$= 192 + 332 = 524$

20 $36 \times 4 = 144$, $28 \times 2 = 56$
➡ $144 + 56 = 200$(개)

21 $54 \times 3 = 162$ $41 \times 8 = 328$
$23 \times 6 = 138$ $18 \times 9 = 162$
$82 \times 4 = 328$ $46 \times 3 = 138$

22 (1) $4 \times 6 = 24$에서 십의 자리로 올림한 수는 2입니다.
$\square \times 6 + 2 = 44$에서 $\square \times 6 = 42$, $\square = 7$입니다.
(2) $7 \times \square$에서 곱의 일의 자리가 6이 되려면 $\square$는 8이어야 합니다.

23 $54 \times 3 = 162$이고 $27 \times 6 = 162$이므로 곱하는 수는 6보다 작은 1, 2, 3, 4, 5입니다.
따라서 합은 15입니다.

24 $24 \times 6 = 144$(개), $144 + 8 = 152$(개)

25 일주일은 7일이므로 7일 동안 푼 문제 수는 $14 \times 7 = 98$(문제)입니다.

26 $7 \times$㉡에서 곱의 일의 자리가 9가 되려면 ㉡은 7이어야 하고 $7 \times 7 = 49$이므로 ㉠$\times 7 + 4 = 32$에서 ㉠$= 4$입니다.
➡ ㉠+㉡$= 4 + 7 = 11$

27 (두발자전거의 바퀴 수)$= 76 \times 2 = 152$(개)
(세발자전거의 바퀴 수)$= 57 \times 3 = 171$(개)
➡ $152 + 171 = 323$(개)

28 • $38 \times$㉠$= 228$에서 $8 \times$㉠의 일의 자리 숫자가 8이 되려면 ㉠은 1 또는 6이어야 합니다. ㉠은 1이 될 수 없으므로 6입니다.
• $38 \times$㉡$= 304$에서 $8 \times$㉡의 일의 자리 숫자가 4가 되려면 ㉡은 3 또는 8이어야 하고 3은 될 수 없으므로 8입니다.

29 굵은 선의 길이는 한 변 길이의 14배입니다.
➡ $8 \times 14 = 14 \times 8 = 112$ (cm)

30 1시간 14분은 74분이므로
$7 \times 74 = 74 \times 7 = 518$(개)입니다.

서술 유형 익히기

124~125쪽

1 12, 6 / 12, 6, 72 / 72 / 72

1-1 풀이 참조, 128명

2 96 / 96 / 90, 120 / 6 / 7, 8, 9, 6 / 6

2-1 풀이 참조, 3개

3 7, 126 / 6, 108 / 126, 108, 126, 108 / 468 / 468

3-1 풀이 참조, 900 cm

4 8, 4, 6, 504 / 6, 4, 8, 512 / 6, 4, 8, 512 / 64, 8, 512

4-1 풀이 참조, $75 \times 9 = 675$

1-1 한 대에 32명씩 4대에 탈 수 있으므로
$32\times4=128$(명)입니다.
따라서 버스 4대에는 모두 128명이 탈 수 있습니다.

2-1 $82\times4=328$이므로 $50\times$▲는 328보다 커야 합니다.
$50\times6=300$, $50\times7=350$이므로 ▲ 안에 들어갈 수 있는 수는 7, 8, 9로 모두 3개입니다.

3-1 꽃밭의 가로는 $37\times9=333$ (cm)이고,
세로는 $13\times9=117$ (cm)이므로 둘레는
$333+117+333+117=900$ (cm)입니다.

4-1 곱이 가장 큰 곱셈식을 만들기 위해서
(두 자리 수)의 십의 자리 숫자와 (한 자리 수)의 곱이 커야 합니다.
$95\times7=665$, $75\times9=675$에서 곱이 가장 큰 곱셈식은 $75\times9=675$입니다.

단원 평가

126~129쪽

1 2, 66
2 (1) 200, 5, 205 (2) 60, 24, 84
3 20
4 (1) 208 (2) 246
(3) 81 (4) 92
5 (선 잇기)
6 ㉡
7 (1) < (2) <
8 (1) 156 (2) 123
9

31	7	217
3	12	36
93	84	

10 ⑤ 11 52, 156
12 ② 13 ㉡, ㉢, ㉠, ㉣
14 168개 15 8
16 72 cm
17 91, 92, 93, 94, 95
18 5개 19 260개
20 165개 21 56년
22 풀이 참조 23 풀이 참조, 84명
24 풀이 참조
25 풀이 참조, 크림빵, 108개

3 □ 안의 수 2는 일의 자리 계산 $4\times7=28$에서 8을 일의 자리에 쓰고 20을 십의 자리로 올림하여 작게 쓴 것이므로 실제로 나타내는 값은 20입니다.

6 ㉠ $42\times4=168$ ㉡ $31\times7=217$
㉢ $63\times3=189$ ㉣ $18\times4=72$

9 • $31\times7=217$ • $3\times12=36$
• $31\times3=93$ • $7\times12=84$

10 ①, ②, ③, ④ 96 ⑤ 106

11 $13\times4=52$, $52\times3=156$

12 ① $20\times5=100$ ② $42\times2=84$
③ $33\times3=99$ ④ $15\times6=90$
⑤ $23\times4=92$

13 ㉠ $29\times3=87$ ㉡ $31\times6=186$
㉢ $42\times4=168$ ㉣ $24\times3=72$

15 십의 자리 계산이 $4\times2=8$이므로
$\square\times2=96-80=16$입니다.
따라서 $\square=8$입니다.

17 $18\times5=90$, $12\times8=96$이므로 90보다 크고 96보다 작은 두 자리 수는 91, 92, 93, 94, 95입니다.

18 $27\times2=54$이므로 $11\times\square>54$인 수를 모두 찾으면 $\square=5, 6, 7, 8, 9$입니다.

19 양의 다리는 4개, 타조의 다리는 2개입니다.
양: $46\times4=184$(개)
타조: $38\times2=76$(개)
➡ $184+76=260$(개)

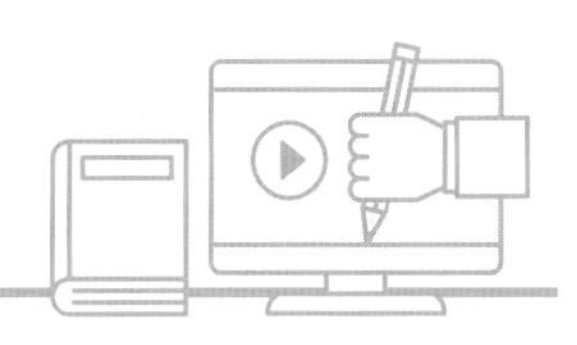

20 일의 자리와 십의 자리에서 올림이 두 번 있는 곱셈입니다.
$55\times3=165$(개)

21 $25-11=14$이고 올림픽은 4년마다 열리므로 $14\times4=56$(년)이 걸렸습니다.

서술형

22

$$\begin{array}{r} {}^{4} \\ 19 \\ \times\ \ 5 \\ \hline 95 \end{array}$$

예 방울토마토가 한 접시에 19개씩 5접시 있으므로 모두 95개입니다.

23 14명씩 6모둠이 참가했으므로 $14\times6=84$(명)입니다.
따라서 게임에 참가한 사람은 모두 84명입니다.

24 예 방법 1 $54\times2=54+54=108$

방법 2 $54\times2 \begin{cases} 50\times2=100 \\ 4\times2=\ \ \ 8 \end{cases} 108$

25 단팥빵은 $18\times4=72$(개) 있고
크림빵은 $30\times6=180$(개) 있습니다.
따라서 크림빵이 $180-72=108$(개) 더 많습니다.

탐구 수학 130쪽

1 9, 4 / 9, 63 / 63, 4, 252 / 9, 4 / 9, 4, 36, 252

2 301개

1 참외 수: $7\times9=63$(개), $63\times4=252$(개)
토마토 수: $7\times7=49$(개)
참외와 토마토 수의 합: $252+49=301$(개)

생활 속의 수학 131~132쪽

48권

12권씩 4칸에 꽂혀 있으므로 $12\times4=48$(권)입니다.

5단원 길이와 시간

1단계 개념 탄탄 134쪽

1 (1) 7 (2) 7, 7밀리미터
2 (1) 8 (2) 6, 8, 6 센티미터 8 밀리미터

2단계 핵심 쏙쏙 135쪽

1 1mm 1mm 1mm
2 (1) 5 밀리미터 (2) 10 센티미터 3 밀리미터
3 (1) 9 mm (2) 3 cm 7 mm
4 1cm, 0 · 2 mm · 6 mm · 8 mm
5 7, 3, 73
6
7 (1) 80 (2) 102 (3) 2, 5 (4) 4
8 11 cm 9 mm
9 한솔

7 (2) 10 cm 2 mm=10 cm+2 mm
=100 mm+2 mm
=102 mm
(3) 25 mm=20 mm+5 mm=2 cm+5 mm
=2 cm 5 mm

8 10 mm=1 cm
119 mm=110 mm+9 mm=11 cm+9 mm
=11 cm 9 mm
➡ 상연이가 가지고 있는 색 테이프의 길이는 11 cm 9 mm입니다.

9 14cm 3mm=143mm이고 143<145이므로 한 뼘의 길이가 더 긴 사람은 한솔입니다.

1단계 개념 탄탄 136쪽

1 (1) 630 (2) 370 (3) 1000 (4) 1
2 (1) 400 (2) 3, 400, 3 킬로미터 400 미터

2단계 핵심 쏙쏙 137쪽

1 1km, 1 킬로미터
2 (1) 5 킬로미터 (2) 2 킬로미터 300 미터
3 (1) 3 km 200 m (2) 10 km 920 m
4 3, 500, 3 킬로미터 500 미터
5 8 km 500 m
6 12, 140
7 (1) 4, 4000, 4500 (2) 7000, 7, 7, 300
8 2200 m

8 2 km보다 200 m 더 먼 거리는 2 km 200 m입니다.
2 km 200 m=2200 m이므로 집에서 도서관까지의 거리는 2200 m입니다.

1단계 개념 탄탄 138쪽

1 (1) mm (2) cm (3) m (4) km
2 (1) 예 130 (2) 예 250

2단계 핵심 쏙쏙 139쪽

1 (1) mm (2) m (3) cm (4) km
2
3 ㉡, ㉣
4 경찰서, 마켓
5 약 300 m
6 약 600 m
7 약 1200 m

3 ㉡: 약 1950 m
㉣: 약 42 km

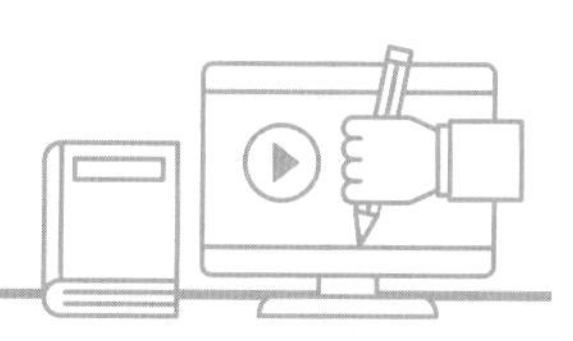

5 학교에서 교회까지의 거리가 약 100 m이므로 가영이네 집에서 교회까지의 거리는
약 200+약 100=약 300 (m)입니다.

6 약 200+약 200+약 200=약 600 (m)

7 가영이네 집에서 빵집까지의 거리는
약 300+약 200+약 100=약 600 (m)이므로 빵을 사서 집에 오려면 약 600+약 600=약 1200 (m)를 걸어야 합니다.

3단계 유형 콕콕 140~143쪽

1-1		**1-2**	5, 6
1-3	(1) 137		(2) 22, 5
1-4	㉡		
1-5	(1) <		(2) >
1-6	③	**1-7**	112 mm
1-8	㉠	**1-9**	20 cm 2 mm
1-10	15 mm	**1-11**	3 cm 7 mm
2-1	5, 390, 5 킬로미터 390 미터		
2-2	(1) 12080		(2) 6, 30
2-3	2350 m		
2-4	예 학교 도서관에서 우체국까지의 거리는 3 km 400 m입니다.		
2-5	850 m	**2-6**	우체국
2-7	㉣	**2-8**	12, 750
2-9	㉠		
2-10	햇빛 마을에서 옥빛 마을까지, 4 km 850 m		
3-1	(1) mm에 ○표		(2) km에 ○표
3-2			
3-3	(1) 예 2		(2) 예 2000
3-4	약 200 m	**3-5**	약 400 m
3-6	약 600 m	**3-7**	약 1800 m

1-3 (1) 13 cm 7 mm=130 mm+7 mm
=137 mm
(2) 225 mm=220 mm+5 mm
=22 cm+5 mm
=22 cm 5 mm

1-4 ㉡ 9 cm 4 mm=90 mm+4 mm=94 mm

1-6 ③ 9 cm 6 mm=96 mm

1-7 11 cm보다 2 mm 더 긴 것은 11 cm 2 mm입니다.
11 cm 2 mm=11 cm+2 mm
=110 mm+2 mm=112 mm

1-9 134 mm=13 cm 4 mm,
68 mm=6 cm 8 mm
➡ 13 cm 4 mm+6 cm 8 mm=20 cm 2 mm

1-10 석기: 9 cm 8 mm=98 mm
동생: 8 cm 3 mm=83 mm
➡ 98−83=15 (mm)

1-11 ㉠ 72 mm=7 cm 2 mm
➡ 10 cm 9 mm(㉡)>8 cm 8 mm(㉢)>7 cm 2 mm(㉠)
➡ 10 cm 9 mm−7 cm 2 mm=3 cm 7 mm

2-6 6 km 250 m=6250 m이므로
5992 m<6250 m<6429 m입니다.
➡ 집에서 가장 멀리 떨어진 곳은 우체국입니다.

2-7 ㉡ 9 km 99 m=9099 m
㉣ 9 km 830 m=9830 m
➡ 9830 m(㉣)>9824 m(㉠)>9802 m(㉢)>9099 m(㉡)

2-8 8400 m=8000 m+400 m
=8 km 400 m
4 km 350 m+8 km 400 m=12 km 750 m

2-9 ㉠ 3 km 820 m+4 km 377 m
=7 km 1197 m=8 km 197 m
㉡ 5902 m+2068 m
=5 km 902 m+2 km 68 m
=7 km 970 m
㉢ 1 km 29 m+6425 m
=1 km 29 m+6 km 425 m
=7 km 454 m

2-10 8 km 300 m−3 km 450 m
=4 km 850 m

3-4 영수네 집에서 마을회관까지의 거리를 기준 삼아 어림합니다.

3-5 마트에서 지하철역까지의 거리는 영수네 집에서 마을회관까지의 거리의 약 2배인 거리이므로 약 400 m입니다.

3-6 스포츠센터까지 약 400 m이고 스포츠센터에서 영화관까지는 약 200 m이므로 약 600 m입니다.

3-7 (약 200 m)+(약 200 m)+(약 400 m)+(약 300 m)+(약 100 m)+(약 200 m)+(약 400 m)=약 1800 m

1단계 개념 탄탄 144쪽

1 (1) 1, 2, 10 (2) 60
2 (1) 21, 21 (2) 18, 18 (3) 26, 26

2단계 핵심 쏙쏙 145쪽

1 (1) 9시 20분 18초 (2) 10시 42분 58초
2 (1) 8시 30분 7초 (2) 7시 4분 33초
3 (1)  (2) 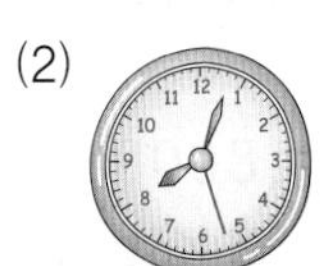
4 예 나는 철봉에 10초 동안 매달릴 수 있습니다.
5 (1) 60, 70 (2) 40, 1, 40
(1) 210 (2) 5, 20
6 10시 30분 59초

2 ':'을 기준으로 앞에서부터 각각 시, 분, 초를 나타냅니다.

4 시간의 단위에 알맞게 문장을 만들어 봅니다.

6 17초는 시계의 작은 눈금을 17칸 지나간 것이므로 성준이가 결승선에 도착한 시각은 10시 30분 59초입니다.

1단계 개념 탄탄 146쪽

1 9, 10, 25 / 1, 12, 15 / 10, 22, 40
2 5, 35, 45 / 3, 12, 20 / 2, 23, 25

2단계 핵심 쏙쏙 147쪽

1 (1) 5, 42, 48 (2) 3, 48, 44
2 (1) 2, 25, 20 (2) 5, 10, 20
(3) 1, 12, 35
3 (1) 7시 42분 47초 (2) 4시간 43분 55초
4 (1) 2시간 8분 15초 (2) 2시 13분 11초
(3) 1시간 18분 5초
5 5시 24분 21초
6 5시 58분 49초

5 5시+24분 21초=5시 24분 21초

6 5시 24분 21초+2분+10분 16초+2분+20분 12초=5시 58분 49초

1단계 개념 탄탄 148쪽

1 5, 10 / 5, 10 / 5, 10
2 1, 30 / 1, 30

2단계 핵심 쏙쏙 149쪽

1 1, 5, 30
2 1, 9, 27
3 3, 2, 38
4 5, 2, 43
5 (1) 9시 17분 14초 (2) 2시간 19분 39초
6 1시 42분
7 (1) 1시간 2분 (2) 1시간 51분
(3) 2시간 32분

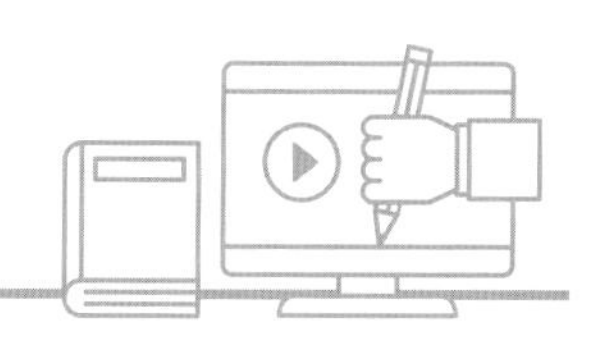

4 시는 시끼리, 분은 분끼리 뺍니다.

시간 단위나 분 단위에서 받아내림하면 60분, 60초가 됩니다.

5 (2) 시는 시끼리, 분은 분끼리, 초는 초끼리 뺍니다.

6 90분=1시간 30분입니다.
운동을 시작한 시각은
3시 12분−1시간 30분=1시 42분입니다.

7 (1) 8시 32분−7시 30분=1시간 2분
(2) 9시 21분−7시 30분=1시간 51분
(3) 10시 2분−7시 30분=2시간 32분

3단계 유형 콕콕 150~153쪽

4-1 3, 5 / 5, 10, 20, 30 / 8, 10, 11 / 35, 45
4-2 3, 45, 10
4-3 (1) 42, 1, 42 (2) 540, 567
(3) 1800
4-4 6분 15초, 392초, 5분 29초
4-5 (1) 초 (2) 분
(3) 시간 (4) 초
4-6 예 1. 나는 100 m 달리기를 25초 안에 될 수 있습니다.
2. 나는 숫자 1부터 5까지 세는 데 3초가 걸립니다.
5-1 4, 50
5-2 (1) 3시 42분 45초
(2) 3시간 45분 32초
(3) 2시 50분
(4) 5시 43분
5-3 7시 53분 **5-4** 4, 10
5-5 (1) 2시간 15분 17초
(2) 8시 15분 25초
(3) 32분 9초
(4) 1시간 25분
5-6 9시 35분 15초
6-1 (1) 7, 25 (2) 28, 38
6-2 4시간 23분 20초
6-3 4시 23분
6-4 4시 24분 22초 **6-5** 10시 19분 22초
6-6 5시 32분 **6-7** 7시 17분 30초
6-8 (1) 6, 60, 5, 30
(2) 60, 5, 23, 60, 3, 41, 42
6-9 (1) 3시간 4분 45초 (2) 6시 47분 30초
(3) 1시간 43분 40초
6-10 (1) 5시 25분 (2) 34분 40초
6-11 1, 59, 40 **6-12** 5시 56분 39초
6-13 10시 30분 **6-14** 3시간 20분

4-4 준하: 375초=360초+15초=6분+15초
=6분 15초
형돈: 6분 32초=360초+32초=392초
홍철: 329초=300초+29초=5분+29초
=5분 29초

5-3 7시 15분+38분=7시 53분

5-6 10시 45분 30초−1시간 10분 15초
=9시 35분 15초

6-3 3시 36분+47분=4시 23분

6-4

	1	1	
	1시	45분	56초
+	2시간	38분	26초
	4시	24분	22초

6-5 8시 20분 35초+1시간 58분 47초
=10시 19분 22초

6-6 3시 52분+1시간 40분=5시 32분

6-7 5시 32분+1시간 45분 30초=7시 17분 30초

6-11

		60	
	4	19	60
	5시간	20분	10초
−	3시간	20분	30초
	1시간	59분	40초

6-12 시계가 가리키는 시각은 10시 3분 17초입니다.

$$\begin{array}{rrrr} & \overset{9}{\cancel{10}}\text{시} & \overset{60}{\overset{2}{\cancel{3}}}\text{분} & \overset{60}{17}\text{초} \\ - & 4\text{시간} & 6\text{분} & 38\text{초} \\ \hline & 5\text{시} & 56\text{분} & 39\text{초} \end{array}$$

6-13 12시 10분−1시간 40분=10시 30분

6-14 11시 5분−7시 45분=3시간 20분

4단계 실력 팍팍 154~157쪽

1 ㉡, ㉢ **2** 10 cm 5 mm
3 3, 9 **4** 4, 580
5 11, 700 **6** 4 km 100 m
7 625 m
8 (1) m (2) mm
(3) km (4) cm
9 4 km 670 m **10** 3 km 970 m
11 700 m
12 (1) 100 (2) 5, 50
(3) 210 (4) 4, 10
13 (1) 시간, 시 (2) 시간, 시간, 시간
14 4, 48, 11 **15** 6시간 13분 15초
16 4시간 23분 **17** 11시 7분 10초
18 11시 **19** 36, 37
20 10시 9분 48초
21 오전 10시 46분 25초
22 6, 9, 50 **23** 9시 50분 30초
24 9시 6분 36초 **25** 47분 36초
26 오후 4시 59분 12초 **27** 5시간 15분
28

$$\begin{array}{rrrr} & 6\text{시} & 15\text{분} & 48\text{초} \\ - & 2\text{시} & & 54\text{초} \\ \hline & 4\text{시간} & 14\text{분} & 54\text{초} \end{array}$$

예 같은 단위끼리 자리를 맞추어 계산하지 않았습니다.

29 11시간 52분 48초 **30** 6시 32분

1 ㉠ cm로 나타내는 것이 알맞습니다.
㉣ 320 mm는 32 cm입니다.

2 24 mm+43 mm+3 cm 8 mm
=2 cm 4 mm+4 cm 3 mm+3 cm 8 mm
=10 cm 5 mm

3 10 cm 8 mm−6 cm 9 mm=3 cm 9 mm

4 5 km−420 m=4 km 580 m

5 • 900+㉡=1600이므로
㉡=1600−900=700입니다.
• 1+㉠+3=15이므로 ㉠=15−4=11입니다.

6 1 km 800 m+2 km 300 m=4 km 100 m

7 47 km 450 m−46 km 825 m=625 m

9 3 km 800 m+870 m=4 km 670 m

10 1 km 850 m+1 km 250 m+870 m
=3 km 970 m

11 4 km 670 m−3 km 970 m=700 m

13 어떤 한 시점을 말하는 것이면, '시'를, 어떤 시각에서 어떤 시각까지의 사이를 말하는 것이면 '시간'을 써넣습니다.

14 초, 분, 시 단위의 순서로 계산합니다.
30+㉡=60+18, 30+㉡=78, ㉡=78−30,
㉡=48

15 ㉠+㉡=2시간 24분 38초+3시간 48분 37초
=5시간 72분 75초=6시간 13분 15초

16 2시간 45분+1시간 38분
=3시간 83분=4시간 23분

17 8시 30분 45초+2시간 36분 25초
=10시 66분 70초=11시 7분 10초

18 9시 20분+40분+10분+40분+10분
=9시 20분+100분
=9시 20분+1시간 40분=11시

19 58분 15초−21분 38초=36분 37초

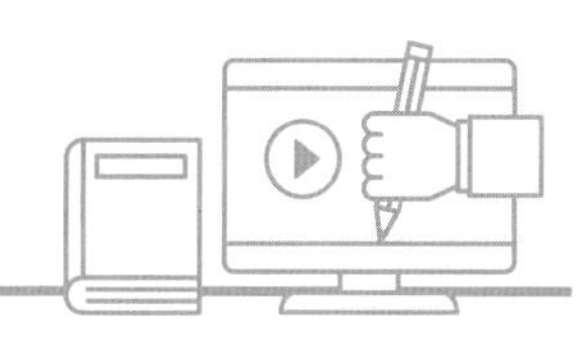

20 9시 45분+24분 48초=10시 9분 48초

21 10시 9분 48초+36분 37초
=10시 46분 25초

22 7시간 30분 45초−□=1시간 20분 55초
□=7시간 30분 45초−1시간 20분 55초
□=6시간 9분 50초

23 수영을 시작한 시각을 □라 하면
□+1시간 15분=11시 5분 30초
□=11시 5분 30초−1시간 15분
□=9시 50분 30초입니다.

24 5시 18분 12초+3시간 48분 24초
=9시 6분 36초

25 그림을 그리고 피아노 연습을 한 시간 :
11시−8시=3시간
(피아노 연습 시간)=3시간−2시간 12분 24초
=47분 36초

26 오전 9시부터 오후 5시까지는 8시간입니다.
1시간에 6초씩 늦어지므로 8시간 동안에는
6×8=48초 늦어지므로
오후 5시−48초=오후 4시 59분 12초입니다.

27 7시 30분−6시 45분=45분
45+45+45+45+45+45+45=315(분)
315분=5시간 15분

29 (낮의 길이)=(해가 진 시각)−(해가 뜬 시각)
=18시 25분 26초−6시 32분 38초
=11시간 52분 48초

30 (영화 상영 시간)=12시 12분−10시 26분
=1시간 46분
(영화가 시작하는 시각)
=(영화가 끝나는 시각)−(영화 상영 시간)
=8시 18분−1시간 46분
=6시 32분

서술 유형 익히기 158~159쪽

❶ 5, 5 / 50, 10, 51 / 4 / 4 / 51, 8, 50, 2
1-1 풀이 참조, 100 cm 9 mm

❷ 27 cm, 22 cm 5 mm,
아버지의 신발, 4 cm 5 mm
2-1 풀이 참조, 아버지의 키, 37 cm 5 mm

❸ 20 / 50 / 20, 50 / 4, 10 / 4, 10
3-1 풀이 참조, 4시간 20분

❹ 94, 44, 4, 44
4-1 풀이 참조

1-1 (종이 테이프 5장의 길이의 합)
=20 cm×5+5 mm×5=100 cm+25 mm
=102 cm 5 mm
겹쳐지는 부분은 4개이므로 줄어든 길이의 합은
4 mm×4=16 mm=1 cm 6 mm입니다.
따라서 이어 붙인 종이 테이프의 전체 길이는
102 cm 5 mm−1 cm 6 mm=100 cm 9 mm

2 아버지의 신발이
27 cm−22 cm 5 mm=4 cm 5 mm 더 큽니다.

2-1 문제 신영이의 키는 137 cm 8 mm이고 아버지의 키는 175 cm 3 mm입니다.
누구의 키가 얼마나 더 크나요?
풀이 아버지의 키가
175 cm 3 mm−137 cm 8 mm=37 cm 5 mm
더 큽니다.

3-1 농구를 1시간 30분 동안 했고, 축구를 2시간 50분 동안 했으므로 농구와 축구를 한 시간은 모두
1시간 30분+2시간 50분=4시간 20분입니다.

4-1 방법 1 먼저 1시간을 60분으로 받아내림하여 계산합니다. 6시간 10분−4시간 40분
=5시간 70분−4시간 40분=1시간 30분
방법 2 4시간 40분을 5시간으로 생각하여 계산합니다.

6시간 10분−4시간 40분
=6시간 10분−5시간+20분
=1시간 10분+20분=1시간 30분

단원 평가

160~163쪽

1 (1) 5 cm 7 mm (2) 7 cm 2 mm
2 (1) 56 (2) 12, 8
(3) 2, 150
3 10, 1
4 6, 8
5 18 km 600 m
6 4 km 800 m
7 500, 2
8 3 cm 6 mm
9 420 m
10 2 km 380 m
11 2, 15, 40
12 (1) 160 (2) 3, 5
(3) 280 (4) 8, 20
13 (1) 7시 51분 (2) 10시간 5분 56초
14 (1) 2시간 52분 (2) 3시간 52분 54초
15 5, 15
16 4, 11, 14
17 10시 55분 또는 오전 10시 55분
18 2, 30, 10
19 7시 5분
20 11시 6분 15초
21 31분 45초
22 풀이 참조, 할머니 댁, 2 km 710 m
23 풀이 참조, 1 km 155 m
24 풀이 참조, 25초
25 풀이 참조, 한별

5 11 km 700 m+6 km 900 m=18 km 600 m

6 11 km 700 m−6 km 900 m=4 km 800 m

7 300−㉠=800이 될 수 없으므로 1 km를 1000 m로 받아내림합니다.
1300−㉠=800 ➡ ㉠=500
5−3=㉡ ➡ ㉡=2

8 18 cm 3 mm−14 cm 7 mm=3 cm 6 mm

9 1 km 400 m−980 m
=1400 m−980 m=420 m

10 980 m+1 km 400 m
=1 km+1380 m=2 km 380 m

15 3시 35분+1시간 40분=5시 15분

16
```
    1      1
   2시간  50분  16초
+  1시간  20분  58초
-------------------
   4시간  11분  14초
```

17 오후 1시 20분−2시간 25분
=13시 20분−2시간 25분
=오전 10시 55분

18
```
   5     60
   6시간  20분  30초
−  3시간  50분  20초
-------------------
   2시간  30분  10초
```

19 3시 20분+3시간 45분=7시 5분

20 8시 50분 30초+2시간 15분 45초
=11시 6분 15초

21 2시간 7분 25초−1시간 35분 40초
=31분 45초

서술형

22 9 km 580 m>6 km 870 m이므로
9 km 580 m−6 km 870 m=2 km 710 m입니다.
따라서 할머니 댁이 삼촌 댁보다 2 km 710 m 더 멉니다.

23 (오늘 달린 거리)=458 m+239 m=697 m
(어제와 오늘 달린 거리)=458 m+697 m
=1155 m
=1 km 155 m

24 예 초바늘이 가리키는 숫자가 1일 때 5초, 2일 때 10초, 3일 때 15초, 4일 때 20초, 5일 때 25초입니다.
따라서 25초를 가리킵니다.

25 지혜: 5시 20분−2시=3시간 20분
석기: 7시−3시 50분=3시간 10분
한별: 9시−4시 30분=4시간 30분
따라서 한별이가 가장 오랫동안 공부했습니다.

탐구 수학 164쪽

예 빵집, 서점, 약국, 병원, 주민센터

1 같은 길을 중복하지 않고 모든 장소를 방문하는 방법 중에서 가장 짧은 길을 찾습니다.
가장 짧은 길을 찾기 위해서는 가장 긴 거리인 서점에서 병원으로 가는 길을 피해야 합니다.
우체국 → 빵집 → 서점 → 약국 → 병원 → 주민센터 → 우체국으로 이동하면 모두
1 km 150 m+1 km 300 m+1 km 200 m +1 km 200 m+1 km 300 m+1 km 250 m =7 km 400 m 이동하므로 가장 짧은 거리를 이동하게 됩니다.

생활 속의 수학 165~166쪽

2 cm / 1 cm, 5 mm

6 단원 분수와 소수

1단계 개념 탄탄 168쪽

1 ( )( )(○)( )

2 ㉣

2단계 핵심 쏙쏙 169쪽

1 (1) ㉯, ㉶ (2) ㉮, ㉰, ㉱, ㉲

2 모나코

3 프랑스, 룩셈부르크

4 ( )(○)( )

5 5

6 다

7 (1) (2)

6 다는 똑같이 넷으로 나누어지지 않았습니다.

1단계 개념 탄탄 170쪽

1 3, 1

2 1, 1, 4, 1

1 똑같이 나누어진 것은 모양과 크기가 같습니다.

2단계 핵심 쏙쏙 171쪽

1 4, 3

2 2, 작습니다에 ○표

3 4, 3

4 6, 2, $\frac{2}{6}$, 6분의 2

5

6 (1) $\frac{5}{8}$ (2) $\frac{3}{4}$

1 전체를 똑같은 크기의 삼각형 4개로 나눈 것 중의 3개입니다.

2 전체를 똑같이 3으로 나눈 것 중의 2이고 부분은 전체보다 크기가 작습니다.

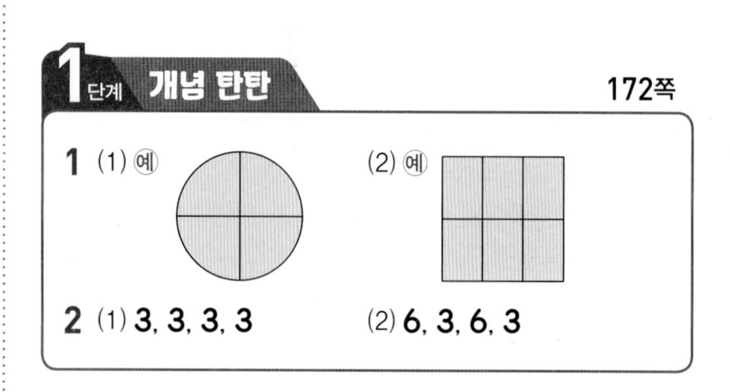

1단계 개념 탄탄
172쪽
1 (1) 예 (2) 예
2 (1) 3, 3, 3, 3 (2) 6, 3, 6, 3

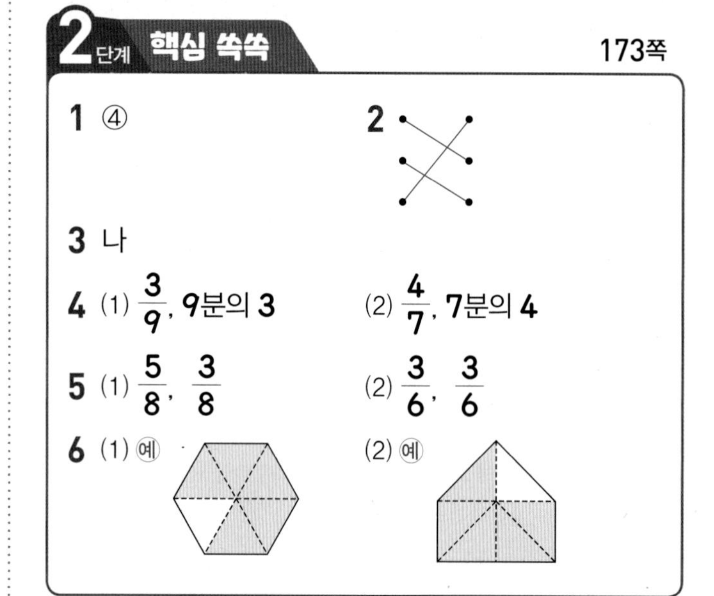

2단계 핵심 쏙쏙
173쪽
1 ④
2
3 나
4 (1) 3/9, 9분의 3 (2) 4/7, 7분의 4
5 (1) 5/8, 3/8 (2) 3/6, 3/6
6 (1) 예 (2) 예

2 전체를 똑같이 5로 나눈 것 중의 3만큼의 모양과 크기를 보고, 전체의 모양과 크기를 알아봅니다.

3 가: $\frac{2}{4}$ 나: $\frac{1}{4}$ 다: $\frac{2}{4}$

➡ 나머지 둘과 다른 것은 나입니다.

5 (1) 색칠한 부분: 전체를 똑같이 8로 나눈 것 중의 5 ➡ $\frac{5}{8}$

색칠하지 않은 부분: 전체를 똑같이 8로 나눈 것 중의 3 ➡ $\frac{3}{8}$

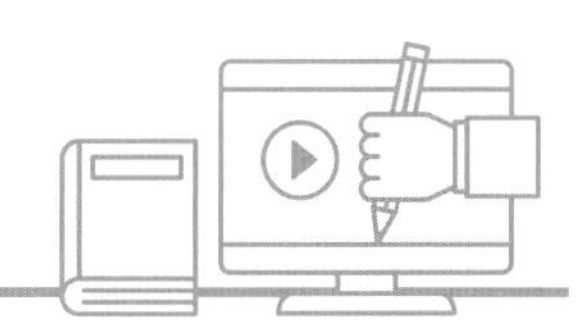

1단계 개념 탄탄 174쪽

1 (1) 5, 4 (2) $\frac{5}{7}$

2 $<$

2단계 핵심 쏙쏙 175쪽

1 큽니다에 ○표

2 (1) 예 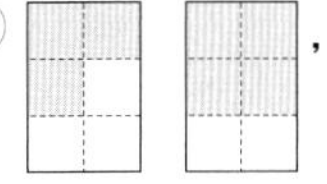 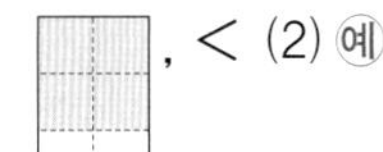, $<$ (2) 예 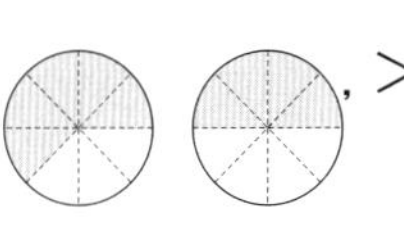, $>$

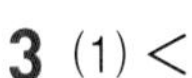

3 (1) $<$ (2) $>$

4 $\frac{1}{9}$, $<$, $\frac{4}{9}$

5 $<$

6 $\frac{8}{11}$

7 상연

2 전체를 똑같이 나눈 것 중 색칠한 부분이 많은 쪽의 분수가 더 큽니다.

4 전체 9칸 중의 1칸은 $\frac{1}{9}$, 4칸은 $\frac{4}{9}$입니다. 수직선에서 오른쪽에 있는 수가 더 큰 수이므로 $\frac{1}{9}<\frac{4}{9}$입니다.

6 분모가 같을 때에는 분자의 크기가 큰 분수가 더 큽니다.

7 $4>3$이므로 $\frac{4}{5}>\frac{3}{5}$입니다.
➡ 상연이가 동화책을 더 많이 읽었습니다.

1단계 개념 탄탄 176쪽

1 (1) 풀이 참조 (2) $\frac{1}{5}$

2 풀이 참조, $<$

1 (1) 예 $\frac{1}{5}$ 0 1

$\frac{1}{6}$ 0 1

2 예 $\frac{1}{6}$ $<$ 예 $\frac{1}{4}$

$\frac{1}{4}$을 색칠한 부분이 $\frac{1}{6}$을 색칠한 부분보다 넓으므로 $\frac{1}{6}<\frac{1}{4}$입니다.

2단계 핵심 쏙쏙 177쪽

1 (1) $>$ (2) $<$

2 풀이 참조, $>$

3 $\frac{1}{16}$, $<$, $\frac{1}{4}$

4 (1) $<$ (2) $>$

5 $\frac{1}{5}$, $\frac{1}{11}$

6 석기

1 (1) $3<5$ ➡ $\frac{1}{3}>\frac{1}{5}$ (2) $10>8$ ➡ $\frac{1}{10}<\frac{1}{8}$

2 예 $\frac{1}{5}$ 0 1

$\frac{1}{10}$ 0 1

3 전체 16칸 중 1칸은 $\frac{1}{16}$, 전체 4칸 중 1칸은 $\frac{1}{4}$입니다. $\frac{1}{4}$을 색칠한 부분이 $\frac{1}{16}$을 색칠한 부분보다 넓으므로 $\frac{1}{16}<\frac{1}{4}$입니다.

5 분자가 1인 분수는 분모가 클수록 더 작으므로 가장 큰 분수는 $\frac{1}{5}$이고 가장 작은 분수는 $\frac{1}{11}$입니다.

6 $\frac{1}{10}>\frac{1}{12}$이므로 석기가 더 많이 풀었습니다.

3단계 유형 콕콕 178~185쪽

1-1 ㉡ 1-2 가
1-3 다 1-4 ㉡, ㉣
1-5 ② 1-6 4조각
1-7 (1) (2)

2-1 가 2-2 6, 3
2-3 예

3-1 4, 2, $\frac{2}{4}$, 4분의 2 3-2 ( )(○)
3-3 $\frac{4}{7}$, 7분의 4 3-4 4, 1, $\frac{1}{4}$, 1, 4
3-5 5, 4, 4, 5 3-6
3-7 $\frac{4}{6}$ 3-8 2개
4-1 예
4-2 (1) (2)
4-3 $\frac{2}{5}$, $\frac{3}{5}$, $\frac{5}{8}$, $\frac{3}{8}$, $\frac{7}{8}$, $\frac{1}{8}$, $\frac{6}{12}$, $\frac{6}{12}$
4-4 $\frac{6}{10}$ 4-5 ( )( )(○)
4-6 ㉠, ㉡, ㉢
5-1 예
5-2 (1) $\frac{4}{5}$ (2) $\frac{7}{9}$
5-3 진호 5-4 3칸
5-5 예

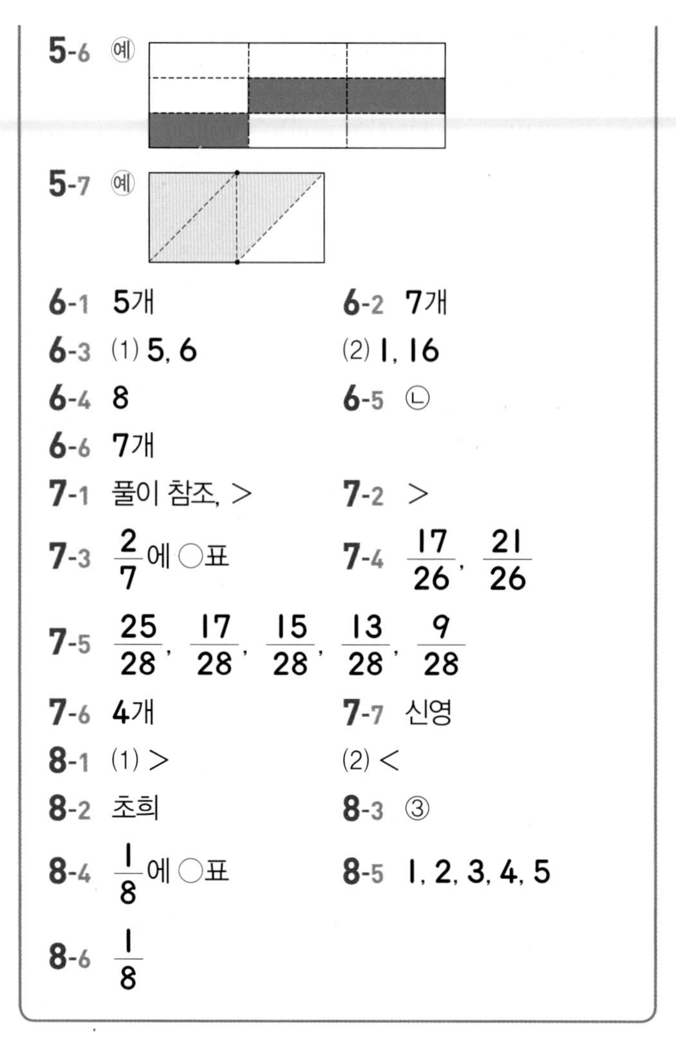

5-6 예
5-7 예
6-1 5개 6-2 7개
6-3 (1) 5, 6 (2) 1, 16
6-4 8 6-5 ㉡
6-6 7개
7-1 풀이 참조, > 7-2 >
7-3 $\frac{2}{7}$에 ○표 7-4 $\frac{17}{26}$, $\frac{21}{26}$
7-5 $\frac{25}{28}$, $\frac{17}{28}$, $\frac{15}{28}$, $\frac{13}{28}$, $\frac{9}{28}$
7-6 4개 7-7 신영
8-1 (1) > (2) <
8-2 초희 8-3 ③
8-4 $\frac{1}{8}$에 ○표 8-5 1, 2, 3, 4, 5
8-6 $\frac{1}{8}$

1-1 똑같이 나누어진 것은 모양과 크기가 같습니다.

1-4 ㉡ 똑같이 4로 나누어져 있습니다.
㉣ 똑같이 3으로 나누어져 있습니다.

3-8 분모가 6인 분수는 $\frac{1}{6}$, $\frac{5}{6}$로 2개입니다.

4-4 (남은 피자의 조각 수)$=10-4=6$(조각)
남은 피자는 전체를 똑같이 10으로 나눈 것 중의 6이므로 전체의 $\frac{6}{10}$입니다.

4-5 전체를 똑같이 4로 나눈 것 중의 2가 아닌 것을 찾습니다.

4-6 전체를 똑같이 4로 나눈 것 중의 1만큼의 모양을 보고 전체의 모양을 알아봅니다.

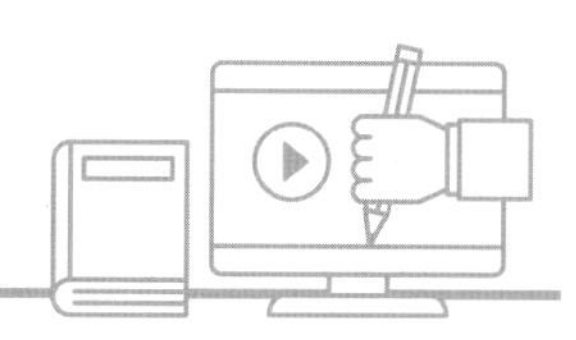

㉠ 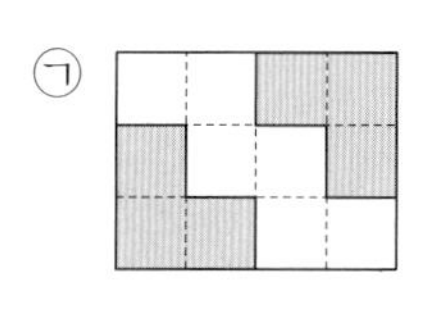 ㉡ 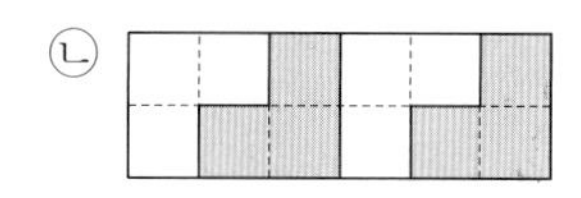

㉢ 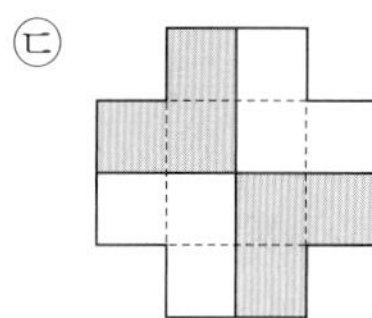

5-1 전체를 똑같이 **7**칸으로 나눈 것 중 **5**칸에 색칠합니다.

5-2 (2) 남은 부분은 전체를 똑같이 **9**로 나눈 것 중의 **7**이므로 $\frac{7}{9}$입니다.

5-3 영미와 슬기는 똑같이 **6**으로 나누지 않았습니다.

5-4 전체를 똑같이 **8**칸으로 나눈 것 중의 **5**칸을 색칠해야 하므로 $5-2=3$(칸)을 더 색칠해야 합니다.

5-7 주어진 점을 이용하여 전체를 똑같이 **4**칸으로 나누고 그중 **3**칸을 색칠합니다.

6-4 • $\frac{2}{9}$는 $\frac{1}{9}$이 **2**개입니다. ➡ ㉠$=2$

• $\frac{6}{11}$은 $\frac{1}{11}$이 **6**개입니다. ➡ ㉡$=6$

➡ ㉠+㉡$=2+6=8$

6-5 ㉠ $\frac{9}{24}$는 $\frac{1}{24}$이 **9**개입니다. ➡ ㉠$=9$

㉡ $\frac{5}{14}$는 $\frac{1}{14}$이 **5**개입니다. ➡ ㉡$=5$

➡ □ 안에 들어갈 수가 더 작은 것은 ㉡입니다.

7-1 예 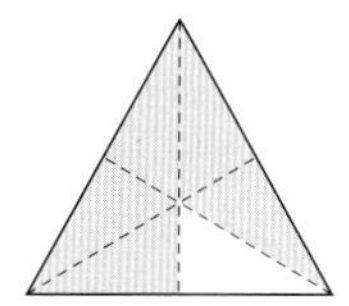  예 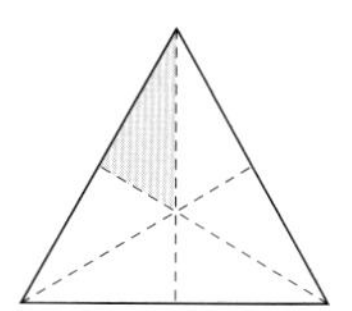

색칠한 부분의 크기를 비교하면 $\frac{5}{6}$는 $\frac{1}{6}$보다 더 큽니다.

7-3 분모가 **7**로 같으므로 분자를 비교하면 $2<4<6$입니다.

➡ 가장 작은 수는 $\frac{2}{7}$입니다.

7-4 분모가 같으므로 분자가 **15**보다 큰 분수를 찾습니다.

➡ $\frac{15}{26}$보다 큰 수는 $\frac{17}{26}$, $\frac{21}{26}$입니다.

7-5 분모가 **28**로 같으므로 분자를 비교하면 $25>17>15>13>9$입니다. 따라서 가장 큰 수부터 차례대로 쓰면 $\frac{25}{28}$, $\frac{17}{28}$, $\frac{15}{28}$, $\frac{13}{28}$, $\frac{9}{28}$입니다.

7-6 분모가 같은 분수는 분자가 클수록 더 큰 분수이므로 $\frac{5}{9}>\frac{\square}{9}$에서 $5>\square$입니다. 따라서 □ 안에 들어갈 수 있는 숫자는 **1**, **2**, **3**, **4**로 모두 **4**개입니다.

8-2 소원: $\frac{1}{5}$이 더 큽니다.

성호: $\frac{1}{30}$이 더 작습니다.

8-4 분자가 **1**인 분수는 분모가 큰 분수가 더 작습니다.

8-5 분자가 **1**인 분수는 분모가 작을수록 더 큰 분수이므로 $\frac{1}{6}<\frac{1}{\square}$에서 $\square<6$입니다.

➡ □ 안에 들어갈 수 있는 숫자는 **1**, **2**, **3**, **4**, **5**입니다.

8-6 분자가 **1**인 분수를 $\frac{1}{\square}$이라고 하면 □ 안에 들어가는 수가 작을수록 더 큰 분수입니다.

$20>15>9>8$이므로 가장 큰 분수는 $\frac{1}{8}$입니다.

1단계 개념 탄탄 186쪽

1 (1) 풀이 참조 (2) $\frac{2}{10}$, 0.2

(3) 영 점 이

2 0.2, $\frac{4}{10}$, 0.5, $\frac{8}{10}$, 0.9

1 (1) 예

2단계 핵심 쏙쏙 187쪽

1 0.6, 영 점 육
2 0.7
3 (선 잇기)
4 4, 4
5 (1) 0.2 (2) 0.3 (3) 0.8
6 (1) 0.6 cm, $\frac{6}{10}$ cm (2) 0.9 cm, $\frac{9}{10}$ cm
7 (1) 0.4 (2) 0.9 (3) $\frac{7}{10}$

1단계 개념 탄탄 188쪽

1 (1) 2 (2) 7.2
2 (1) 0.8 (2) 2.8

2단계 핵심 쏙쏙 189쪽

1 (1) 1.6 (2) 2.3
2 0.5, 1.5, 일 점 오
3 (1) 1.8, 3.3 (2) 1.4, 2.2, 3.5
4 (1) 2.5, 이 점 오 (2) 49, 사 점 구
5 5.8 cm
6 (1) 5.4 (2) 2.6 (3) 3.9

1단계 개념 탄탄 190쪽

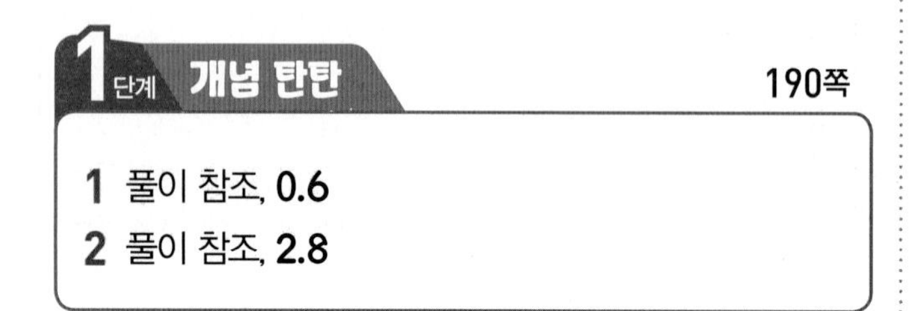
1 풀이 참조, 0.6
2 풀이 참조, 2.8

1 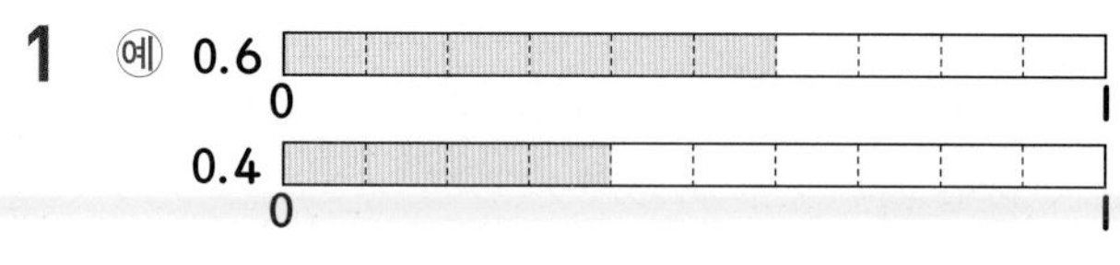

색칠한 부분이 0.6이 0.4보다 더 많으므로 $0.6>0.4$입니다.

2 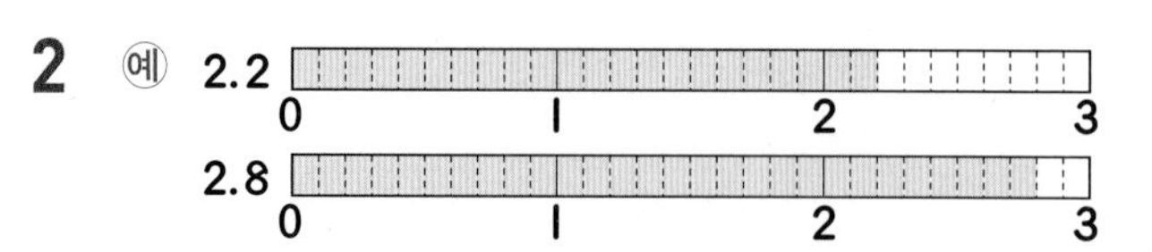

색칠한 부분이 2.8이 2.2보다 더 많으므로 $2.2<2.8$입니다.

2단계 핵심 쏙쏙 191쪽

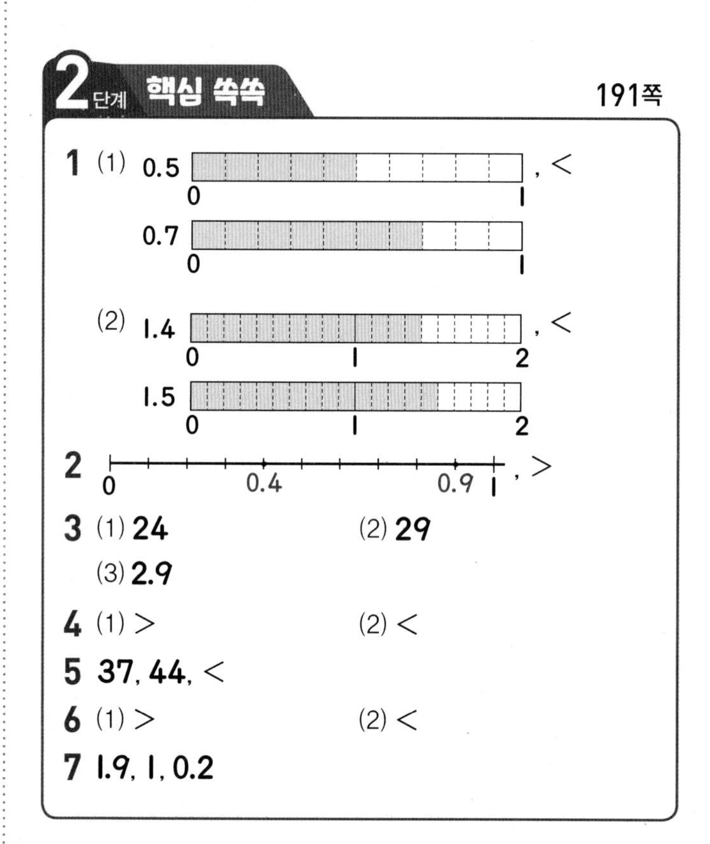
1 (1) 0.5, 0.7, $<$ (2) 1.4, 1.5, $<$
2 0, 0.4, 0.9, 1, $>$
3 (1) 24 (2) 29 (3) 2.9
4 (1) $>$ (2) $<$
5 37, 44, $<$
6 (1) $>$ (2) $<$
7 1.9, 1, 0.2

2 수직선에서 0.9가 0.4보다 오른쪽에 있으므로 0.9가 더 큰 수입니다.

3단계 유형 콕콕 192~195쪽

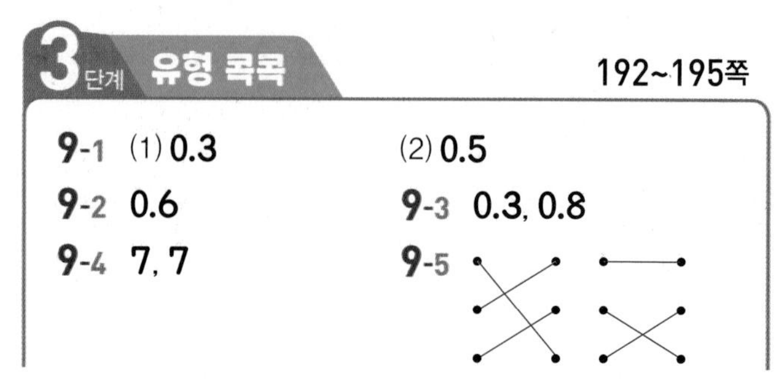
9-1 (1) 0.3 (2) 0.5
9-2 0.6
9-3 0.3, 0.8
9-4 7, 7
9-5 (선 잇기)

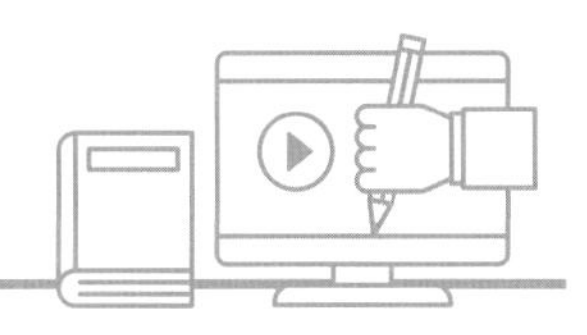

9-6 ㉡　　9-7 0.2 m

10-1 2.4

10-2 (1) 3.7, 삼 점 칠　(2) 54, 오 점 사

10-3 0　1　1.3　1.8　2

10-4 (1) 3.6　(2) 7.8

10-5 3.1 cm　10-6 ⑤

10-7 8.8 m

11-1 예 0.4　0.7　, <

11-2 5.2　11-3 3.1, 4.4에 ○표

11-4 ④

11-5 $\frac{6}{10}$, 0.8, $\frac{9}{10}$, 2.7, 3.1

11-6 오늘　11-7 학교

11-8 (1) <　(2) <

11-9 ㉣, ㉡

11-10 (1) 5, 6, 7, 8, 9에 ○표　(2) 1, 2, 3에 ○표
(3) 5, 6, 7, 8, 9에 ○표

11-11 예슬, 석기, 상연, 가영

11-12 4개　11-13 9.7

11-14 0.3

9-2 전체를 똑같이 10으로 나눈 것 중의 6이므로
$\frac{6}{10}$=0.6입니다.

9-6 ㉠ 4　㉡ 9　㉢ 7
4<7<9이므로 □ 안에 알맞은 수가 가장 큰 것은 ㉡입니다.

10-6 ⑤ 2 cm 7 mm=2.7 cm

10-7 0.1이 88개인 수는 8.8입니다.
➡ 이어 붙인 색 테이프의 길이는 8.8 m입니다.

11-3 1.4<3, 3.1>3, 2.7<3, 4.4>3

11-4 ① 3.7 < ② 4.8 < ③ 4.9 < ⑤ 6 < ④ 7.4

11-7 2.1>1.8>1.4이므로 지훈이네 집에서 가장 먼 곳은 학교입니다.

11-9 ㉠ 5.7　㉡ 4.9　㉢ 5.3　㉣ 6.1

11-11 예슬: 340 cm, 석기: 106 cm
340 cm>106 cm>25 cm>8 cm

11-12 4, 5, 6, 7 ➡ 4개

11-13 0<4<7<9이므로 가장 큰 소수 한 자리 수는 9.7입니다.

11-14 0<3<5<8이므로 가장 작은 소수 한 자리 수는 0.3입니다.

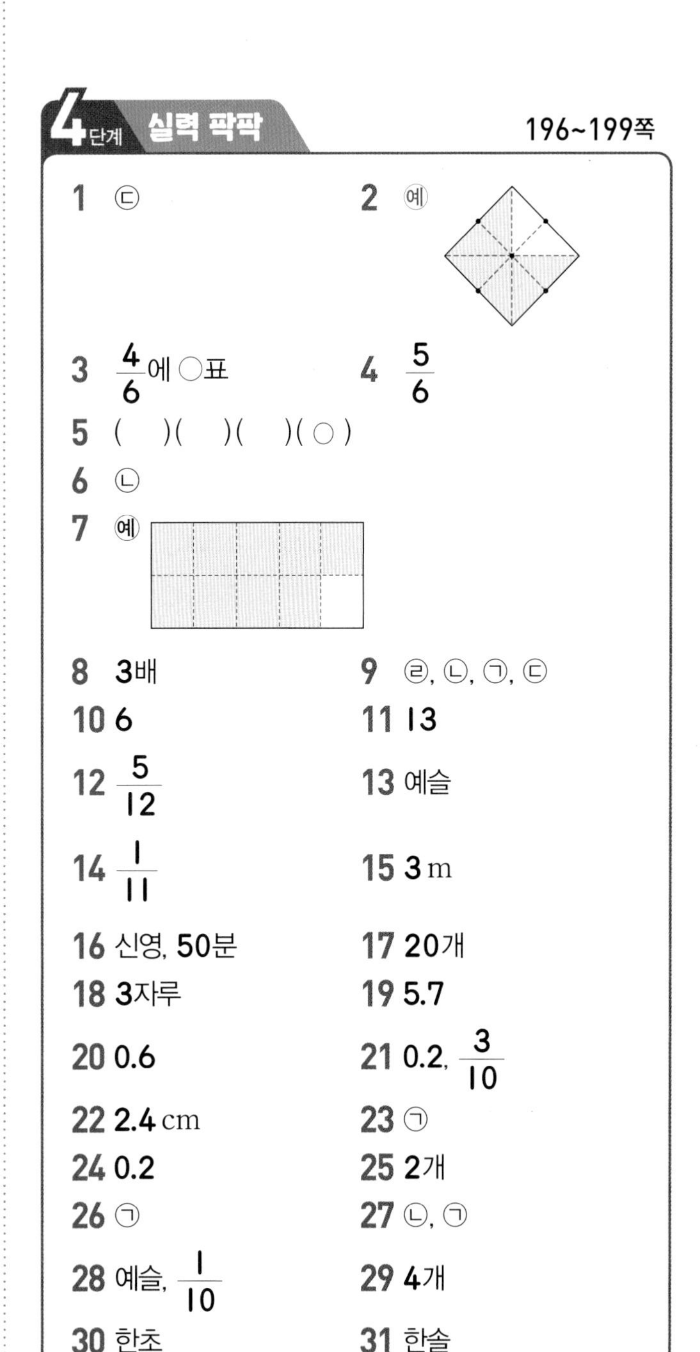

4단계 실력 팍팍　196~199쪽

1 ㉢　2 예

3 $\frac{4}{6}$에 ○표　4 $\frac{5}{6}$

5 (　)(　)(　)(○)

6 ㉡

7 예

8 3배　9 ㉣, ㉡, ㉠, ㉢

10 6　11 13

12 $\frac{5}{12}$　13 예슬

14 $\frac{1}{11}$　15 3 m

16 신영, 50분　17 20개

18 3자루　19 5.7

20 0.6　21 0.2, $\frac{3}{10}$

22 2.4 cm　23 ㉠

24 0.2　25 2개

26 ㉠　27 ㉡, ㉠

28 예슬, $\frac{1}{10}$　29 4개

30 한초　31 한솔

1 ㉠, ㉣ 전체를 똑같이 3으로 나누지 않았습니다.
㉡ $\frac{1}{4}$만큼 색칠하였습니다.

2 주어진 점과 꼭짓점을 이용하여 전체를 똑같이 8칸으로 나눈 다음 6칸을 색칠합니다.

5 왼쪽부터 색칠한 부분이 나타내는 분수를 차례대로 써 보면 $\frac{2}{4}$, $\frac{2}{4}$, $\frac{2}{4}$, $\frac{2}{5}$입니다.

6 ㉠ $\frac{3}{5}$ ㉡ $\frac{3}{6}$

9 ㉠ $30 \div 5 = 6$ ㉡ $21 \div 3 = 7$
㉢ $35 \div 7 = 5$ ㉣ $16 \div 2 = 8$

10 48은 8씩 6묶음입니다. ➡ 48의 $\frac{1}{6}$은 8입니다.

11 분자가 1로 같으므로 $\frac{1}{12} > \frac{1}{\square}$이 되려면 $12 < \square$이어야 합니다.
➡ $\square = 13, 14, 15, \ldots$이므로 가장 작은 수는 13입니다.

12 $\frac{1}{12}$의 5배는 $\frac{1}{12}$이 5개이므로 $\frac{5}{12}$입니다.
➡ 가영이가 먹은 피자는 전체의 $\frac{5}{12}$입니다.

13 $8 > 5$이므로 $\frac{1}{8} < \frac{1}{5}$입니다.
➡ 예슬이가 케이크를 더 많이 먹었습니다.

14 $12 > 11 > 10 > 8$이므로 $\frac{1}{12} < \frac{1}{11} < \frac{1}{10} < \frac{1}{8}$입니다.
➡ 세 번째로 큰 분수는 $\frac{1}{11}$입니다.

15 20 m의 $\frac{3}{4}$은 $20 \div 4 = 5$, $5 \times 3 = 15$ (m)이고
20 m의 $\frac{3}{5}$은 $20 \div 5 = 4$, $4 \times 3 = 12$ (m)입니다.
➡ $15 - 12 = 3$ (m) 더 깁니다.

16 $\frac{3}{6} < \frac{4}{6} < \frac{5}{6}$이므로 신영이가 가장 오래 읽었고,
$60 \div 6 = 10$, $10 \times 5 = 50$(분) 동안 읽었습니다.

17 남은 구슬은 전체의 $\frac{5}{9}$이므로
$36 \div 9 = 4$, $4 \times 5 = 20$(개)입니다.

18 파란색 색연필은 전체의 $\frac{1}{4}$이므로
$12 \div 4 = 3$(자루)입니다.

19 첫째로 큰 수: 7.5
둘째로 큰 수: 7.3
셋째로 큰 수: 5.7

20 $\frac{5}{10} = 0.5$이므로 0.5보다 크고 0.7보다 작은 소수 한 자리 수는 0.6입니다.

21 $\frac{3}{10} = 0.3$이므로 0.4보다 작은 수는 0.2, $\frac{3}{10}$입니다.

22 28 mm=2.8 cm, 2 cm 4 mm=2.4 cm
➡ 가장 짧은 변의 길이는 2.4 cm입니다.

23 ㉠ 8.2 ㉡ 8 ㉢ 7.8 ㉣ 6.3
➡ ㉠>㉡>㉢>㉣

24 (남은 빵 조각 수)$=10-8=2$(조각)
남은 빵은 전체를 똑같이 10으로 나눈 것 중의 2이므로 전체의 $\frac{2}{10}$이고, 소수로 나타내면 0.2입니다.

25 ㉠의 조건에 맞는 수는 0.2, 0.3, 0.4, 0.5, 0.6입니다.
이 중에서 $\frac{4}{10} = 0.4$보다 큰 수는 0.5, 0.6입니다.

26 ㉡ 0.3이 10개이면 3입니다.
㉢ 4.8은 0.1이 48개입니다.
㉣ 0.1이 10개이면 1입니다.

27 ㉠ 1.8 ㉡ 3.6 ㉢ 2.9 ㉣ 3.5
➡ ㉡>㉣>㉢>㉠

28 석기: $\frac{3}{10}$, 예슬: $0.4 = \frac{4}{10}$
➡ 예슬이가 $\frac{1}{10}$ 더 많이 먹었습니다.

29 4, 5, 6, 7 ➡ 4개

30 영수: 8.5 cm, 한초: 8.7 cm, 신영: 8.6 cm
➡ 가장 긴 연필은 한초의 연필입니다.

31 걸린 시간이 더 적은 사람이 더 빨리 달렸습니다.

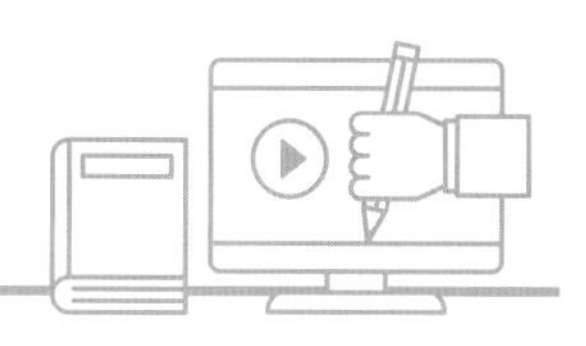

서술 유형 익히기 200~201쪽

1 예 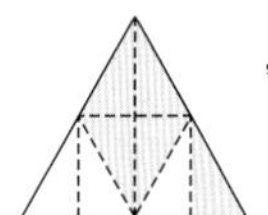, 8, 5, $\frac{5}{8}$, $\frac{5}{8}$

1-1 풀이 참조, 예 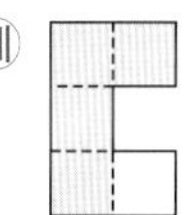

2 3, 0.7, 7, <, 0.7, 선주, 선주

2-1 풀이 참조, 편의점

3 1, 1, 1, 1, 동생, 동생

3-1 풀이 참조, 예슬

4 큰, 8.5, 8.3, 5.8, 5.8

4-1 풀이 참조, 7.4

1-1 가의 색칠한 부분은 전체를 똑같이 5로 나눈 것 중의 4이므로 분수로 나타내면 $\frac{4}{5}$입니다.

따라서 나에 $\frac{4}{5}$만큼 색칠합니다.

2-1 $\frac{9}{10}$를 소수로 나타내면 0.9입니다.
0.9는 0.1이 9개인 수이고 1.4는 0.1이 14개인 수입니다.
따라서 $\frac{9}{10}<1.4$이므로 집에서 $\frac{9}{10}$ km 떨어진 편의점으로 가는 것이 더 가깝습니다.

3-1 상연이가 사용하고 남은 철사의 길이는 1 m의 $\frac{1}{6}$만큼이고 예슬이가 사용하고 남은 철사의 길이는 1 m의 $\frac{1}{5}$만큼입니다.

$\frac{1}{6}<\frac{1}{5}$이므로 남은 철사의 길이가 더 긴 사람은 예슬이입니다.

4-1 소수 한 자리 수를 □.□라 할 때 가장 작은 수를 만들기 위해서는 작은 숫자부터 차례대로 씁니다.
가장 작은 수는 4.7이고 둘째로 작은 수는 4.9, 셋째로 작은 수는 7.4입니다.

단원 평가 202~205쪽

1 ㉠, ㉣

2 (1) 2 (2) 9

3 (1) $\frac{1}{7}$ (2) $\frac{1}{9}$

4 (1) 0.7, 영 점 칠 (2) 0.4, 영 점 사

5 ㉢

6 (1) 예 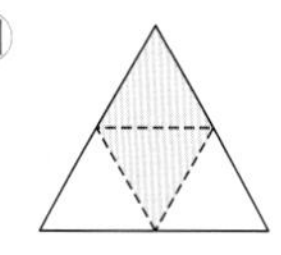 (2) 예 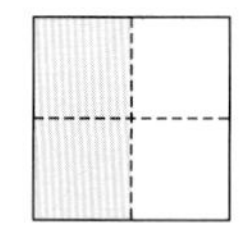

7 ( )(○)(○)( )

8 예 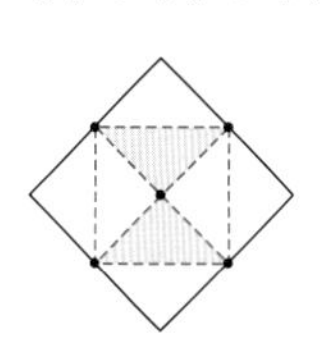

9 $\frac{1}{4}$

10 $\frac{11}{13}$, $\frac{8}{13}$

11 (1) > (2) <

12 (1) $\frac{7}{11}$ (2) $\frac{1}{5}$

13 $\frac{1}{15}$, $\frac{1}{10}$, $\frac{1}{8}$, $\frac{1}{5}$, $\frac{1}{2}$

14 $\frac{3}{9}$

15 6배

16 2.9

17 (1) 0.9 (2) 0.4 (3) 5.1 (4) 7.5

18 3.6 cm

19 ㉢

20 ②

21 하영

22 풀이 참조, $\frac{5}{12}$

23 풀이 참조, 상추

24 풀이 참조, 선철

25 풀이 참조, 수아네 집

5 ㉠ 전체를 8로 나눈 것 중의 6입니다.
㉡ 전체를 6으로 나눈 것 중의 5입니다.
㉢ 전체를 8로 나눈 것 중의 5입니다.
㉣ 똑같이 나누어져 있지 않습니다.

7 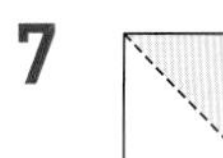, 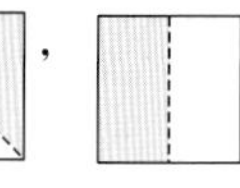

8 주어진 점을 이용하여 도형을 모양과 크기가 같도록

• 똑같이 8로 나눈 다음 2만큼 색칠합니다.

9 1번 접으면 2조각, 2번 접으면 4조각이 됩니다. 따라서 잘린 조각 한 개는 전체를 똑같이 4로 나눈 것 중의 1이므로 분수로 나타내면 $\frac{1}{4}$입니다.

10 분자가 7보다 큰 분수를 찾으면 $\frac{11}{13}$, $\frac{8}{13}$입니다.

12 (1) $2<5<7$이므로 $\frac{7}{11}$이 가장 큽니다.

(2) $5<8<10$이므로 $\frac{1}{5}$이 가장 큽니다.

14 그림으로 그려보면 다음과 같습니다.

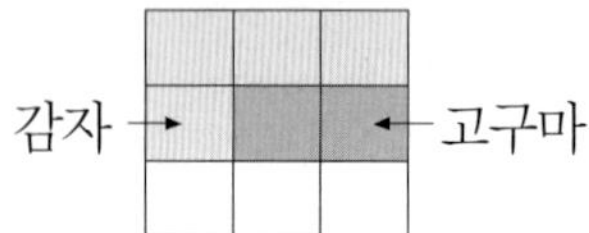

아무 것도 심지 않은 부분을 분수로 나타내면 $\frac{3}{9}$입니다.

15 남은 떡은 전체의 $\frac{6}{7}$이고 $\frac{6}{7}$은 $\frac{1}{7}$이 6개이므로 남은 떡은 동훈이가 먹은 떡의 6배입니다.

18 6 mm=0.6 cm입니다.
오전에는 3 cm, 오후에는 0.6 cm 내렸으므로 비는 모두 3.6 cm 내렸습니다.

19 $2.1>1.9>1.4>0.8$

20 ㉠을 만족하는 수는 0.3, 0.4, 0.5, 0.6, 0.7, 0.8입니다.
이 중에서 ㉡을 만족하는 수는 0.3, 0.4, 0.5입니다.

21 소수점 왼쪽의 수가 같으므로 소수점 오른쪽의 수를 비교하면 $1<5<8$이므로 $17.1<17.5<17.8$입니다.
➡ 하영이의 연필이 가장 깁니다.

서술형

22 가지는 4칸, 무는 3칸, 오이는 5칸이므로 가장 넓은 밭에 심은 채소는 오이입니다.
따라서 오이는 전체 12칸 중에서 5칸을 차지하므로 $\frac{5}{12}$입니다.

23 $5>2$이므로 $\frac{5}{10}>\frac{2}{10}$입니다.
따라서 상추를 심은 부분의 넓이가 더 넓습니다.

24 $\frac{1}{6}$, $\frac{1}{4}$, $\frac{1}{10}$의 크기를 비교하면 분모가 작을수록 큰 분수이므로 $\frac{1}{10}<\frac{1}{6}<\frac{1}{4}$입니다.
따라서 음료수를 선철이가 가장 많이 마셨습니다.

25 2.3은 0.1이 23개이고 3.9는 0.1이 39개이므로 $2.3<3.9$입니다.
따라서 수아네 집이 정호네 집보다 지하철역에 더 가깝습니다.

탐구 수학 206쪽

1 풀이 참조 2 풀이 참조
3 주희, 지혜

1 주희네 모둠 학생 중 학교에서 집이 가장 가까운 친구와 가장 먼 친구입니다.

2 5명 학생의 학교에서 집까지의 거리 중에서 1 km보다 큰 수는 1.4 km와 1.2 km입니다. 두 수를 비교하면 1.4 km가 더 크므로 집이 가장 먼 친구는 지혜입니다. 나머지 세 분수 $\frac{3}{5}$, $\frac{3}{4}$, $\frac{3}{8}$의 크기를 아래와 같이 그림을 그려 비교하면 거리가 가장 가까운 친구를 알 수 있습니다. 분자가 모두 3으로 같으므로 분모가 가장 큰 $\frac{3}{8}$이 가장 작은 수이므로 집에서 가장 가까운 친구는 주희입니다.

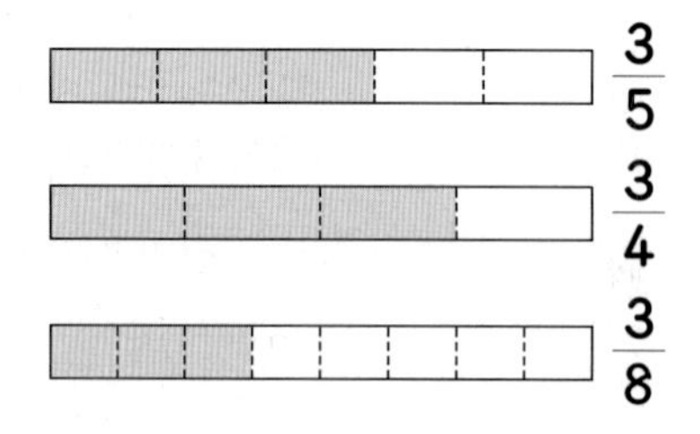

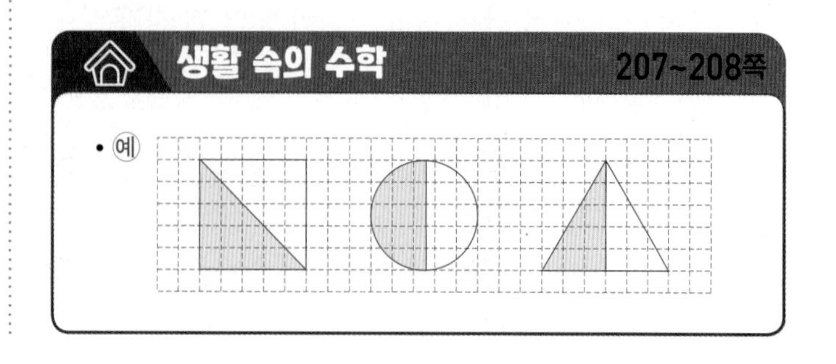

생활 속의 수학 207~208쪽

• 예

왕수학

정답과 풀이

왕수학

왕수학